中亚气候变化调查研究

何　清　袁玉江　赵　勇　杨莲梅　等著

气象出版社
China Meteorological Press

内容简介

本书介绍了中亚区域概况和中亚区域气候特征、中亚大气环流变化及其气候影响、基于树木年轮资料的中亚区域百年气候变化、中亚地区未来50年气候变化预估等。书中内容有助于科学地认识中亚干旱区的历史气候变化事实和未来气候变化趋势、气候时空演变规律及其区域差异以及区域气候变化对全球变化的响应等，是对全球变化研究的重要补充和完善，可为有关部门制定涉及中亚区域可持续发展及规划研究提供数据参考和理论依据，为未来在制定涉及气候变化政策上提供更为有力的科技支撑。

本书内容丰富，图文并茂，可供从事大气科学、生态与环境领域的科技工作者、高等院校相关专业的师生、政府管理部门的有关人员以及感兴趣的公众参考。

图书在版编目(CIP)数据

中亚气候变化调查研究/何清等著. —北京：气象出版社，2015.10
ISBN 978-7-5029-6273-9

Ⅰ. ①中… Ⅱ. ①何… Ⅲ. ①气候变化—研究报告—中亚 Ⅳ. ①P467

中国版本图书馆CIP数据核字(2015)第239826号

Zhongya Qihou Bianhua Diaocha Yanjiu
中亚气候变化调查研究
何　清　袁玉江　赵　勇　杨莲梅　等著

出版发行：气象出版社			
地　　址：北京市海淀区中关村南大街46号		**邮政编码**：100081	
总 编 室：010-68407112		**发 行 部**：010-68409198	
网　　址：http://www.qxcbs.com		**E-mail**：qxcbs@cma.gov.cn	
责任编辑：李太宇		**终　　审**：章澄昌	
封面设计：易普锐创意		**责任技编**：赵相宁	
印　　刷：北京地大天成印务有限公司			
开　　本：787 mm×1092 mm　1/16		**印　　张**：15.5	
字　　数：400千字			
版　　次：2016年1月第1版		**印　　次**：2016年1月第1次印刷	
定　　价：120.00元			

序　言

习近平主席于2013年9月在哈萨克斯坦访问期间提出共建“丝绸之路经济带”，随后在访问印度尼西亚时倡议建设“21世纪海上丝绸之路”。我国的“一带一路”战略引起了学术界的高度关注和热烈讨论。中亚位于我国西风环流的上游地区，是气候变化的敏感脆弱区，是“一带一路”沿线的重要组成部分。该区域气候干旱，水是制约社会经济发展的生命线。自然降水是地表水、地下水和高山积雪冰川等水体的根本补给源，决定着中亚水资源总量，其空间分布和时间的变化还直接影响着中亚的水分布状况、河川径流形成等。该区域是众多国际河流的产流区，全球变暖已导致此区域内许多小冰川大幅度后退。该区域内水资源的不稳定正成为中亚邻国十分关注的新问题。同时，中亚作为影响我国天气的上游关键地区，其气候变化与我国西北地区气候密切，对我国东南部也有较大影响，研究其过去气候变化特征和未来气候变化趋势，对预测未来气候条件和减少干旱损失，具有重要意义。长期以来，由于政治、社会、经济等诸多原因，中亚各国对气候变化及其影响的研究进展存在明显差异，严重制约了中亚气候变化研究水平的提高。因此，结合2015年3月28日国家发展和改革委员会、外交部、商务部联合发布的《推动共建丝绸之路经济带和21世纪海上丝绸之路的愿景与行动》，开展深入的气候变化研究，并建立支撑“一带一路”建设的气候变化数据库已经迫在眉睫。为满足稳定和发展的大局需要，我国务必要抓住机遇，合理配置资源，适时制定中亚气候变化合作研究的战略与对策。

另一方面，从20世纪80年代中期开始，西北地区降水逐步增加，总体上气候变湿，这和我国东部季风的降水格局变化十分不同。诸多研究对我国西北地区变湿的原因提出了不同看法，但目前尚无一致的认识。把我国西北的变暖问题置于中亚到我国西北地区更大的时间和空间尺度背景下开展研究，可能是一条十分重要的途径。其结果将对我国西北甚至全国水资源的可持续性利用与保持西北社会经济的可持续性发展十分重要。

在科技部国际科技合作项目子课题“中亚气候变化调查研究（2010DFA92720-14）”的资助及吉尔吉斯斯坦国家科学院水问题与水能研究所、塔吉克斯坦国家科学院水问题、水能和生态研究所及塔吉克斯坦国家科学院地质、地震工程与地震学研究所的大力协助下，来自新疆维吾尔自治区气象局、中国气象局乌鲁木齐沙漠气象研究所等单位的 20 余位专家学者，联合中亚国家人员组成的研究队伍对中亚气候变化进行了多年的考察与研究工作。他们克服多种困难，深入山地现场取得了极其宝贵的第一手资料。在此基础上，他们研究了中亚区域概况、中亚区域气候特征、中亚大气环流变化特征及其对气候的影响、基于树木年轮资料对中亚区域百年气候变化进行了重建与分析，同时对中亚地区未来 50 年气候变化趋势预估等问题进行了研究，取得了一系列具有一定国际影响的原创性成果。

为了总结和交流课题所取得的研究成果，进一步推动中亚区域气候变化研究，支撑现代气象业务工作，参与此项目的研究人员撰写了本专著。本书的出版将有助于科学地认识中亚干旱区气候时空演变规律及区域差异、区域气候变化及其对全球变化的响应及历史气候变化事实和未来气候变化趋势等，为制定涉及中亚区域社会经济可持续发展及长期规划提供参考依据。

殷切希望本书作者们再接再厉，继续在中亚区域开展气候变化及其影响等问题的研究，为国家“一带一路”战略制定及未来气候变化对中亚社会经济的影响等提供有力的科技支撑。

中国工程院院士 

2015 年 12 月 2 日

前　　言

中亚处于欧亚大陆腹地，其东南缘的高山阻隔印度洋、太平洋的暖湿气流，故中亚干旱区气候为典型的温带沙漠、草原的大陆性气候。该区域冰川资源丰富，森林覆盖率较高，人类活动影响较小，适宜开展基于冰川、树木年轮等代用资料的气候变化研究，可提供长期历史气候变化的数据。2013 年 9 月，国家主席习近平在访问中亚四国时提出共建“丝绸之路经济带”的战略构想。2014 年 5 月，在北京举行的第二次中央新疆工作座谈会更加明确地提出了着力打造新疆“丝绸之路经济带”核心区的总体要求。这就需要我们在中亚区域开展气候变化研究，为我国评估和预估气候变化在中亚地区引起的可能后果提供数据支持，为“丝绸之路经济带”的建设贡献力量。

围绕中国气象局乌鲁木齐沙漠气象研究所承担的科技部国家国际科技合作项目子课题“中亚气候变化调查研究（项目编号：2010DFA92720-14）”主要研究任务，本书作者基于中亚区域树木年轮和器测资料开展了气候时空变化特征分析，并综合使用历史气候变化序列和气候模式对中亚区域未来气候变化趋势进行了预估。该工作将有助于了解中亚地区多尺度气候变化特征，是对全球变化研究的重要补充和完善。

本书共分 5 章。1.1，1.2，1.3 节由何清、杨兴华完成。参与 1.4 节考察工作的有何清、袁玉江、赵勇、尚华明、张同文、陈峰、喻树龙、张瑞波、艾力、高放生、裴江文、杨新林、陈蕾、张俊兰及 Ermenbaev Bakytbek、Satylkanov Rysbek、Kobuliev Zainalobudin Valievich、Mamadjanov Yunus、Anvar Kodirov 等，书稿执笔人为赵勇、张同文、喻树龙、张瑞波。2.1 节由霍文、杨兴华完成，2.2 节由霍文执笔，2.3，2.4 节由杨兴华、霍文、赵勇和黄秋霞完成，2.5 节由赵勇、黄秋霞执笔。3.1，3.2，3.3，3.4 节由杨莲梅完成，3.5 节由赵勇执笔。4.1 节由张瑞波、陈峰完成，4.2 节由尚华明、喻树龙、张瑞波和张同文执笔，4.3 节由陈峰、尚华明、喻树龙、张瑞波执笔。5.1 节由张同文完成，5.2，5.3，5.4 节由黄安宁、赵勇、吴昊旻执笔。附录由袁玉江、尚华明、喻树龙、张同文和张瑞波完成。英文目录由赵勇和张同文翻译，陈峰校对。姜盛夏参与了部分书稿的校对工作。袁玉江、何清对全书进行了最终审校。

感谢中国气象局乌鲁木齐沙漠气象研究所对本课题的大力支持；感谢新疆

维吾尔自治区气象局魏文寿研究员和科技部国家国际科技合作项目“中亚地区应对气候变化条件下的生态环境保护与资源管理联合调查与研究”专家组的技术指导和宝贵建议；感谢吉尔吉斯斯坦国家科学院水问题与水能研究所 Mamatkanov Diushen 院士、塔吉克斯坦国家科学院水问题、水能和生态研究所 Kobuliev Zainalobudin Valievich 教授、塔吉克斯坦国家科学院地质、地震工程与地震学研究所 Mamadjanov Yunus 教授及塔吉克斯坦国家科学院国际合作处 Gulayozov Majid 处长在项目执行过程中给予的大力支持；感谢在吉尔吉斯斯坦和塔吉克斯坦孔子学院工作的新疆师范大学王哲、马磊、邓新、王鹏等教授对我们工作的帮助；感谢缪启龙教授对本书各章节提出的建设性意见；感谢丁一汇院士为本书作序；感谢南京大学在气候变化预估工作方面给予的协助；感谢李太宇编审在本书编辑过程中付出的辛勤劳动。

比书凝聚了全体编撰人员的精力和心血，但由于种种原因，难免有不当和欠妥之处，恳请读者及广大科研人员批评指正。

何　清

2015 年 11 月 17 日

目　录

Contents

第 1 章　中亚区域概况

1.1　地理位置

中亚即亚洲中部地区，位于东经 50°—80°，北纬 35°—55°。中亚地区北靠俄罗斯，南邻伊朗、阿富汗等伊斯兰国家，东接中国，西达里海，总面积接近 400 万 km^2。

中亚包括哈萨克斯坦、乌兹别克斯坦、塔吉克斯坦、吉尔吉斯斯坦和土库曼斯坦五个国家（见图 1.1）。中亚五国的东部以西天山的南脉为界，南部以科毕达山脉和阿姆河的中游及其上游喷赤河为界，与中亚的自然地理界线并不完全吻合。它的北部已越过哈萨克草原，深入到西伯利亚南缘的额尔齐斯河流域。它的西界是里海的东岸，海岸线蜿蜒，形成一些半岛、岛屿和冲积的沙嘴。在自然地理风貌上它大致为南部的荒漠、绿洲和山区与北部的草原、平原和丘陵，其界线大体在伊犁河、锡尔河的北岸到里海一线。

哈萨克斯坦：位于中亚地区的北部，北纬 55°26′至 40°56′，东经 87°18′至 45°27′。北邻俄罗斯，南与乌兹别克斯坦、土库曼斯坦、吉尔吉斯斯坦接壤，西濒里海，东与中国接壤。其东西长达 3000 km，南北长约 2000 km（胡振华，2006；中华人民共和国外交部网站—哈萨克斯坦，2012）。

乌兹别克斯坦：位于中亚腹地的“双内陆国”，其五个邻国均无出海口。南邻阿富汗，北部

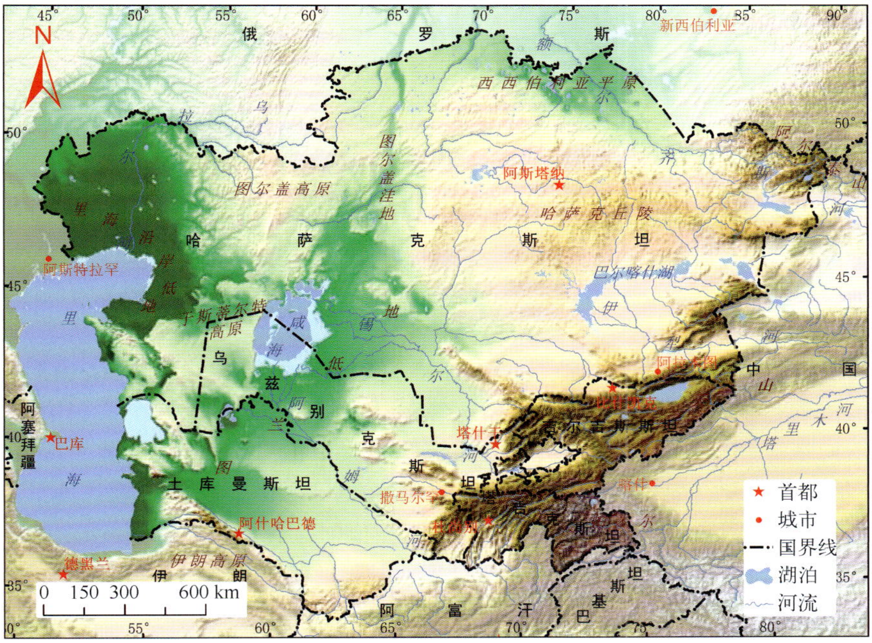

图 1.1　中亚五国位置及地形

和东北与哈萨克斯坦接壤，东、东南与吉尔吉斯斯坦和塔吉克斯坦相连，西与土库曼斯坦毗邻（胡振华，2006；中华人民共和国外交部网站—乌兹别克斯坦，2012）。

塔吉克斯坦：位于中亚东南部的内陆国家。北纬 36°40′至 41°05′，东经 67°31′至 75°14′。其东西长达 700 km，南北宽约 350 km。东与中国接壤，南邻阿富汗，西部和北部与乌兹别克斯坦和吉尔吉斯斯坦相连。境内多山，约占国土面积的 93%，有"高山国"之称（胡振华，2006；中华人民共和国外交部网站—塔吉克斯坦，2012）。

吉尔吉斯斯坦：位于中亚东部，北纬 39°至 43°，东经 69°至 80°之间。国土东西长约 925 km，南北宽约 454 km。边界线全长约 4170 km，北和东北接哈萨克斯坦，南邻塔吉克斯坦，西南毗连乌兹别克斯坦，东南和东面与中国接壤（胡振华，2006；中华人民共和国外交部网站—吉尔吉斯斯坦，2012）。

土库曼斯坦：位于中亚西南部，为内陆国家。地理位置处于北纬 34°05′至 42°29′，东经 52°16′至66°25′之间。国土东西长约 1100 km，南北宽约 650 km。北部和东北部与哈萨克斯坦、乌兹别克斯坦接壤，西濒里海与阿塞拜疆、俄罗斯相望，南邻伊朗，东南与阿富汗交界（胡振华，2006；中华人民共和国外交部网站—土库曼斯坦，2012）。

1.2 自然地理特征

中亚及我国西部同属干旱、半干旱区，按自然地理区域划分，中亚大区包括哈萨克丘陵、图兰平原、帕米尔高原、内蒙古西部高原和青藏高原。该区深居亚欧大陆内部，年均降水稀少，而且降水的时间变率很大，年总降水的 90%主要集中在夏季的 2～3 个月中。气温的日变化和季节变化都很大。

1.2.1 地形和地貌

总体上呈现东部高、西部低。在塔吉克斯坦帕米尔地区和吉尔吉斯斯坦西部天山地区山势陡峭，海拔在 4000～5000 m。在哈萨克斯坦西部里海附近卡拉吉耶洼地是低于海平面 132 m 的最低点。在这东西之间广阔地区，荒漠、绿洲在海拔 200～400 m 之间，丘陵、草原在海拔 300～500 m 之间，而东部山区在海拔 1000 m 左右。中亚地区绵亘着温带最壮观的山地，山脚下分布着大片干旱炎热的荒漠。山谷盆地和绿洲相间其中。

1.2.2 山脉和山谷盆地

塔吉克斯坦境内的帕米尔高原的东部占优势的是剥蚀高原和垅岗地形，山脉相对高度不大；西部占优势的是切割剧烈的高山地形和峡谷；北缘是两座平行的高山——阿赖山脉和外阿赖山脉，由西向东倾斜。由阿赖山向东北方向延伸是天山山脉，西部天山的主峰在中国、哈萨克斯坦和吉尔吉斯斯坦交界的海拔 6995 m 的汗腾格里峰。由汗腾格里峰往西又有两支平行的天山支脉——昆格阿拉套-吉尔吉斯山和捷尔斯克依阿拉套山，中间是伊塞克湖。在天山隘口中国通往吉尔吉斯斯坦口岸吐尔杂特附近，又有一支脉费尔干纳山往西北延伸再转西南恰特卡尔-库拉明山，圈有费尔干纳盆地。费尔干纳盆地由西向东倾斜。哈萨克斯坦东部边缘地区分布有阿尔泰山、塔尔巴哈台山、阿拉套山。在中亚的西南缘土库曼斯坦的科佩特山是由帕米尔向东南延伸出的兴都库什山的余脉。哈萨克斯坦西部还有几座山，但海拔均较低。

1.2.3　河流和湖泊

中亚五国的河流都是内流河，河水除了被引走用于灌溉外，或者消失于荒漠，或者注入于内陆湖泊。西部几乎没有河流，东部河网比较稠密。在东部山地中产生径流，形成河流后向低处流去。在平原上河流逐渐消失，河水渗透入山前平原河冲积低地的疏松沉积物中。

锡尔河是流经此区最长的河流，全长 3019 km，发源于天山山区西部，它所灌溉的是费尔干纳和塔什干绿洲。阿姆河全长 2394 km，是此区域水量最充沛的大河，发源于帕米尔山区。锡尔河、阿姆河这两条大河最终注入中亚最大的湖泊——咸海。咸海面积约 64 万 km^2，按面积来说，它是世界第四大湖，但由于过度滥用这两条大河的河水，咸海的水位已急剧下降。阿姆河与锡尔河之间的泽拉夫尚河是条重要的河流，它发源于阿赖山，是撒马尔罕绿洲和布哈拉绿洲的主要水源，最后消失在克孜尔库姆沙漠。阿姆河左方有两条河——卡拉捷詹河和穆尔加布河，它们发源于伊朗、阿富汗高原，滋润着土库曼斯坦的阿什哈巴德绿洲和马雷绿洲。锡尔河的右方有发源于吉尔吉斯斯坦天山山区的两条河——塔拉斯河和楚河。在哈萨克斯坦东西两端有两条重要的河流——伊犁河和乌拉尔河。伊犁河发源于我国新疆天山深处，全长 1439 km，注入巴尔喀什湖。巴尔喀什湖面积 1.7～2.2 万 km^2，流入巴尔喀什湖的至少有七条较大的河流。乌拉尔河发源于俄罗斯联邦的南乌拉尔山，在哈萨克斯坦境内长 1084 km，注入里海。在北哈萨克斯坦的额尔齐斯河，发源于我国阿勒泰山区，携带其支流伊希姆河、托博尔河汇入俄罗斯联邦的鄂毕河而最终注入北冰洋。

1.2.4　荒漠和草原

荒漠、半荒漠和草原占据从里海到天山山地之间的巨大面积。阿姆河和卡拉捷詹河之间的卡拉库姆沙漠（35 万 km^2）和阿姆河与锡尔河之间的克孜尔库姆沙漠（30 万 km^2）是中亚最大的沙漠，地势平坦，海拔均在 300 m 以下，大部分为沙垅、龟裂地，间有闭塞的洼地和孤山，极度干旱、贫瘠、缺少植被。在哈萨克斯坦，草原覆盖在长达 1200 km 的哈萨克丘陵和长达 630 km 的图尔盖谷地，海拔在 300 m 左右。由于受到北冰洋湿气流影响，比起中亚腹地的荒漠要湿润一些。在北部台地、丘陵与南部沙漠之间的是别克帕克达拉草原，其地貌处于草原、半荒漠、荒漠的过渡地带。处于荒漠中的绿洲，拥有丰富的栽培植被。

1.2.5　气候

由于处于欧亚大陆腹地，尤其是东南缘高山阻隔印度洋、太平洋的暖湿气流，该地区气候为典型的大陆性气候，其突出特征是：第一，雨水稀少，极其干燥。一般年降水量在 300 mm 以下，咸海附近和土库曼斯坦的荒漠年降水量仅为 75 至 100 mm，而山区年降水量为 1000 mm，费尔干纳山西南坡甚至可达 2000 mm，但山地中也有雨量少于沙漠的地区，如帕米尔的年降水量仅 60 mm；第二，日光充足，蒸发量大。中亚地面由于阳光辐射每年可获 4.2×10^5～$5.4\times10^5 J/cm^2$ 热量，在土库曼斯坦则几乎达到 $6.7\times10^5 J/cm^2$。科学测试，在中亚北纬 40°地方夏季所获阳光照射量并不逊于热带地区。空气极其干燥和高温引起大量的蒸发，阿姆河三角洲水面的年蒸发量达 1798 mm，即比这里的降水量大 21 倍；第三，温度变化剧烈。许多地方白天最高气温与夜晚最低气温可相差 20～30℃。在帕米尔高原则有日温差 40℃的记录。从哈萨克斯坦最北端到土库曼斯坦最南端，纵跨北纬 57°到 35°，表现为寒温带经温带向亚热带的过渡，在盛夏7月，除山区外平均气温一般在26℃至32℃之间，而在隆冬一月，平均气温由北端的−20℃到南端的2℃过渡。

1.3　行政区划和经济发展

1.3.1　行政区划

（1）哈萨克斯坦

哈萨克斯坦行政区划分为14个州，2个直辖市。分别为北哈萨克斯坦共和国州、库斯塔奈州、巴甫洛达尔州、阿克莫拉州、西哈萨克斯坦州、东哈萨克斯坦州、阿特劳州、阿克纠宾斯克州、卡拉干达州、满吉斯套州、克兹洛尔达州、江布尔州、阿拉木图州、南哈萨克斯坦州及阿斯塔纳市、阿拉木图市。1997年哈萨克斯坦将首都从阿拉木图迁至阿斯塔纳。目前，阿拉木图市仍是哈最大的城市，是哈萨克斯坦的经济和文化中心。

（2）乌兹别克斯坦

乌兹别克斯坦下设一个共和国（卡拉卡尔帕克斯坦共和国）、12个州（安集延州，布哈拉州，吉扎克州，卡是卡达里亚州，纳沃伊州，纳曼干州，撒马尔罕州，苏尔汉河州，锡尔河州，塔什干州，费尔干纳州，花拉子模州）、1个直辖市（塔什干市）、159个区、119个市，另外还有114个城镇和1472个乡村。塔什干为中亚地区第一大城市。

（3）塔吉克斯坦

全国分为三州一区一直辖市：索格特州、哈特隆州、戈尔诺—巴达赫尚自治州、中央直属区和杜尚别市。

（4）吉尔吉斯斯坦

全国划分为7州2市：楚河州、塔拉斯州、奥什州、贾拉拉巴德州、纳伦州、伊塞克湖州、巴特肯州、首都比什凯克市和南部城市奥什市。

（5）土库曼斯坦

土库曼斯坦行政区划包括5个州和一个直辖市，5个州之下有16个市和46个区。以下列出各州和直辖市（括号内为首府）：阿什哈巴德（直辖市）、阿哈尔州（阿什哈巴德）、巴尔坎州（巴尔坎纳巴德）、达沙古兹州（达沙古兹）、列巴普州（土库曼纳巴德）、马雷州（马雷）。

1.3.2　经济发展

中亚各国独立以来，近20年地区经济快速增长，到2010年中亚地区生产总值达到2133.3亿美元，占世界经济比重0.34%，经济总量以年平均15.7%的速度增长，经济密度5.33万美元/km^2，人均GDP达3394美元，并在产业结构，就业结构方面呈现显著的变化特征；对外贸易持续发展，到2010年对外贸易总额达到1184.6亿美元；一、二、三产业产值分别为210.7亿美元、921.6亿美元和1001.2亿美元，近20年均增长率分别为4.45%、10.36%和10.58%。

（1）哈萨克斯坦

金融危机前10年是哈经济发展的“黄金时期”，GDP年均增长10%左右，经济总量扩充5

倍，外贸额增长 6 倍，经济实力占中亚五国总量的三分之二。金融危机爆发后，哈经济增长速度骤减。2008 年 GDP 增幅降至 3.2%。2009 年上半年 GDP 为负增长，但进入下半年经济滑坡势头基本得到扼制，全年 GDP 维持 1.2%的增长。2010 年至 2011 年，随着世界经济的复苏、国际市场需求恢复以及能源和金属等国际价格稳定，哈经济开始强劲反弹，出口开始增长。此外，主要贸易伙伴国的经济恢复、需求增长一定程度上也促进哈商品出口。关税同盟的深入发展，对哈贸易增长亦有一定贡献。哈全力推进“工业路线图计划”和“至 2020 年商业路线图计划”。其中，工业路线图计划实施 609 个项目，总额达 96 万亿坚戈。2010 年至 2011 年在工业路线图计划框架内共建设 389 个项目，总额达 1.8 万亿坚戈，创造了 9 万个就业岗位。2010 年以来，在至 2020 年商业路线图计划框架内，政府对拥有 9.5 万员工的 1000 家企业的 820 个项目进行了补贴，总额达 2514 亿坚戈。2011 年，主要经济数据如下：国内生产总值：1862 亿美元；人均国内生产总值：11000 美元；国内生产总值增长率：7.5%；通货膨胀率：7.4%；失业率：5.4%。

(2)乌兹别克斯坦

自然资源丰富，是世界上重要的棉花、黄金产地之一。国民经济支柱产业是“四金”：黄金、“白金”(棉花)、“乌金”(石油)、“蓝金”(天然气)。但经济结构单一，制造业和加工业落后，原苏联时期是工业原料和农牧业产品供应地。近年来，乌分阶段、稳步推进市场经济改革，实行“进口改造替代”和“出口导向”经济发展战略，同时对国有企业进行私有化和非国有化，积极吸引外资，大力发展中、小企业，逐步实现能源和粮食自给，基本保持了宏观经济和金融形势的稳定，经济实现较快发展。2011 年乌经济保持高速稳定增长，国内生产总值增长 8.3%，工业增长 6.3%，农业增长 6.6%，服务业增长 16.1%，国家预算盈余占 GDP 的 0.4%，通货膨胀率未超过预期。出口种类增多，总量增长 15.4%，外贸盈余和黄金储备大幅增加。2011 年主要经济数据如下：国内生产总值(2011 年)：777506 亿苏姆(约 415 亿美元，按汇率 1 美元＝1871.4 苏姆计算)；人均国民生产总值：约 1404 美元；国内生产总值增长率(2011 年)：8.3%；通货膨胀率(2011 年)：13%；失业率(截至 2012 年 3 月底)：5%。

(3)吉尔吉斯斯坦

国民经济以多种所有制为基础，农牧业为主，工业基础薄弱，主要生产原材料。独立初期，由于同原苏联各加盟共和国传统经济联系中断，加之实行激进改革，经济一度出现大幅下滑。近年来，吉调整经济方针，稳步渐进地向市场经济转轨，推行以私有化和非国有化改造为中心的经济体制改革，经济保持了低增长态势，工业生产恢复性增长。2005 年“颜色革命”导致的政局不稳和经济环境恶化影响了吉经济的发展。2005—2009 年，吉政局逐渐趋于稳定，投资环境有所改善，国民经济取得较快发展。2009 年，受国际金融危机影响和俄、哈等国经济拖累，吉经济增速减缓，但未出现剧烈波动。2010 年吉爆发“4·7”革命，受国内政局动荡影响，吉经济又出现下滑。2011 年以来，吉逐渐走出政局动荡和国际金融危机的阴影，经济总量有所提升，失业率逐渐下降，贸易额大幅上升。2011 年国内生产总值为 2731.078 亿索姆(约 59.19 亿美元)，同比增加 5.7%；人均国内生产总值为 5.2 万索姆(约 1127 美元)，同比增加 4.4%；通货膨胀率 5.7%；失业人口：2011 年，吉登记失业人数为 6.11 万人，同比下降 3.7%。

(4)塔吉克斯坦

塔经济基础薄弱,结构单一。苏联解体后的政治经济危机以及多年内战使塔国民经济遭受严重破坏,经济损失总计超过 70 亿美元。1995 年塔开始实施《深化经济改革和加快向市场关系过渡的紧急措施》和《1995—2000 年经济改革纲要》,确立了以市场经济为导向的国家经济政策,并推行私有化改制。1997 年塔国民经济开始步出低谷,呈现出恢复性增长。2000 年 10 月成功发行国家新币索莫尼,初步建立国家财政和金融系统,开始逐步完善税收、海关政策。2003 年,塔政府制订国家工业发展政策,有效地利用国家资源优势,加大生产技术革新力度,逐步提高产品加工水平和产品竞争力。2005 年新一届议会选举之后,经济继续保持着平稳的发展态势,连续多年的通货紧缩局面得到改善,人均收入开始有所增加,各项经济指标均有所回升。2008 年全球金融危机对塔经济造成一定冲击,塔政府采取系列应对措施,随后塔经济逐渐增长。但另一方面因本国经济规模相对较小,其发展对国际社会依赖甚重,塔全面恢复并发展经济任重而道远。2011 年塔经济仍保持增长态势,GDP 为 65.23 亿美元,同比增长 7.4%;国内生产总值(GDP):65.23 亿美元;人均国民生产总值:844.1 美元;国内生产总值增长率:7.4%;通货膨胀率:9.3%;失业率:2.6%。

(5)土库曼斯坦

石油、天然气工业为支柱产业。农业主要种植棉花和小麦。独立后,土在保持经济稳定发展的同时,逐步向市场经济过渡。2011 年,土经济运行总体良好。在油气产业快速发展带动下,GDP 继续保持较快增长。政府在加快油气兴国和能源出口多元化战略同时,注重经济平衡可持续协调发展,加大对建筑、农业、通信、纺织等领域投入;扶持中小企业和私营经济,拉动内需;加大招商引资力度;加大对科技和创新领域投入,提升经济增长质量。2011 年土主要经济数字如下:国内生产总值:249.1 亿美元(中亚新闻网数据);国内生产总值增长率:14.4%(土官方数据)。

1.4　考察

1.4.1　哈萨克斯坦考察

根据中国新疆维吾尔自治区气象局与阿拉木图市水文气象监测中心开展中哈合作第二次会晤纪要(2009 年 9 月 13—18 日,阿拉木图市),哈方函定 2010 年派遣 4 名专家来疆,主要交流的科研业务方向为:气象与环境监测;自动气象站工作,包括软件系统;长、中、短期天气预报模式和方法;城市空气污染预报;农气监测工作,农气预报系统等。根据中哈合作纪要的要求,经研究,我方也选派 6 名科研与业务骨干人员进行回访,于 2010 年 8 月 16 日—23 日,访问阿拉木图气象水文监测中心,完成专家交流工作。

(1)代表团基本情况

1)代表团组成:新疆维吾尔自治区气象局气象台副台长魏荣庆任代表团团长,成员由新疆维吾尔自治区气象局职能处室、直属单位和地州局有关人员组成,包括新疆维吾尔自治区气象局伊犁州气象局副局长艾力汗,新疆维吾尔自治区气象局气候中心副主任江远安,气象信息中心运行保障科科长赵萍,科技与预报处高工张鄞,中国气象局乌鲁木齐沙漠气象研究所副研究员赵勇。

2)出访目的和任务:落实和实施中国新疆维吾尔自治区气象局与阿拉木图市水文气象监测中心第二次会晤纪要达成的技术合作与交流活动;通过介绍和实地考察了解哈萨克斯坦气象水文若干业务和科研领域的现状和发展思路及要求。

(2)出访日程

2010 年 8 月 16 日至 23 日,中国新疆维吾尔自治区气象代表团一行 6 人,由新疆维吾尔自治区气象局气象台副台长魏荣庆带队出访了哈萨克斯坦阿拉木图市水文气象监测中心。代表团深入农业气象、信息网络、天气预报、环境监测预报(大气化学监测分析)、水文监测预报(水质监测分析)等工作室及阿拉木图气象站、水文站和雪崩站,与基层人员进行了沟通交流,主要访问和交流任务在阿拉木图市进行(图 1.2)。

图 1.2　阿拉木图水文气象监测中心主任在双方交流会上致开幕词

8 月 18 日,参观访问中心雪崩监测和预报部门(图 1.3,图 1.4)。阿拉木图冬季降水较多,尤其在山区,易发生雪崩灾害,因而雪崩监测和预报服务工作在哈萨克斯坦具有重要的实际应用意义。

图 1.3　新疆气象代表团参观阿拉木图市郊青布拉克雪崩观测站

图 1.4　新疆气象代表团参观天气预报和和信息中心

(3)阿拉木图市水文气象监测中心基本情况

该中心下设三个管理部门，分别是财务处、人事处、国际保障与发展处。从事的业务范围包括气象、水文、生态(环境)三大领域。每年完成国家要求的工作有：水文气象监测任务、环境生态监测任务等，还要执行一些动态的经济服务合同。主要业务包括三个基本方面：

1)国家观测网：系统观测大气、陆地水、地表、农作物、环境污染成分和程度。

2)信息通讯系统：资料收集、处理、存档和传输。

3)预报服务：制作所有类型的水文气象预报产品，并向国家部门、各类用户和公众发布。

该中心有 7 个业务单位，分别是水文气象中心、信息保障局、气象处、国家水文处、水文气象网络系统保障中心、生态信息处、检定和装备处。其中水文气象中心的服务涉及国家机构，还有航空、各类媒体以及农业、建筑业、运输业、热力能源等诸多经济部门。

业务任务有五类：组织系统的水文气象观测和环境监测；完成各种类别的水文气象预报；自然水文气象灾害预警(非人为)；为国家经济部门提供水文气象产品和信息；维持国家水文气象和环境污染数据库。

水文气象中心包括天气预报科、气候(长期)预报科、水文预报科、空气污染气象条件预报科、农业气象预报科等科室，主要负责气象预报、农气预报和产量预报、水文预报、海洋预报、空气污染气象条件预报、水资源水质监测、水质评估和预报及天气、水文(洪水)预报预警等业务，保障国家、有关部门、公众的需求；信息保障处主要负责信息的收集和传输等。

阿拉木图水文气象监测中心有包括 20 个气象站、35 个水文站、1 个探空站在内的观测网。35 个水文站中包括 32 个河流观测站、3 个湖泊观测站。除此之外，观测网络中还有 17 个自动气象站、15 个农气监测站。

由于哈萨克斯坦境内东南部高山较多，加上地处高纬度地区，气候寒冷，除了水文气象监测与预报，积雪和雪崩的观测与预报也是水文气象局的主要业务之一。哈萨克斯坦的积雪和雪崩观测网覆盖了东南部主要的山脉，主要有 5 个观测点。

哈萨克斯坦目前具有农业气象业务的台站有 69 个，其中有 26 个牧业气象站，主要以粮食和牧草农业气象服务为主，其观测方法和观测规范一直沿用前苏联 30 年代的规定，目前哈萨克斯坦全国性的农气中心有 2 个，一个位于其首都阿斯塔纳，主要以农业气象研究为主，另一个位于阿拉木图市，主要以农业气象监测业务为主。

产品类型主要有常规产品与咨询产品，常规产品有常规农气旬报、土壤温度预报、小麦播期预报、小麦成熟期预报、作物产量预报等;咨询产品主要有春季播期天气条件分析、农作物生长状况分析、冬小麦生长状况分析、农作物收割条件分析以及其它咨询报告等。产品服务对象主要是农业部门(图 1.5—图 1.7)。

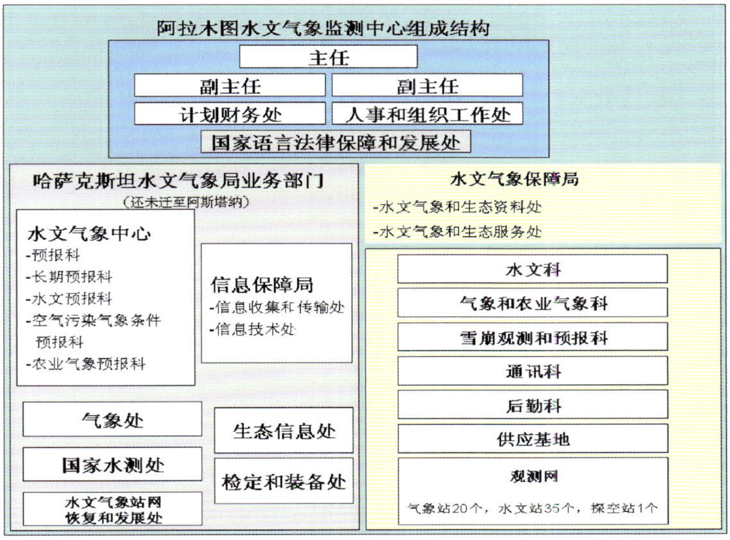

图 1.5　阿拉木图水文气象监测中心组成

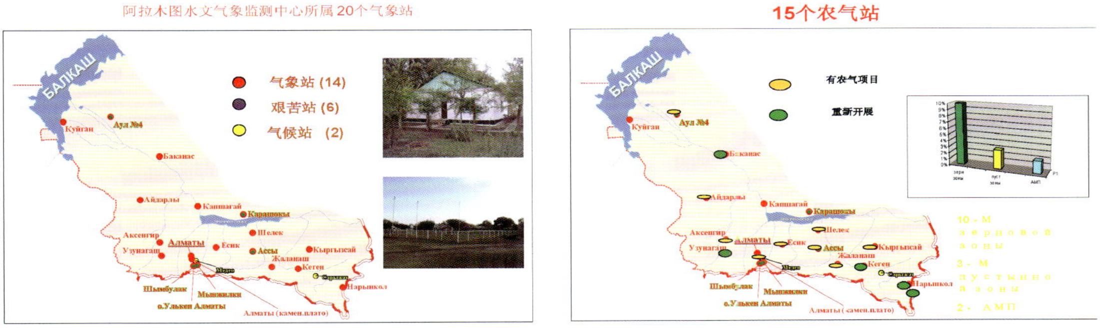

图 1.6　阿拉木图水文气象监测中心气象站、农气站分布

图 1.7　阿拉木图水文气象监测中心水文、积雪和雪崩观测站分布

1.4.2　2012 年吉尔吉斯斯坦考察

（1）科学考察背景简介

在国家国际科技合作项目资助下，吉尔吉斯斯坦国家科学院水问题和水能研究所（简称水能所）向中国气象局乌鲁木齐沙漠气象研究所（简称沙漠所）发出了访问邀请和科学考察，主要交流的科研方向为气候变化、冰川、气候变化对水资源影响等。我方选派 6 名科研骨干人员进行访问和科学考察，于 2012 年 10 月 1—8 日期间，访问吉尔吉斯斯坦水能所和吉尔吉斯斯坦国家水文气象中心（图 1.8），考察伊塞克湖周边山区，进行树木年轮采样，完成科学考察和合作交流工作。

（2）考察组基本情况

1）代表团组成：中国气象局乌鲁木齐沙漠气象研究所所长何清研究员担任考察组组长，成员由袁玉江研究员、赵勇副研究员、尚华明副研究员、张同文助理研究员和张瑞波助理研究员组成，其中尚华明担任英文翻译。

2）出访目的和任务：执行《中亚地区应对气候变化条件下的生态环境保护与资源管理联合调查与研究》项目。访问吉尔吉斯斯坦国家气象水文中心，了解吉尔吉斯斯坦气象业务科研发展现状；开展环伊塞克湖科学考察，在吉尔吉斯斯坦东部山区进行树轮采样工作。

图 1.8　何清研究员向吉尔吉斯斯坦水能研究所主任买买提卡诺夫院士介绍沙漠气象研究所基本情况

（3）考察工作

1）执行《中亚地区应对气候变化条件下的生态环境保护与资源管理联合调查与研究》项目。

10 月 1 日，考察组一行首先对吉尔吉斯斯坦科学院水能所进行了访问和交流（图 1.9）。

水能研究所主任买买提卡诺夫院士及副主任厄列斯别克热情地接待了考察组一行。他们首先对考察组一行表示欢迎，然后简要介绍了研究所的基本概况。考察组何清所长首先介绍了考察组一行及考察的目的，尚华明副研究员向大家介绍了研究所的基本情况、重点研究方向，并向水能所介绍了国际科技合作项目的具体概况和中方实施情况。双方就以后8天的行程、重点考察内容作了进一步沟通，并就双方关心的研究领域进行了探讨，参观了研究所实验室，对其研究方向和科研条件进行了进一步了解。

图1.9　考察组与吉尔吉斯斯坦水能所冰川专家交流气候变化对冰川影响

水问题和水能研究中心科研人员介绍了其在气候变化研究领域的最新进展和存在的问题，并表示希望借助沙漠气象研究所树木年轮气候研究的优势，结合树木年轮定年来帮助他们准确定出近几百年吉尔吉斯斯坦冰川的准确年龄，希望利用冰川和树轮重建吉尔吉斯斯坦过去百年—千年气候变化。最后，双方就下一步合作的可能性和合作的领域及方式进行了进一步沟通，为中吉进一步科研项目合作奠定了坚实的基础。

10月3日，考察组赴琼克孜尔苏(Chon-Kyzyl-Suu)参观了水能所天山科学中心(Tienshan Mountains Scientific Center)(图1.10,图1.11)。天山科学中心成立于1947年，近70年来，该研究中心在冰川研究方面做出了重要成就，其对吉尔吉斯斯坦境内冰川做了全面的科学考察，对位于的卡拉巴特卡克冰川(Kapa-Batkak)作了全面的研究，对其动态监测指出该冰川每年后退5 m，厚度减少3 m。

随后，考察了中国科学院新疆生态与地理研究所和吉尔吉斯斯坦科学院水问题和水能研究所合建的中吉山地生态系统监测站，该站海拔接近2600 m，属于高山草甸，是监测和研究高山气象和环境的理想场所。该生态系统监测站包括六要素自动气象站一套，监测降水、温度、湿度、风速风向、气压等气象要素，及三维超声通量观测系统一套，观测陆—气通量交换。该站的建立，对了解高山地区气象环境变化和陆—气相互作用具有重要的科学意义。此外，考察人员依照建设单位新疆生态与地理研究所的要求，对该站数据进行了下载，并进行了维护。

图 1.10　2012 年 10 月 31 日考察组参观吉尔吉斯斯坦水能所天山科学中心

图 1.11　考察组与吉中山地生态研究所工作人员合影

10 月 7 日上午，应吉尔吉斯斯坦科学院水问题与水能研究所所长买买提卡诺夫院士的邀请，中国气象局乌鲁木齐沙漠气象研究所与吉尔吉斯斯坦科学院水问题与水能研究所讨论了双方进一步合作的意向和具体实施方案，签订了合作意向书（图 1.12），为双方开展广泛和深入的科技合作奠定了良好基础。

图 1.12 何清所长和买买提卡诺夫院士互换合作意向书

2)访问吉尔吉斯斯坦国家气象水文中心，了解吉国气象业务科研发展现状。

10 月 1 日下午，中国气象局乌鲁木齐沙漠气象研究所考察组一行访问了吉尔吉斯斯坦国家水文气象中心(图 1.13)，水文气象中心副主任热情地接见了考察组一行(图 1.14)。何清所长向水文气象中心介绍了沙漠气象研究所的基本概况，并介绍了考察组一行此行的目的和行程。吉尔吉斯斯坦水文气象中心副主任介绍了该中心基本概况，并感谢中国气象局赠送的 MICAPS 和 FY-3 气象卫星接收系统。该系统已应用于吉尔吉斯斯坦气象预报业务之中，并发挥了重大作用。吉尔吉斯斯坦水文气象中心业务共分三部分，包括气象预报中心、农业气象中心和水文中心。全国共有 600 职工，比什凯克 100 职工，整个吉尔吉斯斯坦有 30 个气象站、77 个水文站、30 个农业气象站和 7 个国际交换站，大部分站位于平原，3000 m 以上的气象站有 7 个，其气象观测最长记录位于东南部，开始于 1881 年。考察组对气象预报中心和农业气象中心进行了进一步考察和交流，了解吉尔吉斯斯坦气象预报的基本流程和预报方法，气象中心共有 7 名预报员，吉方天气图由乌兹别克斯坦绘制，没有自己的区域预报模式和天气雷达，其气象预报主要是基于气象实测和欧洲、日本中心数值模式。该国主要的气象灾害为低温、冰雹和暴雪及其衍生灾害。农业气象中心工作人员介绍了整个吉尔吉斯斯坦农业气象区划和主要农作物情况，以及气象限制因子和基本的农业气象灾害，主要农作物为春小麦、冬小麦、烟草、豆类、土豆、番茄等。

10 月 2 日，考察组在水能所天山山地生态研究站站长巴克特的陪同下沿伊塞克湖考察了吉尔吉斯斯坦北部气象站，首先考察了巴里克奇气象站(Balykchy)(图 1.15)。考察组与观测人员进行了友好的交流，向工作人员了解了气象站的基本情况。该气象站 1962 年建站，至今一直连续观测，主要要素有最高温度、最低温度、平均温度、降水、风向风速、蒸发等要素，该气象站主要用手工填写报表，记录气象资料，3 小时观测一次。该气象站观测条件较为简陋，降水较少，地面以裸露荒漠为主。

图 1.13　吉尔吉斯斯坦水文气象中心副主任会见考察组一行

图 1.14　吉尔吉斯斯坦国家气象预报中心主任向考察组介绍气象预报业务

考察组考察的第二个气象站为琼阿塔气象站(Kholpon-Ata)(图 1.16)。该气象站位于伊塞克湖边,始建于 1937 年,观测要素较为全面,如:最高最低温度、平均温度、地温、固态液态降水、日照时数、直接间接辐射、蒸发等资料。

10 月 2 日下午,考察组一行到达卡拉科尔,并访问了卡拉科尔(Karakol)气象水文局(图 1.17),整个卡拉科尔气象水文局共有三十多位工作人员,拥有八个水文、气象观测站,中心驻

图 1.15　考察组参观边里克奇(Balykchy)气象站

图 1.16　考察组参观琼阿塔(Kholpon-Ata)气象站

地气象站拥有八名观测员。气象站始建于1881年,其中1996年迁站,气象资料中断,2002年又重新建立自动气象站,至今已10年。随后,考察组在卡拉科尔市区考察参观了卡拉科尔大学和伊塞克大学,了解了两所大学的基本情况和学科体系建设。

10月4日,考察组一行考察了吉尔吉斯斯坦与中国河流流域分界的塔阿署(Tyashuu)山口,该地区海拔3825 m,冰雪覆盖,温度−3℃。随后,考察组一行访问了吐阿署(Too-Ashuu)气象站(图1.18),向气象站工作人员了解了气象站的基本概况,该站始建于1968年,目前主要观测降水、温湿度、风速风向,有8名工作人员,每人工作50天轮换一次,观测场地和观测仪

图 1.17　考察组访问卡拉科尔(Karakol)气象局

器较为陈旧，还停滞于 20 世纪 90 年代前苏联时期，数据录入靠手工。由于处于山谷地带，常年风速较大，最大风速20 m/s。何清所长看望了气象站工作人员，并对气象站工作人员的敬业精神表示钦佩。

图 1.18　考察组访问吐阿署(Too-Ashuu)气象站

下午，考察组一行访问了吉尔吉斯斯坦科学院森林研究所的森林公园(图 1.19)。其建于 1947 年的森林生态气象站，以前监测的气象要素较为全面，苏联解体后，只监测温度、降水、地温、雪深等气象要素，观测记录每三个月给吉尔吉斯斯坦水文气象中心报送一次。该地区年降水量最大可达 1200 mm。占地 1.6 km^2，拥有世界各地的树种和先进的嫁接技术，该公园主要用于科研、旅游、育苗等。

10月6日，考察组一行冒着大雪考察了位于伊塞克湖南部的克孜尔苏(Kyzyl-Suu)气象站(图1.20)。该气象站始建于1959年，周边环境较好，气象站较规范，有三个风向杆，风速风向、最高最低温度、平均温度、地温、辐射等，数据较为齐全，观测连续。

图1.19 考察组访问吉尔吉斯斯坦科学院森林研究所森林公园森林生态气象站

图1.20 考察组与克孜尔苏(Kyzyl-Suu)气象站工作人员合影

3)开展环伊塞克湖科学考察，在吉国东部山区进行树轮采样工作。

10月3日，考察组赴中国科学院新疆生态与地理研究所、吉尔吉斯斯坦科学院水问题和水能研究所合建的中吉山地生态系统研究站，在研究站附近进行了树木年轮采样，采样点位于琼克孜尔孙上树线，共采集50个细芯，46个粗芯(图1.21)。采样点坡度20°～60°，坡向NEE，该地区草原长势一般，位于深切河谷，两侧较陡，林中有积雪，森林上树线约3000 m以上。傍晚时分，在琼克孜尔孙下树线附近采集了 40 个细芯。该采样点位于河谷下游，坡度 15°，树龄不大。

10 月 4 日，考察组一行考察了吉尔吉斯斯坦与中国河流流域分界的塔阿署(Tyashuu)山口(图 1.22)。该地区海拔 3825 m，冰雪覆盖，温度－3℃。

随后，考察组在该山附近的森林上树线采集树轮样本(图 1.23)。采样点位于西北坡，坡度较陡，大于 40°树木，大部分位于石崖上，共采集了 46 个粗芯和 46 个细芯。

图 1.21　考察组在琼克孜尔苏(Chon-Kyzyl-Suu)上树线采样

图 1.22　考察塔阿署(Tyashuu)山口

图1.23　袁玉江研究员在吐阿署(Too-Ashau)采样

10月5日,考察组一行在位于吉尔吉斯斯坦北部靠近哈萨克斯坦山区阿克布拉克(AKB)采点进行树轮采样,该采样点山势较陡,山下海拔1800多米,山顶2750 m,考察组顶着冰雹爬山,在积雪中采样。山顶采点森林多为中幼林,共采集了42棵细芯。

10月6日,考察组一行冒着大雪和山区大雾在伊塞克湖湖南靠近中国阿克苏边境地区进行树木年轮采样,该采样点(HNZ)坡度较小,在15°左右,坡向为NWW,山上曾经发生过泥石流,多石头,考察组共采集了61个样芯(图1.24,图1.25)。

图1.24　考察组人员整理样芯

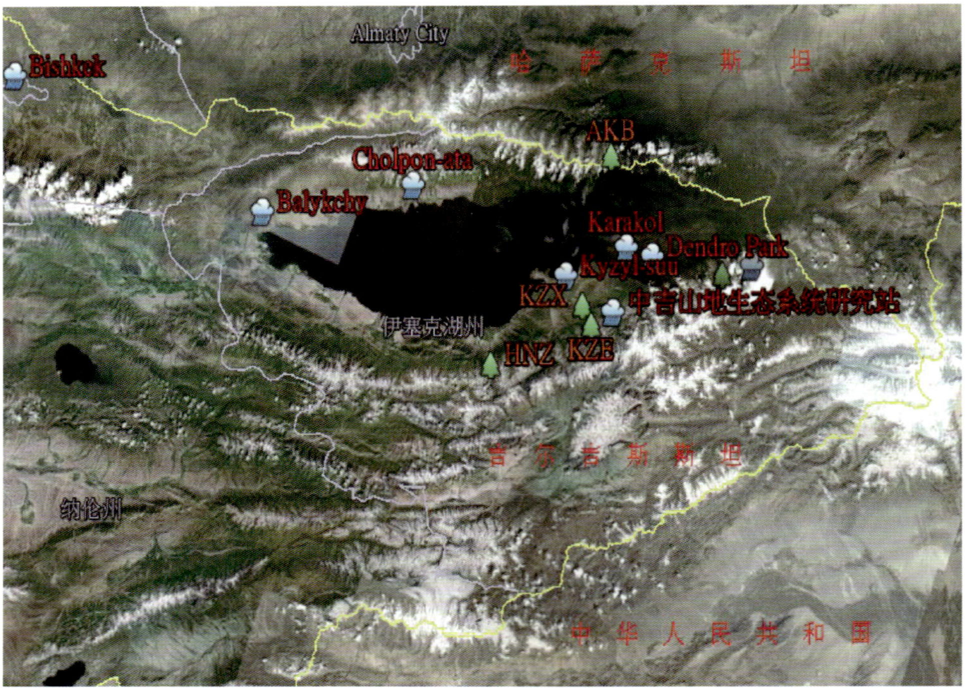

图 1.25　考察组访问的气象站点和树木年轮采样点

1.4.3　2013 年吉尔吉斯斯坦和塔吉克斯坦考察

在科技部国家国际科技合作项目“中亚地区应对气候变化条件下的生态环境保护与资源管理联合调查与研究”的支持下，应吉尔吉斯斯坦国家科学院水问题与水能研究所所长马马特卡诺夫·久申院士、塔吉克斯坦国家科学院水问题、水能和生态研究所所长科布利耶夫 Z. V. 和塔吉克斯坦地质、地震工程与地震学研究所所长玛玛德扎洛夫 U. 的邀请，由新疆气象局组织的塔吉克斯坦与吉尔吉斯斯坦野外科学考察和采样工作代表团（简称代表团）于 2013 年 9 月 7—17 日赴塔吉克斯坦与吉尔吉斯斯两国开展了中亚气候变化科学考察。代表团一行由来自中国气象局乌鲁木齐沙漠气象研究所的 4 人和克孜勒苏柯尔克孜自治州气象局 1 人组成。现总结如下：

（1）出国团组基本情况

代表团由中国气象局乌鲁木齐沙漠气象研究所所长何清研究员担任考察组组长，成员由新疆克孜勒苏柯尔克孜自治州气象局局长高放生、沙漠气象研究所喻树龙副研究员、陈峰副研究员和张瑞波助理研究员组成。

（2）出访目的和任务

执行科技部国家国际科技合作项目“中亚地区应对气候变化条件下的生态环境保护与资源管理联合调查与研究”中的“中亚气候变化调查研究”子课题；共同构建中亚气候变化长期

研究合作平台、了解中亚地区近代天气气候状况、采集中亚主要山区树木年轮样本，为重建中亚地区历史气候收集基础数据。

(3)气候变化野外考察和树木年轮采样工作

2013年9月8—10日，考察团何清一行5人与塔吉克斯坦国家科学院水问题、水能和生态研究所所长科布利耶夫Z.V.，塔吉克斯坦地质、地震工程与地震学研究所所长玛玛德扎洛夫U.等4人共同对塔吉克斯坦进行了为期3天的野外科学考察，实地了解了杜尚别市、塔吉克斯坦西南部平原农业区、吉萨尔山区、泽拉夫尚山区、土耳其斯坦山区和塔吉克斯坦北部的气候状况及生态环境，分别在阿加那克河上游、泽拉夫尚河流域的阿拉丁湖附近和土耳其斯坦山北坡恰阿空祖其(Qaraqozuq)采集了3个样点的树木年轮样本(详见表1.1)，总行程约1000 km。

2013年9月12—16日，考察团与吉尔吉斯斯坦国家科学院水问题与水能研究所天山站站长巴克特等3人共同对吉尔吉斯斯坦进行了为期5天的野外科学考察，实地了解了吉尔吉斯斯坦北部比什凯克、托克马克，中部的纳伦、卡拉库尔以及南部的贾拉拉巴德和奥什的气候状况及生态环境，考察涉及了平原、农耕区、山地、冰川、森林、湖泊、积雪等不同背景下的气候变化及生态环境演变，共在塔吉克斯坦和吉尔吉斯斯坦山区采集了15个采样点的树木年轮样本(详见表1.1)，总行程约2500 km(图1.26—图1.29)。

表1.1 塔吉克斯坦和吉尔吉斯斯坦的采样概况

	地点	采点名	代号	纬度(N)	经度(E)	海拔	树/芯	树种
1	杜尚别西北	Tursubzade	TKU	38°48′	68°36′	2100 m	22/50	泽拉夫尚圆柏
2	泽拉夫尚河流域	Vertical	VDK	39°14′	68°16′	2700 m	26/84	天山圆柏
3	伊斯塔拉夫尚	Qaraqozuq	QAR	39°33′	68°46′	2800 m	24/72	土耳其斯坦圆柏
4	纳伦北部	Doolon	DOO	41°49′	75°46′	2850 m	23/69	雪岭云杉
5	纳伦西部	Song kul	SKE	41°39′	75°01′	2948 m	28/56	雪岭云杉
6	切切肯河	Chychken	IRY	42°09′	72°55′	2120 m	20/60	雪岭云杉
7	切切肯河	Chychken	IRB	42°09′	72°55′	2300 m	20/40	天山圆柏
8	切切肯河	Chychken	IRL	42°09′	72°55′	1500 m	25/50	冷杉
9	卡拉库尔水库	Karakol	KKB	41°33′	72°32′	880 m	35/105	天山圆柏
10	贾拉拉巴德北部	Arslanbob	ARB	41°22′	72°55′	1850 m	20/40	天山圆柏
11	奥什西南山区	Kyrgyz-Ata	KAB	40°02′	72°35′	2750 m	23/65	天山圆柏
12	奥什南部山区	Kok-bel	KU1	40°02′	72°56′	2800 m	20/40	天山圆柏
13	奥什南部山区	Kok-bel	KU2	40°02′	72°56′	2800 m	22/44	天山圆柏
14	奥什南部山区	Kok-bel	KU3	40°02′	72°56′	2800 m	21/42	天山圆柏
15	奥什南部山区	Kok-bel	KBD	40°02′	72°56′	1800 m	20/40	天山圆柏

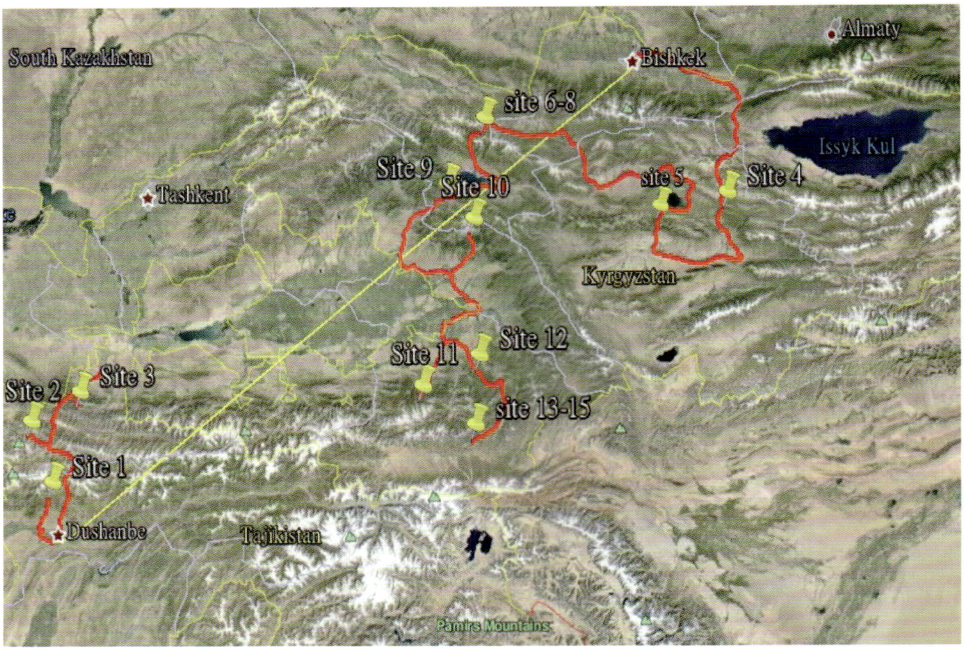

图 1.26　塔吉克斯坦和吉尔吉斯斯坦野外考察路线

图 1.27　陈峰副研究员采集树轮样本

图 1.28　中塔树轮气候科考队成员在吐拉阿德(Tursunade)树轮采样点合影留念

图 1.29　科考队员奔赴吉尔吉斯斯坦克格孜阿塔(Kyrgyz-Ata)采样点

(4)访问考察和学术交流

访问吉尔吉斯斯坦国家科学院水问题与水能研究所、塔吉克斯坦国家科学院水问题、水能和生态研究所和塔吉克斯坦国立民族大学(图 1.30—图 1.32),了解两国现代气候变化及生态环境演变情况,双方科研人员交流了中亚气候变化研究最新进展,张瑞波助理研究员关于吉尔吉斯斯坦过去百年干湿变化的研究成果得到了马马特卡洛夫院士的认同,共同商讨了进一步进行中亚气候变化研究长期合作计划。

图 1.30　与塔吉克斯坦国家科学院水问题、水能与生态研究所所长进行交流

图 1.31　在塔吉克斯坦国立民族大学交流

图 1.32　张瑞波助理研究员向马马特卡诺夫·久申院士介绍吉尔吉斯斯坦气候变化研究成果

1.4.4　2014 年吉尔吉斯斯坦和塔吉克斯坦考察

在科技部国家国际科技合作项目“中亚地区应对气候变化条件下的生态环境保护与资源管理联合调查与研究”的支持下，应塔吉克斯坦国家科学院水问题、水能和生态研究所所长 Kobuliev Zainalobudin Valievich 教授和吉尔吉斯斯坦国家科学院水问题与水能研究所所长 Mamatkanov Diushen 院士的邀请，由新疆气象局组织的塔吉克斯坦野外科学考察和采样工作代表团于 2014 年 7 月 19—27 日赴塔吉克斯坦和 10 月 24—31 日赴吉尔吉斯斯坦开展了中亚气象科技交流和树木年轮采样工作。

（1）出国团组基本情况

赴塔吉克斯坦代表团由中国气象局乌鲁木齐沙漠气象研究所所长何清研究员担任考察组组长，成员由新疆喀什气象局局长裴江文、沙漠气象研究所袁玉江研究员、尚华明副研究员和喻树龙副研究员组成。

赴吉尔吉斯斯坦代表团由新疆气象局杨新林局长（团长）、陈蕾副主任、张俊兰正研级高工、买买提艾力·买买提依明副研究员、张同文副研究员、张瑞波副研究员组成。

（2）出访目的和任务

执行科技部国家国际科技合作项目“中亚地区应对气候变化条件下的生态环境保护与资源管理联合调查与研究”中的“中亚气候变化调查研究”子课题；

共同构建中亚气候变化长期研究合作平台、了解中亚地区近代天气气候状况、建立森林生态监测气象站、收集中亚主要山区树木年轮样本，为重建中亚地区历史气候收集基础数据。

（3）气候变化野外考察、树木年轮采样和架设气象站工作

2014 年 7 月 20—23 日和 25—26 日，考察团何清一行五人与塔吉克斯坦国家科学院地质、地震工程与地震研究所所长马马特卡诺夫和水问题、水能和生态研究所助理研究员 Anver 等陪同下，共同对塔吉克斯坦杜尚别东部山区进行了为期 6 天的野外科学考察（图 1.33），实地了解了位于天山山脉西段的塔吉克斯坦红河流域山区、突厥斯坦山区东部、吉萨尔山的气候状况及生态环境，分别在红河支流的塔维尔达拉、红河上游的吉尔加塔尔、加尔姆山区附近、拉米特自然保护区的索博河流域和沙达依（Sardayi）河流域等区域采集了七个样点的树木年轮样本（详见表 1.2），总行程约 1500 km。共获取了的 148 棵树，300 多根树芯样本，涉及的树种包括泽拉夫尚圆柏、土耳其斯坦圆柏等。

此次采样主要选择杜尚别以东山区的柏树分布区采样树轮样本（图 1.34—图 1.41）。塔吉克斯坦山区道路多为简易公路，道路曲折漫长，车辆最多能开至森林下线，因而在采集森林上线树轮样本时采样人员花费了大量的时间步行爬山，影响了采样效果。同时，由于塔吉克斯坦乡村群众冬季采暖方式多为砍伐树木燃烧取暖，因而对原始柏树森林破坏较为严重，部分区域的柏树已被砍伐殆尽，使采样人员在部分采点没能采集到树龄较长的样本。

表 1.2　塔吉克斯坦采样概况（2014 年）

	地点	采点名	代号	纬度(N)	经度(E)	海拔(m)	树(棵)/芯(个)	树种名
1	塔维尔达拉	塔维尔达拉	TWL	38°48.7′	70°20.9′	2150	13/26	*Juniperus seravschanica*
2	吉尔加塔尔	黑头山	HTS	39°09.8′	71°36.8′	3250	27/54	*Juniperus semiglobosa*
3	吉尔加塔尔	吉尔加塔尔	JEJ	39°11.3′	71°16.1′	1800	23/46	*Juniperus seravschanica*
4	加尔姆	牙克奇	YKH	38°51.3′	69°59.6′	1175	20/40	*Juniperus seravschanica*
5	拉米特	拉米特	LMT	38°54.5′	69°17.4′	1600	22/44	*Juniperus seravschanica*
6	拉米特	索博河	SBH	38°46.9′	69°25.2′	1360	17/34	*Juniperus seravschanica*
7	拉米特	索博河东	SBD	38°52.8′	69°35.9′	1950	26/52	*Juniperus seravschanica*

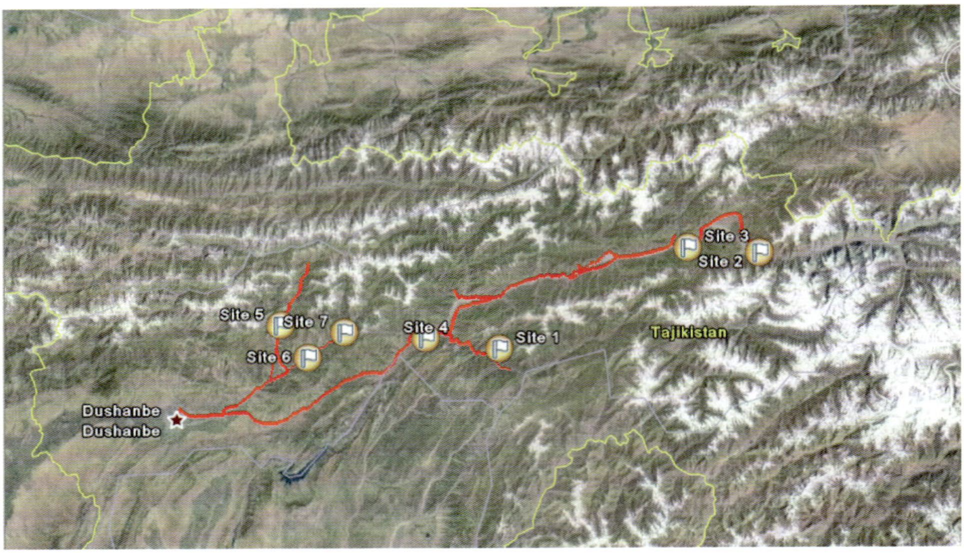

图 1.33　塔吉克斯坦野外考察路线

图 1.34　袁玉江研究员攀爬陡峭的山坡

图 1.35　何清所长在塔维尔达拉采样

图 1.36　科考队员在黑头山采样点山顶合影

图 1.37　塔维尔达拉采样点

图1.38 黑头山采样点

图1.39 牙克奇采样点

图 1.40　索博河东采样点

图 1.41　塔吉克斯坦野外科学考察成员商讨采样路线

10月26日，新疆维吾尔自治区气象局杨新林(团长)、陈蕾、张俊兰、买买提艾力·买买提依明、张同文、张瑞波一行6人前往琼克孜尔苏天山气象观测站，与当地工作人员共同架设气象和林木生长监测仪器，建立西天山森林气象监测站(42°11′34.93″N，78°12′05.02″E，2589 m)(图1.42—图1.45)。

图1.42 架站工作照

图1.43 架站工作照

图 1.44　中吉双方人员合影

图 1.45　西天山森林气象监测站建成照

2014 年 10 月 27 日，买买提艾力·买买提依明、张同文、张瑞波等对西天山森林气象监测站的气象及林木生长监测仪器进行调试，并对吉尔吉斯斯坦国家科学院水问题与水能研究所派遣的研究人员开展相关仪器操作培训。随后，在该森林气象监测站附近开展了一个采样点（采样点名称：琼克孜尔苏天山站中；采样点代号：KZM；海拔：2680 m；坡向：E；坡度：15°；郁闭度：0.3；位置：42°11′34.93″N，78°12′05.02″E），共计 16 棵样树的树木样芯野外采集工作（图 1.46—图 1.51）。

图 1.46　气象要素观测系统

图 1.47　树木周长及半径生长监测系统

图 1.48　树干径流监测系统

图 1.49　科研人员在进行仪器调试与操作培训

图 1.50　建站完成后合影

图 1.51　琼克孜尔苏天山站中采样点外貌

2014 年 10 月 28 日，买买提艾力·买买提依明、张同文、张瑞波等在卡吉萨依南部山区开展了一个采样点(采样点名称：阿克特尔克；采样点代号：AKT；海拔：2900 m；坡向：S；坡度：30°；郁闭度：0.2；位置：42°04′18.99″N，77°08′18.31″E)共计 25 棵样树的树木样芯野外采集工作(图 1.52，图 1.53)。

图 1.52　张同文副研究员采样工作照

图 1.53　阿克特尔克采样点外貌

2014年10月29日，买买提艾力·买买提依明、张同文、张瑞波等在伊塞克湖北部山区开展了1个采样点（采样点名称：卡拉克尔北；采样点代号：KLN；坡度：30°；郁闭度：0.3）共计21棵样树的树木样芯野外采集工作（图1.54，图1.55）。

图1.54 买买提艾力·买买提依明副研究员采样工作照

图1.55 卡拉克尔北采样点外貌

2014 年 10 月 30 日，买买提艾力·买买提依明、张同文、张瑞波等在琼克米开展了一个采样点（采样点名称：琼克米；采样点代号：QKM；海拔：2500 m；坡向：E；坡度：30°；郁闭度：0.3；位置：42°48′22.27″N，76°22′47.58″E），共计 20 棵样树的树木样芯野外采集工作（图 1.56）。

图 1.56　琼克米采样点外貌

2014 年 10 月 31 日，新疆气象局杨新林（团长）、陈蕾、张俊兰、买买提艾力·买买提依明、张同文、张瑞波一行 6 人圆满完成此次国际学术交流活动，顺利返回乌鲁木齐。

（4）访问考察和学术交流

考察团借在杜尚别休整之机，于 2014 年 7 月 24 日上午访问了塔吉克斯坦国家科学院水问题、水能和生态研究所，受到了塔国科学家的盛情接待，双方科研人员交流了塔吉克斯坦气候变化研究最新进展，喻树龙副研究员和尚华明副研究员关于塔吉克斯坦西部树木年轮对气候的响应和降水重建的研究成果得到了水问题、水能和生态研究所所长科布利耶夫、塔吉克斯坦国家科学院地质、地震工程与地震学研究所所长玛玛德加洛夫和相关研究专家的认同，并展开了热烈的讨论。在学术交流结束后，中塔双方共同商讨了进一步进行塔吉克斯坦气候变化研究的合作计划。下午访问了塔吉克斯坦水文气象局，与塔吉克斯坦水文气象局局长默罕默德萨法洛夫等进行座谈，并参观了塔吉克斯坦水文气象局信息中心和杜尚别气象站，了解塔国现代气象服务、气象观测、气候变化及生态环境演变情况，对中方援助塔方气象观测设备方面交换了意见（图 1.57—图 1.62）。在参观过程中，发现塔吉克斯坦杜尚别气象站气象观测设备陈旧，观测场年久失修，部分观测仪器已经无法使用，需要国际上在气象观测设备方面进行援助。

图1.57 塔吉克斯坦国家科学院水问题、水能与生态研究所和塔吉克斯坦国家科学院地质、地震工程与地震学研究所专家听取尚华明副研究员介绍气候重建研究成果

图1.58 中国气象局乌鲁木齐沙漠气象研究所所长何清研究员及考察组成员与塔吉克斯坦国家科学院水问题、水能与生态研究所、塔吉克斯坦国家科学院地质、地震工程与地震学研究所相关领导和专家合影

图 1.59　双方在塔吉克斯坦水文气象局座谈

图 1.60　新疆气象考察组与塔吉克斯坦水文气象局局长合影

图1.61　新疆气象考察组参观塔吉克斯坦水文气象局信息中心

图1.62　新疆气象考察组参观塔吉克斯坦杜尚别市气象站

2014 年 10 月 24 日上午，代表团前往吉尔吉斯斯坦国家科学院水问题与水能研究所，与玛玛塔诺夫·玖申院士等吉国专家开展国际学术交流活动，介绍了前期共同在环伊塞克湖周边山区开展的树木年轮气候学研究进展（图 1.63—图 1.65），并向吉方研究所递交了联合发表的两篇 SCI 论文“Development of tree-ring width chronologies and tree-growth response to climate in the mountains surrounding the Issyk-Kul Lake, Central Asia”和“Reconstructed precipitation on a centennial timescale from tree rings in the westernTien Shan Mountains, Central Asia”。吉方专家对双方前期的合作成果表示满意，并与中方研究人员就共同关心的研究课题开展了热烈的讨论。最后，由吉方代表玛玛塔诺夫·玖申院士和中方代表杨新林共同签署了《中国气象局乌鲁木齐沙漠气象研究所和吉尔吉斯斯坦国家科学院水问题与水能研究所建立森林气象监测站合作事宜合作意向书》，确定了联合建站的相关事宜。

图 1.63　学术交流

10 月 25 日，新疆气象局杨新林（团长）、陈蕾、张俊兰、买买提艾力·买买提依明、张同文、张瑞波一行 6 人前往卡拉克尔，途中参观了吉尔吉斯斯坦国家科学院水问题与水能研究所在克孜尔苏建立的克孜尔苏山地生态系统野外观测与研究站、中吉山地生态系统研究中心。

图1.64 会议讨论

图1.65 新疆气象考察组参观研究中心

1.4.5 我国与中亚国家气象科技合作策略

(1)加强与中亚国家双边资料的交换工作

中亚5国面积约400万 km^2,有许多气象观测站,观测时间较长,但是参加国际资料交换的站很少,以吉尔吉斯斯坦为例,该国共有30个气象站,但仅有7个站参加国际交换。中亚作为我国天气预报的上游区,该区域观测资料的获取对于提高我国天气预报水平大有裨益。因此在与中亚地区气象科技合作中,应把资料双边交换放在优先地位。建立与吉尔吉斯斯坦的双边合作关系,重点加强资料交换和气候变化方面的合作。

(2)扩大我国对中亚地区影响力,共同提升国家气象业务现代化水平

中亚国家目前气象业务科技相对落后,存在的主要问题是(1)观测仪器陈旧、探空空白点多,以吉尔吉斯斯坦为例,访问的5个气象站,均没有探空业务开展。作为我国重要的天气上游区,探空资料的匮乏,直接影响到我国灾害性天气的预报预警。(2)自动化水平低,信息化不足,吉尔吉斯斯坦自动气象站相对较少,目前主要是人工观测,且观测数据主要通过报表给比什凯克中心,进行统计分析,缺乏实时监测。(3)缺乏本国区域预报模式,目前使用欧洲中心和日本的数值预报产品;现代化监测手段不足,缺少如GPS水汽探测仪、多普勒天气雷达等现代化监测手段。(4)人员老化严重,青年业务人才匮乏。

从中亚国家对于我国气象预报重要的地理位置出发,以及扩大我国在周边国家影响力的角度,按照他们的需求,提供一定的设备,帮助他们建立现代化的气象观测站,尤其是探空站,并无偿提供一定的耗材。建立双边通信线路,交换双边观测资料,提供他们预报需要的我国数值模拟产品。根据他们的需求,我国可以加强我国新一代天气雷达、自动气象站等的出口工作。利用新疆区域气象培训中心的区域和当地少数民族的语言优势,帮助培训他们的预报员、观测员,完成新老接替,尽快帮助中亚地区建立和完善现代化的气象业务体系。安装在吉尔吉斯斯坦国家水文气象中心的MICAPS系统和FY3卫星遥感资料显示系统受到他们的欢迎,在他们业务中得到应用,但也反映在产品释用方面还存在一定困难,因此在输出系统和仪器设备的同时,必须加大培训力度,为提高中亚国家气象业务水平做出切实的贡献。

(3)推进我国与中亚国家气候变化领域研究合作

中亚地区既体现干旱的特征,西部山区还存在高寒特征,属于典型的寒旱区,是气候变化的敏感区和脆弱区,也属于高风险区。邻近中国山区,冰川资源丰富,森林覆盖率较高,人类活动影响相对较小,适宜展开基于冰川、树轮等的气候变化研究,可提供长期历史气候变化数据,增进我国在国际气候变化谈判中争取话语权和主动权,为维护国家利益、促进我国经济社会可持续发展做出贡献。此外,该地区河流多为冰川融水径流,多国际河流,如哈萨克斯坦50%的径流源于周边国家,而全球变暖已经导致塔吉克斯坦的小冰山提前后退,我国新疆的部分河流属于国际河流,气候变化导致的水资源不稳定性正在引发中亚邻国间新的矛盾。因此加强双方的气候变化领域合作研究,具有重要的科学和现实意义。目前该地区在这方面的研究相对较少,监测手段也很有限,我国可加大这方面的合作力度,提供冰川气象监测设备,数据共享;加大我国对该区域冰川资源的遥感力度;合作开展中亚地区树轮气候变化研究,对于提高我国评估中亚气候变化引起的可能后果提供数据支持,及早建立应对措施,减少因中亚地区气候变化给我国带来的损失。

(4)与中亚国家其他的合作领域

吉尔吉斯斯坦领土面积的94%为山地，冰川资源丰富，河流较多，同时自然降水丰沛，山区可达600～1200 mm，比起同为干旱区的我国西北山脉，要偏多一些，人均水资源居世界前列，自然降水基本可满足农业需求。该国毗邻我国新疆阿克苏等地区，可考虑从该国进口淡水资源，输水至新疆塔里木盆地。至2030年，我国人口可达16亿，粮食安全是关系稳定的重大问题，塔里木盆地是未来我国重要的可垦荒区域之一，但是该地区缺乏水资源，如能从吉国输水，不但能拓展耕地面积，增加粮食产量；同时也可以给塔里木河补给、恢复和改善塔里木河中下游地区的生态环境。

参考文献

胡振华. 2006. 中亚五国志. 北京：中央民族大学出版社.
中华人民共和国外交部—哈萨克斯坦. http://www.fmprc.gov.cn.
中华人民共和国外交部—乌兹别克斯坦. http://www.fmprc.gov.cn.
中华人民共和国外交部—塔吉克斯坦. http://www.fmprc.gov.cn.
中华人民共和国外交部—吉尔吉斯斯坦. http://www.fmprc.gov.cn.
中华人民共和国外交部—土库曼斯坦. http://www.fmprc.gov.cn.

第2章　中亚地区气候特征

2.1　中亚气候概述和研究进展

这里的中亚是指包括乌兹别克斯坦、吉尔吉斯斯坦、塔吉克斯坦和土库曼斯坦及哈萨克斯坦五个国家。在讨论气候预测时考虑到中亚是新疆的上游，因此第5章也会讨论到新疆的气候预测问题。

中亚地域范围广大，五个国家的面积合计近 4.0×10^6 km^2（哈萨克斯坦面积最大，2.75×10^6 km^2，其余四国合计 1.2×10^6 km^2），是新疆面积的二倍半。在气候方面，中亚所有的地方几乎同属干旱类型，但地区之间的差异也显而易见。中亚地区因受比较特殊的因素影响，从而形成了一种比较独特的气候。

由于处于欧亚大陆腹地，尤其是东南缘高山阻隔印度洋、太平洋的暖湿气流，该地区气候为典型的温带沙漠、草原的大陆性气候，其突出特征是：第一，雨水稀少，极其干燥。一般年降水量在300 mm以下，咸海附近和土库曼斯坦的荒漠年降水量仅为75～100 mm，而山区年降水量为1000 mm，费尔干纳山的西南坡甚至可达2000 mm，但山地中也有的地方雨量少于沙漠地区，如帕米尔的年降水量仅60 mm；第二，日光充足，蒸发量大。中亚每平方厘米地面由于太阳辐射量每年可获 $4.2\times10^5\sim5.4\times10^5$ J，在土库曼斯坦则几乎达到 6.7×10^5 J。科学测试表明，在中亚北纬40°地方夏季所获太阳辐射量并不逊于热带地区。空气极其干燥。高温引起大量的水分蒸发，阿姆河三角洲水面的可能年蒸发量达1798 mm，即比这里的降水量大21倍；第三，温度变化剧烈。许多地方白天最高气温与夜晚最低气温可相差20～30℃。在帕米尔高原则有日温差40℃的记录。从哈萨克斯坦最北端到土库曼斯坦最南端，纵跨北纬57°N到35°N，表现为寒温带经温带向亚热带的过渡，在盛夏7月，除山区外平均气温一般在26℃至32℃之间，而在隆冬1月，平均气温由北端的−20℃到南端的2℃过渡。

第四次IPCC气候变化评估报告指出，自1750年以来气候在人类活动的影响下总体呈增暖趋势，近100年（1906—2005）全球平均气温升高 0.74 ± 0.18 ℃，从1900年至2005年在北美和南美的东部地区、北欧和亚洲北部及中亚地区降水显著增加（IPCC，2007）。在近100年来，中亚干旱区的气温场整体变化一致，西风环流影响区呈明显的增温趋势，除20世纪10年代和50年代外，研究区气温变化主要取决于冬季温度的变化（王劲松等，2008）。中亚干旱区在20世纪两次暖期中，对第一次全球增温的响应并不明显，对第二次全球增温响应明显，气温发生了明显的增暖，降水整体上表现出增加趋势（王劲松等，2008）。陈发虎等（2011）基于CRU资料指出，近80年来中亚干旱区年降水整体上表现出增加趋势，以冬季降水的增加趋势最明显（0.7 mm/(10 a)），降水变化存在空间差异。中亚干旱半干旱区位于我国西北地区西风带上游，其下垫面热力状况变化必然会影响我国西北的气候（周长春等，2009）。

施雅风等(2003)研究指出近 50 年来新疆年降水量呈增加趋势,西北气候可能正由暖干向暖湿转型的科学推论,新疆地区于 1987 年气候发生突变,温度上升,降水量连续多年增加。何清等(2003)指出,1961—2001 年新疆气温呈明显上升趋势,降水总趋势是增湿明显,新疆东部地区的增加趋势最为明显。薛燕等(2003)研究表明新疆大部分地区年降水量呈增加趋势,气温也呈上升趋势。于淑秋等(2003)研究发现我国西北地区温度和降水在 1986 年发生一次跃变,跃变后气温和降水均呈增加趋势。

新疆属于中亚的一部分,新疆的气候与中亚五个加盟共和国的气候有相似也有差异。新疆深居内陆,远离海洋,高山环列,使得湿润的海洋气流难以进入,形成了极端干燥的大陆性气候;中亚同处于欧亚大陆腹地,东南缘高山阻隔印度洋、太平洋的暖湿气流,该地区以温带大陆性气候为主,植被以草原、荒漠为主。随着人们对全球气候变化的认识不断加深,中亚干旱区气候变化也引起来不少学者的关注。

2.2　研究数据和方法

使用的 CRU 资料为英国 East Anglia 大学 Climatic Research Unit(简称 CRU)提供的 1971—2000 年的温度和降水数据。近年来,Jones 等修改和更新了 CRU 陆面气温资料,扩大了其覆盖范围(Jones P D,1994;Jones P D and Moberg A,2003);Hansen 和 Peterson 等也建立了新的全球平均温度序列(Peterson T C,*et al.*,1997;Hansen J,*et al.*,2001)New 将空间覆盖面积延伸到所有土地面积,包括所有岛屿,但不包括南极洲的领域。CRU 通过整合已有的若干个知名数据库,重建了一套覆盖完整、高分辨率、且无中断的地表气候要素数据集,空间分辨率达到 0.5 °×0.5 °(约 50 km),覆盖全球陆地的 9 个地表变量,该资料不包含卫星观测,

图 2.1　中亚地区气温站点位置示意图

不使用模式同化,仅使用数学方法对数据源进行整合和插值,有比较大的可靠性。CRU 资料所揭示的中国 20 世纪气候变化与 160 站观测相关系数较高,比较完整地描述了中国气候变化的基本特征,有较高的可信度(闻新宇等,2006)。陈发虎等(2011)通过做出中亚地区整体平均的单位格点所用站点数的时间序列以及不同时段所用的插值站点发现,1930 年以后的 CRU 资料具有可靠性和适用性。中亚一些国家由于政治、经济等原因造成了很多缺测数据,所以利用 CRU 资料来代替实测资料。

所使用的站点资料来自国际气象组织(WMO)的国际交换数据。站点资料的逐年数据主要包括降水,气温,海平面气压,气温日均最高值,气温日均最低值。有些站点资料的数据不完整,故挑选逐月数据比较完整的典型站点来分析,挑选的站点资料如表 2.1,表 2.2。

表 2.1 中亚地区气温站点信息

站点 \ 资料	经度	纬度	海拔高度(m)	资料长度(年)
乌伊尔	54°41′E	49°04′N	88	1935—1989
巴尔喀什	75°05′E	46°48′N	350	1935—1986
彼得罗巴甫洛夫斯克	69°09′E	54°50′N	134	1934—1989
突厥斯坦	68°13′E	43°16′N	206	1925—1989
纳伦	76°00′E	41°26′N	2039	1939—1989
撒马尔干	66°57′E	39°34′N	724	1939—1989
塔什干	69°16′E	41°16′N	477	1882—1990
杜尚别	56°17′E	38°59′N	92	1928—1989
库尔干秋别	68°48′E	37°48′N	430	1936—1989
列宁纳巴德	69°44′E	40°13′N	410	1928—1989
查尔朱	63°36′E	39°05′N	188	1935—1984
克孜勒阿尔巴特	56°17′E	38°59′N	97	1931—1989
拜拉姆阿里	62°11′E	37°36′N	241	1920—1989

表 2.2 中亚地区降水站点信息

站点 \ 资料	经度	纬度	海拔高度(m)	资料长度(年)
科克佩克特	82°22′E	48°45′N	510	1947—1990
阿克纠宾斯克州	57°9′E	50°17′N	219	1924—1991
彼得罗巴甫洛夫斯克	69°9′E	54°50′N	134	1933—1995
突厥斯坦	68°13′E	43°16′N	206	1939—1992
克孜勒扎尔	69°42′E	48°18′N	361	1947—2000
纳伦	76°00′E	41°26′N	2039	1926—1992

续表

资料 / 站点	经度	纬度	海拔高度(m)	资料长度(年)
塔拉斯	72°15′E	42°31′N	1217	1941—1991
比什凯克	74°35′E	42°50′N	756	1939—1992
钦博伊	59°48′E	43°00′N	66	1937—1991
泰尔梅兹	67°16′E	37°14′N	309	1954—1993
塔什干	69°16′E	41°16′N	477	1967—1993
塔姆德	64°37′E	41°44′N	236	1967—1992
杜尚别	68°48′E	38°33′N	803	1967—1993
库尔干秋别	68°48′E	37°48′N	430	1936—1986
列宁纳巴德	69°44′E	40°13′N	410	1967—1992
克拉斯诺夫斯克	52°59′E	40°02′N	89	1967—1994
查尔米	63°36′E	39°05′N	188	1967—1994
阿什哈巴德	58°20′E	37°58′N	227	1967—1994

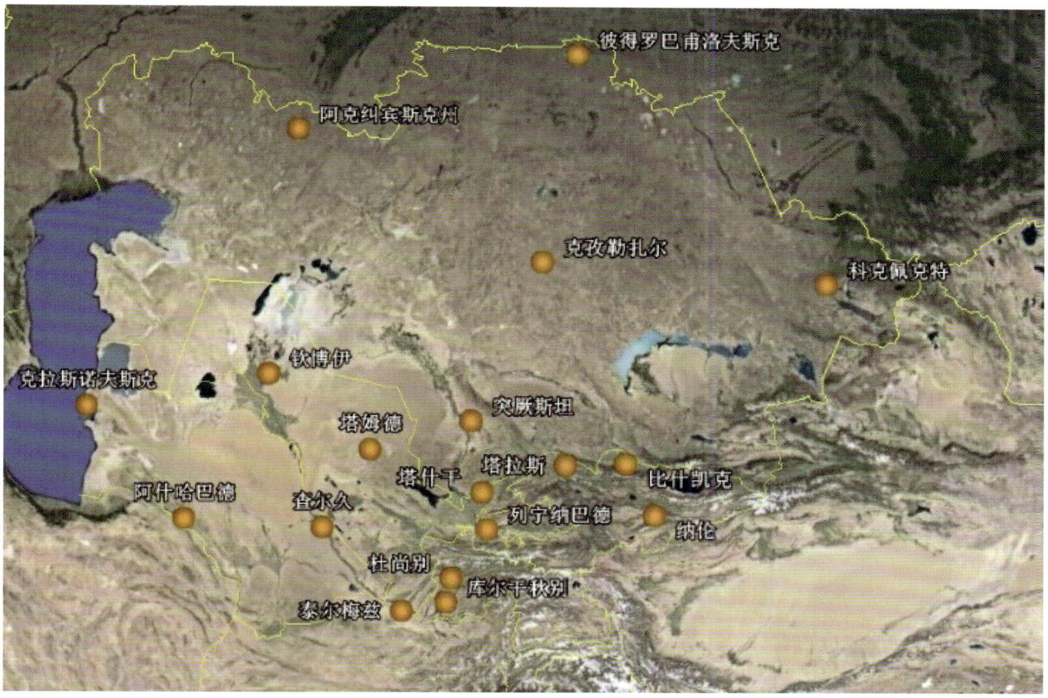

图 2.2　中亚地区降水站点位置示意图

采用的数理统计方法主要有一元线性回归、Mann-Kendall 突变检验等方法。一元线性回归：把气候要素写成 t 的线性函数 $y=at+b$，其中 a、b 为经验常数。

用最小二乘法通过实际资料计算出 a 和 b，其中 a 表示线性函数的斜率，也就是气候要素的线性趋势。a 为正表示增加趋势，为负表示减少趋势，并用 t 检验对线性趋势进行 0.05 的显著性检验，通过说明变化趋势显著，否则认为趋势变化是正常的气候波动。

Mann-Kendall 突变检验：对于具有 n 个样本量的时间序列 x，构造一秩序列：

$$S_k = \sum_{i=1}^{k} r_i (k = 2,3,\cdots,n) \tag{2.1}$$

其中，

$$r_i = \begin{cases} +1 & 当\ x_i > x_j \\ 0 & 否则 \end{cases} \quad (j = 1,2, \cdots, i)$$

可见，秩序列 S_k 是第 i 时刻数值大于 j 时刻，数值个数的累计数。

在时间序列随机独立的假定条件下，定义统计量：

$$UF_K = \frac{S_K - E(S_K)}{\sqrt{Var(S_K)}} \quad (K = 1,2,\cdots,n) \tag{2.2}$$

其中 $UF_i=0$，$E(S_K)$，$Var(S_K)$ 是累计数 S_K 的均值和方差，在 $x_1, x_2, \cdots, x_n$ 相互独立，且有相同连续分布时，它们可由下式算出：

$$E(S_K) = \frac{n(n-1)}{4},\ Var(S_K) = \frac{n(n-1)(2n-5)}{72} \tag{2.3}$$

UF_i 为标准正态分布，它是按时间序列 x 顺序 $x_1, x_2, \cdots, x_n$，计算出的统计量序列，给定显著性水平 α，查正态分布表，若 $UF_i > U_\alpha$，则表明序列存在明显的趋势变化。

按时间序列 x 的逆序 $x_n, x_{n-1}, \cdots, x_1$，再重复上述过程，同时使

$$UF_K = -UB_K,\ K = n, n-1, \cdots, 1,\ UB_1 = 0 \tag{2.4}$$

计算步骤：

(1)计算时间序列的秩序列 S_K，并按(2.1)—(2.3)式计算 UB_K；

(2)计算逆时间序列的秩序列 S_K，并按(2.1)—(2.4)式计算 UB_K；

(3)给定显著性水平，将和这两个统计量曲线和显著性水平线绘制在一张图上(常用的显著性水平有 $\alpha=0.05$，临界值 $U_{0.05}=\pm1.96$；$\alpha=0.01$，临界值 $U_{0.01}=\pm2.56$)。

计算结果分析：

分析绘出的 UF_K 和 UB_K 曲线图，若 UF_K 或 UB_K 的值大于 0，则表明序列呈上升趋势；小于 0，则表明呈下降的趋势。当它们超过临界线时，表明上升或下降趋势显著。超过临界线的范围确定为出现突变的时间区域。如果 UF_K 和 UB_K 两条曲线出现交点，且交点在临界线之间，那么交点对应的时刻便是突变开始的时间。

2.3 中亚五国气候特征

2.3.1 哈萨克斯坦共和国

哈萨克斯坦位于大陆深处，多为平原和低地，分别与俄罗斯、乌兹别克斯坦、中国、吉尔吉斯斯坦、土库曼斯坦五个国家接壤，全国面积达 2.7249×10^6 km^2。哈萨克斯坦西临里海海域、伏尔加草原，北面是乌拉尔山脉的南麓，东邻近西西伯利亚南部平原和塔尔巴哈山脉，南面是天山山脉和图兰山低地平原，图兰低地一直延伸到里海沿岸（龙爱华等，2010），远离海洋，属于典型的干旱大陆性气候，夏季炎热干燥，冬季寒冷少雪，该国北方冬季严寒且漫长。全国绝大部分地区年降水量少于 250 mm。里海、咸海、巴尔喀什湖沿岸地区和哈萨克斯坦中部最为干旱。荒漠地区降水量少于 100 mm。东部、东南部山麓地区气候湿润，降水量 400～600 mm，山区可达 900 mm，北方西伯利亚南部平原地区年降水量不少于 300 mm。四季和昼夜的温差都很大。在沙漠地区尤其明显，最高温度和最低温度可相差 80～90℃。在山区，温差则没有这样大。哈萨克斯坦的气候特点在一年四季中表现得非常鲜明。48°—50°N 区为过渡性气候带，冬季南北有差异，北部冬季长达 5 个月，温度有时达到－45℃，降水量非常少。南部只有两个月（1—2 月）。冬季天气比较暖和，少数年份气温可达－20～－30℃。6—7 月，在北方地区降水比较集中；相反，在南方地区却降水很少，炎热干旱（龙爱华等，2010）。

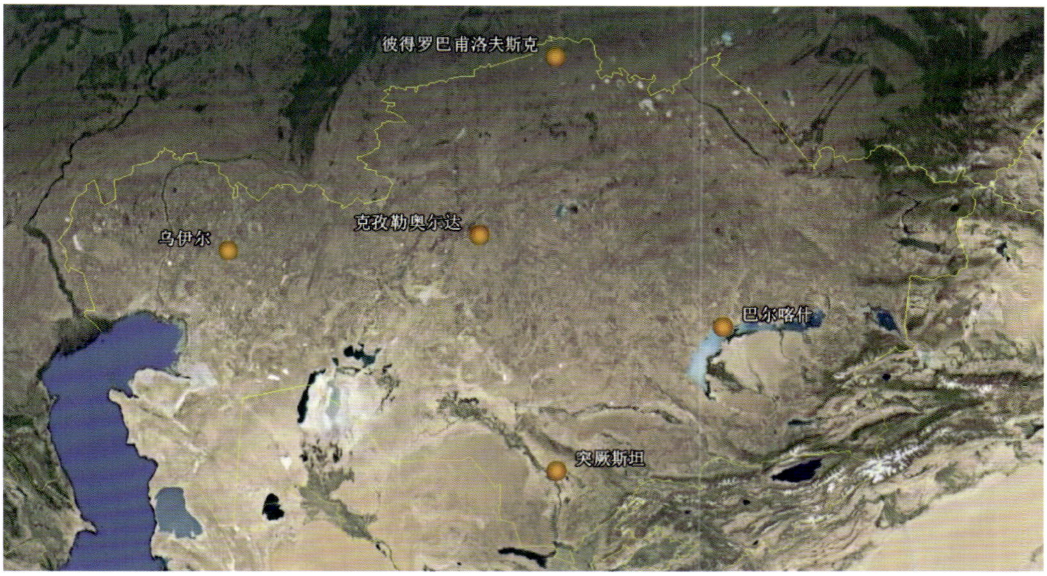

图 2.3 哈萨克斯坦共和国气温站点示意图

2.3.1.1　气温变化特征

所用气温站点的空间分布如图 2.3，资料情况见表 2.3。

表 2.3　哈萨克斯坦共和国气温站点资料

站点＼资料	经度	纬度	海拔高度(m)	资料长度(年)
乌伊尔	54°41′E	49°04′N	88	1935—1989
巴尔喀什	75°05′E	46°48′N	350	1935—1986
彼得罗巴甫洛夫斯克	69°09′E	54°50′N	134	1934—1989
突厥斯坦	68°13′E	43°16′N	206	1925—1989

哈萨克斯坦东部的巴尔喀什地区自 1935 年至 1986 年年均气温线性趋势与 9 年移动平均总趋势均呈缓慢升高趋势，线性拟合方程的斜率是 0.01。19 世纪 40 年代至 60 年代初气温呈现下降趋势，1935 年至 1939 年和 20 世纪 60 年代以后气温呈现缓慢升高趋势(图 2.4)。

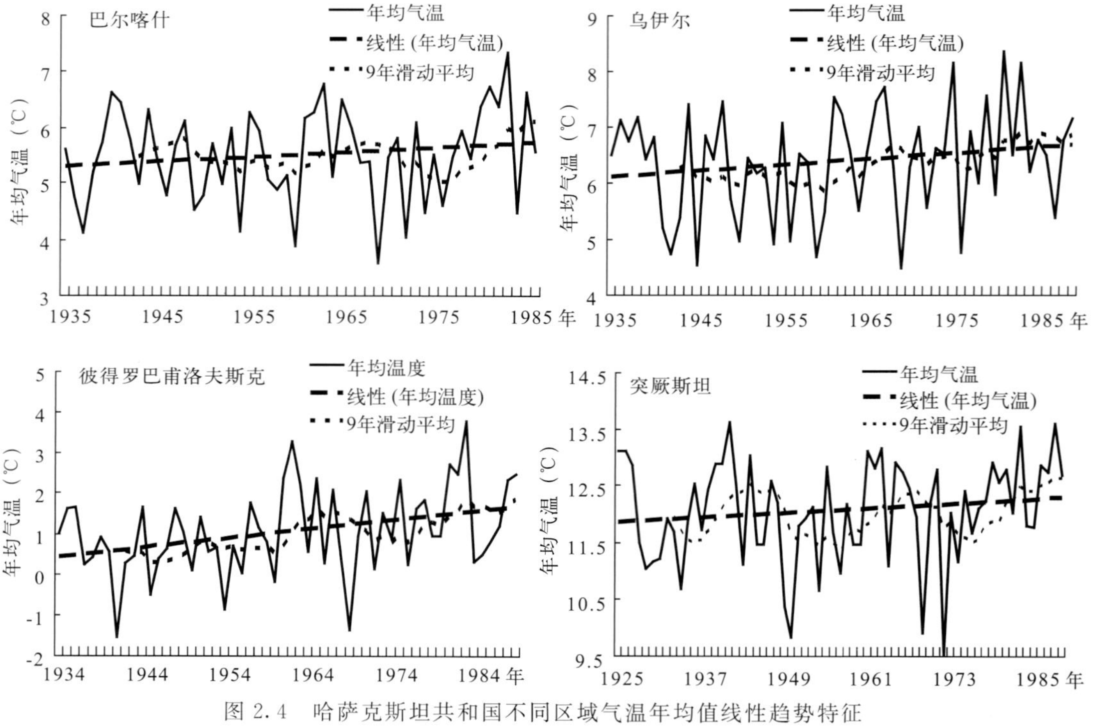

图 2.4　哈萨克斯坦共和国不同区域气温年均值线性趋势特征

哈萨克斯坦西部的乌伊尔自 1935—1989 年年均气温线性趋势与 9 年移动平均总趋势均呈微弱的升高趋势，线性拟合方程的斜率是 0.01，20 世纪 60 年代以前气温呈现下降趋势，60 年代以后气温呈缓慢的升高趋势。

哈萨克斯坦北部的彼得罗巴甫洛夫斯克自 1934—1989 年年均气温线性趋势与 9 年移动平均总趋势均呈升高趋势，线性拟合方程的斜率是 0.02，1934 年至 20 世纪 60 年代前期为缓慢的升高趋势，60 年代后期至 70 年代前期为下降趋势，此后为缓慢的升高趋势。

哈萨克斯坦南部的突厥斯坦自 1925 年至 1989 年年均气温的线性趋势与 9 年移动平均总趋势均呈缓慢的升高趋势，线性拟合方程的斜率是 0.01，20 世纪 30 年代，50 年代后期至 60 年代前期和 80 年代年均气温呈升高趋势，50 年代前期和 60 年代后期至 70 年代前期呈下降趋势。

哈萨克斯坦东部的巴尔喀什年均气温没有发生突变，1940 年以前年均气温呈升高趋势，1940 年至 1960 年年均气温呈下降趋势，1960 年以后年均气温呈升高趋势，没有通过 95%的信度检验。哈萨克斯坦西部的乌伊尔年均气温自 1935 至 1943 年年均气温呈下降趋势，1943 年至 1960 年年均气温变化不明显，1960 年以后年均气温呈升高趋势，没有通过 95%的信度检验。哈萨克斯坦北部的彼得巴甫洛夫斯克年均气温自 1936 年至 1942 年呈下降趋势，1943 年至 1989 年年均气温呈升高趋势，1981 年以后年均气温升高显著，于 1984 年发生突变，通过 95%的信度检验。哈萨克斯坦南部的突厥斯坦年均气温自 1934 至 1944 年呈显著升高趋势，1944 年至 1960 年年均气温呈下降趋势，此后年均气温呈缓慢升高趋势，但升高不显著，没有通过 95%的信度检验(图 2.5)。

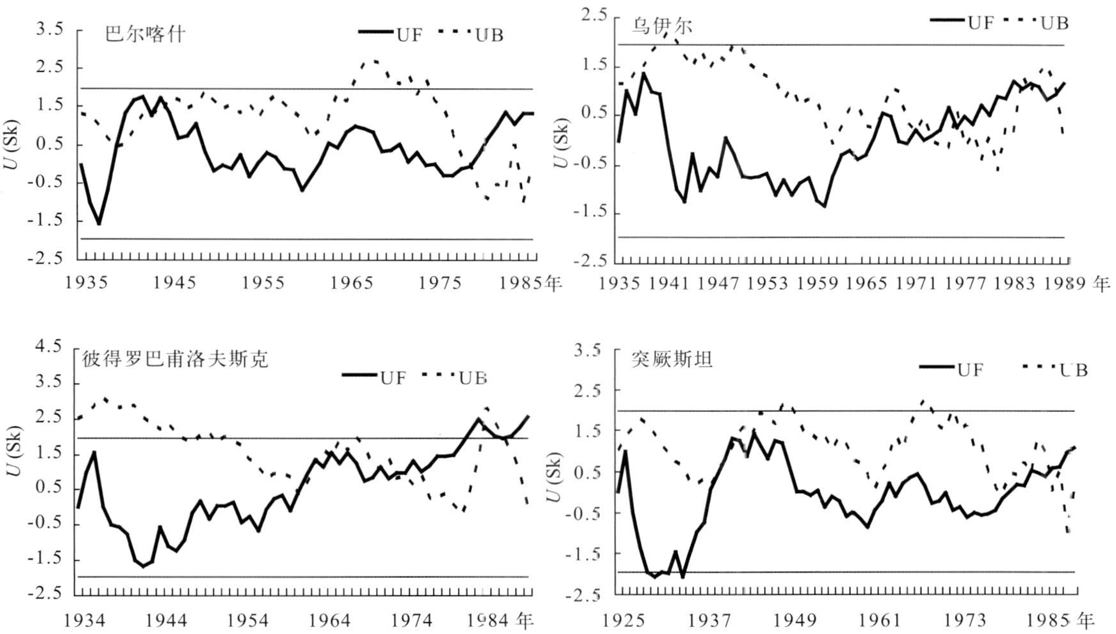

图 2.5　哈萨克斯坦共和国不同区域年均气温 M-K 突变检验曲线

周期图中形成各种尺度正负相间的振荡中心，显示哈萨克斯坦不同区域的年均气温包含了多个尺度的周期变化。观察其中闭合曲线的密集区，发现哈萨克斯坦东部的巴尔喀什在 6 年的时间尺度上，正负闭合中心最为明显，其中在 20 世纪 70 年代以前主要以 6 年的短周期变化为主，20 世纪 60 年代和 20 世纪 70 年代以后还存在 23 年的长周期。哈萨克斯坦西部的乌伊尔在 6 年和 8 年的时间尺度上，正负闭合中心最为明显。哈萨克斯坦北部的彼得罗巴甫洛夫斯克在 6 年和 15 年的时间尺度上，正负闭合中心最为明显，1975 年以后主要以 6 年和 8 年的短周期周期变化。哈萨克斯坦南部的突厥斯坦在 5—6 年的时间尺度上，正负闭合中心最为明显，同时还存在 15 年的长周期周期变化（图 2.6）。

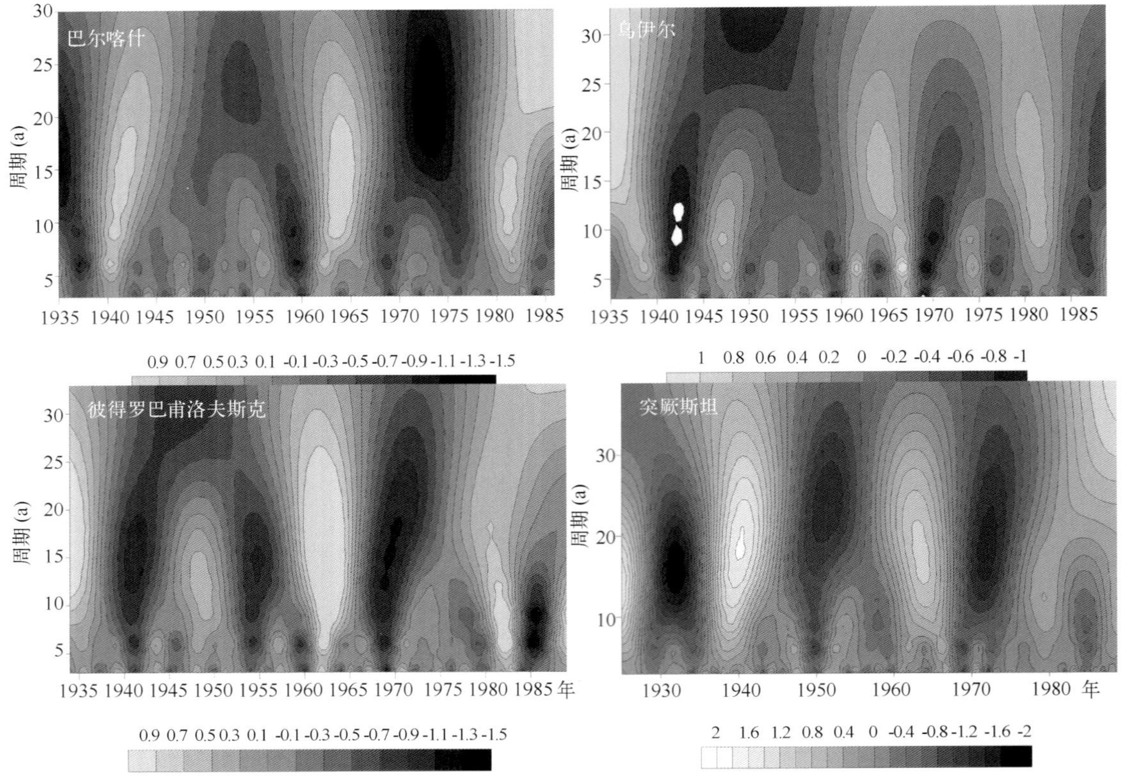

图 2.6　哈萨克斯坦共和国不同区域年均气温周期分析

2.3.1.2　降水变化特征

所用降水站的空间分布如图 2.7，降水站点资料见表 2.4。

哈萨克斯坦东部的科克佩克特自 1947—1990 年降水线性趋势与 9 年移动平均总趋势均呈显著降低趋势，线性拟合方程的斜率是－1.38，1947 年至 20 世纪 50 年代呈现为上升趋势，50 年代至 70 年代下降趋势明显，20 世纪 70 年代至 90 年代呈缓慢的上升趋势。

哈萨克斯坦西部的阿克纠宾斯克自 1924—1991 年降水线性趋势与 9 年移动平均总趋势均呈显著的增加趋势，线性拟合方程的斜率是 1.14，20 世纪 40 年代以前降水呈现下降趋势，50 年代降水显著增加，60 年代至 1991 年为波动震荡中略有增加。

哈萨克斯坦北部的彼得罗巴甫洛夫斯克自 1933—1995 年降水线性趋势与 9 年移动平均总趋势均呈显著增加趋势，线性拟合方程的斜率是 1.24，1933 年至 20 世纪 60 年代为增加趋势，70 年代为缓慢下降趋势，80 年代至 1991 年为上升趋势。哈萨克斯坦南部的突厥斯坦自 1930 年至 1992 年降水线性趋势与 9 年移动平均总趋势均呈缓慢的增加趋势，线性拟合方程的斜率是 0.09，1930 年至 20 世纪 50 年代为变化平稳，60 年代至 70 年代后期呈下降趋势，70 年代后期至 1992 年呈波动的增加趋势（图 2.8）。

哈萨克斯坦中部的克孜勒扎尔自 1947 年至 2000 降水线性趋势与 9 年移动平均总趋势均呈显著的降低趋势，线性拟合方程的斜率是－0.99，自 1947 年至 20 世纪 70 年代中期降水呈现上升趋势，自 70 年代中期以后降水为显著的下降趋势。

图 2.7　哈萨克斯坦共和国降水站点示意图

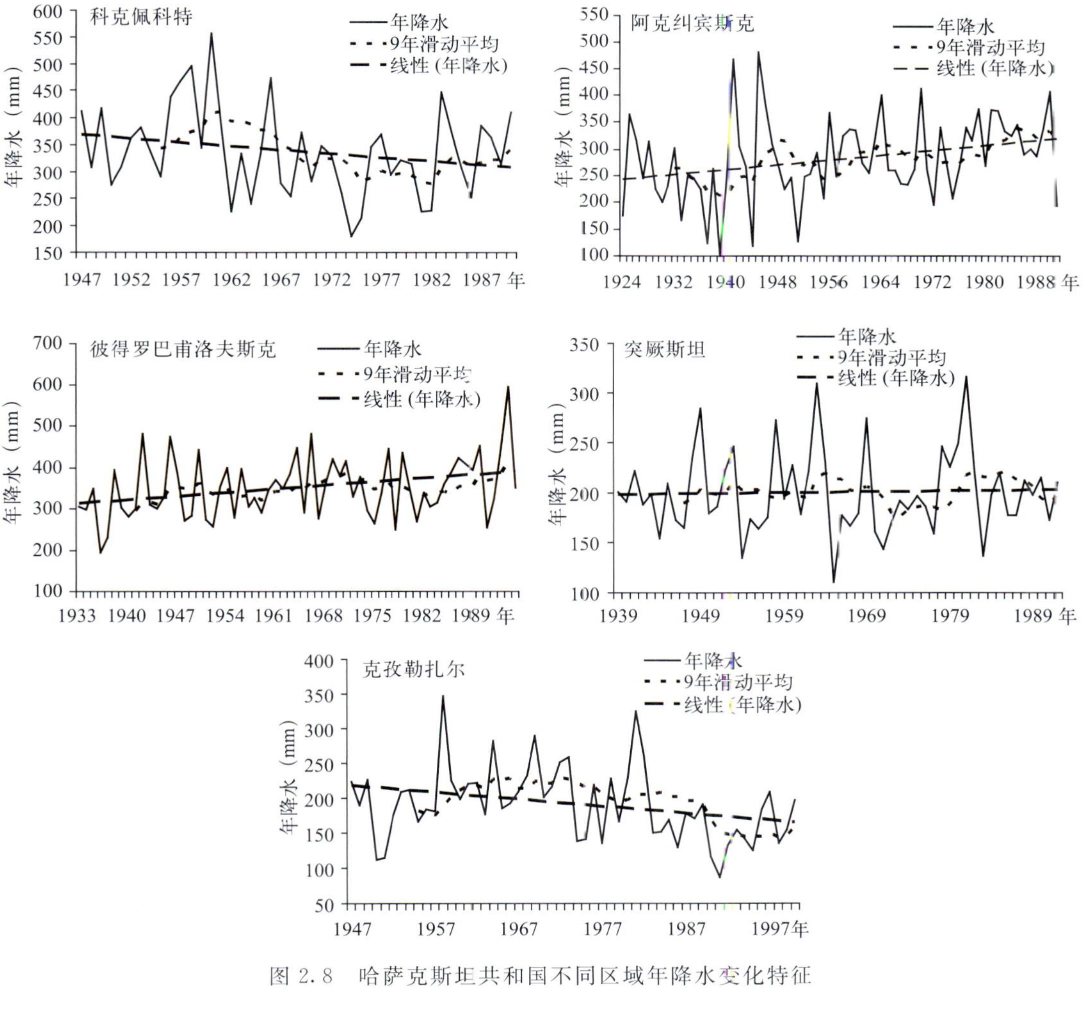

图 2.8　哈萨克斯坦共和国不同区域年降水变化特征

哈萨克斯坦东部的科克佩克特降水于 1962 年发生了突变，1960 年以前降水呈增加趋势，1960 年后降水呈减少趋势，在 1962 年发生突变以后降水呈显著减少趋势。哈萨克斯坦西部的阿克纠宾斯克降水 1924—1939 年降水呈减少趋势，1939 年以后降水增加，在 1970 年左右发生突变，降水增加显著，通过 0.05 的显著性检验。哈萨克斯坦南部的突厥斯坦和北部的彼得罗巴甫洛夫斯克降水增加趋势缓慢，没有发生降水突变。哈萨克斯坦中部的克孜勒扎尔于 1973 年以前降水呈增加趋势，通过了 0.05 的显著性检验，1973 年以后呈减少趋势，于 1984 年发生突变，降水呈显著减少趋势(图 2.9)。

表 2.4　哈萨克斯坦共和国降水站点资料

资料 站点	经度	纬度	海拔高度(m)	资料长度(年)
科克佩克特	82°22′E	48°45′N	510	1947—1990
阿克纠宾斯克州	57°9′E	50°17′N	219	1924—1991
彼得罗巴甫洛夫斯克	69°9′E	54°50′N	134	1933—1995
突厥斯坦	68°13′E	43°16′N	206	1939—1992
克孜勒扎尔	69°42′E	48°18′N	361	1947—2000

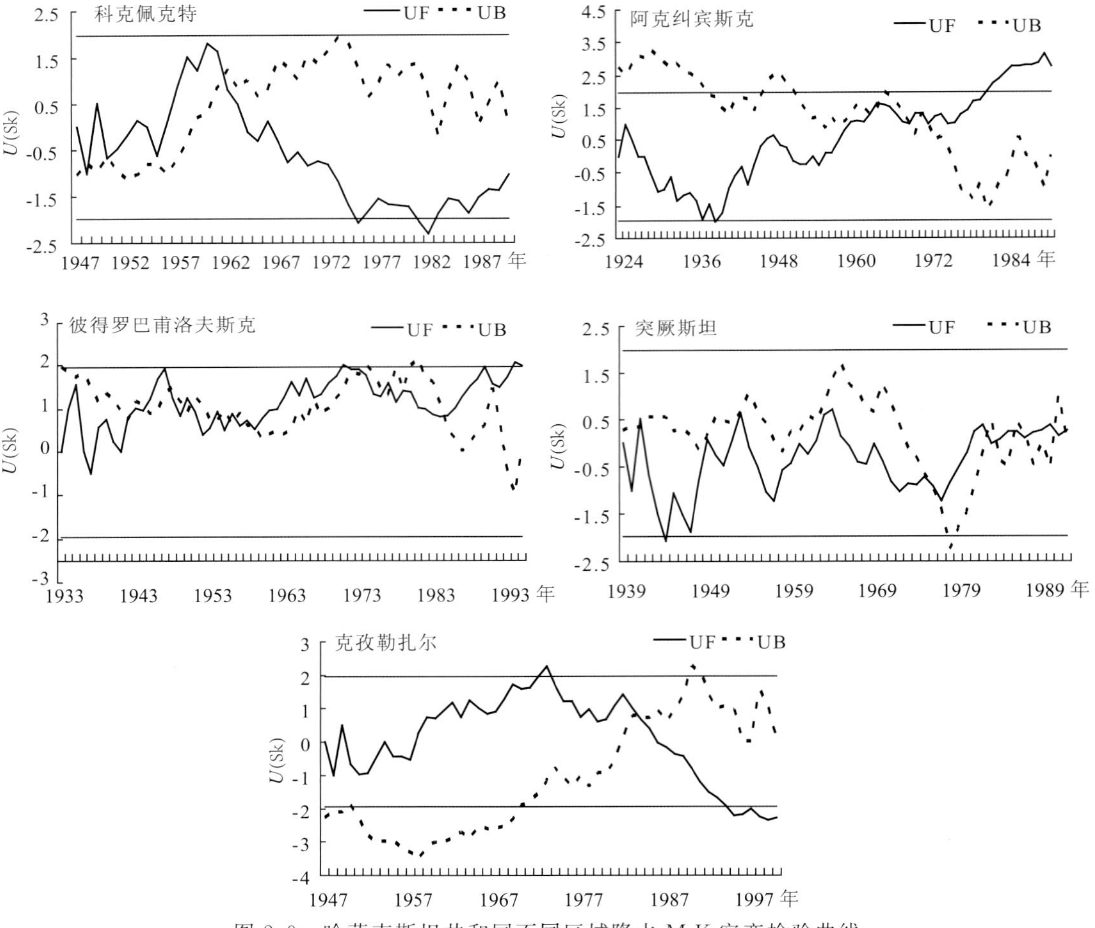

图 2.9　哈萨克斯坦共和国不同区域降水 M-K 突变检验曲线

周期图中形成各种尺度正负相间的振荡中心(图 2.10),显示哈萨克斯坦不同区域的降水包含了多个尺度的周期变化。观察其中闭合曲线的密集区,发现哈萨克斯坦东部的科克佩克特在 2~3 年和 6 年的时间尺度上,正负闭合中心最为明显,其中在 1955 年后以 6 年的短周期变化为主,1960 年前还存在 12 年的长周期。哈萨克斯坦西部的阿克纠宾斯克在 2~3 年左右和 6~8 年的时间尺度上,正负闭合中心最为明显,同时还存在 18~20 年的长周期变化。哈萨克斯坦北部的彼得罗巴甫洛夫斯克在 2~3 年和 6 年的时间尺度上,正负闭合中心最为明显,1980 年以前还存在 20 年的长周期变化,1980 年后还存在 30 年的长周期变化。哈萨克斯坦南部的突厥斯坦 2~3 年左右和 5~6 年的时间尺度上,正负闭合中心最为明显,同时 1956 年前还存在 10 年的周期变化。哈萨克斯坦中部的克孜勒扎尔在 2~3 年左右和 6 年的时间尺度上,正负闭合中心最为明显,1986 年以前还存在 10 年的长周期变化。

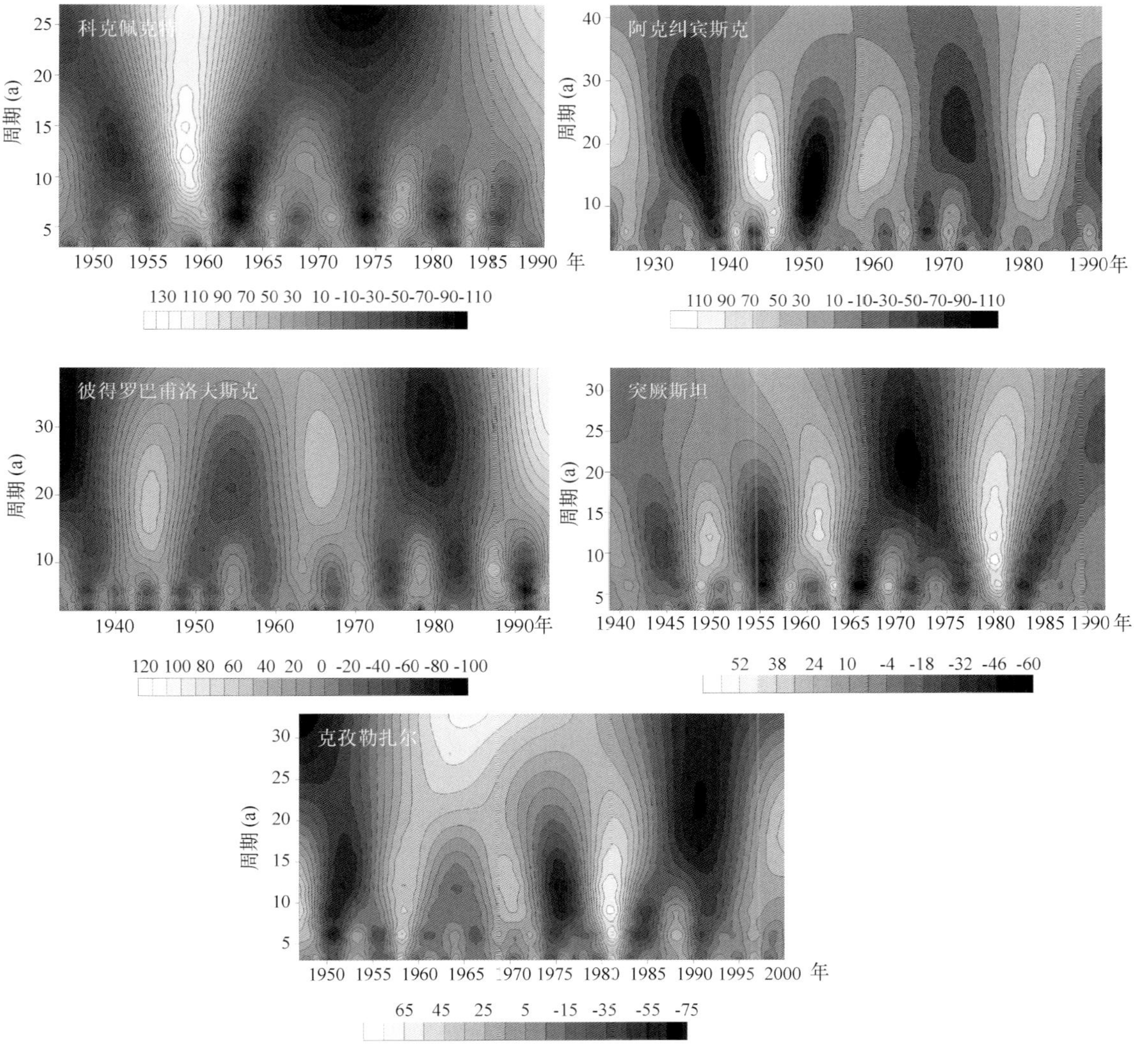

图 2.10　哈萨克斯坦共和国不同区域年降水周期分析

2.3.2　吉尔吉斯斯坦共和国

吉尔吉斯斯坦地处欧亚大陆的中心，离海洋远，距沙漠近，为明显干旱的大陆性气候。吉尔吉斯斯坦大部分地区属温带，南部属亚热带，四季分明。由于山区地形复杂以及受伊塞克湖的影响，吉尔吉斯斯坦的气候呈多样性，有的地区为极端大陆性气候，有的地区则近似海洋性气候。最温暖的地区是位于西南和南部的巴特青州、奥什州和贾拉拉巴德州的谷地山麓地区，这里平均温度 11～13℃；而地处北部山区的阿克赛、恰特尔湖等地区气温较低，年均温度为－8℃，降水量明显较多的是费尔干纳山脉西南坡的中山气候带（年降水 1000 mm）、吉尔吉斯阿拉套山北坡的高山气候带和雪原气候带、恰特卡尔山山坡（1000 mm）以及克明谷地和伊塞克湖地区东部（大约 900 mm）。雨量偏少的地区是塔拉斯谷地和楚河谷地（250～500 mm）、奥什州和贾拉拉巴德州的谷地山麓气候带（年降水量徘徊于 300 mm 和 700 mm 之间）以及内天山和中天山的大部分地区（200～300 mm）。雨水最无保障的是伊塞克湖西岸（巴雷克奇地区，年降水量 110 mm）、费尔干纳地区（巴特肯地区，156mm）以及奥什、贾拉拉巴德州的某些高山地区（阿尔腾马扎尔，184 mm）。

2.3.2.1　吉尔吉斯斯坦共和国气温变化特征

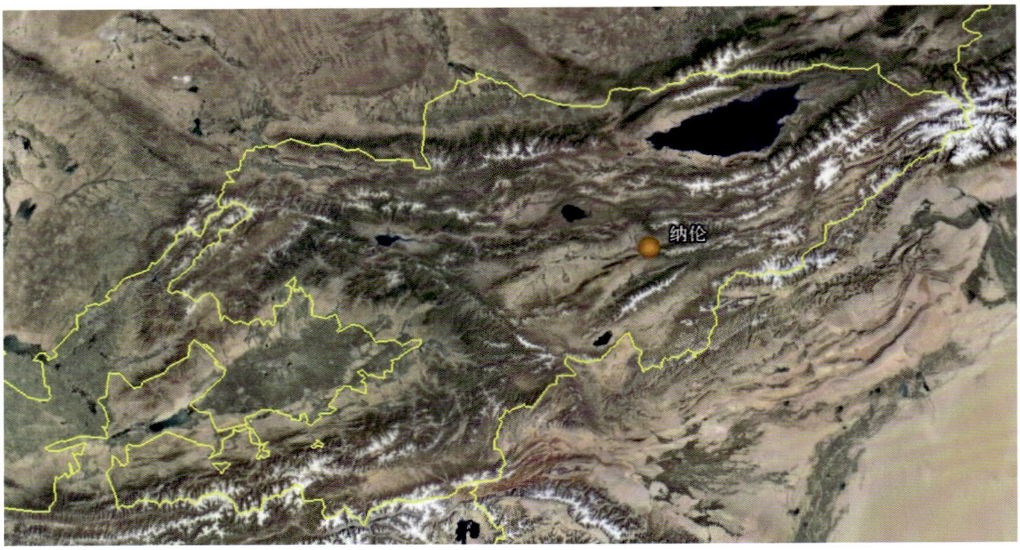

图 2.11　吉尔吉斯斯坦共和国气温站点示意图

表 2.5　吉尔吉斯斯坦共和国气温站点资料

资料 站点	经度	纬度	海拔高度(m)	资料长度(年)
纳伦	76°00′E	41°26′N	2039	1939—1989

吉尔吉斯斯坦东部的纳伦自 1939—1989 年年均气温线性趋势与 9 年移动平均总趋势均呈显著的升高趋势，线性拟合方程的斜率是 0.02，1939 年至 1954 年和 20 世纪 80 年代年均气温为下降趋势，1954 年至 20 世纪 70 年代后期呈升高趋势（图 2.12）。

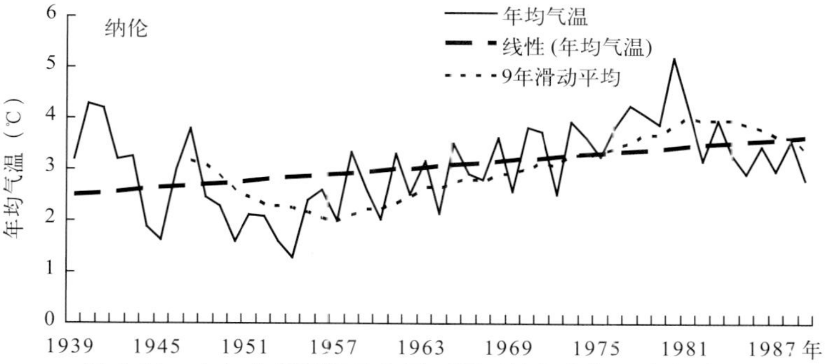

图 2.12　吉尔吉斯斯坦共和国不同区域年均气温变化特征

吉尔吉斯斯坦东部的纳伦于 1939 年至 1954 年气温趋势变化呈下降，1954 至 1984 年气温呈现增加趋势，于 1968 年气温发生突变，通过 95%的信度检验，1984 年以后气温呈微弱的下降趋势(图 2.13)。

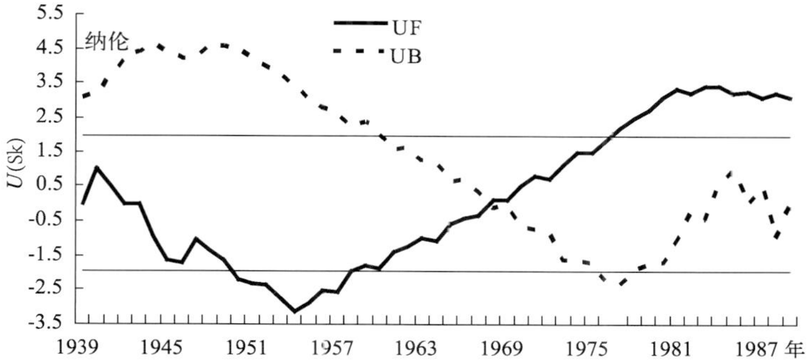

图 2.13　吉尔吉斯斯坦共和国不同区域气温的 M-K 突变检验曲线

周期图中形成各种尺度正负相间的振荡中心，显示吉尔吉斯斯坦的纳伦地区气温包含了多个尺度的周期变化。观察其中闭合曲线的密集区，发现吉尔吉斯斯坦东部的纳伦在 6～8 年和 28 年的时间尺度上，正负闭合中心最为明显，1939 年至 1947 年主要以 6～8 年的短周期为主，1947 年以后主要以 28 年的长周期为主。

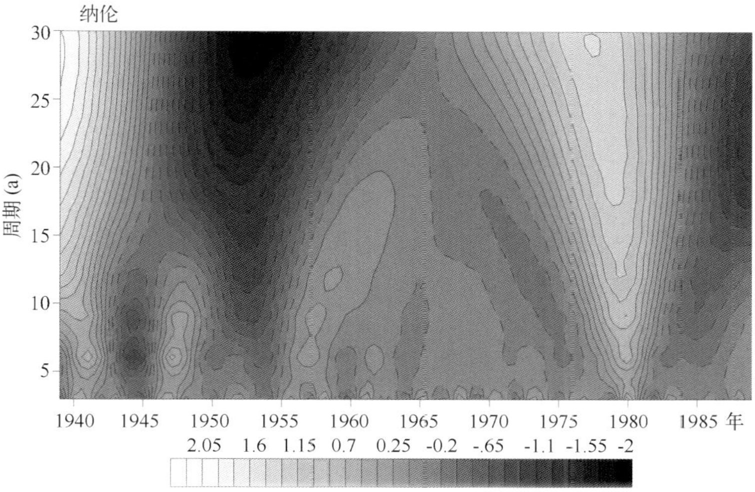

图 2.14　吉尔吉斯斯坦共和国不同区域气温周期分析

2.3.2.2　吉尔吉斯斯坦共和国降水变化特征

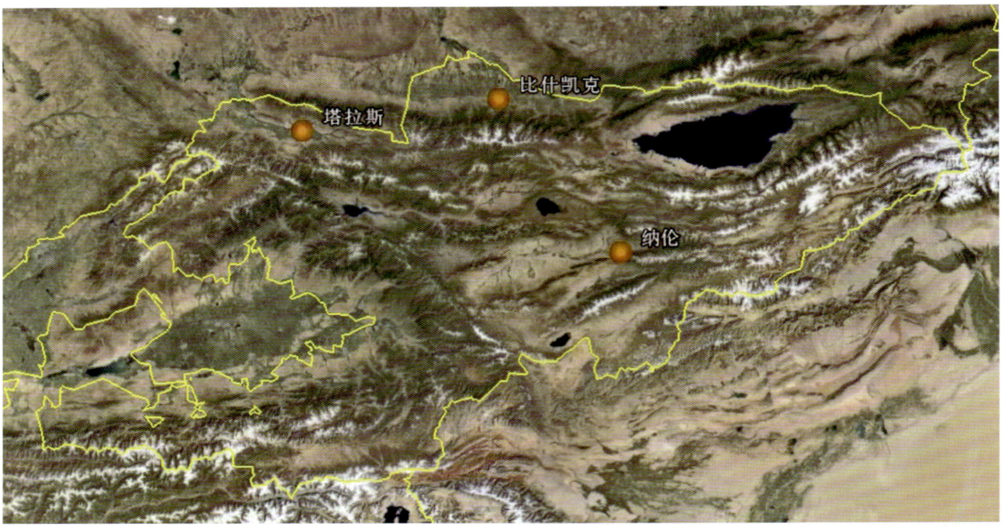

图 2.15　吉尔吉斯斯坦共和国降水站点示意图

表 2.6　吉尔吉斯斯坦共和国降水站点资料

站点＼资料	经度	纬度	海拔高度(m)	资料长度(年)
纳伦	76°00′E	41°26′N	2039	1926—1992
塔拉斯	72°15′E	42°31′N	1217	1941—1991
比什凯克	74°35′E	42°50′N	756	1939—1992

吉尔吉斯斯坦东部的纳伦自 1926—1992 年降水线性趋势与 9 年移动平均总趋势均呈微弱的增加趋势，线性拟合方程的斜率是 0.01，1926 年至 20 世纪 50 年代变现为上升趋势，50 年代至 70 年代呈下降趋势，70 年代至 90 年代呈缓慢的上升趋势。

吉尔吉斯斯坦北部的比什凯克自 1939—1992 年降水线性趋势与 9 年移动平均总趋势均呈增加趋势，线性拟合方程的斜率是 0.82，1939 年至 20 世纪 60 年代降水呈现增加趋势，60 年代至 70 年代降水呈减少趋势，70 年代至 1992 年为波动震荡中略有增加。

吉尔吉斯斯坦西部的塔拉斯自 1941—1991 年降水线性趋势与 9 年移动平均总趋势均呈缓慢增加趋势，线性拟合方程的斜率是 0.40，1941 年至 20 世纪 60 年代为增加趋势，70 年代为缓慢下降趋势，80 年代至 1991 年为上升趋势(图 2.16)。

吉尔吉斯斯坦东部的纳伦于 1926 年至 1948 年降水趋势变化不明显，1948 至 1960 年降水呈现增加趋势，通过 0.05 的显著性检验，1960 年以后降水呈减少趋势，没有发生突变。吉尔吉斯斯坦西部的塔拉斯降水自 1944 年至 1969 年降水呈增加趋势，1969 年以后降水呈减少趋势，没有通过 0.05 的显著性检验，降水没有发生突变。吉尔吉斯斯坦北部的比什凯克降水自 1944 年至 1971 年呈显著的增加趋势，于 1951 年和 1954 年发生降水突变，突变后降水增加更显著，并通过了 0.05 的显著性检验(图 2.17)。

周期图中形成各种尺度正负相间的振荡中心，显示吉尔吉斯斯坦不同区域的降水包含了多个尺度的周期变化。观察其中闭合曲线的密集区，发现吉尔吉斯斯坦东部的纳伦在 5 年和 10～15 年的时间尺度上，正负闭合中心最为明显。吉尔吉斯斯坦西部的塔拉斯在 2～3 年左右和 10 年的时间尺度上，正负闭合中心最为明显，1963 年以后主要以 10 年的长周期为主。吉尔吉斯斯坦北部的比什凯克在 2～3 年和 6～8 年的时间尺度上，正负闭合中心最为明显，贯穿始终 6～8 年的长周期变化(图 2.18)。

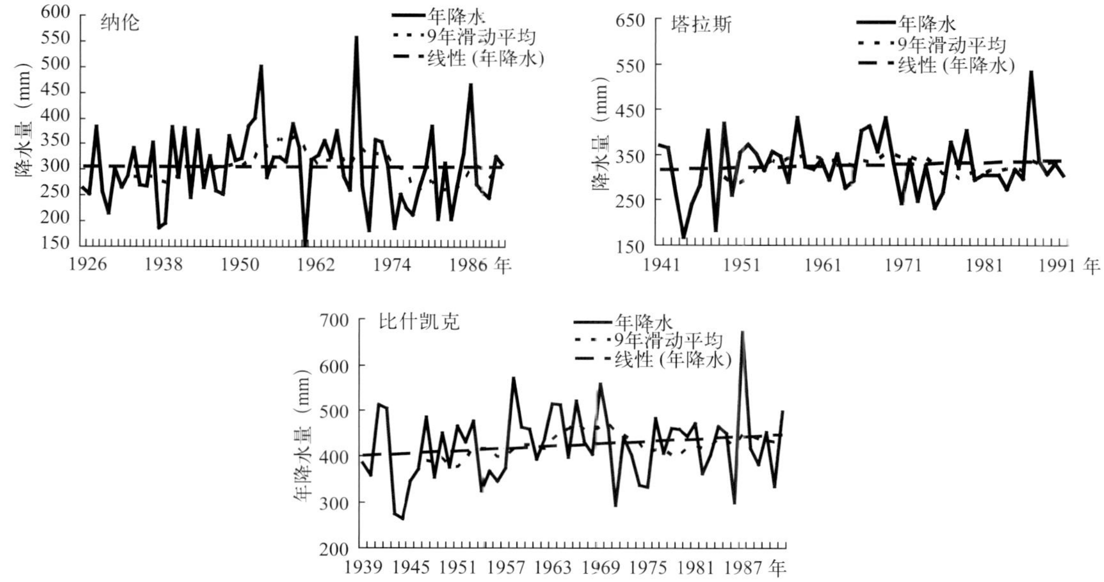

图 2.16　吉尔吉斯斯坦共和国不同区域年降水变化特征

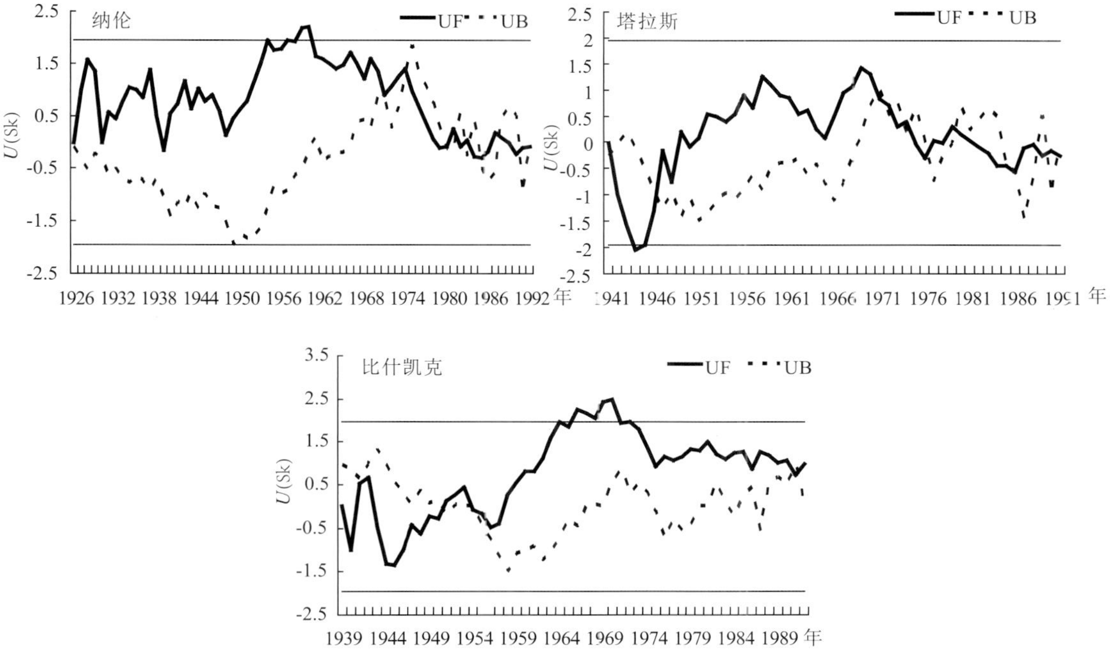

图 2.17　吉尔吉斯斯坦不同区域降水 M-K 突变检验曲线

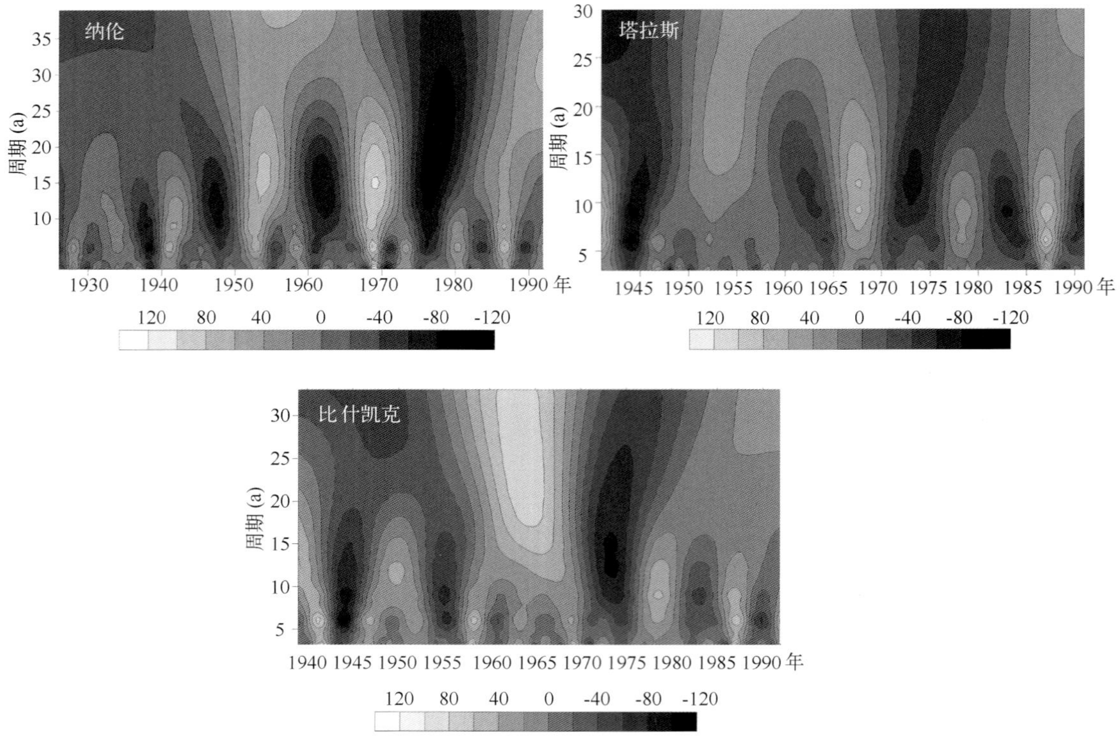

图 2.18　吉尔吉斯斯坦不同区域降水周期分析

2.3.3　乌兹别克斯坦共和国

乌兹别克斯坦地势东高西低。平原低地占全部面积的 80%，大部分位于西北部的克孜勒库姆沙漠，属严重干旱的大陆性气候。夏季漫长、炎热，7 月平均气温为 26～32℃，南部白天气温经常高达 40℃；冬季短促、寒冷，1 月平均气温为 −6～−3℃，北部绝对最低气温为 −38℃。年均降水量平原为 80～200 mm，山区为 1000 mm，大部分集中在冬春两季。

2.3.3.1　乌兹别克斯坦共和国气温变化特征

乌兹别克斯坦东部的塔什干自 1982—1990 年年均气温线性趋势与 9 年移动平均总趋势均呈微弱的升高趋势，线性拟合方程的斜率是 0.01，20 世纪 10 年代、30 年代、50 年代和 80 年代表现为升高趋势，20 世纪 20 年代、40 年代和 70 年代呈下降趋势。乌兹别克斯坦南部撒马尔罕自 1939—1989 年年均气温线性趋势与 9 年移动平均总趋势均呈微弱的升高趋势，线性拟合方程的斜率是 0.01，20 世纪 50 年代以前和 70 年代前期气温呈现下降趋势，60 年代和 70 年代后期以后气温呈缓慢的升高趋势(图 2.20)。

表 2.7　乌兹别克斯坦共和国气温站点资料

资料 / 站点	经度	纬度	海拔高度(m)	资料长度(年)
撒马尔罕	66°57′E	39°34′N	724	1939—1989
塔什干	69°16′E	41°16′N	477	1882—1990

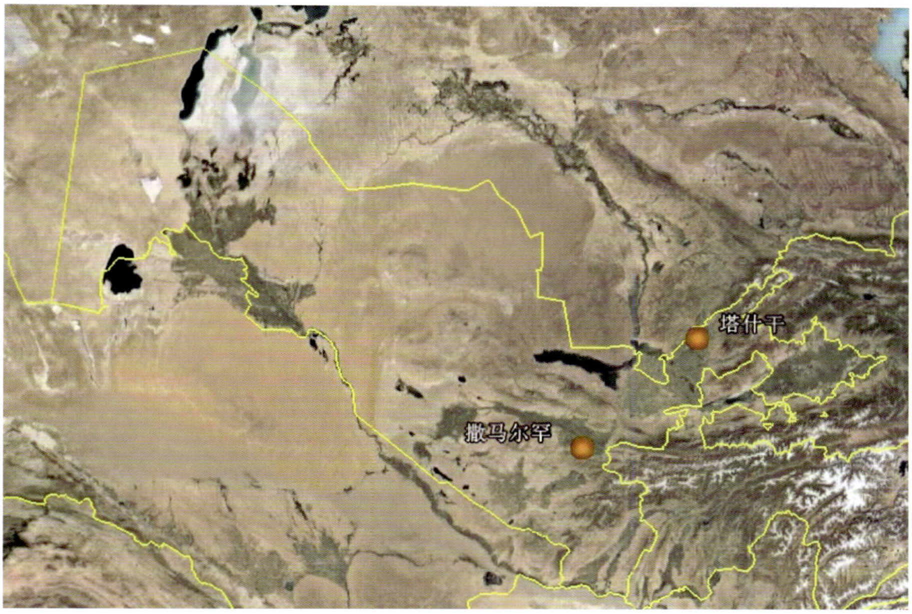

图 2.19　乌兹别克斯坦共和国气温站点示意图

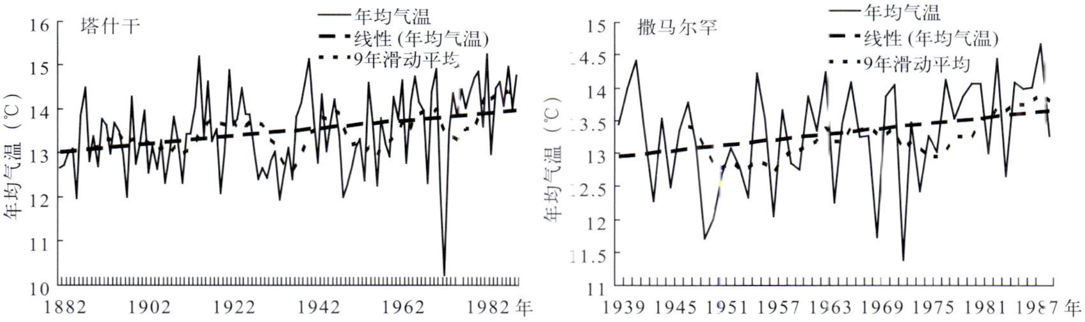

图 2.20　乌兹别克斯坦共和国不同区域年均气温变化特征

乌兹别克斯坦东部的塔什干年均气温自 1885 年以前年均气温呈升高趋势，1885 年至 1911 年年均气温呈下降趋势，1911 年至 1927 年年均气温呈升高趋势，没有通过 0.05 的显著性检验，1927 至 1937 年气温呈下降趋势，1937 年以后气温呈升高趋势，于 1975 年气温发生突变，1979 年以后气温升高显著，通过 0.05 的显著性检验。乌兹别克斯坦南部撒马尔罕年均气温自 1939 至 1954 年年均气温呈降低趋势，1954 年以后气温呈升高趋势，上升趋势不显著，没有通过 0.05 的显著性检验(图 2.21)。

周期图中形成各种尺度正负相间的振荡中心，显示乌兹别克斯坦不同区域的年均气温包含了多个尺度的周期变化。观察其中闭合曲线的密集区，发现乌兹别克斯坦东部的塔什干在 6～8 年，10 年和 20 年的时间尺度上，正负闭合中心最为明显，其中在 1925 以前主要以 10 年周期变化为主，此后还存在 6 年短周期和 20 年的长周期。乌兹别克斯坦南部的撒马尔罕在 6 年和 20 年左右的时间尺度上，正负闭合中心最为明显，其中 20 世纪 40 年代后期至 50 年代前期和20世纪70年代前期还存在20年的长周期变化(图2.22)。

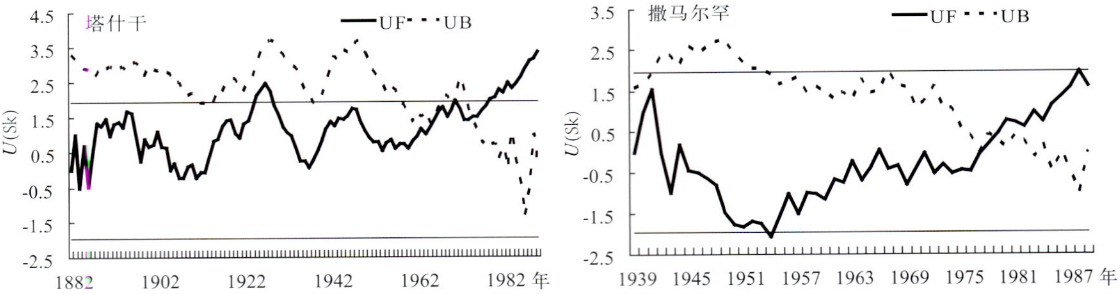

图 2.21 乌兹别克斯坦共和国不同区域气温的 M-K 突变检验曲线

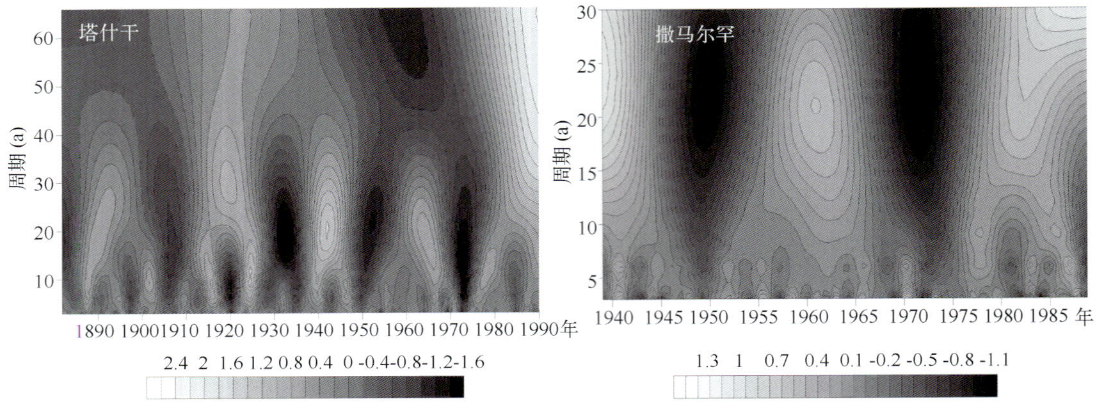

图 2.22 乌兹别克斯坦共和国不同区域气温周期分析

2.3.3.2 乌兹别克斯坦共和国降水变化特征

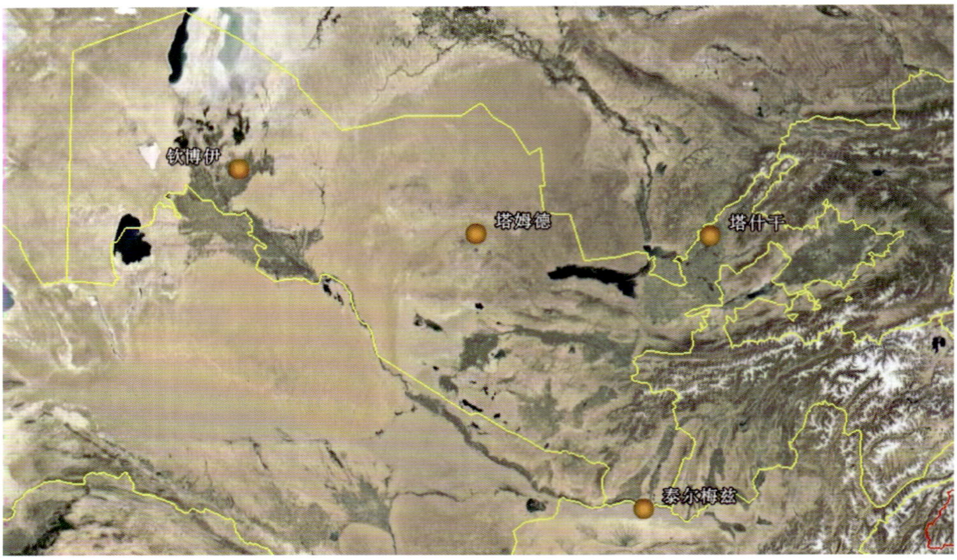

图 2.23 乌兹别克斯坦共和国降水示意图

表 2.8　乌兹别克斯坦共和国降水站点资料

站点＼资料	经度	纬度	海拔高度(m)	资料长度(年)
钦博伊	59°48′E	43°00′N	66	1937—1991
泰尔梅兹	67°16′E	37°14′N	309	1954—1993
塔什干	69°16′E	41°16′N	477	1967—1993
塔姆德	64°37′E	41°44′N	236	1967—1992

乌兹别克斯坦东部的塔什干自 1967—1993 年降水线性趋势与 9 年移动平均总趋势均呈微弱的增加趋势，线性拟合方程的斜率是 2.94，降水变化比较平稳(图 2.24)。

乌兹别克斯坦西部钦博伊自 1937—1991 年降水线性趋势与 9 年移动平均总趋势均呈微弱的增加趋势，线性拟合方程的斜率是 0.83，20 世纪 60 年代以前降水呈现下降趋势，60 年代至 70 年代降水增加，70 年代至 1991 年为变化较平稳。

乌兹别克斯坦中部的塔姆德自 1967—1992 年降水线性趋势与 9 年移动平均总趋势均呈微弱的增加趋势，线性拟合方程的斜率是 0.95，20 世纪 70 年代为减少趋势，70 年代至 80 年代为增加趋势。

乌兹别克斯坦南部的泰尔梅兹自 1954 年至 1993 年降水线性趋势与 9 年移动平均总趋势均呈缓慢的增加趋势，线性拟合方程的斜率是 0.61，1954 年至 20 世纪 70 年代为微弱的减少趋势，70 年代 1993 年呈增加趋势。

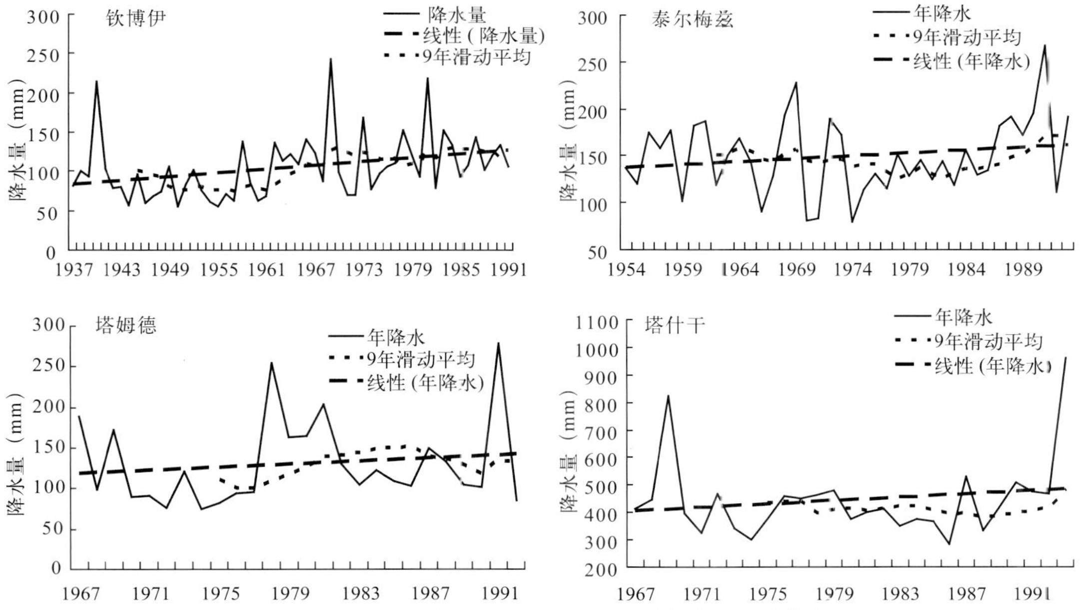

图 2.24　乌兹别克斯坦共和国不同区域年降水变化特征

乌兹别克斯坦西部的钦博伊于 1937 年至 1957 年降水呈减少趋势，1957 年以后降水呈现增加趋势，于 1970 年左右发生降水突变，并通过 0.05 的显著性检验。乌兹别克斯坦中部的塔姆德降水自 1967 年至 1975 年降水呈减少趋势，1975 年以后降水呈显著增加趋势，于 1977 年降水发生突变，通过 0.05 的显著性检验。乌兹别克斯坦东部的塔什干降水自 1967 年至 20 世纪 70 年代呈显著的减少趋势，70 年代后期降水增加，80 年代降水减少，此后降水增加，降水没有发生突变。乌兹别克斯坦南部的泰尔梅兹于 1954 年至 1961 年降水呈增加趋势，20 世纪 80 年代降水呈减少趋势，90 年代呈增加趋势，降水没有发生突变(图 2.25)。

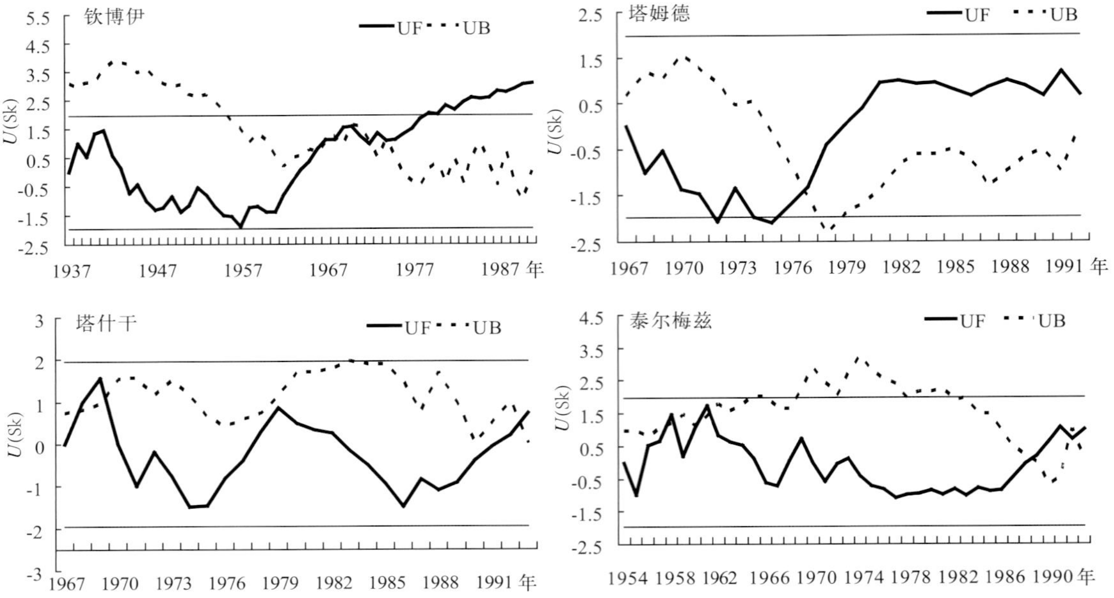

图 2.25　乌兹别克斯坦共和国不同区域降水的 M-K 突变检验曲线

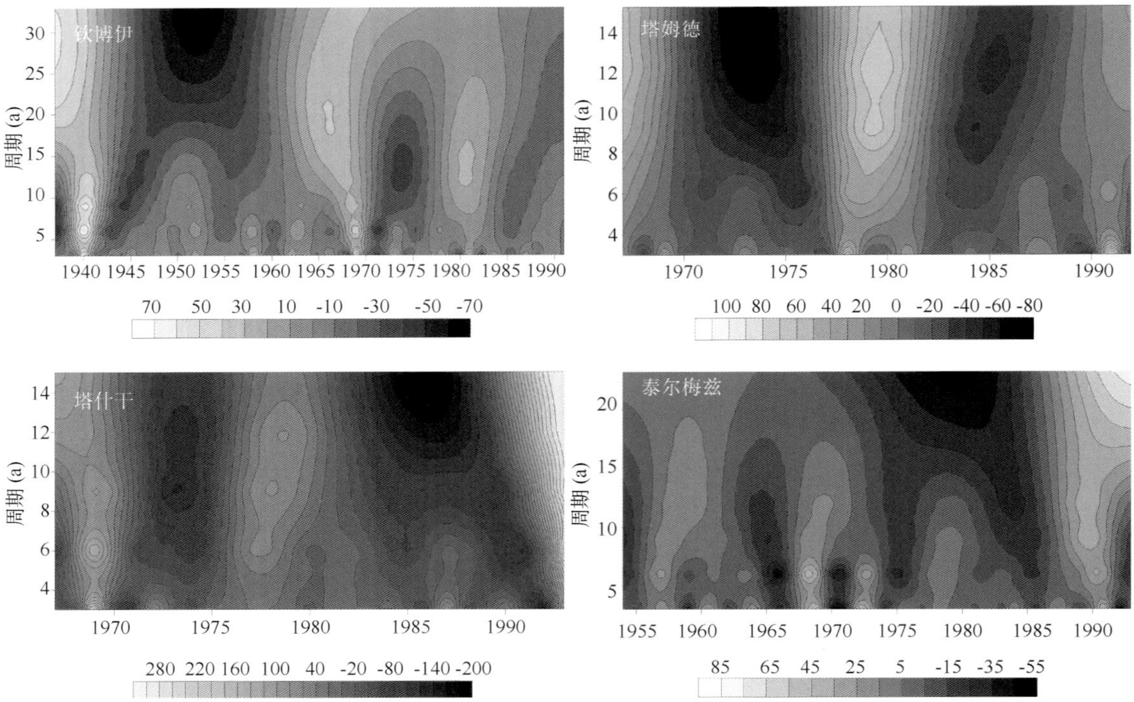

图 2.26　乌兹别克斯坦共和国不同区域降水周期分析

周期图中形成各种尺度正负相间的振荡中心，显示乌兹别克斯坦不同区域的降水包含了多个尺度的周期变化。观察其中闭合曲线的密集区，发现乌兹别克斯坦西部的钦博伊在 5 年和 14 年的时间尺度上，正负闭合中心最为明显，20 世纪 70 年代以前主要以 5 年的短周期为主，70 年代以后主要以 14 年的长周期为主。乌兹别克斯坦南部的泰尔梅兹在 5 年的时间尺度上，正负闭合中心最为明显。乌兹别克斯坦东部的塔什干在 6 年和 9 年的时间尺度上，正负闭合中心最为明显，20 世纪 80 年代以后存在更长的周期变化。乌兹别克斯坦中部的塔姆德在 12 年的时间尺度上，正负闭合中心最为明显(图 2.26)。

2.3.4　塔吉克斯坦共和国

塔吉克斯坦共和国是典型的山地国家，山地占全国总面积的 93%，半数地区在海拔 3000 m 以上，又称“高山之国”。该国属大陆性气候，大部分降水集中在冬、春季，夏、秋季节气候干燥。除帕米尔高山地区外，首都及中、南部地区夏季气温较高，午间可达 35～40℃，地表温度可达 60～70℃，1 月份最低气温－20℃。

2.3.4.1　塔吉克斯坦共和国气温变化特征

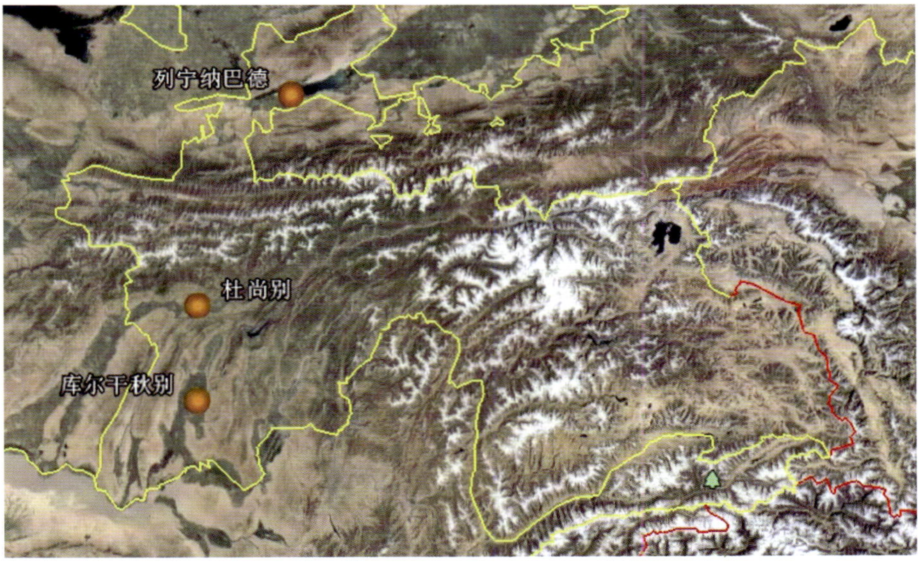

图 2.27　塔吉克斯坦共和国气温站点示意图

表 2.9　塔吉克斯坦共和国气温站点资料

站点＼资料	经度	纬度	海拔高度(m)	资料长度(年)
杜尚别	68°48′E	38°33′N	803	1928—1989
库尔干秋别	68°48′E	37°48′N	430	1936—1989
列宁纳巴德	69°44′E	40°13′N	410	1928—1989

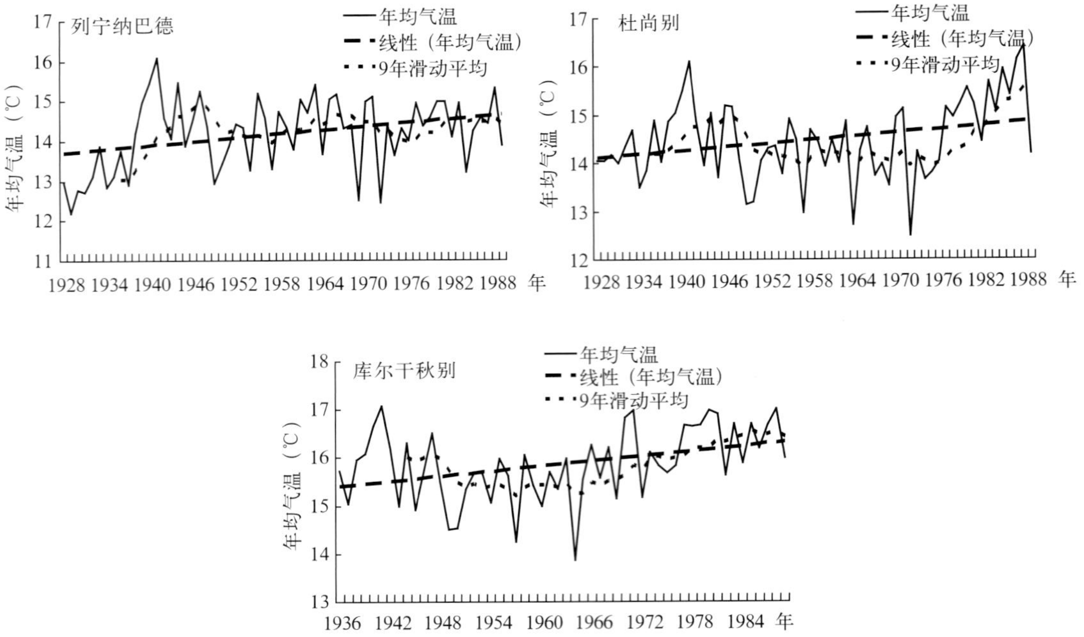

图 2.28　塔吉克斯坦共和国不同区域年均气温变化特征

塔吉克斯坦西北部的列宁纳巴德自 1928—1989 年年均气温线性趋势与 9 年移动平均总趋势均呈微弱的增加趋势，线性拟合方程的斜率是 0.02，20 世纪 40 年代以前，50 年代至 60 年代后期和 70 年代后期气温变现为上升趋势，20 世纪 40 年代后期，60 年代后期呈下降趋势（图 2.28）。

塔吉克斯坦中部杜尚别自 1928—1989 年年均气温线性趋势与 9 年移动平均总趋势均呈微弱的升高趋势，线性拟合方程的斜率是 0.01，20 世纪 40 年代前期和 60 年代以后气温呈现上升趋势，40 年代后期和 50 年代气温呈缓慢的降低趋势。

塔吉克斯坦西南库尔干秋别自 1936—1989 年年均气温线性趋势与 9 年移动平均总趋势均呈微弱的升高趋势，线性拟合方程的斜率是 0.02，20 世纪 60 年代以前气温呈现降低趋势，60 年代以后气温呈升高趋势。

塔吉克斯坦西北部的列宁纳巴德年均气温自 1928 年以前年均气温呈升高趋势，于 1928 年气温发生突变，1939 年以后气温显著升高，通过 0.05 的显著性检验。塔吉克斯坦中部的杜尚别年均气温自 1928 至 1942 年年均气温呈升高趋势，1942 年至 1954 年气温呈降低趋势，1954 年以后气温呈上升趋势，于 1982 年发生突变，1986 年以后气温升高显著，通过 0.05 的显著性检验。塔吉克斯坦西南部的库尔干秋别年均气温自 1936 至 1944 年年均气温呈升高趋势，1944 年至 1954 年气温呈降低趋势，1954 年以后气温呈上升趋势，于 1977 年发生突变，1985 年以后气温升高显著，通过 0.05 的显著性检验（图 2.29）。

周期图中形成各种尺度正负相间的振荡中心，显示塔吉克斯坦不同区域的年均气温包含了多个尺度的周期变化。观察其中闭合曲线的密集区，发现塔吉克斯坦西北部的列宁纳巴德在 6～8 年的时间尺度上，正负闭合中心最为明显，其中在 1960 以前主要以 6～8 年的短周期变化为主，此后还存不稳定的长周期。塔吉克斯坦中部的杜尚别在 6 年和 20 年左右的时间尺

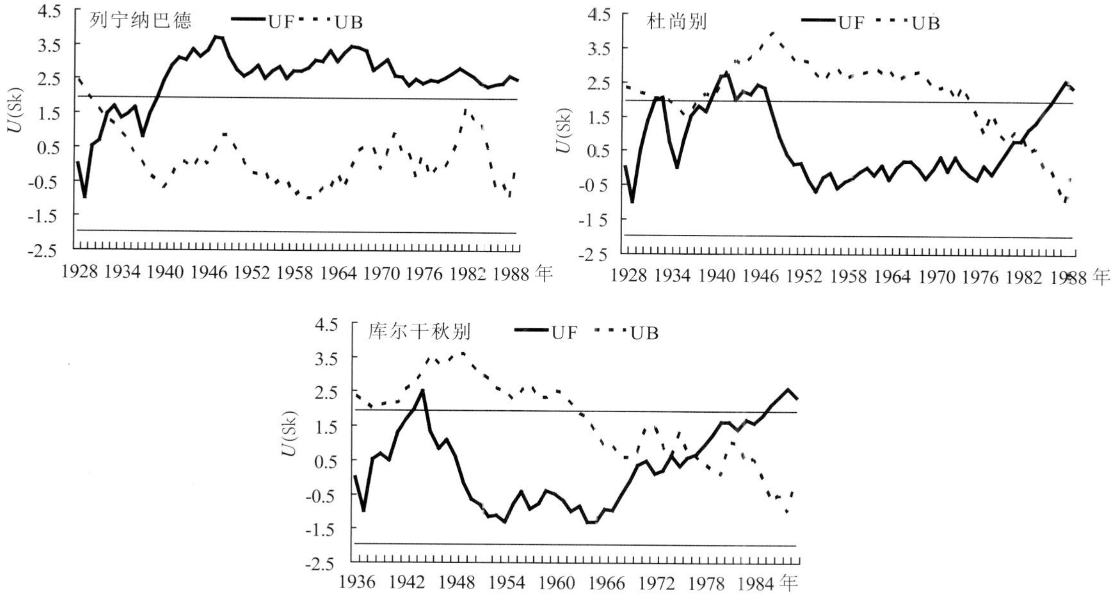

图2.29　塔吉克斯坦共和国不同区域气温的M-K突变检验由线

度上，正负闭合中心最为明显。塔吉克斯坦西南部的库尔干秋别在6年和10～15年的时间尺度上，正负闭合中心最为明显，其中在1960以后主要以10～15年的长周期变化为主，1960年以前主要以6年和10～15年的长周期变化（图2.30）。

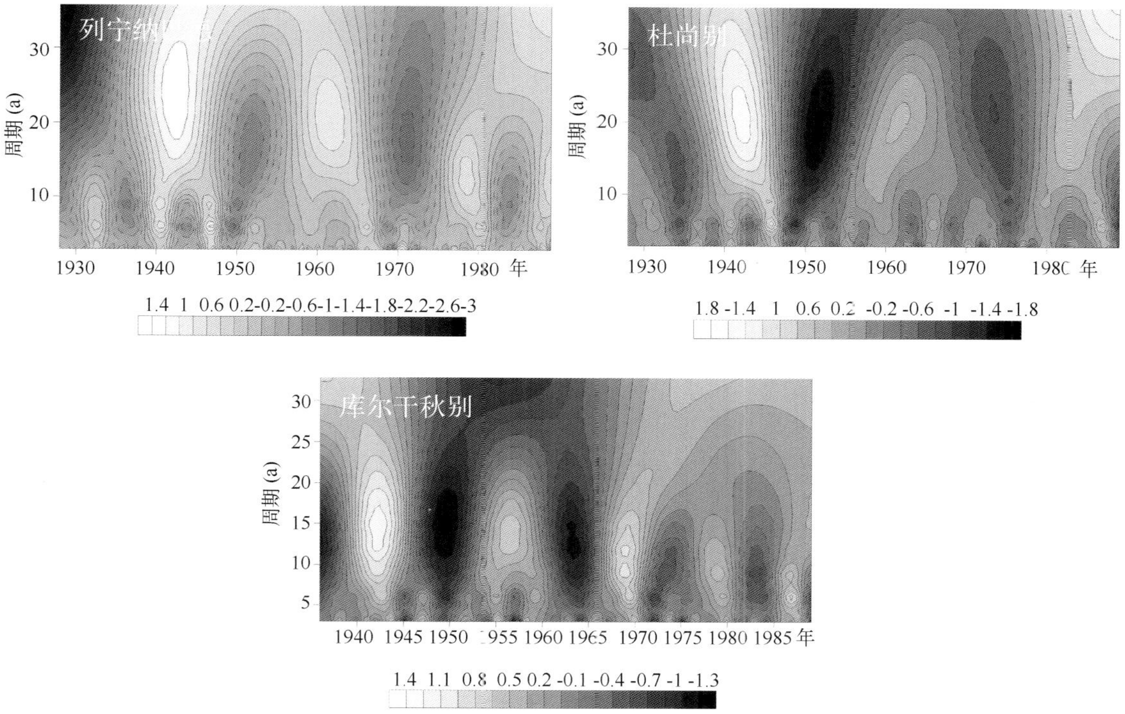

图2.30　塔吉克斯坦共和国不同区域气温周期分析

2.3.4.2　塔吉克斯坦共和国降水变化特征

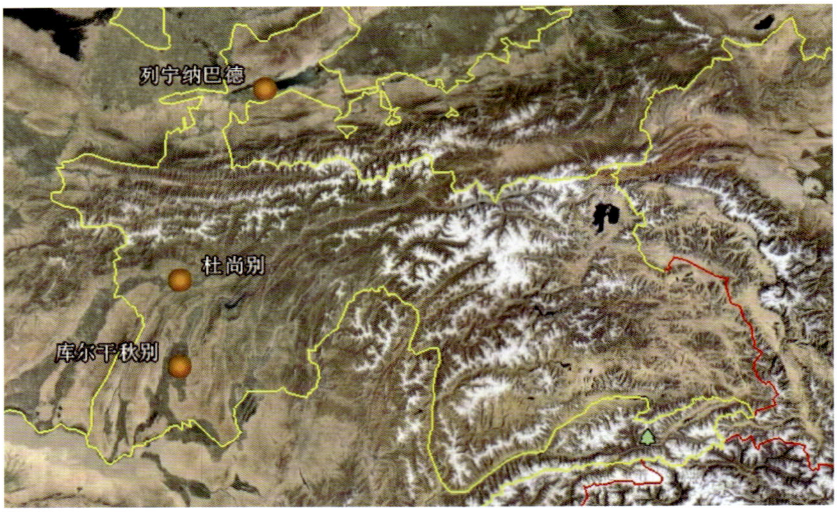

图 2.31　塔吉克斯坦共和国降水站点示意图

表 2.10　塔吉克斯坦共和国降水站点资料

资料 站点	经度(E)	纬度(N)	海拔高度(m)	资料长度(年)
杜尚别	68°48′	38°33′	803	1967—1993
库尔干秋别	68°48′	37°48′	430	1936—1986
列宁纳巴德	69°44′	40°13′	410	1967—1992

塔吉克斯坦中部的杜尚别干自 1967—1993 年降水线性趋势与 9 年移动平均总趋势均呈微弱的增加趋势，线性拟合方程的斜率是−0.62，降水变化比较平稳。

塔吉克斯坦南部的库尔干秋别自 1936—1986 年降水线性趋势与 9 年移动平均总趋势均呈微弱的增加趋势，线性拟合方程的斜率是 0.13。

塔吉克斯坦北部的列宁纳巴德自 1967—1992 年降水线性趋势与 9 年移动平均总趋势均呈微弱的减少趋势，线性拟合方程的斜率是−0.37，降水变化比较平稳(图 2.32)。塔吉克斯坦中部的杜尚别于 1969 年至 1989 年降水呈减少趋势，1989 年以后降水呈现增加趋势，于 1970 年发生降水突变，降水减少趋势明显，没有通过 0.05 的显著性检验。塔吉克斯坦南部的库尔干秋别降水整体变化较平稳，没有发生降水突变。塔吉克斯坦北部的列宁纳巴德降水自 1967 年至 20 世纪 70 年代呈显著的减少趋势，70 年代后期降水增加，降水没有发生突变(图 2.33)。

周期图中形成各种尺度正负相间的振荡中心，显示塔吉克斯坦不同区域的降水包含了多个尺度的周期变化。观察其中闭合曲线的密集区，发现塔吉克斯坦中部的杜尚别在 6 年尺度上，正负闭合中心最为明显，20 世纪 80 年代以前主要以 6 年的短周期为主，80 年代以后主要以 14 年的长周期为主。塔吉克斯坦南部的库尔干秋别在 6～8 年和 10 年的时间尺度上，正负闭合中心最为明显，1955 年以前存在 6 年和 10 年的周期变化，1955 年以后主要以6～8年的短周期变化为主。塔吉克斯坦北部的列宁纳巴德在6和9年的时间尺度上，正负闭合中心最为明显，其中1975年至1985年存在9年周期变化，其他为6年短周期变化（图2.34）。

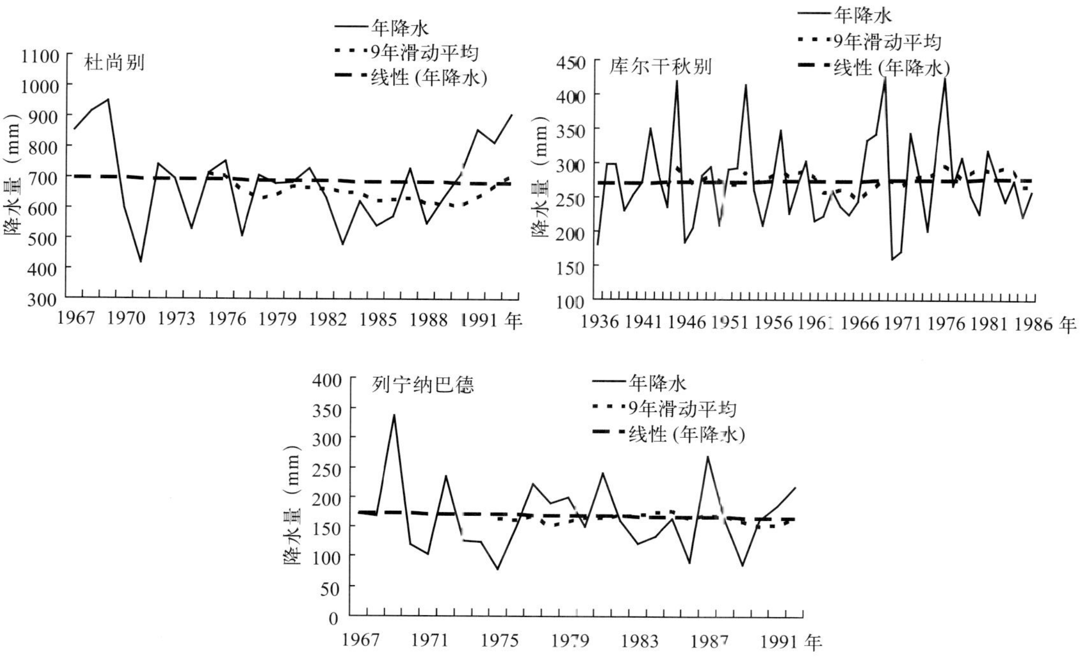

图2.32　塔吉克斯坦不同区域年降水变化特征

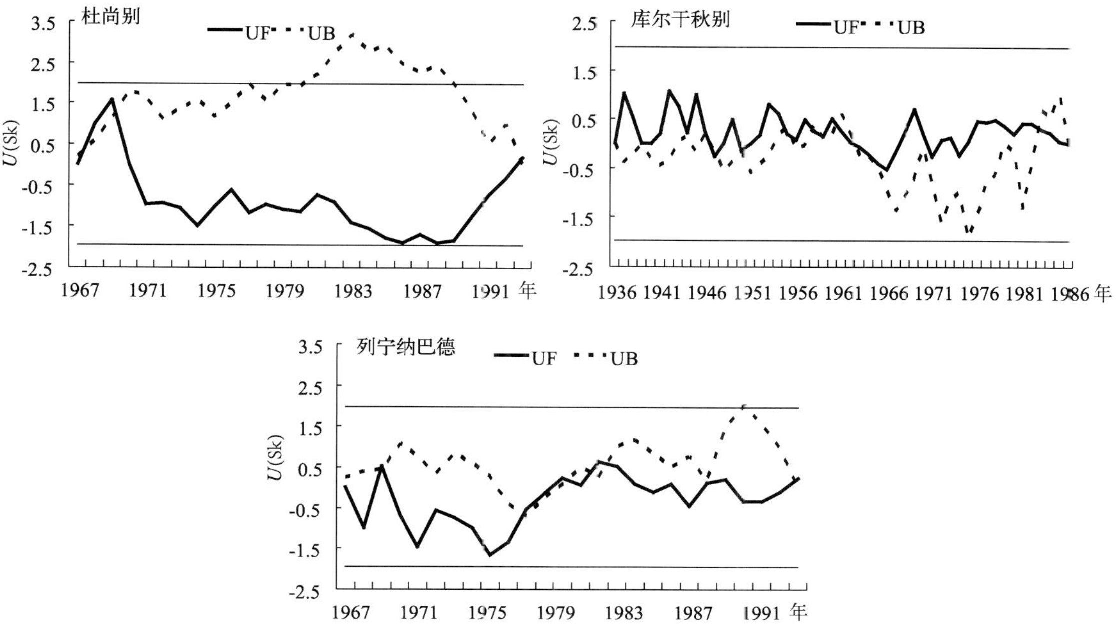

图2.33　塔吉克斯坦不同区域M-K突变检验曲线

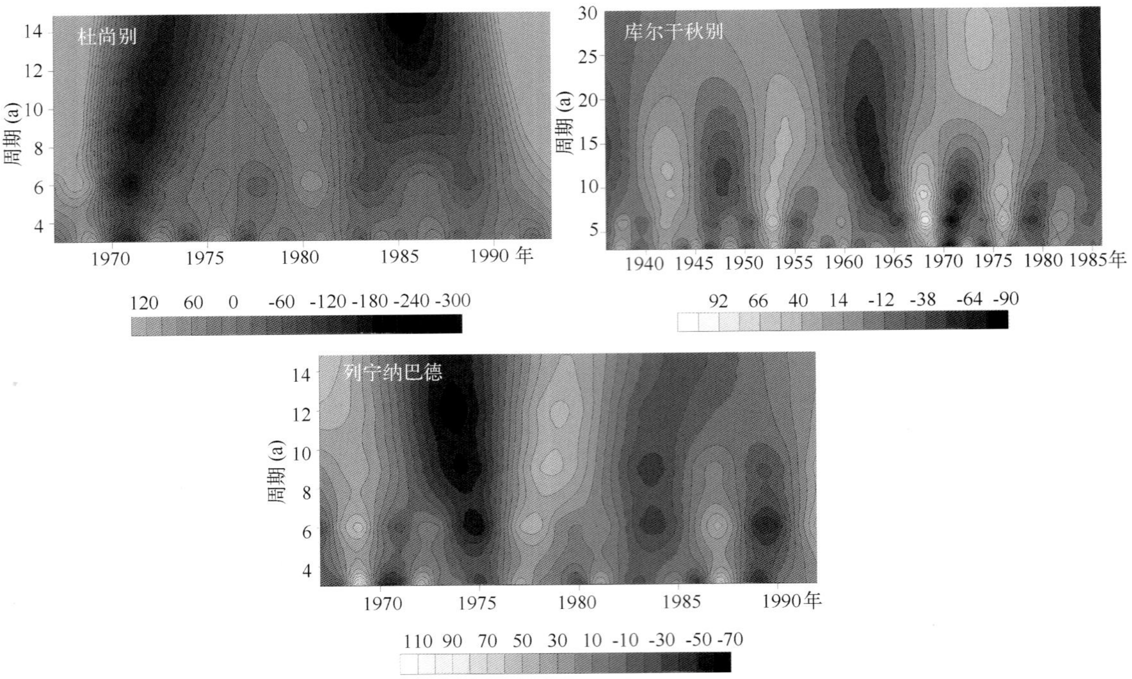

图 2.34　塔吉克斯坦共和国不同区域周期分析

2.3.5　土库曼斯坦共和国

土库曼斯坦是位于中亚西南部的内陆国家，西濒里海，南与东南分别同伊朗和阿富汗接壤，北与东北同哈萨克斯坦和乌兹别克斯坦毗邻。全境大部是低地，平原多在海拔 200 m 以下，80％的领土被卡拉库姆大沙漠覆盖。1 月平均气温 4.4 ℃，7 月平均气温 27.6 ℃；年降水量从东北部地区的 80 mm 向南部山麓的 300 mm 递增，科佩特山区可达 400 mm。属强烈大陆性气候，是世界上最干旱的地区之一。

2.3.5.1　土库曼斯坦共和国气温变化特征

表 2.11　土库曼斯坦共和国气温站点资料

资料 / 站点	经度	纬度	海拔高度(m)	资料长度(年)
查尔朱	63°36′E	39°05′N	188	1935—1984
克孜勒阿尔巴特	56°17′E	38°59′N	97	1931—1989
拜拉姆阿里	62°11′E	37°36′N	241	1920—1989

土库曼斯坦东部的查尔朱自 1935—1984 年年均气温线性趋势与 9 年移动平均总趋势均呈微弱的升高趋势，线性拟合方程的斜率是 0.01，20 世纪 50 年代以前和 70 年代前期气温呈现为下降趋势，20 世纪 40 年代后期，60 年代和 70 年代后期至 80 年代呈升高趋势。

土库曼斯坦西部的克孜勒阿尔巴特自 1931—1989 年年均气温线性趋势与 9 年移动平均总趋势均呈微弱的升高趋势，线性拟合方程的斜率是 0.01，20 世纪 40 年代以前，50 年代后期,70 年代至 80 年代气温呈现升高趋势,50 年代前期和 60 年代后期至 70 年代前期气温呈下降趋势(图 2.36)。

土库曼斯坦南部的拜拉姆阿里自 1920—1989 年年均气温线性趋势与 9 年移动平均总趋势均呈升高趋势,线性拟合方程的斜率是 0.02,20 世纪 20 年代和 40 年代后期气温呈现下降趋势,30 年代和 50 年代以后气温呈升高趋势。

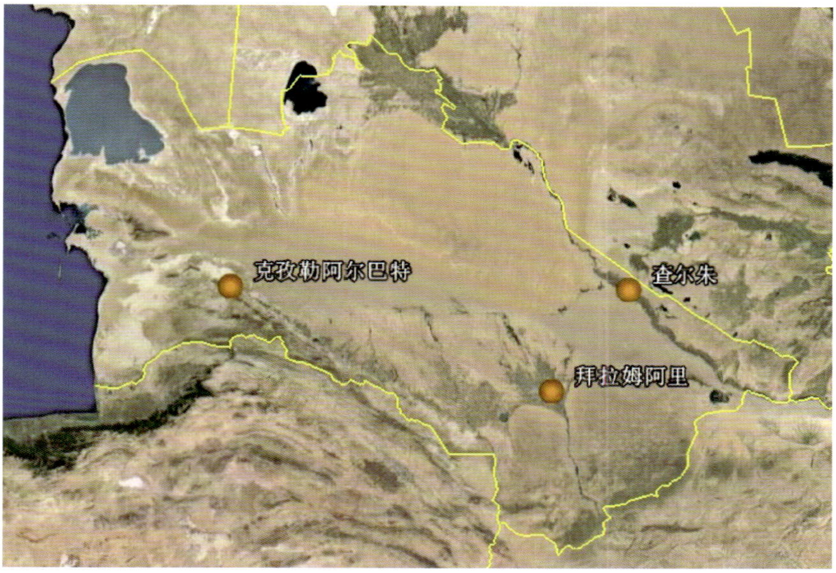

图 2.35　土库曼斯坦共和国气温站点示意图

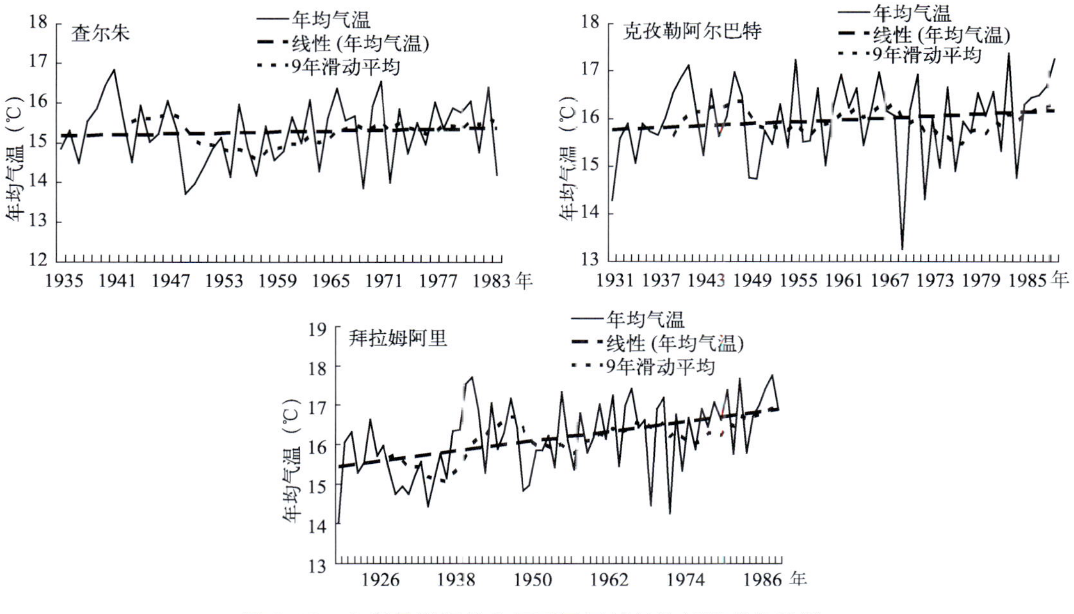

图 2.36　土库曼斯坦共和国不同区域年均气温变化特征

土库曼斯坦东部的查尔朱年均气温自 1935 年至 1941 年年均气温呈升高趋势，1942 年至 1959 年年均气温呈下降趋势，于 1943 年气温发生突变，通过 95％的信度检验，1959 年以后年均气温呈升高趋势。土库曼斯坦西部的克孜勒阿尔巴特年均气温自 1931 至 1942 年年均气温呈升高趋势，1932 年发生气温突变，1942 年至 1952 年气温呈降低趋势，1952 年至 1967 年气温呈上升趋势，1967 年以后气温呈下降趋势。土库曼斯坦南部的拜拉姆阿里年均气温自 1920 至 1935 年年均气温呈下降趋势，1935 年以后气温呈上升趋势，于 1972 年左右发生突变，1975 年以后气温升高显著，通过 0.05％的显著性检验（图 2.37）。

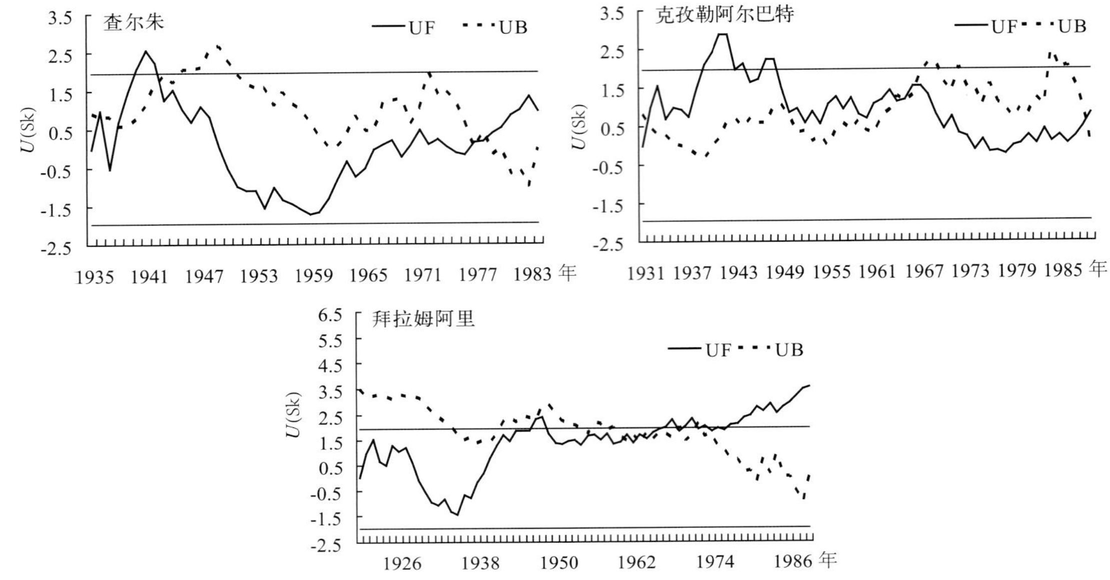

图 2.37　土库曼斯坦共和国不同区域气温的 M-K 突变检验曲线

周期图中形成各种尺度正负相间的振荡中心，显示土库曼斯坦不同区域的年均气温包含了多个尺度的周期变化。观察其中闭合曲线的密集区，发现土库曼斯坦东部的查尔朱在 6 年和 15～18 年的时间尺度上，正负闭合中心最为明显。土库曼斯坦西部的克孜勒阿尔巴特在 6 年和 20 年左右的时间尺度上，正负闭合中心最为明显，1975 年以前主要以 6 年和 20 年的周期变化为主，1975 年以后还存在着 12 年的长周期。土库曼斯坦南部的拜拉姆阿里在 6 年和 10 年左右的时间尺度上，正负闭合中心最为明显，其中在 1950 以后主要以 6 年的短周期变化为主，1950 年以前主要以 10 年左右的长周期变化（图 2.38）。

2.3.5.2　土库曼斯坦共和国降水变化特征

土库曼斯坦北部的克拉斯诺夫斯克自 1967—1994 年降水线性趋势与 9 年移动平均总趋势均呈微弱的减少趋势，线性拟合方程的斜率是－0.26，降水变化比较平稳。土库曼斯坦中部的阿什哈巴德自 1967—1994 年降水线性趋势与 9 年移动平均总趋势均呈微弱的减少趋势，线性拟合方程的斜率是－1.73，降水变化较克拉斯诺夫斯克明显。土库曼斯坦南部的查尔久自 1967—1994 年降水线性趋势与 9 年移动平均总趋势均呈微弱的减少趋势，线性拟合方程的斜率是－0.78，降水变化比较平稳。土库曼斯坦北部的克拉斯若夫斯克于 1967 年至 1977 年降

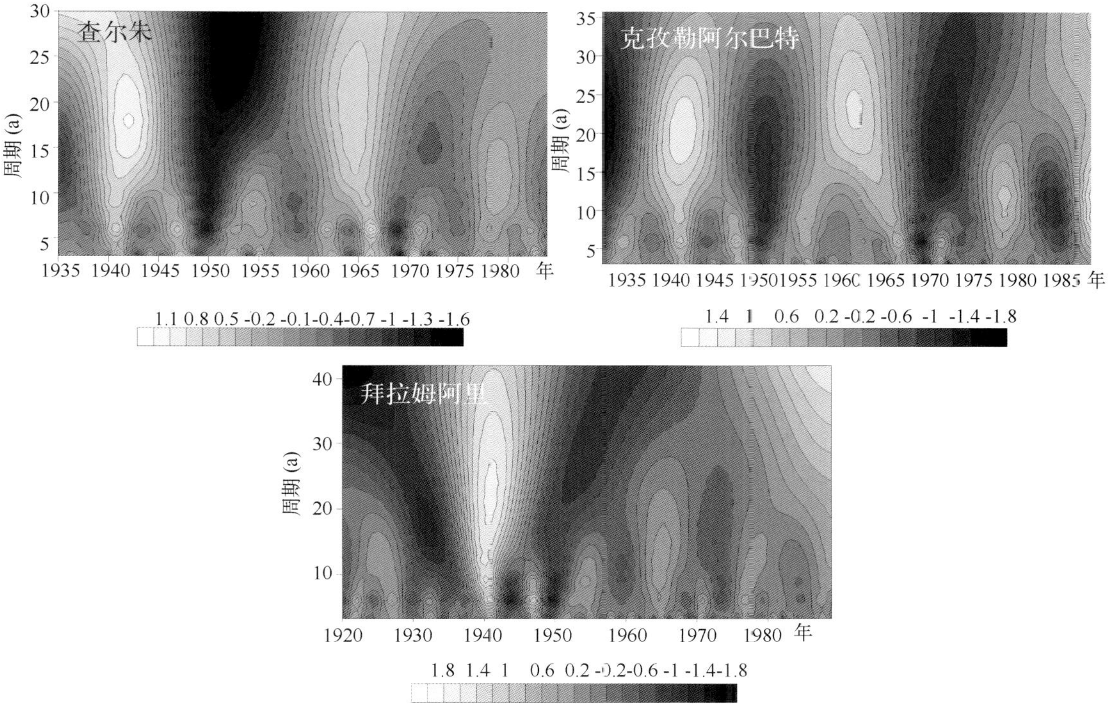

图 2.38　土库曼斯坦共和国不同区域气温周期分析

水呈减少趋势，1977 年以后降水呈现增加趋势，没有通过 0.05 的显著性检验，降水没有发生突变。土库曼斯坦中部的阿什哈巴德于 1971 年至 1981 年降水呈增加趋势，1981 年以后降水呈减少趋势，通过了 0.05 的显著性检验，降水于 1986 年发生突变。土库曼斯坦南部的查尔久降水自 1971 年至 1982 年呈显著的增加趋势，1982 年以后降水呈减少趋势，降水没有发生突变(图 2.41)。

表 2.12　土库曼斯坦共和国降水站点资料

站点＼资料	经度	纬度	海拔高度(m)	资料长度(年)
克拉斯诺夫斯克	52°59′E	40°02′N	89	1967—1994
查尔朱	63°36′E	39°05′N	188	1967—1994
阿什哈巴德	58°20′E	37°58′N	227	1967—1994

周期图中形成各种尺度正负相间的振荡中心，显示土库曼斯坦不同区域的降水包含了多个尺度的周期变化。观察其中闭合曲线的密集区，发现土库曼斯坦北部的克拉斯若夫斯克在 6 年尺度上，正负闭合中心最为明显。土库曼斯坦中部的阿什哈巴德在 6 年的时间尺度上，正负闭合中心最为明显，20 世纪 70 年代和 80 年代还存在 15 年的长周期变化。土库曼斯坦南部的查尔朱在 6 和 9 年的时间尺度上，正负闭合中心最为明显(图 2.42)。

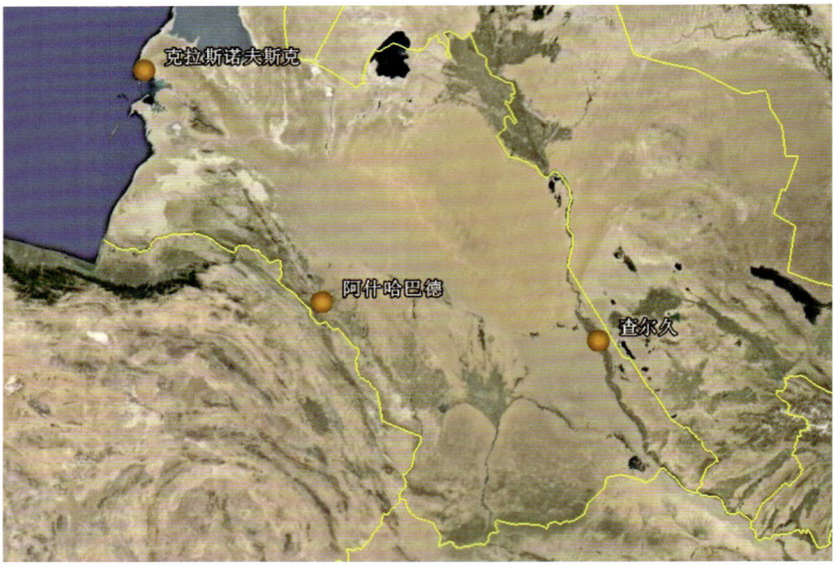

图 2.39　土库曼斯坦共和国降水站点示意图

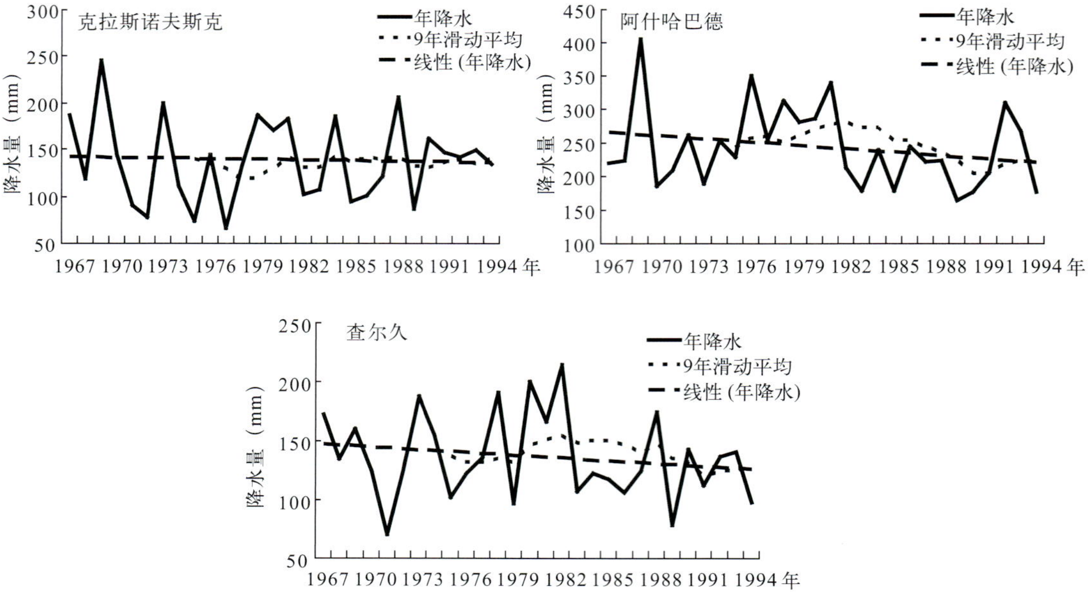

图 2.40　土库曼斯坦共和国不同区域年降水变化特征

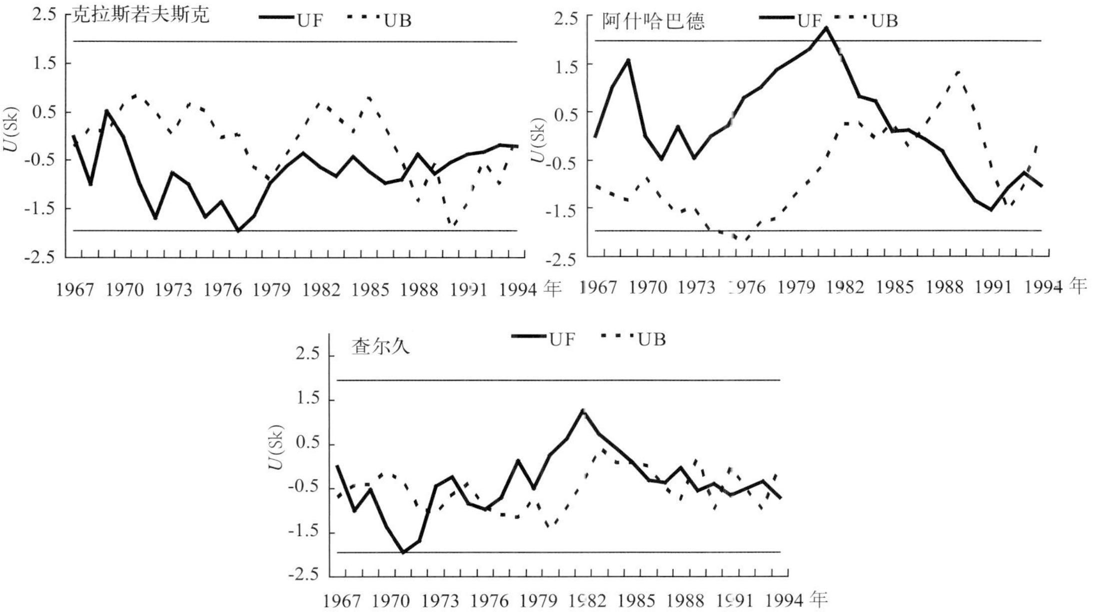

图 2.41　土库曼斯坦共和国不同区域降水 M-K 突变检验曲线

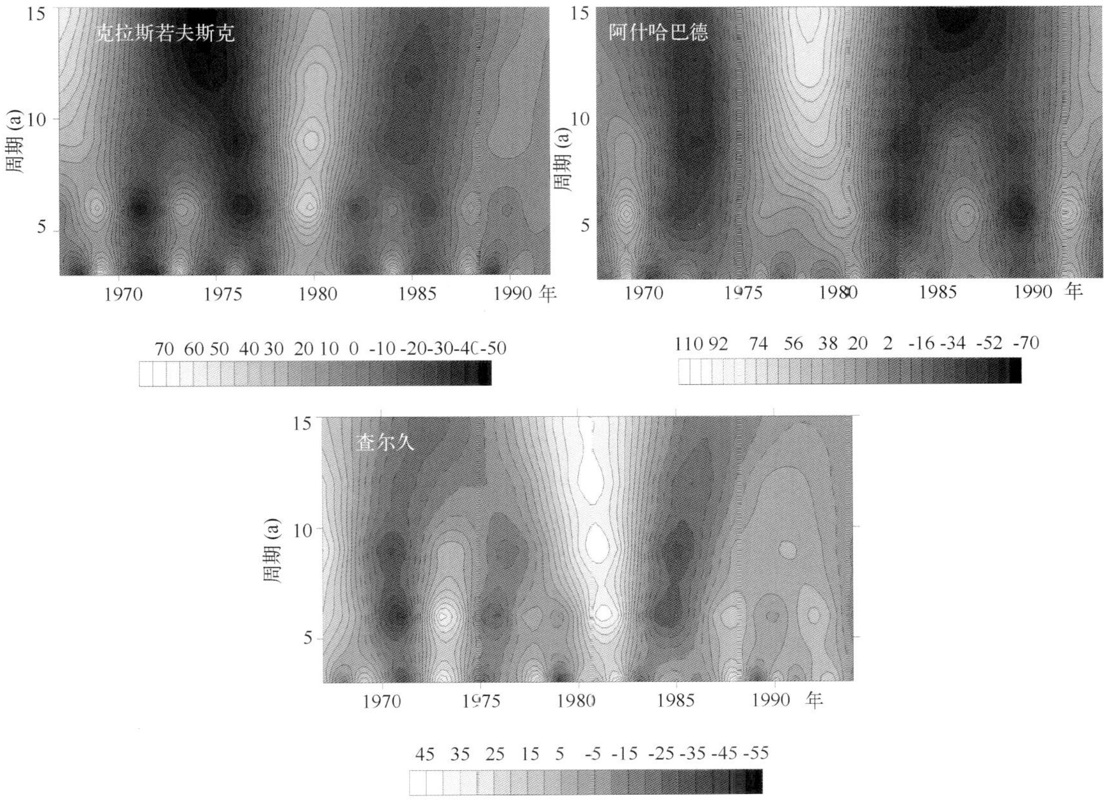

图 2.42　塔吉克斯坦共和国不同区域降水周期分析

2.4　气候要素的时空分布

2.4.1　气温

2.4.1.1　年均和季节分布

中亚年均气温分布和降水相反，呈东西高，中间低的特点（图 2.43）。土库曼斯坦是中亚温度最高的国家，年均温度在 15℃以上，乌兹别克斯坦次之，在 10℃左右，哈萨克斯坦温度按纬度变化，高纬高，低纬低。塔吉克斯坦西部气温最低，年均温度在－3℃以下，吉尔吉斯斯坦东南部也在 0℃以下，这与该区域地形高度较高有关，处在帕米尔高原上。新疆塔里木盆地年均温度在 0℃以上，尤其塔克拉玛干沙漠中心，年均气温在 12℃以上，盆地周边的绿洲和高山区域，年均温度较低，山区在 0℃以下。天山地区及阿勒泰地区年均气温也在 0℃左右，准噶尔盆地的中心，年均气温略高，在 6℃以上（图 2.43）。

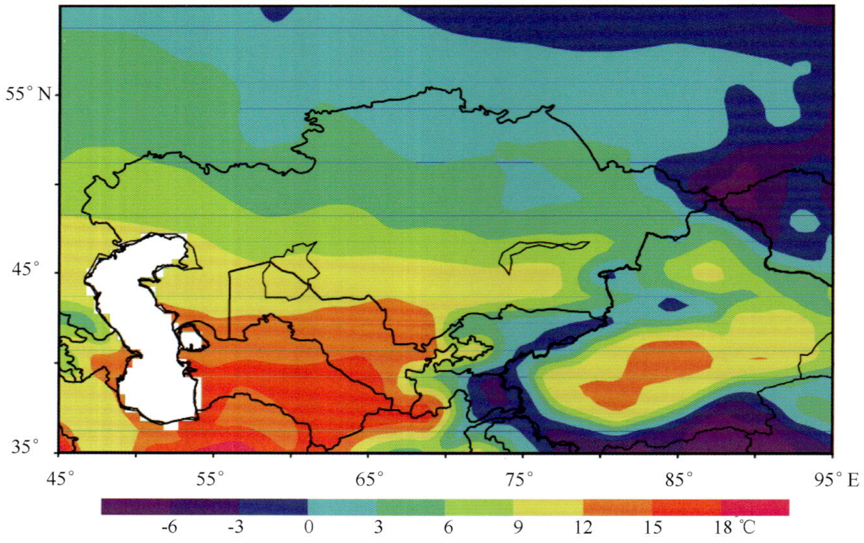

图 2.43　1971—2000 年中亚地区年均气温平均分布

春季气温分布和年均气温的空间分布类似，土库曼斯坦是中亚地区气温相对最高的国家，春季平均气温在 15℃以上，相邻的乌兹别克斯坦次之，春季平均气温在 12℃以上。哈萨克斯坦温度按纬度变化，高纬高，低纬低，南部气温在 10℃左右，北部最低区域不足 3℃。塔吉克斯坦西部由于位于帕米尔高原，海拔较高，春季平均气温最低，在－3℃以下，东部在 3℃以上。吉尔吉斯斯坦春季平均气温也较低，在 0℃左右。塔里木盆地中心的沙漠地区，气温可达 15℃以上，向四周依次递减。天山地区春季气温也相对较低，在 3℃左右。总体来说呈现随纬度变化的特点。夏季，依然是土库曼斯坦气温最高，可达 27℃以上，乌兹别克斯坦东南部，也在 27℃以上，其西北部和哈萨克斯坦南部，在 24℃以上。哈萨克斯坦的夏季气温也是随纬度变化，高纬地区和低纬地区温差可达 10℃左右。塔吉克斯坦西部，由于海拔较高的因素，夏季气温不高，不足 10℃，东部则在 15℃以上。吉尔吉斯斯坦总体在 15℃以上，在和新疆交界的区

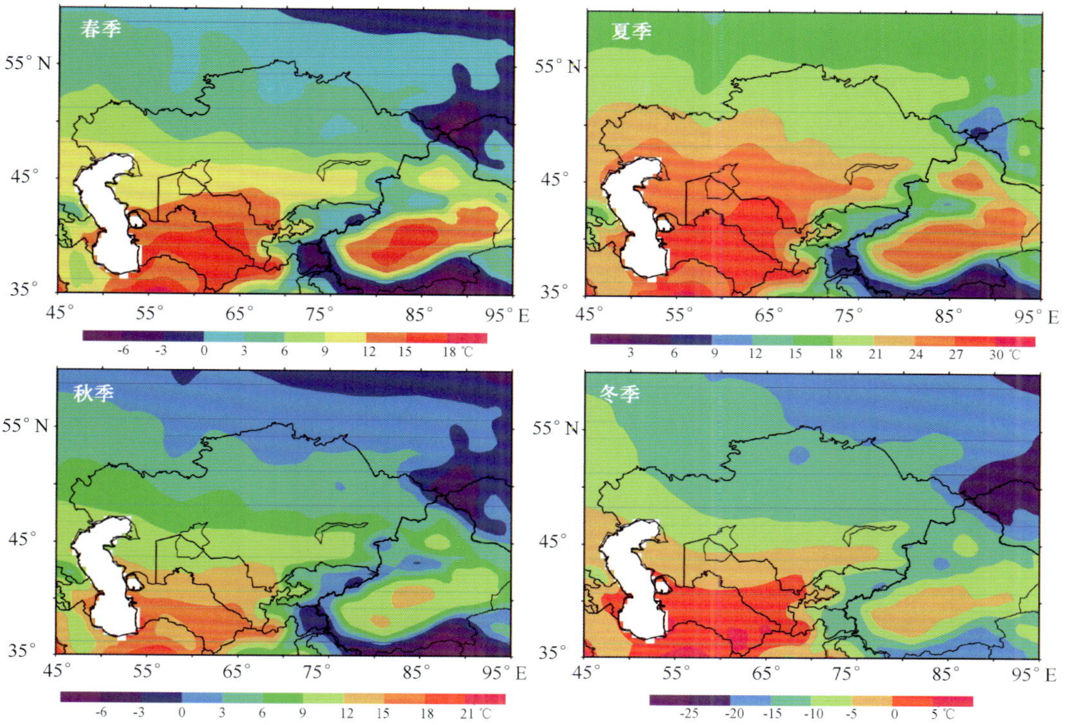

图 2.44　1971—2000 年中亚地区四季气温平均分布

域，在 10℃左右。塔里木盆地和准噶尔盆地夏季气温平均在 20℃以上，中心沙漠地带可达 24℃以上。天山地区气温相对较低，在 15℃左右。秋季，依然是土库曼斯坦最高，在 15℃以上，乌兹别克斯坦东南部次之，在 12℃以上。塔吉克斯坦仍然是气温最低的国家，秋季平均气温在 0℃以下。哈萨克斯坦的气温呈明显的纬度变化。新疆依然是准噶尔盆地和塔里木盆地气温偏高，天山山区气温偏低，在 0℃左右。冬季，土库曼斯坦的平均气温在 0℃以上，乌兹别克斯坦东南部的平均气温也在 0℃以上，最低气温出现在哈萨克斯坦北部和新疆天山山区，在 −15℃以下。塔吉克斯坦和吉尔吉斯斯坦冬季平均气温在 −10℃左右(图 2.44)。

综上所述，中亚地区最暖的国家是土库曼斯坦以及乌兹别克斯坦东南部，冬季平均气温在 0℃以上，夏季在 27℃以上，夏季虽然气温较高，但冬季温暖。塔吉克斯坦和吉尔吉斯斯坦四季气温变化相对较小，哈萨克斯坦和新疆大陆性气候特征明显，冬季冷，夏季热，天山山区气温偏低。

2.4.1.2　极值分布

图 2.45 给出了中亚地区 7 月最高温度和 1 月最低温度的平均分布，由图可见，土库曼斯坦最热，7 月平均最高温度可达 36℃以上，十分炎热，乌兹别克斯坦东南部的 7 月最高温度也在 36℃。塔里木盆地 7 月最高温度在 33℃左右，但不足 36℃。塔里木盆地和土库曼斯坦虽然下垫面类似，但是土库曼斯坦的最高温度要高于塔里木盆地，主要是由于塔里木盆地的海拔要高一些，在 1000 m 以上。塔吉克斯坦较为凉爽，7 月最高温度不足 20℃，吉尔吉斯斯坦也较为凉爽，最高温度在 27℃以下。哈萨克斯坦的最高温度呈随纬度变化，南部最高温度也在 33℃以上。新疆的最高温度出现在准噶尔和塔里木盆地的沙漠地区，天山山区相对凉爽，最高温度

在 20℃左右。

土库曼斯坦的最低温度在－5～0℃之间，相对温暖，乌兹别克斯坦东南部与之类似。塔吉克斯坦和吉尔吉斯斯坦的最低温度在－15℃左右。最低温度出现在新疆阿勒泰地区的东北部，接近－30℃。哈萨克斯坦和新疆最低温度分布特征类似，均是按纬度变化。新疆两个盆地最低温度偏高，山区偏低。

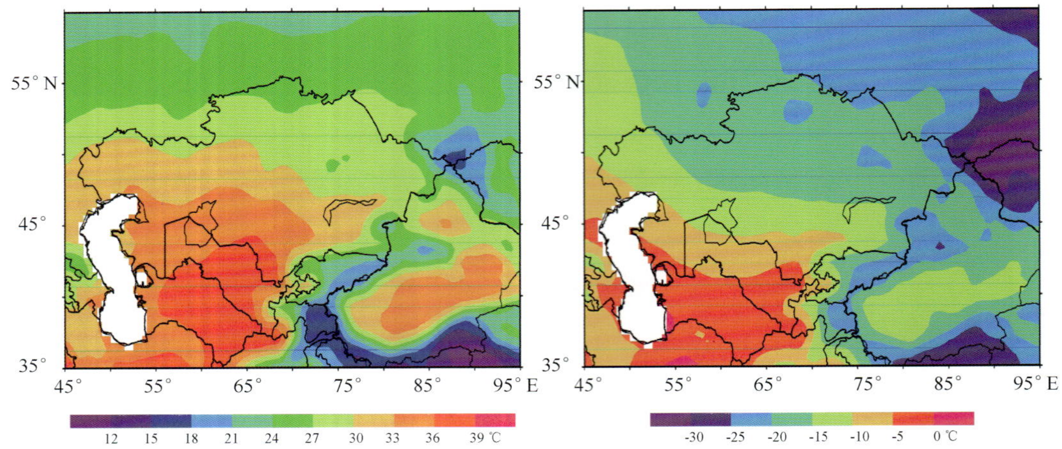

图 2.45　1971—2000 年中亚地区 7 月最高温度(a)和冬季最低温度(b)平均分布

中亚地区的气温年较差如何分布呢？图 2.46 为中亚气温年较差分布，由图可见，气温年较差最大地方位于哈萨克斯坦中西部和新疆塔里木及准噶尔盆地，即大陆性气候特征最明显的区域。塔吉克斯坦和吉尔吉斯斯坦是气温年较差相对较小的区域，尤其是塔吉克斯坦，气温年较差不足 36℃。土库曼斯坦和乌兹别克斯坦虽然夏季炎热，但是冬季较暖，因此气温年较差相对较小，在 40℃左右。

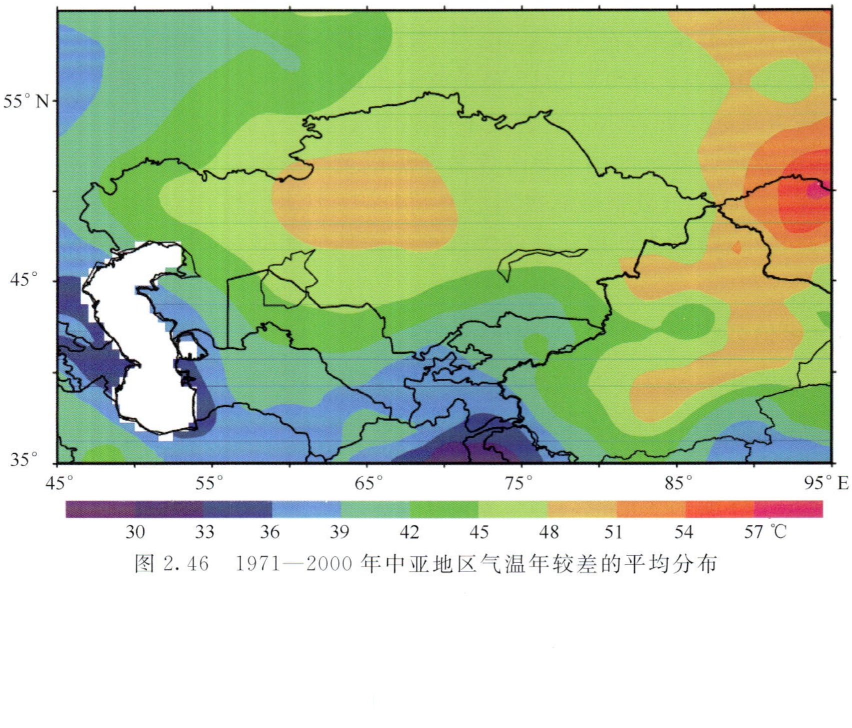

图 2.46　1971—2000 年中亚地区气温年较差的平均分布

2.4.1.3　趋势变化

20 世纪，全球陆表气温上升 0.6℃，那么中亚地区如何变化呢？由图 2.47 可见，中亚地区基本上均呈增温趋势，土库曼斯坦，乌兹别克斯坦和哈萨克斯坦的中心部，增温较快，可达到 0.4℃/(10 a)，尤其土库曼斯坦，由于其下垫面为沙漠，其中部增温趋势达 0.5℃/(10 a)。塔吉克斯坦和吉尔吉斯斯坦气温变化最小，部分地区还呈降温趋势。此外，新疆的东北部，增温趋势较快，在 0.5℃/(10 a)以上。

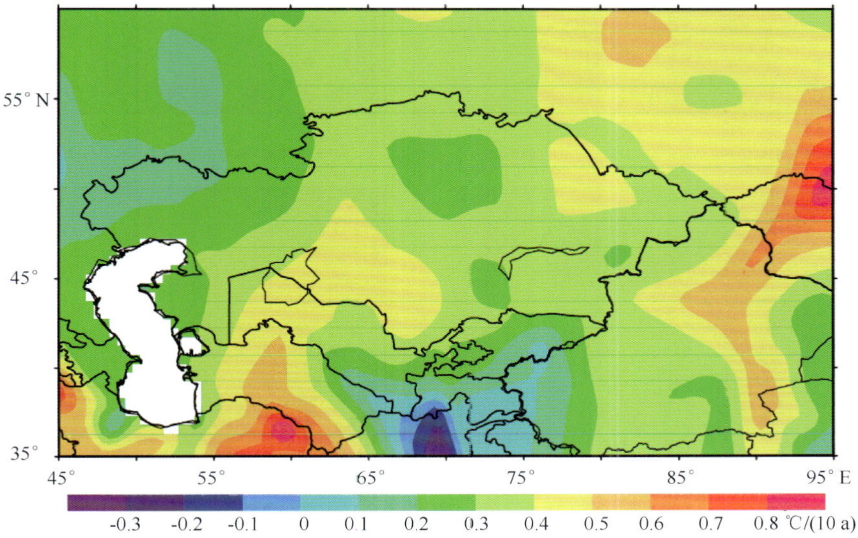

图 2.47　1971—2000 年中亚地区年均气温变化趋势分布

由图 2.48 可见，春季气温呈东升西降的变化趋势，哈萨克斯坦的西北部，呈微弱的降低趋势。降温最快的区域位于塔吉克斯坦、土库曼斯坦和乌兹别克斯坦的交界处，降温趋势在 −0.2℃/(10 a)以上。新疆北部增温要快于南疆，纬度越高，增温越快，增温趋势在 0.3℃/(10 a)。夏季气温变化，与春季有很大不同，春季升温较快的新疆北部，夏季呈微弱的下降趋势，此外，塔里木盆地的西南部，也呈微弱的下降趋势。降温最快的区域位于塔吉克斯坦、土库曼斯坦和乌兹别克斯坦的交界处，在 −0.2℃/(10 a)左右。升温最快的区域位于土库曼斯坦的东南部，可达 0.6℃/(10 a)。土库曼斯坦、乌兹别克斯坦和哈萨克斯坦的中西部，增温幅度也在 −0.4℃/(10 a)。秋季，中亚地区增温趋势不明显，主要呈降温的特点。哈萨克斯坦的北部是降温最快的区域，降温中心在 −0.4℃/(10 a)。此外，哈萨克斯坦的西部，降温也较快，在 −0.2℃/(10 a)以上。与中亚不同的是，新疆增温明显，均呈增温趋势，除新疆东部个别区域。冬季，中亚地区均呈增温趋势，增温最快的区域位于土库曼斯坦的东南部，可达 1.2℃/(10 a)，增温最慢的区域位于塔吉克斯坦南部，在 0.2℃/(10 a)左右。新疆北部增温快于南疆，北部增温最快可达 1.4℃/(10 a)以上。

综上可见，冬季是中亚地区增暖最快的季节，高纬地区快于低纬地区。塔吉克斯坦和吉尔吉斯斯坦，春季、夏季和秋季，增温幅度小，部分地区呈微弱的降温趋势，尤其春季，在塔吉克斯坦、吉尔吉斯斯坦和乌兹别克斯坦的交界处，降温最快。哈萨克斯斯坦的北部和西部，秋季有明显的降温趋势，其余地区以增温为主。新疆均呈增温趋势，除夏季塔里木盆地西缘的部分地区,增温幅度快于中亚地区,尤其在冬季的北疆地区,增温幅度可达 1.4℃/(10 a),远高于其他地区。

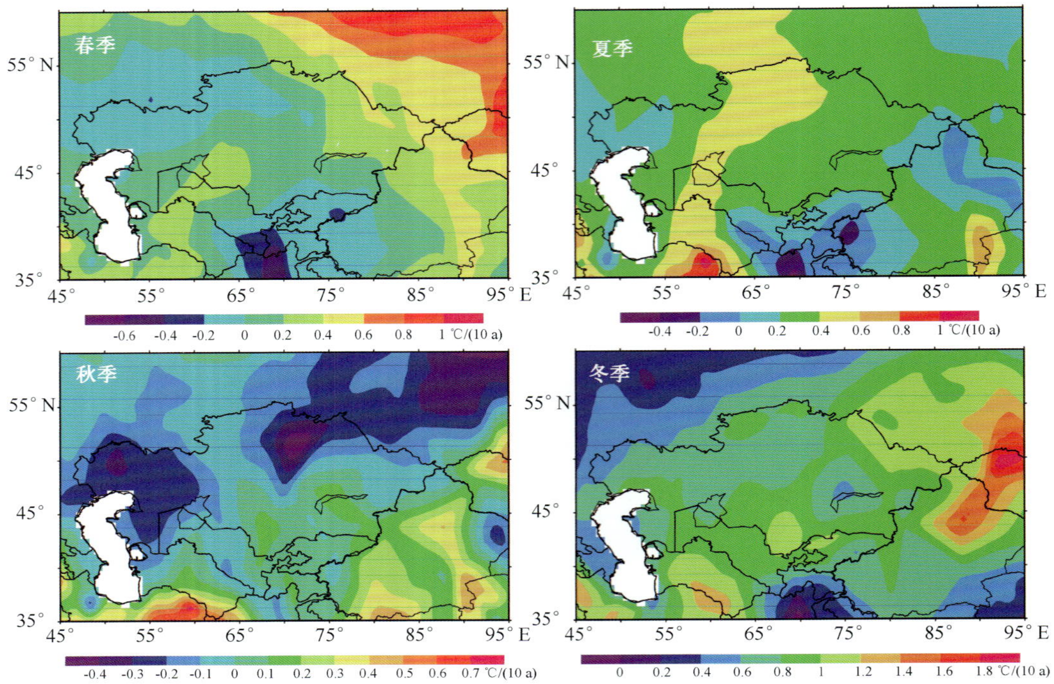

图 2.48　1971—2000 年中亚地区四季平均气温的变化趋势分布

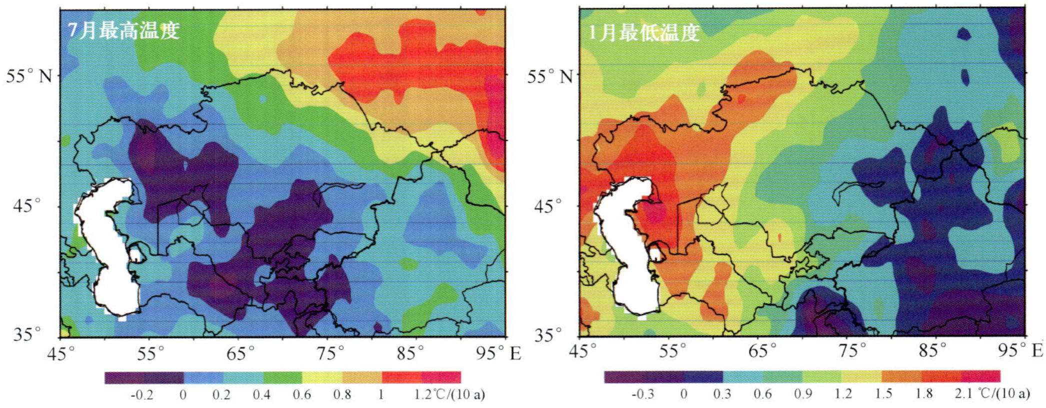

图 2.49　1971—2000 年中亚地区最高和最低气温的变化趋势分布

极端气温如何变化呢? 由图 2.49 可见,哈萨克斯坦的西部和南部,最低气温降低,此外,塔吉克斯坦、吉尔吉尔斯斯坦西部和土库曼斯坦、乌兹别克斯坦的东部地区,最高温度均降低,最大降温幅度可达－0.2℃/(10 a)。哈萨克斯坦的高纬地区是最高温度升高趋势最快的区域,可达 0.4℃/(10 a)以上。新疆全境最高温度均升高,阿勒泰地区的东北部区域及塔里木盆地南缘,最高温度升高较快,也达到 0.4℃/(10 a)。最低温度变化有所不同,呈东慢西快的特点，尤其在哈萨克斯坦的西部地区，最低温度升高最快，增温幅度在2℃/(10 a)左右。塔吉克斯坦南缘最低温度呈降低趋势，最快可达−0.3℃/(10 a)。新疆最低温度增温趋势较缓，尤其在塔里木盆地的南缘，还呈微弱的降低趋势(图2.50)。

由以上分析可见，最高和最低温度变化在中亚有较大差异，那么气温年较差如何变化呢？由图可见，由于最高温度在哈萨克斯坦西部是降低的，而最低温度升高，因此气温年较差呈较快的下降趋势。此外，土库曼斯坦和乌兹别克斯坦，气温年较差也呈降低趋势，部分地区降低幅度可达−1.5℃/(10 a)。哈萨克斯坦的东部地区，气温年较差呈增大趋势，最快达0.3℃/(10 a)以上。塔吉克斯坦和吉尔吉斯斯坦气温年较差也呈微弱的降低趋势。新疆与之比较，有很大的不同，除天山东部个别地区，气温年较差呈微弱的降低趋势外，其余地区均呈较快的增大趋势，尤其在塔里木盆地的南缘，在0.3℃/(10 a)以上。

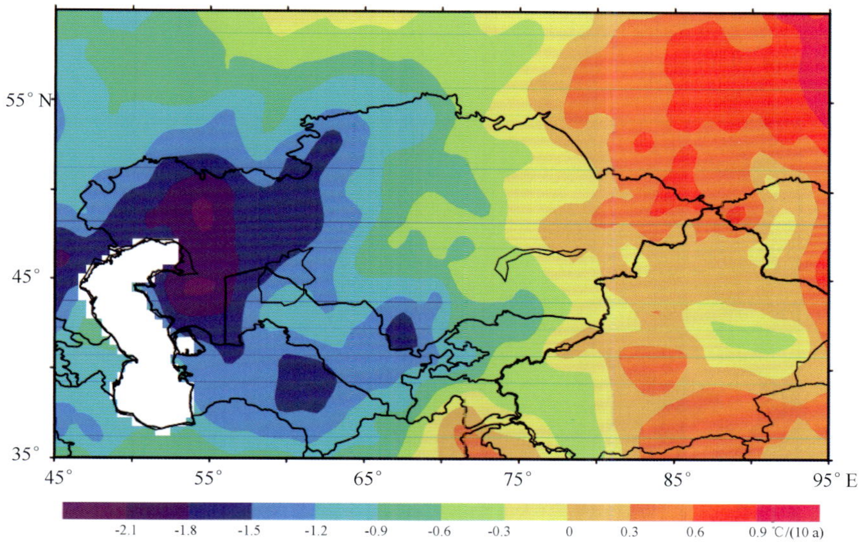

图2.50　1971—2000年中亚地区气温年较差的变化趋势分布

中亚地区和我国新疆地区在降水量和气温空间分布和时间演变上，既表现出整体性，又呈现独立性。土库曼斯坦和乌兹别克斯坦的沙漠地区，是中亚最为干旱的地区，也是气温最高的地区。塔吉克斯坦和吉尔吉斯斯坦位于青藏高原西端，受高原动、热力作用的影响，气候和其他国家有很大不同，冬季和和春季降水多，夏季降水少，是中亚最为湿润的地区，气温变化幅度相对小。哈萨克斯坦大陆性气候特征最为明显，降水西多东少，主要集中在夏季，也是气温变化幅度最大的区域，西暖东冷，西部最高温度降温，最低温度升温。中亚地区整体气温年较差呈较小趋势。新疆与中亚气候有明显差异，降水主要集中在夏季的天山山区，增暖明显，最高和最低温度与中亚西部有相反趋势。总体而言，新疆北部和哈萨克斯坦的东北部，气候较为相似，与其西部差异较大。虽然同为沙漠地区，土库曼斯坦和乌兹别克斯坦要比塔里木盆地湿润，但是夏季更加炎热，冬季更加温暖。

2.4.2　降水

2.4.2.1　年均和季节分布

图 2.51 给出了中亚地区 1971—2000 年中亚地区年降水的平均分布，由图可见，中亚地区，包括新疆，年降水呈现东西少，中间多的特点，乌兹别克斯坦和土库曼斯坦是中亚地区降水最少的国家，年降水在 150 mm 以下，塔吉克斯坦是中亚最为湿润的地区，年降水在 500 mm 左右，接近我国华北地区的年降水。吉尔吉斯斯坦次之，年降水在 400 mm 左右。这两个国家降水较多，与这一区域海拔高度相对较低有关，南方水汽易于输送至此，因而降水相对偏多。哈萨克斯坦西南面降水偏少，不足 150 mm，巴尔喀什湖以东降水偏多，年降水在 300 mm 以上，其高纬度地区降水也相对较多。新疆的塔里木盆地以及东疆，降水均不足 150 mm，沙漠地区在 100 mm 以下，总体来说干旱程度要高于中亚各国，仅伊犁河谷和阿勒泰地区，降水相对较多，在 200 mm 以上。

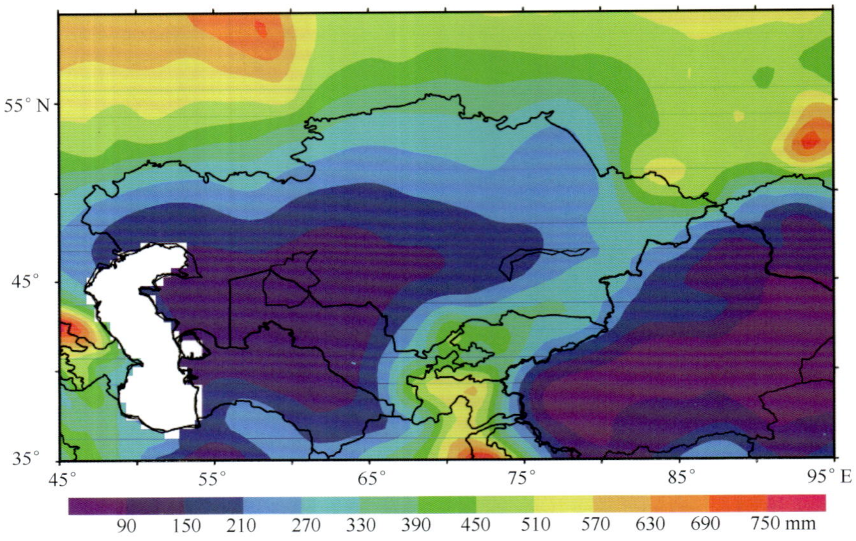

图 2.51　1971—2000 年中亚地区年降水平均分布

图 2.52 给出了中亚地区 1971—2000 年中亚地区四季降水的平均分布，由图可见，中亚地区春季降水空间分布和年降水相似，也是东西少，中间多，哈萨克斯坦西南部和乌兹别克斯坦西部降水不足 50 mm，但是要多于新疆塔克拉玛干沙漠和东疆，这些区域的降水不足 30 mm，是降水最为稀少的区域。哈萨克斯坦的大部和新疆的天山区域，春季降水在 60 mm 左右。塔吉克斯坦是春季降水最多的国家，中心可达 250 mm 以上，吉尔吉斯斯坦次之，也在 200 mm 左右。夏季降水有很大不同，中亚地区大部降水均较少，其中乌兹别克斯坦和土库曼斯坦降水最为稀少，不足 15 mm，春季降水最多的塔吉克斯坦和吉尔吉斯斯坦，夏季降水不足 45 mm，相对春季降水要少得多。夏季降水最多的区域位于巴尔喀什湖以东区域，其中哈萨克斯坦的最东端，降水最多，在 100 mm 左右。秋季降水也呈东西少，中间多的特点，中亚塔吉克斯坦和吉尔吉斯斯坦降水最多，在 60 mm 以上，最多超过 100 mm。冬季新疆是最为干旱的地区，大部分地区降水在 15 mm 以下，伊犁河谷和阿勒泰的西北地区，降水相对较多，在 30 mm 以上。

乌兹别克斯坦西端附近地区，降水在中亚国家中最少，不足45 mm。塔吉克斯坦降水最多，在160 mm以上，吉尔吉斯斯坦也在100 mm左右。哈萨克斯坦中北部降水在45 mm左右，东南部降水在90 mm左右。

综上所述，中亚地区（含新疆）降水空间分布总的特点为东西少，中间多，塔吉克斯坦和吉尔吉斯斯坦是最为湿润的地区，年降水在400 mm以上，季节变化明显，冬春季是降水最多的季节，可占年总降水的三分之二以上，夏季降水最少。这一降水特点，与青藏高原的动热力作用密切相关，由于青藏高原季风的建立，大大破坏了原来准纬向的气候带，使得高原东、西和南、北两侧气候出现了巨大差异（刘晓东，1998）。高原冬季风为反气旋环流，吉尔吉斯斯坦和塔吉克斯坦位于高原西端，在高原冬季风时期盛行偏南气流，有利于低纬暖湿气流北上，同时与中高纬度的干冷气流汇合，因而降水偏多，夏季高原夏季风为气旋式环流，盛行偏北气流，不利于暖湿气流北上，因而降水偏少。乌兹别克斯坦和土库曼斯坦是中亚最为干旱的国家，年降水不足150 mm，四季降水较为均匀，没有明显降水集中的季节。哈萨克斯坦降水较为均匀，夏季和冬季最多，最多区域位于巴尔喀什湖的东南区域，这和天山地形作用有关。比较中亚国家，新疆更为干燥，尤其塔里木盆地和东疆地区，降水主要集中在夏季，有明显的主汛期，大陆性干旱气候的特征更加明显。

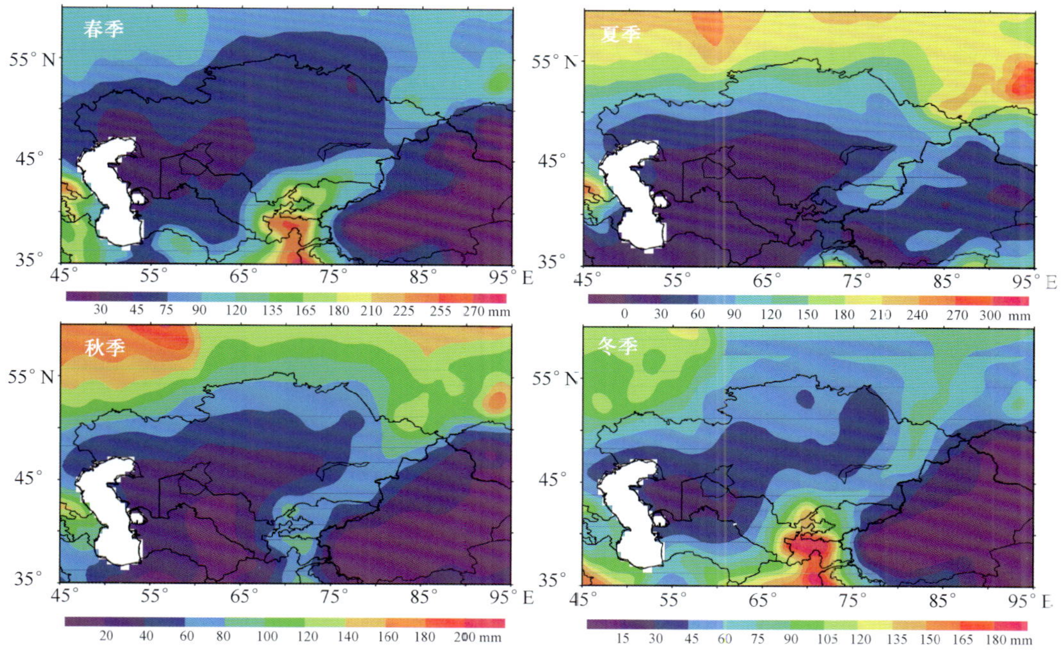

图2.52 1971—2000年中亚地区四季降水平均分布放大

2.4.2.2 趋势变化

IPCC（2007）报告指出，20世纪全球表面地表气温升高0.6℃，全球陆地降水增加2%，北半球中、高纬度地区降水增幅分别达7%和12%，北美洲地区增加5%—10%左右，原苏联东经90度以东地区，降水增加了5%左右，热带地区，降水明显减少（ICPP，2007）。中亚地区的年降水如何变化呢？

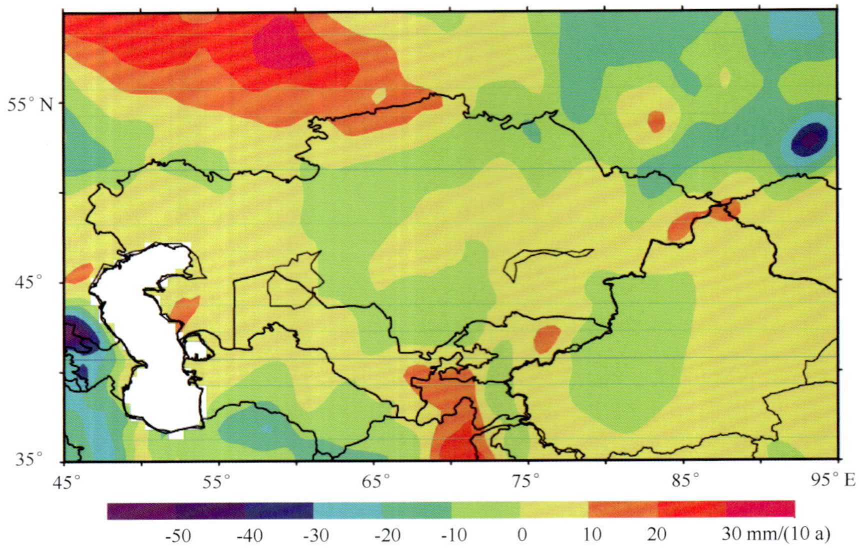

图 2.53　1971—2000 年中亚地区年总降水变化趋势分布

图 2.53 给出了中亚地区 1971—2000 年年总降水的趋势变化分布，由图可见，中亚大部分地区年总降水呈增加趋势，增加幅度最大的国家为塔吉克斯坦，最多可达 15 mm/(10 a)，其余地区不足 15 mm/(10 a)。哈萨克斯坦南部和西北，降水呈略微的减少趋势，新疆的中西部也有类似趋势，如此增加特点，与降水选取时段有关，研究表明，2001—2010 年是新疆最为湿润的时期，降水相对最多（毛炜峄等，2006；赵勇等，2010）。

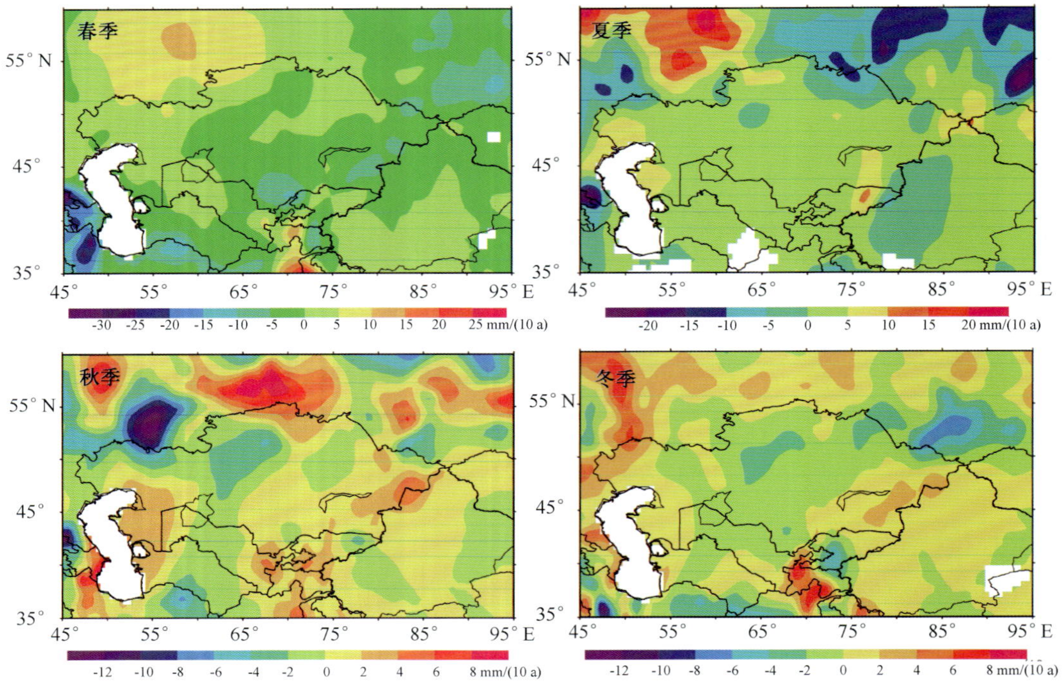

图 2.54　1971—2000 年中亚地区年四季降水变化趋势分布

中亚春季降水增幅最快的地区位于塔吉克斯坦中部，也是春季降水最多的区域，增加幅度在 10 mm/(10 a)，其余地区降水均略微减少，哈萨克斯坦南部和塔吉克斯坦西部，降水减少幅度最大，平均每 10 a 减少 10 mm 以上。夏季降水均呈增加趋势，但是幅度不大，不足 5 mm/(10 a)，增长最快的区域位于巴尔喀什湖南部地区，幅度为 5 mm/(10 a)，最大可达 10 mm/(10 a)。秋季巴尔喀什湖以东区域和塔吉克斯坦及吉尔吉斯斯坦，降水增幅最快，可达 5 mm/(10 a)左右。冬季哈萨克斯坦除巴尔喀什湖地区降水增加外，其余地区降水减少，塔吉克斯坦降水增长最快，可达 6 mm/(10 a)以上，吉尔吉斯斯坦西南部降水减少幅度最大，每 10 a 减少 6 mm 左右(图 2.54)。

综上可见，中亚大部分地区春季降水呈减少趋势，其余季节增加，增大幅度最大的区域是塔吉克斯坦，春季、秋季和冬季，降水增加幅度最大，塔里木盆地主要是在盆地的西南源，与观测结果一致。陈发虎等(2011)基于 CRU 降水资料，分析发现中亚地区近 80 年来降水变化存在差异，年降水和冬季降水增加最为显著。中亚西南部降水有微弱的减少趋势，其余区域均为增加，年降水的增加主要由冬季降水贡献，这与利用 30 年资料得到的结果基本一致。

2.5　中亚气候变化的主要成因分析

影响中亚气候的主要因素有地理位置、太阳辐射和地形及下垫面状况等。

(1)地理位置包括两个方面，海陆位置与纬度位置。这两个因素，对中亚气候的影响极为明显。中亚位于亚欧大陆的中心，距离大陆四周所有的大洋都很遥远，海洋是陆地水的主要来源。因此距海较远，就成为中亚地区降水稀少，气候干燥的首要原因。夏季中亚南部和北部的太阳入射角都相当大，太阳在天空中的位置很高，6、7 月间，南部地区太阳在地平线上的高度角可达 76°，再加上这时的晴天多云量少。因此日照的时间很长，这时南方各地(如捷尔麦兹)，1 日中的日照时间可达 14 小时。到了冬半年，由于太阳直射点的南移，至使北半球太阳的入射角变小了，太阳在天空中的位置低了，日照的时间也短了，这时中亚北部地区，由于纬度较高，受到太阳的光热只有夏半年的一半。冬至前后，每天的日照时间，甚至只有 1～2 小时，以致形成寒风弥漫，千里冰封，天气严寒的世界。但这时的南部地区，则由于纬度较低，就是太阳在天空中位置最低的时候，它在地平线上的高度角，仍可达 30°左右，每天的日照时间，也还有 5～6 小时，因此受到太阳的光热仍然较多，从而形成了冬季相当暖和的南方天气。

(2)太阳辐射。中亚地区，不论平原或山地，也不论纬度偏高或偏低，其太阳辐射值都是相当大，甚至是很大的。自里海中部向东经咸海到巴尔喀什湖以北一线以南的广大地区，具有中亚最大的太阳年辐射值。由此可见，中亚大部分地区，夏季特别的炎热干燥，太阳辐射值大是根本的原因之一。

(3)冬季蒙古高气压控制着整个欧亚大陆的大部分地方。哈萨克斯坦的北部在高压轴以北，此外所有中亚地区都在高压轴以南，多吹西南风，其余中亚的大部分地方，都以东北风和东风为主。这一冷风，给中亚大部分地方带来了严寒，持续时间有时竟达 2～3 星期之久。夏季，中亚南半部地区，占优势的是热带大陆气团。热带大陆气团的特点是炎热、干燥，空气的透明性小，在这种气团的控制下，总是形成稳定的干燥、炎热的天气。也由此而出现了中亚沙漠上的热低压。夏季中亚北部的环流形势和南部有所不同，在极锋带内，有强烈的气旋活动，它对中纬地区的天气和气候有着很大的影响。中亚北部地区的哈萨克斯坦，这时正处在极锋的影响下，天气不很稳定，带来了年降水量 200 mm 到 300～400 mm 中的大部分。就降水较多的时间来说，中亚北部地区和南部地区正好相反。

（4）地形和下垫面，地形和下垫面对中亚气候特征的形成，也起了巨大的作用。其中既有大地形的影响，也有中地形和微地形的影响，中亚的北面是低矮的丘陵和西西伯利亚平原的南延部分，西部自里海以东延绵着广袤的平原低地，高山主要分布在东南部和南部边境地区。中亚的这种自北向西敞开的地形，无论对气温或对降水，都发生了明显的影响。

参考文献

陈发虎，黄伟，靳立亚，等. 2011. 全球变暖背景下中亚干旱区降水变化特征及其空间差异. 中国科学(地球科学)，**41**(11)：1647-1657.

何清，杨青，李红军. 2003. 新疆 40a 来气温、降水和沙尘天气变化. 冰川冻土，**25**(4)：423-426.

刘晓东. 1998. 青藏高原隆升对亚洲季风形成和全球气候与环境变化的影响. 高原气象，**18**(3)：321-331.

龙爱华，邓铭江，李湘权，等. 2010. 哈萨克斯坦水资源及其开发利用. 地球科学进展，**25**(12)：1357-1366.

毛炜峄，江远安，李江峰. 2006，新疆北部的降水量线性变化趋势特征分析. 干旱区地理，**29**(6)：797-802.

施雅风，沈永平，李栋梁等. 2003. 中国西北部气候由暖干向暖湿转型的特征和趋势探讨. 第四纪研究，**23**(2)：152-164.

王劲松，陈发虎，靳立亚，等. 2008. 亚洲中部干旱区在 20 世纪两次暖期的表现. 冰川冻土，**30**(2)：224-231.

王劲松，陈发虎，张强，等. 2008. 亚洲中部干旱半干旱区近 100 年来的气温变化研究. 高原气象，**27**(5)：1035-1044.

闻新宇，王绍武，朱锦红. 2006. 英国 CRU 高分辨率格点资料揭示的 20 世纪中国气候变化. 大气科学，**30**(5)：894-903.

薛燕，韩萍，冯国华. 2003. 半个世纪以来新疆降水和气温的变化趋势. 干旱区研究，**20**(2)：127-130.

杨霞，赵逸舟，王莹，等. 2011. 近 30 年来新疆降水量及雨日的变化特征分析. 干旱区资源与环境，**25**(8)：82-87.

于淑秋，林学椿，徐祥德. 2003. 我国西北地区近 50 年降水和温度的变化. 气候与环境研究，**8**(1)：9-17.

赵勇，黄丹青，古丽格娜，等. 2010. 新疆北部夏季强降水分析. 干旱区研究，**27**(5)：773-779.

周长春，高晓清，陈文，等. 2009. 中亚感热异常对我国西北温度、降水的影响. 高原气象，**28**(2)：398-400.

Hansen J，Ruedy R，Sato M，*et al*. 2001. A closer look at United States and flobal surface temperature change. *J Geophys Res*，**106**：23947-23963.

Jones P D. 1994. Hemispheric surface air temperature variations：A reanalysis and update to 1993. *J. Climate*，**7**：1794-1802.

Jones P D，Moberg A. 2003. Hemispheric and large scale surface air temperature variations：An extensive revision and an update to 2001. *J. Climate*，**16**：206-223.

New M，Hulme M，Jones P D. 2000. Representing twentieth century space- time climate variability. Part 2：Development of 1901—1996 monthly grids of terrestrial surface climate. *J. Climate*，**13**：2217-2238.

Peterson T C，Vose R，*et al*. 1997. n overview of the global historical climatology network temperature database. *Bull. Amer. Meteor. Soc.*，**78**：2837-2849.

第 3 章　中亚大气环流特征及其对气候的影响

3.1　中亚大气环流特征

中亚地处中纬度，既有西风带天气系统和极地冰洋系统的影响，又有副热带天气系统的影响。

（1）春季大气环流特征

春季是冬夏的过渡季节，冬夏环流特征兼而有之。冬季以极锋环流为主，夏季以副热带锋区环流为主，而春季两支锋区并举。图 3.1 为春季 500 hPa 气候平均高度场、500 hPa 和 700 hPa 水汽通量场分布，由图可见，欧亚范围内北欧脊建立并稳定，中亚脊比较稳定，新地岛到北疆北部为稳定的强西北气流，地中海至新疆为西南气流，这两支气流汇合于新疆，冷空气活动主要靠西北气流，暖空气活动主要靠西南气流，它们活动的强弱和配置不同，造成的春季天气不同，是春季环流的主要特征之一。在环流演变上，春季某些时期较多具有冬季特点，而另一时期较多具有夏季特点，因此，春季环流变化具有突变性质，在天气系统的生成、发展、移动上表现为速度快、不稳定，新疆的天气特点表现为多大风、天气频繁，强天气多，各种灾害性天气俱全。500 hPa 水汽通量表明南疆西部和天山西部为水汽通量大值区，与西南气流伸展和降水高值区一致，700 hPa 水汽通量表现为北疆和天山山区为大值区，其中北疆西部为高值中心。从水汽通量和锋区特征看南疆西部、北疆西部和天山山区易于产生降水。

（2）夏季大气环流特征

副热带西风急流越过青藏高原在新疆稳定时，是中亚地区环流进入夏季的开始，环流入夏平均约在 6 月第二至第三候，南疆 5—6 月降水迅速增加。图 3.2 为 500 hPa 夏季气候平均高度场、500 hPa 和 700 hPa 水汽通量场分布，副热带西风急流沿天山山脉控制新疆，副热带西风急流的南北振动和强度变化决定降水的分布，新疆脊明显减弱，副热带锋区上多短波活动，多阵性天气，尤其是天山山区。急流南侧是庞大的南亚高压，当强大的南亚高压控制青藏高原地区（包括新疆），新疆一般表现为高温少雨天气；当高压有两个中心，分别位于 70°E 以西和 100°E 以东，而中亚和新疆为低槽区，新疆一般表现为低温多雨天气，强降水过程出现在这种环流背景下；当南亚高压表现为较平的带状时，新疆一般不易出现大范围较强天气过程。夏季副热带环流较稳定，反映在天气上，阶段性比较明显，无论高温和降水天气，阶段时间都比较长。500 hPa 和 700 hPa 水汽通量表明南疆西部和天山山区及其两侧为水汽通量高值区，从水汽通量和锋区特征看南疆西部、北疆西部和天山山区易于产生降水，也是地面降水的高值区。

（3）秋季大气环流特征

秋季环流具有稳定性和连续性，无论副热带急流的南撤还是槽脊分布都是渐变的，秋季天气不如春季表现剧烈。图 3.3 为秋季 500 hPa 高度场和 500 hPa 和 700 hPa 水汽通量场，极锋锋区在新疆以西的欧亚中纬地区建立，西欧高压脊和新疆脊形成且异常稳定，造成新疆天气表现为“秋高气爽”。乌拉尔山附近为平均槽区，秋季新疆天气的产生往往是乌拉尔山冷空气南下造成的。新疆水汽通量与夏季比明显减弱，且无显著的高值区，水汽通量自西北向东南减弱，与秋季降水少是一致的。

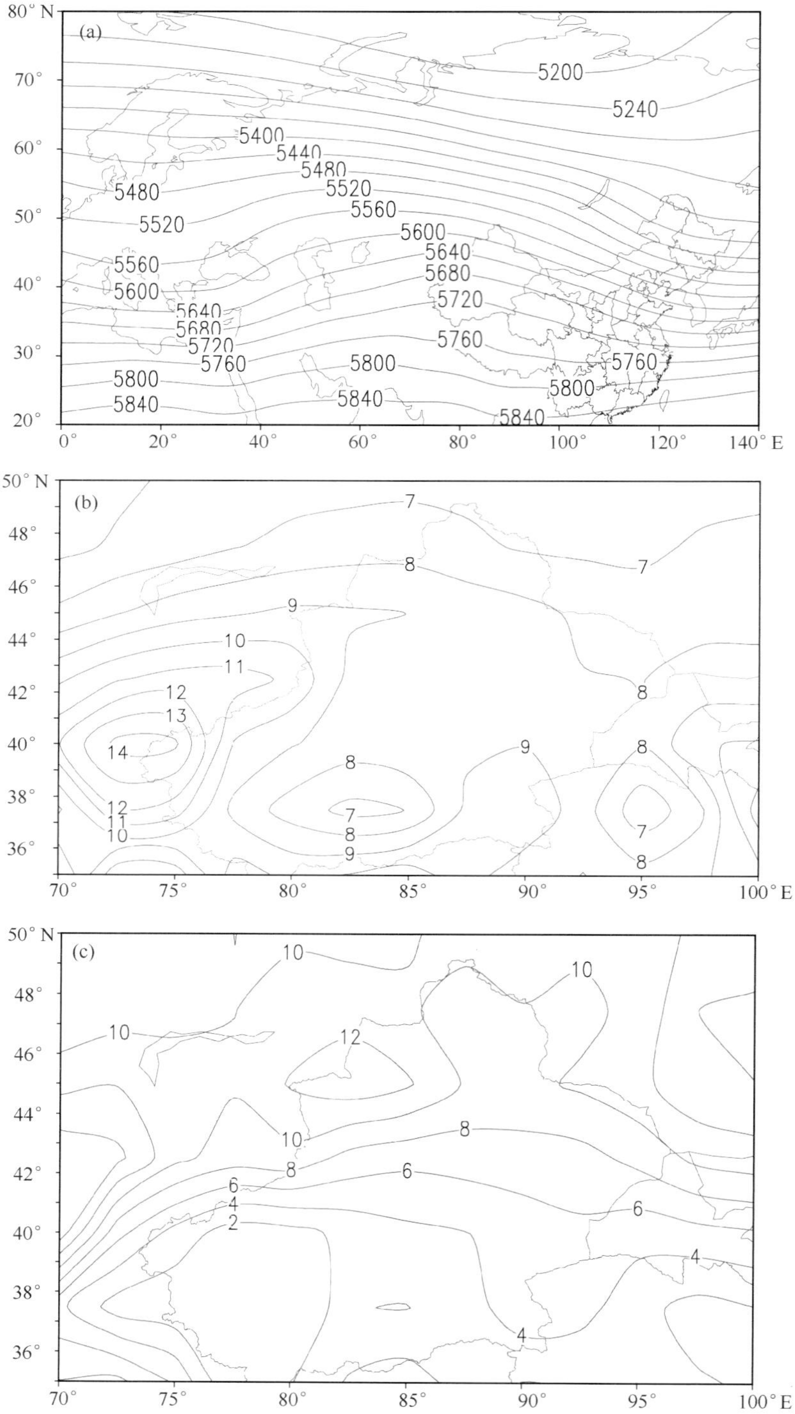

图 3.1　春季 500 hPa 气候平均高度场、水汽通量场分布

(a)4 月 500 hPa 气候平均高度场(单位:gpm);(b)4 月 500 hPa 气候平均水汽通量场(单位:g/(cm · s · hPa));(c)4 月 700 hPa 气候平均水汽通量场(单位:g/(cm · s · hPa))

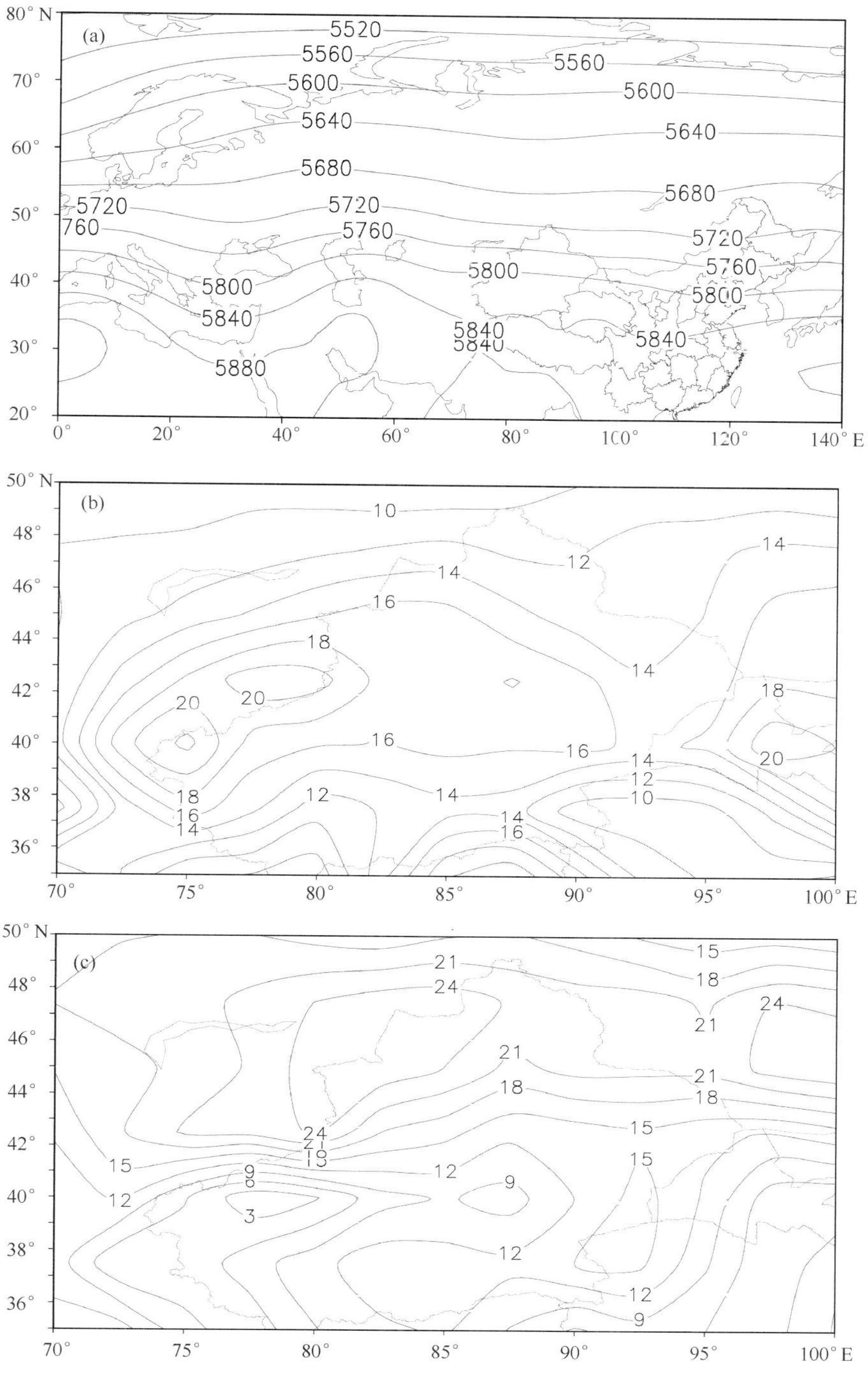

图 3.2　夏季 500 hPa 气候平均高度场、水汽通量场分布

(a)7 月 500 hPa 气候平均高度场(单位:gpm);(b)7 月 500 hPa 气候平均水汽通量场(单位:g/(cm · s · hPa));(c)7 月 700 hPa 气候平均水汽通量场(单位:g/(cm · s · hPa))

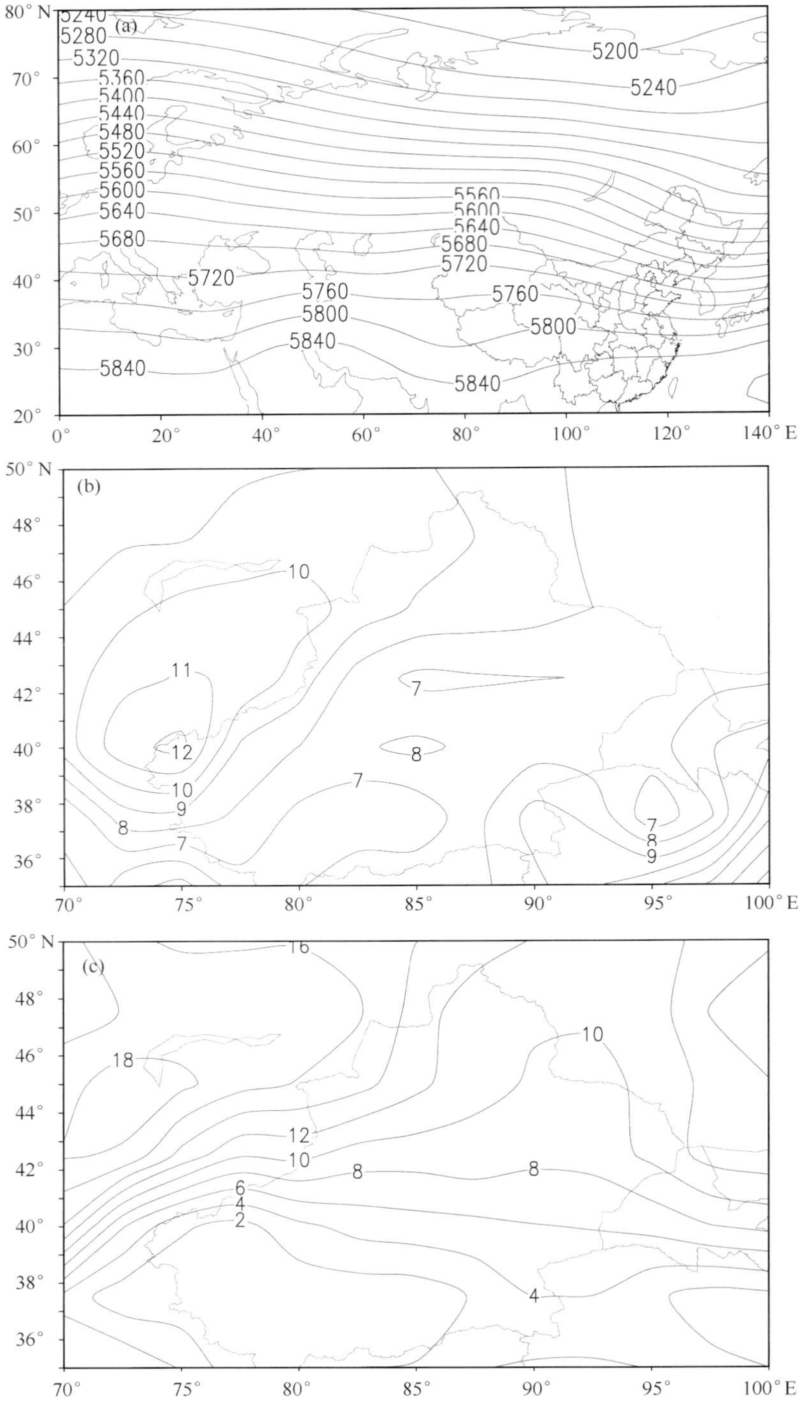

图 3.3　秋季 500 hPa 气候平均高度场和水汽通量场

(a)10 月 500 hPa 气候平均高度场(单位:gpm);(b)10 月 500 hPa 气候平均水汽通量场(单位:g/(cm · s · hPa));(c)10 月 700 hPa 气候平均水汽通量场(单位:g/(cm · s · hPa))

（4）冬季大气环流特征

冬季副热带西风急流南撤至青藏高原以南，欧亚范围 500 hPa 高度场中高纬表现为两槽两脊（图 3.4），即大西洋沿岸脊、欧洲槽、新疆脊和东亚大槽，东亚大槽在整个冬季稳定，新疆

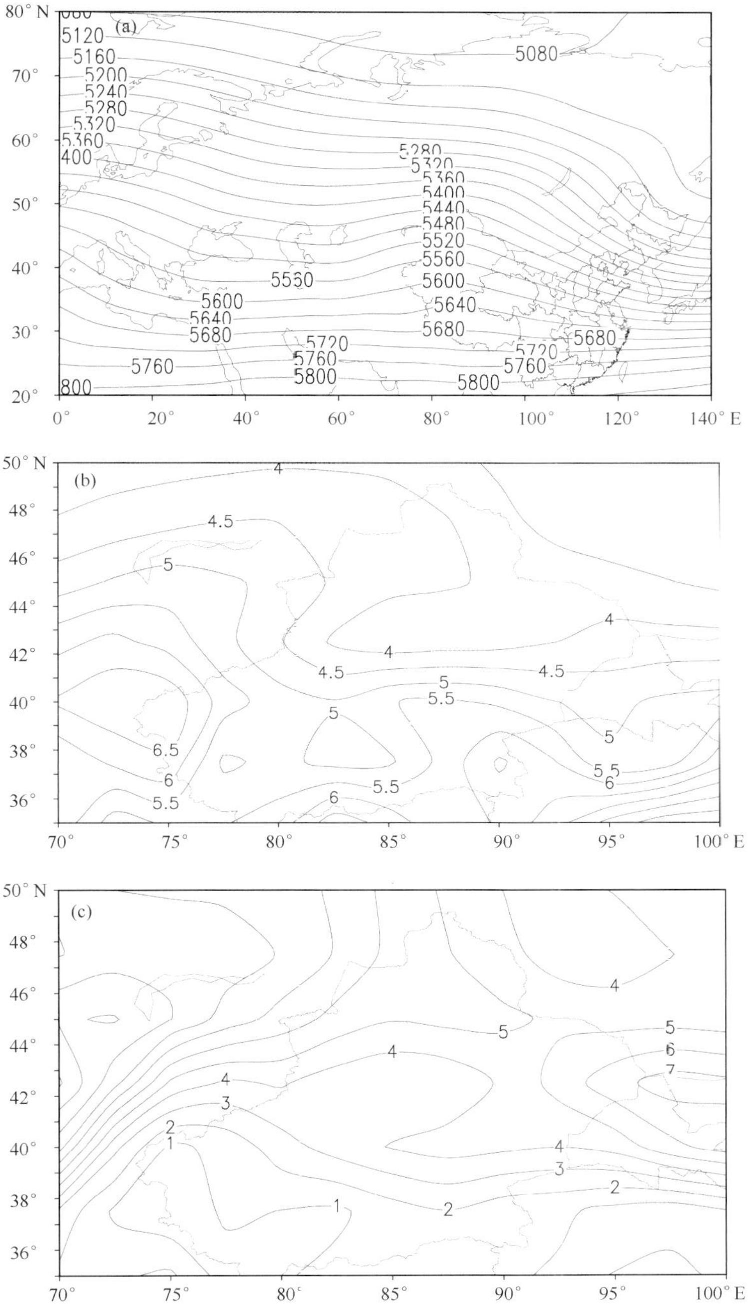

图 3.4　冬季 500 hPa 气候平均高度、水汽通量场分布

(a)1 月 500 hPa 气候平均高度场(单位:gpm))；(b)1 月 500 hPa 气候平均水汽通量场(单位:g/(cm · s · hPa))；(c)1 月 700 hPa 气候平匀水汽通量场(单位:g/(cm · s · hPa))

脊在入冬后维持在70°—90°E也比较稳定，因此，形成新疆冬季天气过程少、天气稳定的特征。极锋急流位置偏北在50°N以北，地中海槽强而稳定。但有时大西洋沿岸脊强烈发展东移会引导新地岛冷空气南下入侵新疆，并与地中海至新疆的西南气流汇合造成新疆强降雪和降温天气。冬季新疆水汽通量是一年中最小的，500 hPa水汽通量分布表现为南疆比北疆大，700 hPa水汽通量分布表现为北疆比南疆大，其中天山山区及其两侧为高值区。

3.2 中亚低涡

3.2.1 中亚低涡的定义

咸海以东到新疆的天气尺度冷性涡旋系统（中亚低涡）常与乌拉尔山脊联系，其活动异常可导致新疆暴雨（雪）、低温和干旱等灾害，甚至对我国东部地区天气气候也有重要影响。中亚低涡为符合下述条件的一次过程：(1) 500 hPa高度场低压中心位置位于60°—90°E，35°—55°N，低压中心至少能分析出2条以上闭合等值线（80 gpm），并且有冷中心或明显冷槽配合的低压环流系统；(2) 低涡在上述区域内的生命史至少维持2 d或以上。

3.2.2 中亚低涡活动的时空分布特征

（1）空间分布特征

1971—2010年共出现305次中亚低涡过程，中亚低涡成熟期的日数为1166天，分析1166天中亚低涡低值中心活动的经、纬度位置，可以看出其空间分布随纬度存在两个高频次活动区域（图3.5）：一是低涡中心在47.5°—55°N活动，这里定义为北涡，北涡共有664天，占中亚低涡总天数的57%，并且有两个明显的活动中心，分别位于哈萨克丘陵地区和萨彦岭一带；二是在35°—47.5°N范围内活动的低涡，定义为南涡，有502天，占中亚低涡总天数的43%，有两个高中心，分别位于咸海东部地区和塔什干地区。从图3.5可以看出，成熟期的中亚低涡大部分活动在中亚地区，统计表明，有90%的中亚低涡减弱成低槽时进入新疆造成明显的降水天气过程，而10%的低涡进入新疆后再逐渐减弱成槽。

中亚低涡活动空间分布也表现出明显的季节变化，南、北涡活动中心分布随季节变化而不同，春季南涡活动124天，北涡活动74天，低涡多活动于咸海至巴尔喀什湖一带的中亚地区，春季南涡活动的活跃与副热带锋区北抬有关；夏季北涡活动345天比南涡113天明显偏多，主要活动于哈萨克丘陵地区至萨彦岭一带，同时巴尔喀什湖以东的中亚地区是南涡的一个活动中心，这与夏季副热带西风急流位于42.5°N和极锋锋区偏南有关；秋季和冬季南、北涡活动次数相当，北涡活动多位于哈萨克丘陵地区至萨彦岭一带，南涡活动多位于咸海至巴尔喀什湖之间的中亚地区。

（2）月、季分布特征

图3.6a为中亚低涡活动频次的月分布特征，可以看出中亚低涡活动的月际变化明显，出现最多的月份为7月共43次，平均达1.08次/月，其次为6月和8月，分别为0.975次/月和0.825次/月，这与新疆月降水量的分布特点是一致的，最少的4月为0.25次/月，3月和9月分别为0.70次/月和0.75次/月，其他月为0.425～0.55次/月。

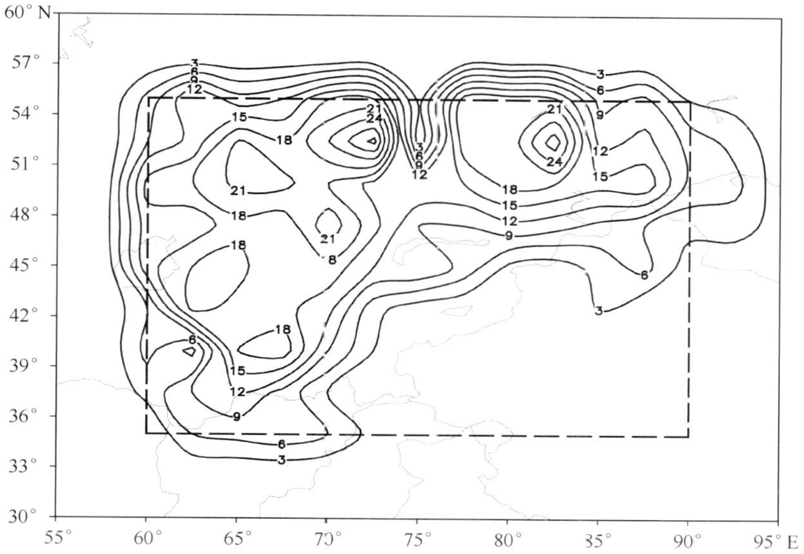

图 3.5　1971—2010 年中亚低涡活动空间分布(实线)及其定义范围(虚线)

由中亚低涡出现频次的季节分布(图 3.6b),夏季(6—8 月)出现中亚低涡的频次最高,发生 115 次占 38%,达 2.875 次/季,与夏季降水量最多一致,其次是秋季(9—11 月)出现 74 次占 24%,达 1.85 次/季,春季(3—5 月)出现 60 次约占 20%,达 1.5 次/季,冬季最少,发生 56 次约占 18%达 1.4 次/季,这种季节分布特征与以往的结论(张家宝等,1986)有一定的差异,主要是秋季出现频次比例有所增加,已有结论基于 1971—1980 年 500 hPa 高度场探空资料和预报员手工分析天气图为基础,这里统计时间长达 40 年、用计算机客观统计分析方法和 NCEP/NCAR 逐日再分析资料,此外统计区域范围偏南五个纬度。

低涡活动的季节分布与北半球大气环流背景季节变化密切联系,夏季北半球中高纬为四槽四脊型,乌拉尔山地区为平均脊,中亚地区由冬季平均脊转为平均槽,30°N 以北平均槽线在 90°E 附近,60°N 以南平均槽线则趋近于 80°E 附近(巴尔喀什湖),因此造成有利于中亚地区低涡活动的环流背景,此外副热带西风急流夏季维持在 40°N 附近,低涡常生成于急流的左侧,由于急流左侧有明显的水平风速的气旋性切变,利于正涡度的发展和低涡的生成。冬季北半球中高纬为三槽三脊型,东欧至乌拉尔山为平均槽,极锋急流偏北、副热带西风急流偏南,中亚地区为平均脊控制,因此造成不利于中亚低涡生成的环流背景。中亚低涡活动夏季频次最多和冬季频次最少,这与新疆夏季降水最多和冬季降水最少分布一致。

(3) 中亚低涡活动的持续时间

中亚低涡维持时间的长短及其发展对天气演变有重要影响,305 次中亚低涡过程成熟期共 1166 天,平均每次低涡成熟期维持时间为 3.83 天。图 3.7a 为低涡成熟期维持时间与出现频次的关系。由图可知,随着中亚低涡维持时间的增加其出现频次迅速减少。在我们统计范围内低涡成熟期维持时间为 2～3 天的中亚低涡活动有 172 次,占总数的 56%,由于这里持续时间为两根等值线闭合低压过程,如果加上其形成和消亡过程,中亚低涡生命史至少 4 天以上;持续时间在 4～5 天的中亚低涡共有 84 次,占 27.5%,持续时间在 5 天以上的中亚低涡一共有 50 次,占总数的 16.5%,这些中亚低涡基本都是准静止活动后逐渐减弱东移,其中持续

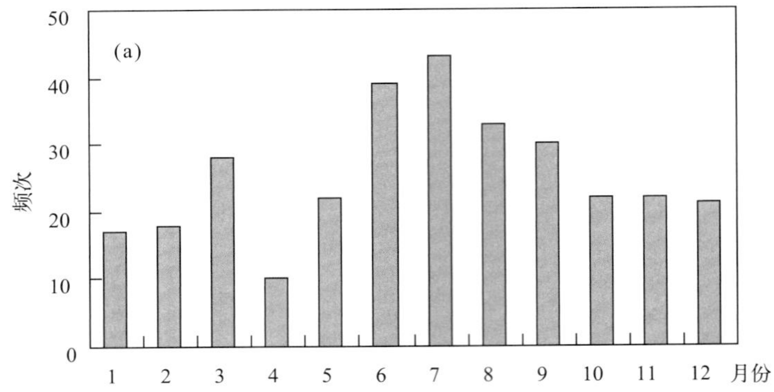

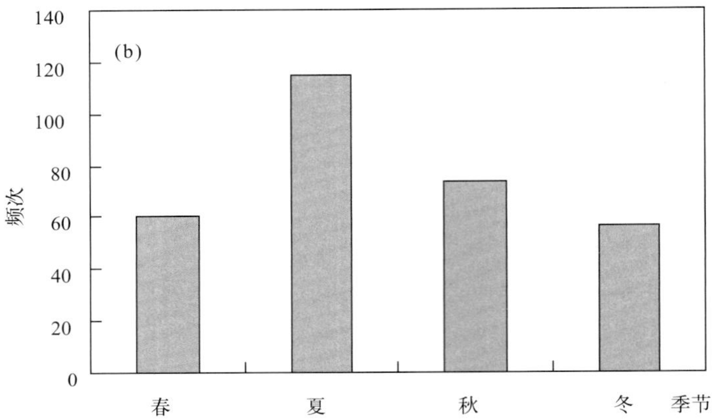

图 3.6　1970—2010 年中亚低涡活动频次

(a)月分布,(b)季分布(单位:次)

12 天的有 2 次,17 天的只有 1 次,此类长维持的低涡常造成新疆的大范围多次强降水或持续低温天气。

中亚低涡持续时间的季节分布差异较大。由图 3.7b 可看出,春、秋和冬季低涡成熟期持续时间以 2 天为最多,随着持续时间增加频次迅速减少,表明中亚低涡活动在这三个季节以 4～5 天中期时间尺度活动为多,而夏季以持续 3 天频次最多。210 次持续时间为 3～8 天的中亚低涡过程,夏季最多有 90 次,占 43%,秋季 52 次,占 25%,春、冬季相对较少,共有 68 次,占 32%。而持续时间 9 天以上的 10 次中亚低涡四季均出现,其中维持 10 天的 2 次,春、夏各 1 次,12 天的 2 次出现在冬季,17 天的 1 次出现在盛夏 7 月。

(4) 年际和年代际变化

305 次中亚低涡过程,平均每年出现 7.6 次,低涡频次的年标准差为 2.79 次,可见低涡活动年际变率很大;中亚低涡成熟期的日数共 1166 天,平均每年 29 d。从图 3.8 可看出,近 40 年中亚低涡活动频次存在显著的年际变化,异常偏多的有 6 年,1972 年、1989 年、1994 年和 2005 年均为 13 次,1996 年和 2009 年均为 11 次,而异常偏少的有 5 年,1978 年和 1983 年为 4 次,1971 年和 1975 年为 3 次,最少的 2002 年仅有 2 次。40 年来低涡活动频次呈显著增加趋势,通过 0.05 的显著性水平,线性增加趋势率为 0.7 次/10 年。分析中亚低涡成熟期发生天数与次数的关系,两者的演变具有很好的一致性,相关系数达 0.94。

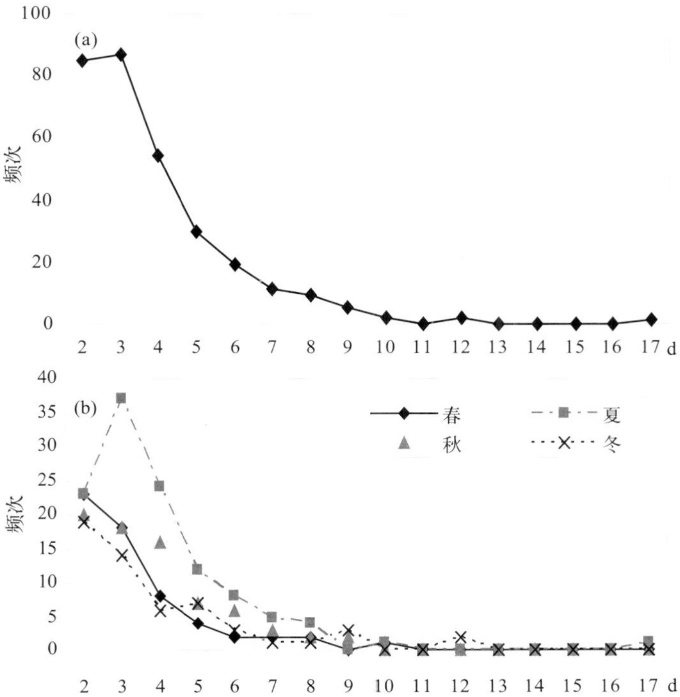

图3.7 中亚低涡出现频次与持续时间的关系化

(a)年;(b)四季

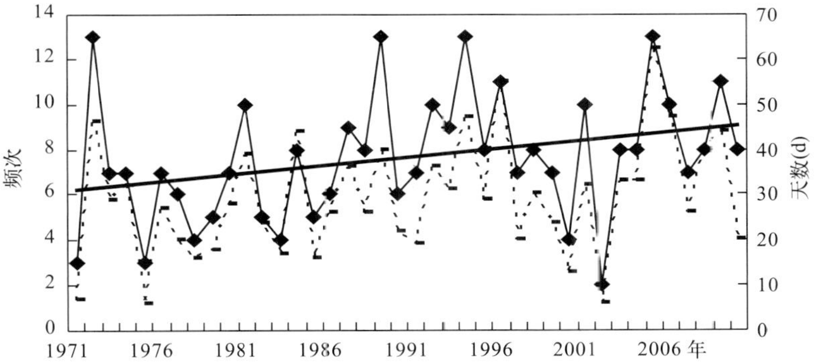

图3.8 1971—2010年中亚低涡出现频次(实线)和天数(虚线)

图3.9为各季节中亚低涡出现频次的情况,春季年际变化较大,且无明显的变化趋势,这与春季降水无明显变化趋势一致,其中1989年最多为6次,8年春季没有出现中亚低涡活动,大多数年份出现1～3次/季;夏季大部分年份出现2～4次,1972和2009年最多为8次,最少的1978和1986年没出现,其活动频次多的夏季相应季降水量也偏多,活动频次少的夏季降水量也偏少;秋季大多年份出现1～3次,最多为1992年5次,最少的6年没出现,未呈现显著变化趋势,与秋季降水量变化一致;冬季低涡活动年际变化较大,1980、2005和2008年发生频次最多均为4次,有14年冬季没有出现低涡活动,其他年份出现1～3次。上述分析表明,冬、春、秋季的中亚低涡出现频次的年际变化比较大,没有出现低涡的年份较多,而夏季低涡频次

的变化相对小，这与季降水量变差系数变化是一致的。

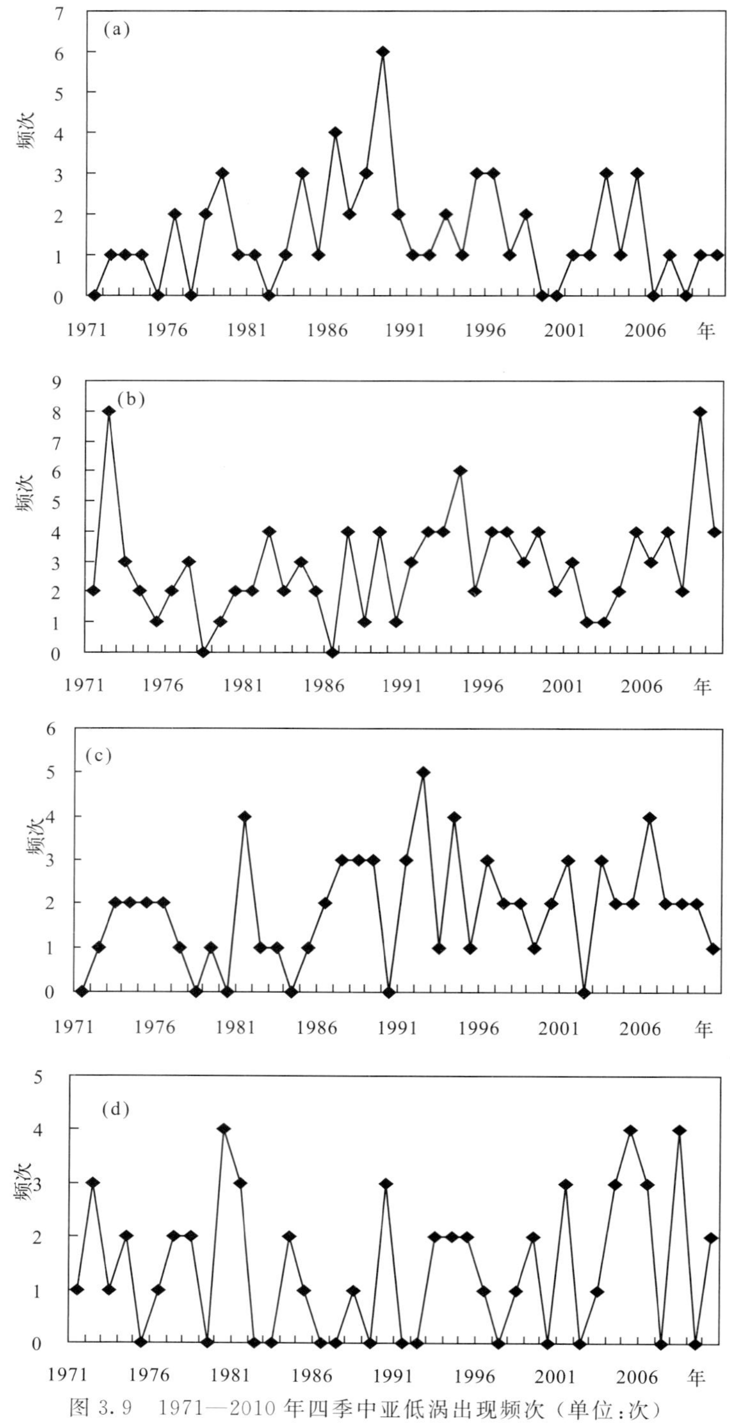

图 3.9　1971—2010 年四季中亚低涡出现频次（单位：次）
(a)春季；(b)夏季；(c)秋季；(d)冬季

图3.10给出了中亚低涡发生次数和发生天数的年代际变化，可以看出，中亚低涡具有显著的年代际变化，并呈年代际递增的趋势。1970s有62次中亚低涡活动，1980s增至74次，1990s增至84次，2000s出现了85次，这与一些研究（杨莲梅等，2007；赵传成等，2011；辛渝等，2008；施雅风等，2003）得出的新疆降水自1987年有年代际增多现象是一致的。

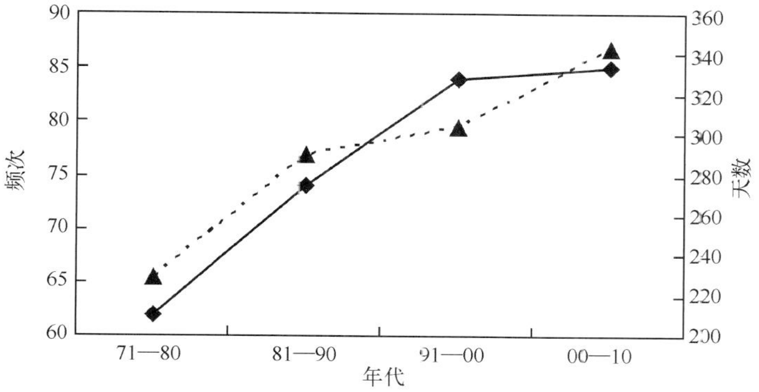

图3.10 中亚低涡活动频次（实线）和天数（虚线）的年代际变化

3.2.3 中亚低涡的移动路径及其影响分类

（1）中亚低涡影响新疆天气的分类

中亚低涡对新疆天气的影响有两类（张家宝等，1986），一类造成新疆明显降水天气过程，称之为“湿涡”，一类则造成大风降温和长时间低温天气，降水较弱，有时对新疆天气没有明显影响，称之为“干涡”，根据新疆气象业务对降水过程强弱及降水量级的规定，这里定义24 h新疆区域至少有6站以上降水量达中量（新疆短期天气业务中定义的中度降水天气过程）为湿涡，否则为干涡。按照上述规定，普查统计305次中亚低涡对应的新疆105个站日降水分布情况，结果见表3.1，湿涡有122次占40%，干涡有183次占60%，其季节分布差异很大。夏季湿涡70次、干涡45次，中亚低涡系统在夏季造成降水过程比例较高，秋、春、冬季干涡远比湿涡过程多，尤其冬季湿涡只占冬季总低涡过程的5.3%。夏季湿涡过程是四季中最多的，占总湿涡过程的57%，秋、春季次之，分别占23%和18%，而冬季最少仅占2%，湿涡的季节分布特点与新疆降水季节分布特点是一致的，而干涡的季节分布比较均匀。由此可见，虽然存在强的中亚低涡天气尺度系统，但造成新疆较强降水过程的只占40%，这与新疆干旱、半干旱气候背景有关，虽然低涡系统能提供降水产生的有利动力条件和冷空气，由于干旱区水汽缺乏，如果水汽配合不好则强的低涡系统造成降水天气较弱，但新疆出现持续性大范围暴雨过程却往往是由中亚低涡系统造成的。通过上述分析可知中亚低涡中干涡比例较大，在实际预报业务中经常出现空报现象，因此对干、湿涡进行深入研究对提高新疆天气预报水平是十分必要的。

表3.1 中亚低涡湿涡和干涡频次的季节分布（单位：次）

	春	夏	秋	冬	全年
湿涡	21	70	28	3	122
干涡	39	45	46	53	183
合计	60	115	74	56	305

（2）中亚低涡的移动路径及其影响

把每次中亚低涡每天低中心经纬度连线，作为这次中亚低涡过程的移动路径，并统计中亚低涡影响新疆天气现象时段，表明不同移动路径造成天气明显不同，这和环流配置及新疆特殊的地理位置有很大关系。

1）北涡移动路径及其影响

北涡 40 年来有 197 次，占低涡总数的 65%，其中湿涡过程 91 次，干涡过程 106 次，北涡的季节差异较大，夏季出现最多 93 次，其次是秋季为 46 次，春季和冬季分别为 26 次和 32 次。按照其移动方向可分为东北、偏东和东南路径三类。

东北路径：低涡移动路径与纬圈夹角在东北方向大于 45°，有 28 次，湿涡 5 次仅占 18%，干涡 23 次占 82%，由于此移动路径低涡向东北方向北缩明显，低涡主体未进入新疆，仅低涡底部对新疆北部有弱影响，主要影响新疆偏北地区降水，对其他地区降水影响概率最小且天气最弱。如 2008 年 1 月 12—16 日的中亚低涡过程，500 hPa 高度场欧亚范围中高纬为二脊二槽的经向环流（图略），欧洲为高压脊，中亚低涡位于咸海附近，西西伯利亚为阻塞高压且与新疆脊同位相叠加形成强盛的长波脊，受其阻挡作用，中亚低涡减弱东移北上造成新疆偏北地区弱降雪。

偏东路径：低涡移动路径与纬圈基本平行，有 78 次，湿涡 24 次占 31%，干涡 54 次占 69%，此路径低涡主体偏北，低涡底部位于天山山区，主要造成天山及其两侧降水。如 2006 年 6 月 22—28 日的中亚低涡过程，500hPa 高度场中高纬环流为二脊一槽的经向环流（图略），欧洲和贝加尔湖为长波脊，中亚低涡生成于乌拉尔山南端，随着欧洲脊发展东移推动中亚低涡东移并减弱成槽进入新疆造成天山山区及其北侧弱的降水过程。

东南路径：低涡移动路径在东南向与纬圈夹角呈 45°左右，有 91 次，湿涡 62 次占 68%，干涡 29 次占 32%，低涡在向东南移动过程中主体逐渐进入新疆，移动路径见图 3.11，由于所用资料为 2.5°×2.5°经纬网格距，低涡移动路经有很多重复，图 3.11 为大多数低涡的移动路经。此外统计表明，有 90%的中亚低涡在减弱成低槽时进入新疆，10%的低涡进入新疆后再减弱成低槽，因此低涡中心进入新疆区域的路径较少。东南移动路径低涡对新疆降水影响最明显，降水范围和强度也大，往往造成新疆自西北向东南出现大范围强降水，尤其天山山区及其两侧降水过程最强。如 1996 年 7 月 5—25 日的中亚低涡过程（图 3.12）是 40 年来持续时间最长的

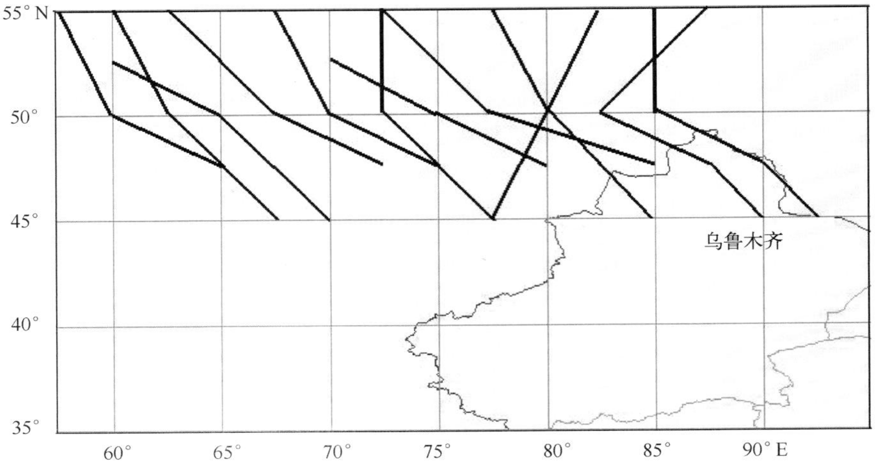

图 3.11　北涡移动路径图

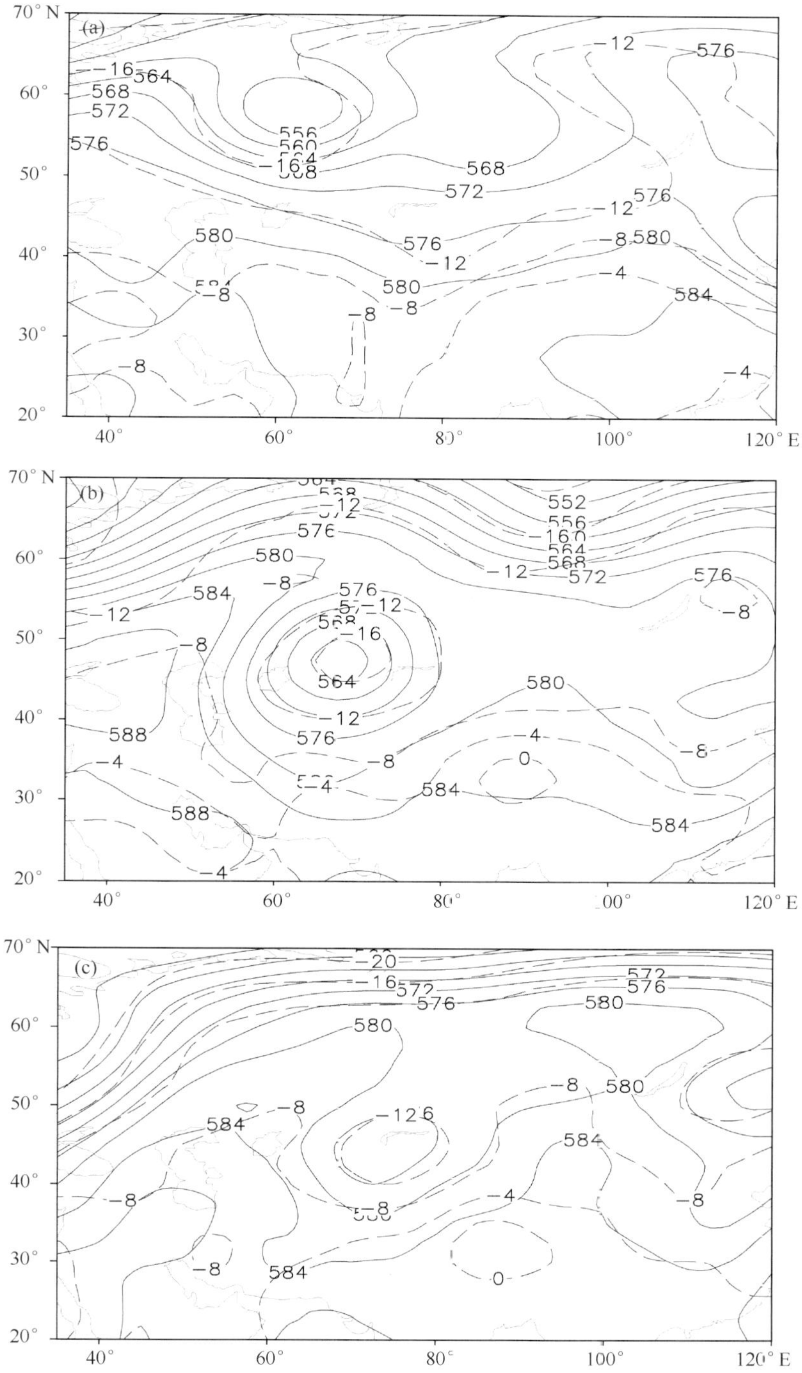

图3.12　500 hPa高度场(实线,dagpm)和温度场(虚线,℃)
(a)1996年7月6日;(b)1996年7月15日;(c)1996年7月18日

低涡过程，造成7月15—16日、17—21日和24—28日三次大范围暴雨过程，出现了1949年以来新疆最严重的洪水灾害。低涡生成时500 hPa高度场高纬环流为欧洲脊—乌拉尔槽—贝加尔湖脊的经向环流，低涡切断于乌拉尔山南部，同时副热带锋区很强，随后地中海高压脊和新疆脊强盛发展，低涡发展东南移到中亚地区形成强盛的中亚低涡，7月15日达到强盛时期，造成新疆偏西地区暴雨过程，此后低涡减弱东南移至巴尔喀什湖—新疆地区，造成17—21日全新疆范围暴雨过程，其中天山及其两侧为大暴雨，24—28日低涡减弱成槽东南移造成新疆东南地区暴雨过程。

2)南涡移动路径及其影响

南涡自60°E或以东东移，有88次占29%，其中湿涡23次，干涡65次，此路径的季节差异相对较小，春、秋季出现最多，冬季次之。按照其东移方向可分为东北移、东移和东南移三类(图3.13)。

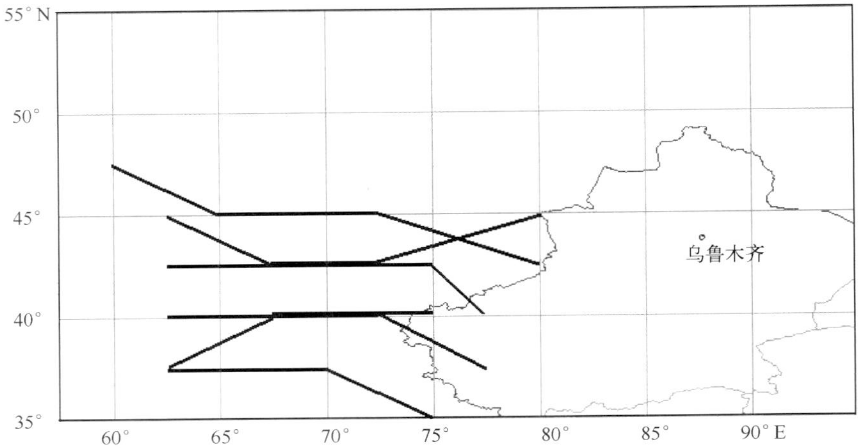

图3.13　南涡移动路径图

东北路径：低涡移动路径与纬圈夹角在东北方向大于45°，有23次，湿涡7次占30%，干涡16次占70%，此路径低涡主体虽然在47.5°N以南，但在移动过程中向东北方向收缩，主要造成北疆地区降水。如1988年9月24—29日中亚低涡过程，500 hPa高度场中高纬为两脊一槽的经向环流(图略)，乌拉尔山和贝加尔湖为高压脊，西西伯利亚槽南端切涡于咸海与巴尔喀什湖之间，随着欧洲脊减弱东移和贝湖脊发展东移，中亚低涡东北移进入新疆并打转减弱北上，27—29日造成天山两侧大到暴雨过程。

偏东路径：低涡移动路径与纬圈基本平行，有38次，湿涡12次占32%，干涡26次占68%，此路径低涡主体在47.5°N以南并逐渐东移，因此可以影响新疆全境(图3.12)，对新疆降水影响相对较强，主要造成南疆西部及天山两侧降水。如1982年6月30日—7月2日，500 hPa高度场(图3.14)中亚低涡在副热带锋区上形成，随着里海脊发展推动中亚低涡东移，7月2—3日造成伊犁河谷小雨及南疆西部中雨天气。

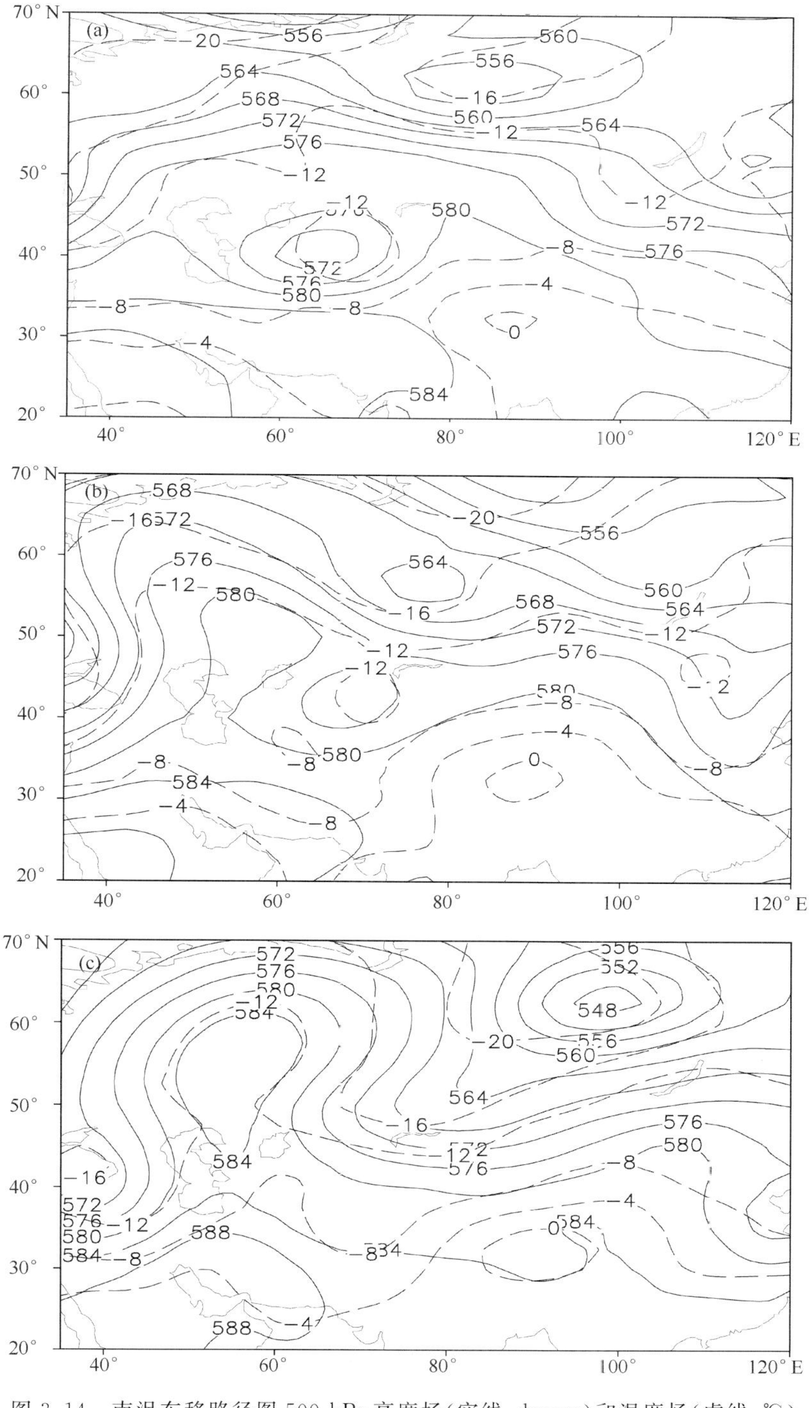

图 3.14　南涡东移路径图 500 hPa 高度场(实线,dagpm)和温度场(虚线,℃)
(a)1982 年 6 月 30 日;(b)1982 年 7 月 2 日;(c)1982 年 7 月 4 日

东南路径：低涡移动路径在东南方向与纬圈夹角为45°左右，有27次，湿涡仅4次占15%，干涡23次占85%，由于此路径低涡在东南移动过程主体位于新疆西南部，且受帕米尔高原和青藏高原阻挡作用减弱明显，对新疆大部地区基本无影响，主要造成新疆西南部的强降水。如2005年5月18—20日，500 hPa高度场中高纬欧洲至贝加尔湖为宽广的长波脊，中亚低涡在副热带锋区上切出，低涡位于咸海与巴尔喀什湖南部，由于乌拉尔山高压脊的强盛维持，使得中亚低涡东南移后减弱成槽进入南疆西部，造成20日、22日南疆西部大到暴雨过程。

3）原地少动或打转

极锋锋区或副热带锋区上的低槽切涡于中亚地区，低涡常表现为孤立活动，原地少动或打转后减弱，此类最少，有20次占6%，湿涡8次占40%，干涡12次占60%，此路径的季节差异也较明显，春、夏季较多，秋、冬季次之。此类虽然出现的少，但低涡位置随锋区低槽切涡而定，因此，降水区域并没有明显规律，低涡造成的天气预报也比较难把握。

3.2.4 小结

（1）中亚低涡空间分布存在两个区域：一是在47.5°—55°N活动的低涡（北涡），此类占57%，二是在35°—47.5°N范围内（南涡），此类占43%。北涡活动呈现明显的季节变化，夏季比例最大为52%；而南涡四季分布季节分布差异不大，秋、春两季出现次数较多。

（2）中亚低涡成熟期持续时间平均为3.8天，其活动频次随持续时间增加迅速减小，盛期维持时间为2～3天的中亚低涡为56%，维持时间在4～5天的为27.5%，持续时间在5d以上的中亚低涡为16.5%。

（3）低涡活动具有明显的月、季变化，最多出现在7月达1.08次/月，其次为6月和8月，分别为0.975次/月和0.825次/月，最少在4月为0.25次/月。夏季出现的频次最多，达2.875次/季，秋、春、冬季分别为1.85次/季、1.5次/季、1.4次/季；低涡发生频次具有明显的年际和年代际变化，并呈年代际递增的趋势。

（4）中亚低涡对新疆降水的影响可分为干涡和湿涡，干涡为60%，且季节分布比较均匀；而湿涡为40%，季节分布差异大，其中，夏季最多为57%，且湿涡远比干涡过程多，秋、春和冬季湿涡分别为23%和18%和2%，这三个季节干涡过程远比湿涡多，湿涡的季节分布特点与新疆降水季节分布相一致。

（5）北涡和南涡移动路径均可分为东北、偏东和东南移动，其中北涡东北路径影响新疆天气很弱，偏东路径中31%为湿涡造成新疆明显降水天气，东南路径中湿涡占68%造成新疆大范围强降水天气过程；南涡中东北和偏东路径约30%造成新疆明显降水天气，东南路径则主要响应新疆西南区域降水。还有一类低涡少动或打转并减弱占低涡总数的6%，影响天气无规律。

3.3 塔什干低涡

3.3.1 塔什干低涡的定义

作为天气预报实践和理论研究的需要，我们经常用低涡生成、活动的准定常地点的地名给予命名，譬如“东北冷涡”、“江淮气旋”、“西南低涡”等等。塔什干低涡是指活动于中亚塔什干一带的低值系统，它一年四季均可出现，对新疆而言，其影响区域主要是南疆盆地，有时位置略偏北一些的塔什干低涡也会影响到伊犁河谷及沿天山一带地区。它的活动不仅能造成降水、降温天气,也会造成大风及南疆盆地的沙尘天气,那些持续时间较长的低涡有时还会造成南疆盆地出现低温冷害,甚至其影响还可能传播至我国东部地区。然而时至今日,仍没有关于塔什干低涡严格、明确的定义。在1986年和1987年出版的《新疆降水概论》和《新疆短期天气预报指导手册》中,用500 hPa的高度场给出了中亚低涡的明确定义(张家宝等,1986;1987),定义指出中亚低涡是具有天气尺度的低涡,它在500 hPa图上的低涡中心位于60°—90°E、40°—60°N范围内,有两条以上闭合等高线且系统维持48小时以上,中亚低涡也包含了塔什干低涡。随着大气科学理论的不断发展和相关研究工作的逐步展开,几代气象工作者根据多年实际工作的经验发现,由于中亚南部的广大区域探空站网稀疏,塔什干一带有低涡活动期间500 hPa时常分析不出2根闭合等高线,但其气旋性闭合环流表现相当明显,中亚低涡的定义条件并不能很好地适用于我们所关注的塔什干低涡。

用500 hPa环流定义符合下述条件作为一次塔什干低涡过程:(1)500 hPa风场出现闭合的气旋性环流,闭合气旋环流中心位于65°—90°E,35°—42.5°N范围内,并且有冷中心或明显冷槽的配合;(2)低涡在上述区域内至少维持2天或以上。即成熟期的低涡系统。

3.3.2 塔什干低涡活动的空间分布特征

(1) 空间分布

根据塔什干低涡的定义,1971—2010年期间共统计出塔什干低涡985天,用低涡中心每天出现的格点经纬度位置,统计低涡活动的空间分布,由图3.15可见,40年来塔什干低涡出现频次在空间分布上存在两个高值区,大值中心分别位于(67.5°E,40.0°N)和(72.5°E,35.0°N)所在的格点。同时可见,低涡在77.5°E以东出现的频次很少,这主要是由于低涡东移进入南疆地区时大多数情况下会减弱成槽;有时低涡则在南疆西部境外稳定维持,以分裂波动东移的方式影响南疆;在某些特殊情况下也会有西西伯利亚南下的冷空气向南堆积,在新疆中天山一带被切断形成低涡,而后继续向南移动影响南疆地区。

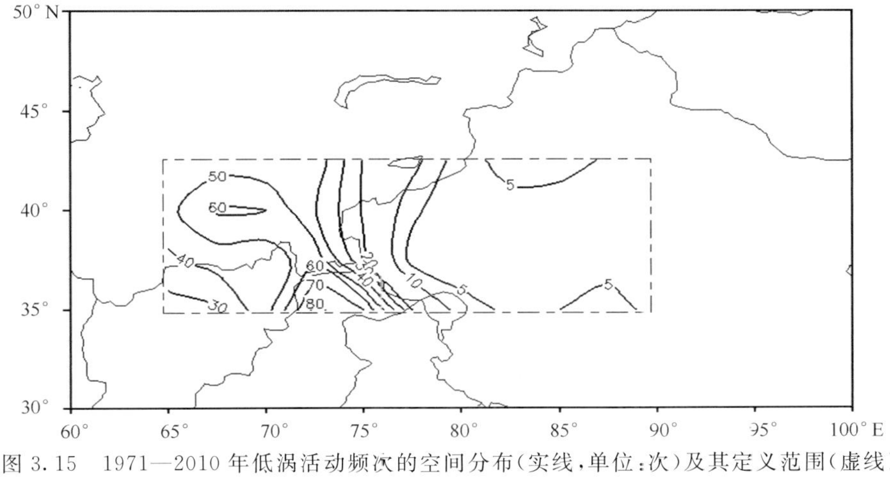

图3.15 1971—2010年低涡活动频次的空间分布(实线,单位:次)及其定义范围(虚线)

由图3.16可见,各季低涡活动与40年总日数的空间分布基本一致,且72.5°E,35.0°N在各季均为低涡活动的高频中心。另外,从南疆盆地内部的低涡活动情况来看,40年中南疆西

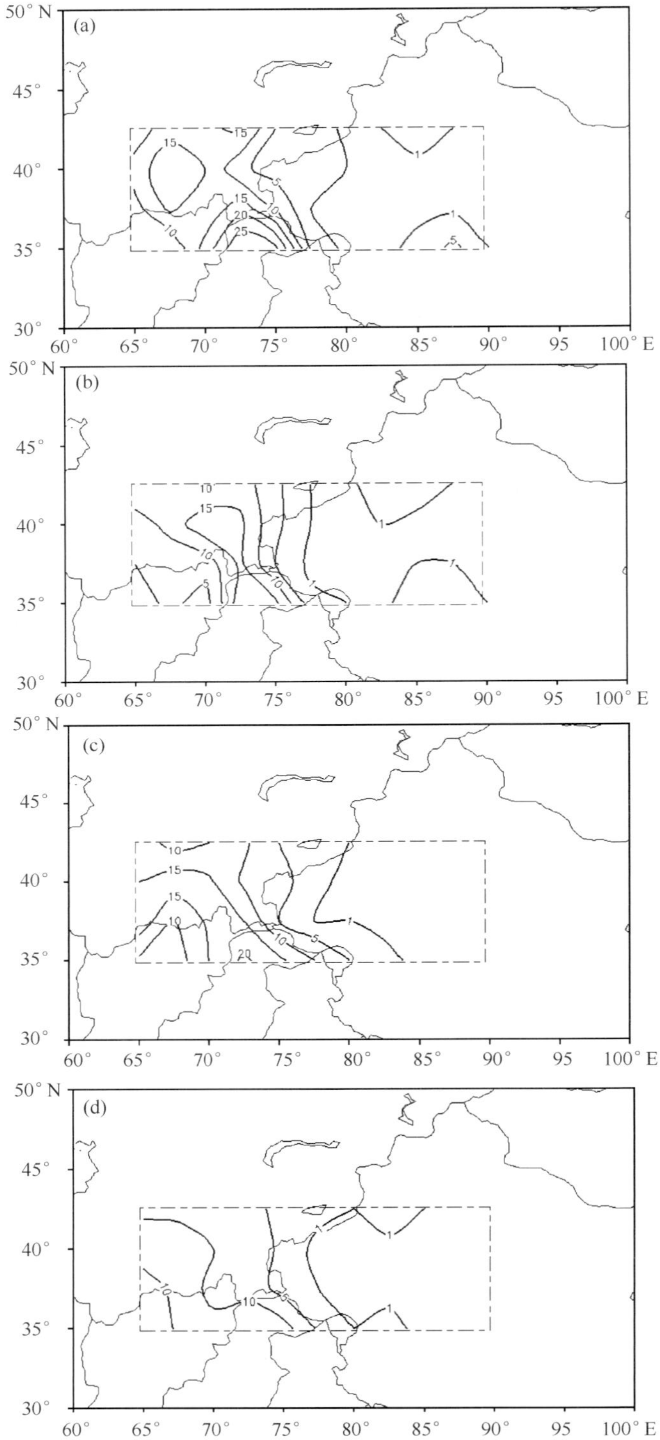

图 3.16　1971—2010 年四季低涡活动的空间分布(实线,单位:次)及其定义范围(虚线)

(a)春季;(b)夏季;(c)秋季;(d)冬季

部沿山一带的低涡活动日数均未超过 10 天，盆地中东部低涡出现的日数更少，即进入盆地的塔什干低涡很少，低涡主要以分裂波动东移或减弱成槽东移的方式影响南疆地区。四季之中，春季进入盆地中东部的低涡日数最多，在 87.5°E，35.0°N 格点上为 6 天，其次是夏季，而秋季和冬季低涡主要是在南疆西部境外活动，盆地中东部各格点上低涡出现日数均在 1～2 天。

（2）月、季分布特征

1971—2010 年塔什干低涡活动最为频繁的季节是春季（3—5 月），平均每年 2.3 次，其次是秋季（9—11 月），夏季（6—8 月）是低涡活动最少的季节，平均每年 1.7 次（图 3.17a），从 40 年来四季低涡活动频次的年变化趋势来看（图略），春季低涡活动频次呈减少趋势，秋季相反，呈增多趋势，夏季和冬季并无明显的变化趋势。从塔什干低涡活动频次的月变化情况来看（图 3.17b），一年中有两个多发时段，一个是 4—6 月，占 33.0%；一个是 9—10 月，占 19.8%；冬季的 1—2 月低涡活动也相对较多，为总频次的 17.0%。

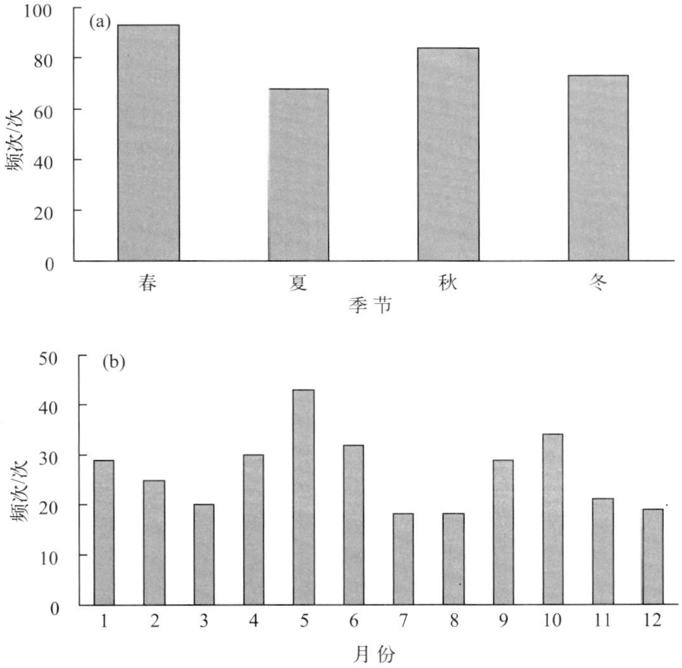

图 3.17　1971—2010 年塔什干低涡活动频次变化
（a）季；（b）月

（3）低涡活动的年际和年代际变化

按照确定的统计标准，在 1971—2010 年间共统计塔什干低涡活动过程 318 次，低涡盛期维持日数共 985 天，平均每年 7.95 次、24.6 天。分析 1971—2010 年塔什干低涡活动频次和日数的年际变化（图 3.18），发现低涡活动年际变化较大，活动频次和日数的标准差分别为 2.64 次和 8.79 天，且变化存在一定的周期性，2000 年以后低涡活动虽然处在相对低发期，但有逐步增加的趋势。40 年来低涡活动次数最多的年份分别为 1982 年和 1995 年，均达 14 次；低涡活动最少的年份为 1976 年，仅 2 次，且出现在冬季，其次是 1985 年，为 3 次，出现在夏季和秋季。

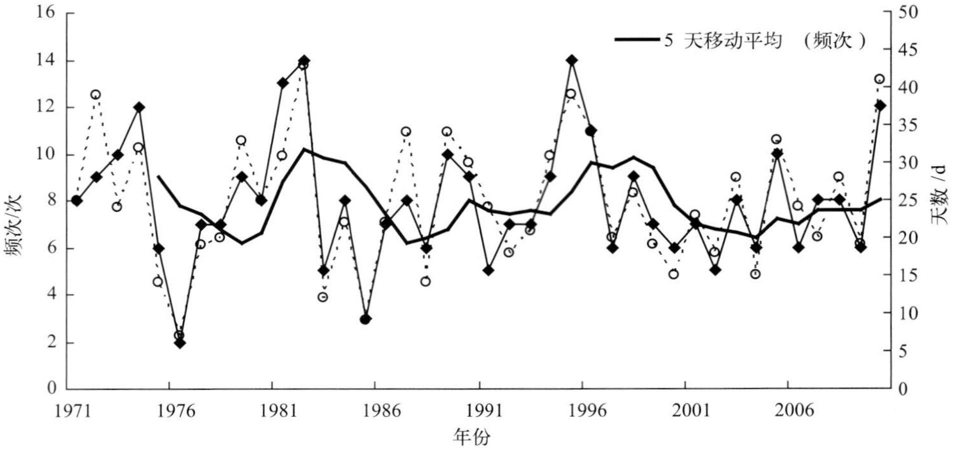

图 3.18　1971—2010 年塔什干低涡出现频次(实线)和天数(虚线)的变化

将近 40 年按年代分为 20 世纪 70 年代、80 年代、90 年代和 21 世纪 10 年代，图 3.19 显示了不同年代塔什干低涡活动的频次，20 世纪 80 年代塔什干低涡活动最为频繁，出现 83 次，天数也最多为 251 天，这一时期是塔什干低涡活动频次的一个重要转折期。80 年代后塔什干低涡活动频次逐渐减少，90 年代为 81 次，21 世纪 10 年代为 76 次，但近 10 年低涡活动的日数却较 20 世纪 90 年代有所增加，说明近 10 年低涡活动的持续时间平均而言有所增加。

从四季塔什干低涡活动的年代际变化来看(图略)，20 世纪从 70 年代到 80 年代，除春季低涡活动有所减少外，其余季节均略有增加，80 年代到本世纪 10 年代，春季和夏季的低涡活动均有所减少，秋季是先增加再减少，而冬季是先减少再增加。

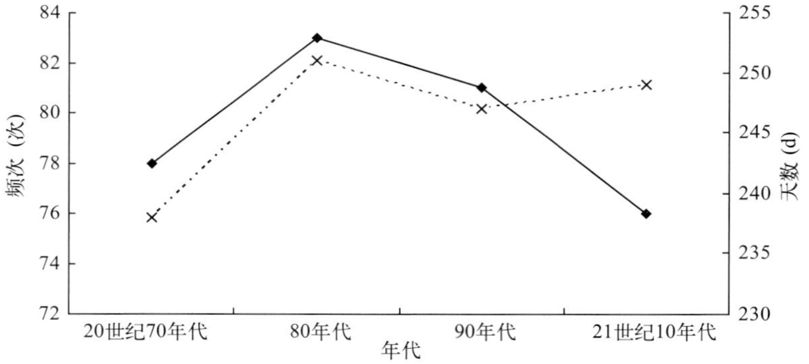

图 3.19　塔什干低涡出现频次(实线)和天数(虚线)的年代际变化

3.3.3　低涡持续时间特征

由 40 年来塔什干低涡活动持续时间的平均状况可见(图 3.20a)，低涡成熟期的生命史绝大多数为 2～3 天，占总数的近 3/4，2 天的占了 49.4%，仅有 13.5%的塔什干低涡在成熟期能够维持 4 天以上，四季均可能出现，其中 8 天有 3 次，9 天有 2 次，10 天有 3 次。这与大型环流系统的配置情况有一定关系，另外研究区域的地形和帕米尔高原的热力和动力作用可能对其也有一定影响，这方面的研究工作有待逐步完成。

图 3.20b 显示了不同季节塔什干低涡成熟期生命史的特征，低涡成熟期生命史在各季的表现与全年基本一致，冬季 2～3 天的低涡所占比例最高为 87.7%，其次是夏季为 72.1%；成熟期生命史 5 天以上的低涡在秋季所占比例最高为 13.1%，其次是夏季为 11.8%。

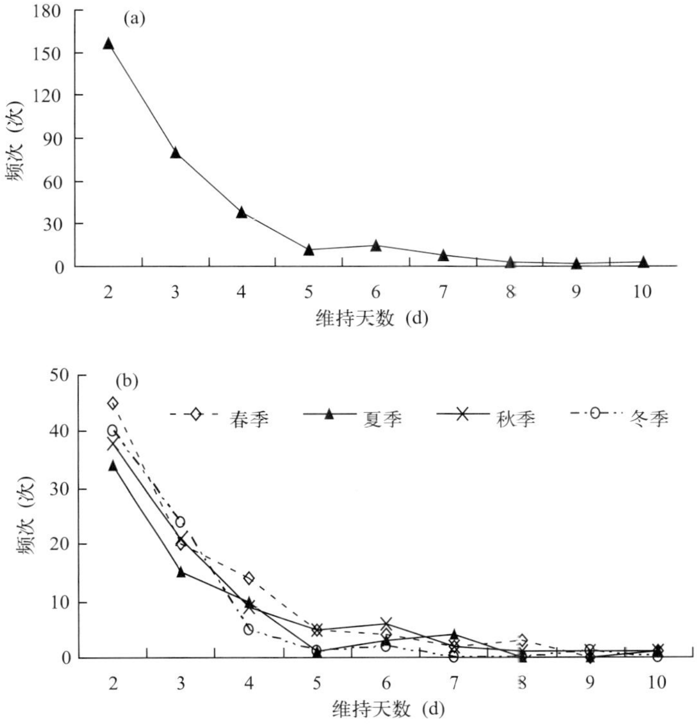

图 3.20　塔什干低涡持续时间与出现频次的关系

(a)年；(b)季

3.3.4　塔什干低涡的影响分类及其移动路径

(1)塔什干低涡影响南疆天气的分类

以塔什干低涡所造成的南疆降水强度为依据，可将其分为两类，一类造成南疆显著降水天气，称之为“降水涡”，另一类未造成南疆显著降水但可能伴有大风降温或长时间的低温天气，称之为“非降水涡”。判别是否为显著降水的依据是：以新疆降水量级标准为基础，当塔什干低涡影响南疆时，给影响区带来普遍小量的降水，其中有 4 站或以上达到中量或以上降水，则视为显著降水。

统计发现（表 3.2），1971—2010 年，塔什干低涡中的非降水涡占 76.7%，降水涡仅有 23.3%，并且绝大多数是造成南疆西部、阿克苏和巴州北部的显著降水，这与新疆干旱气候密切联系，实际预报中低涡降水的空报率很高也与非降水涡所占比例大有关，因此研究“降水涡”与“非降水涡”的异同对预报很重要。不同季节降水涡和非降水涡所占百分率存在显著差异，秋季非降水涡所占比例最高，为 84.5%，夏季降水涡所占比例最高，为 41.2%，其次是春季，为 21.5%。从两类塔什干低涡所占比例的月变化来看（图略），7 月降水涡的比例最高，达 50%，其次是 6 月、5 月，再次是 2 月和 9 月。这与南疆多年平均月降水量的分布一致。

表 3.2 两类塔什干低涡频次的季节分布(单位:次)

	春	夏	秋	冬	全年
降水涡	20	28	13	13	74
非降水涡	73	40	71	60	244
合计	93	68	84	73	318

(2)塔什干低涡的移动路径及其影响

1)低涡的移动路径特征

把每次塔什干低涡活动过程中低涡中心经、纬度做逐日连线,即为一次塔什干低涡活动的移动路径。统计发现,塔什干低涡移动以偏东路径为主,占83.9%,其中有3次是先向偏西再向偏东移,有2次是先打转再向偏东移;偏西路径仅有18次占5.7%,原地打转的低涡40年来只出现了6次(见表3.3)。

表 3.3 不同移动路径的塔什干低涡频次及其所占百分比

	东	东南	东北	西	西南	西北	南	北	原地打转
频次(次)	105	93	69	8	5	5	20	7	6
所占比例(%)	33	29.2	21.7	2.5	1.6	1.6	6.3	2.2	1.9

2)不同移动路径的低涡对南疆天气的影响

分析造成南疆不同降水强度的低涡的中心位置和移动路径情况,发现给南疆带来显著降水的74次塔什干低涡活动过程中有66次是偏东移动路径,占该移动路径的24.7%;有5次是偏西路径,占该移动路径的27.8%,这5次西退型低涡出现时的中心经度均在72.5°E附近,即低涡在南疆区域形成,其主体位于影响区,此型低涡比在南疆境外塔什干地区形成然后东移的低涡主体偏东,同时西移和西南路径的低涡出现时中心纬度在42.5°N,而西北路径的低涡中心纬度在35°N。进一步分析发现,造成南疆显著降水的低涡出现时中心纬度大多数在35°N以北,中心位于35°N的仅有8次。以上统计结果表明低涡所处位置和移动路径的不同给南疆带来的降水强度也有显著差异,这和环流配置及南疆特殊的地理位置有很大关系。如2010年6月3—9日,塔什干低涡两次影响了南疆地区,造成喀什、克州、和田、阿克苏普降大雨,局部出现暴雨,6月5日13时麦盖提县1小时雨量达17.1 mm,6月8日23时泽普县1小时雨量达32.6 mm,引发多地洪水、泥石流灾害。图3.21显示了此次东移型低涡的500 hPa环流特征,可见6月3日,北支锋区位于55°N以北,伊朗副高逐渐向北发展,引导短波槽向南加深,低涡处于形成期,南疆地区仍受弱脊控制,无降水;随后,由于北方冷空气自西北部侵袭高压脊,脊开始东移且脊线北部由准南北向转为东北—西南向,促使成熟期低涡东南移影响南疆,6月5日南疆已处于槽区,但低涡主体位于70°—80°E之间,强降水也就出现在南疆的西部地区,此时80°E附近等高面开始北抬,上游伊朗副高继续向南衰落,致使低涡西退,南疆降水区也逐渐西撤减小;6月7日低涡中心已由72.5°E西退至67.5°E,强度略有加强,之后伊朗副高又向北发展东扩,低涡8日再次东移影响南疆,由于80°E附近高压脊的发展维持,低涡强度明显减弱,造成的降水也比之前要弱,此时低涡逐渐步入衰退期。此次低涡活动有两个显著特征：一是低涡出现时的中心经度位于70°E，且低涡中心纬度始终维持在35°N以北；二是低涡分两次影响了南疆，3—6日东移影响南疆后又西退加强，8日再次东移影响南疆，这其中的一个重要原因就是上游高压脊的南北振荡，同时有下游脊向北发展的配合（图 3.21）。

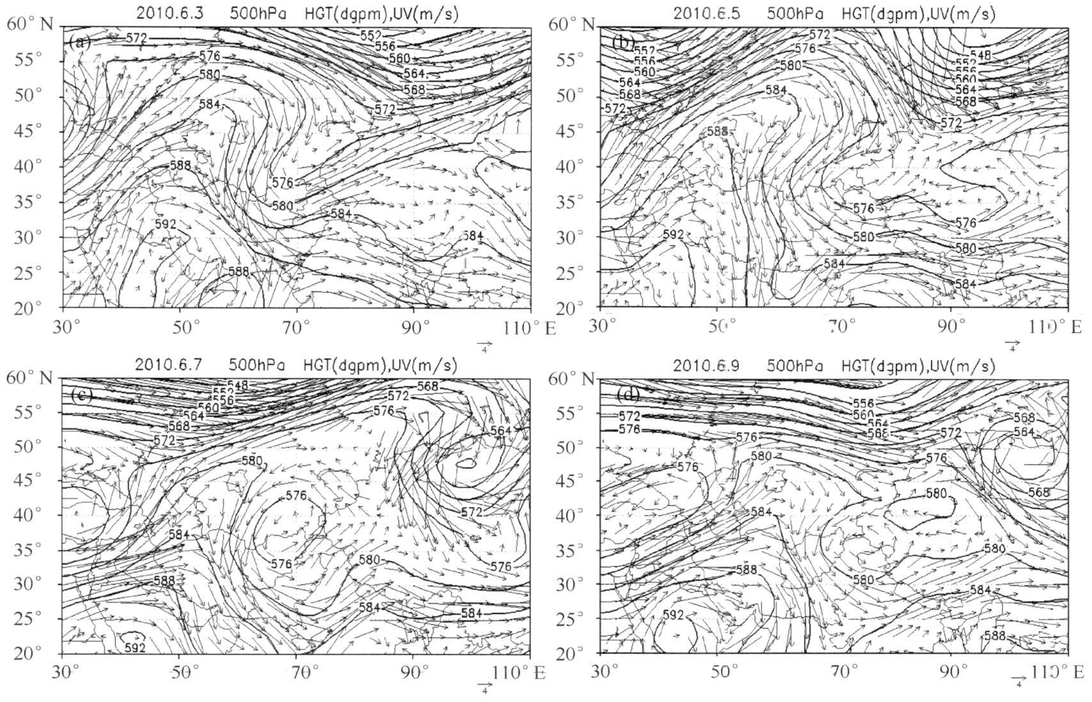

图 3.21　500 hPa 高度场（实线，dagpm）和 UV 风场（矢量箭头，m/s）
(a)2010 年 6 月 3 日；(b)2010 年 6 月 5 日；(c)2010 年 6 月 7 日；(d)2010 年 6 月 9 日

2010年6月13—19日，塔什干低涡造成喀什、克州、和田、阿克苏地区普降小雨，喀什、克州、阿克苏的部分地区雨量达14～35 mm，引发了不同程度的洪涝灾害。图 3.22 为此次西北移低涡的500 hPa环流特征，伊朗副高的向北发展在此次低涡的形成过程中仍起了重要作用。6月15日伊朗副高已非常强盛，中心强度达592 dagpm，位于50°E附近，此时的塔什干低涡也已发展成熟，有显著的气旋式闭合环流，中心位于72.5°E，35°N，南疆处于较宽的槽区，开始出现小量降水；由于西风带上短波槽对伊朗副高的侵袭，17日伊朗副高向南衰落，同时大陆副高迅速发展西伸控制了新疆80°E以东的广大区域，低涡开始减弱北抬，其造成的降水范围也相应地缩小；随后伊朗副高和大陆副高同时向北发展，且大陆副高的发展比伊朗副高略强，19日塔什干低涡进一步减弱向西北方向移动，对南疆的影响逐渐结束。此次低涡移动路径与6月3—9日显著不同，主要由于大陆副高的发展西扩程度比6月3—9日要强得多。

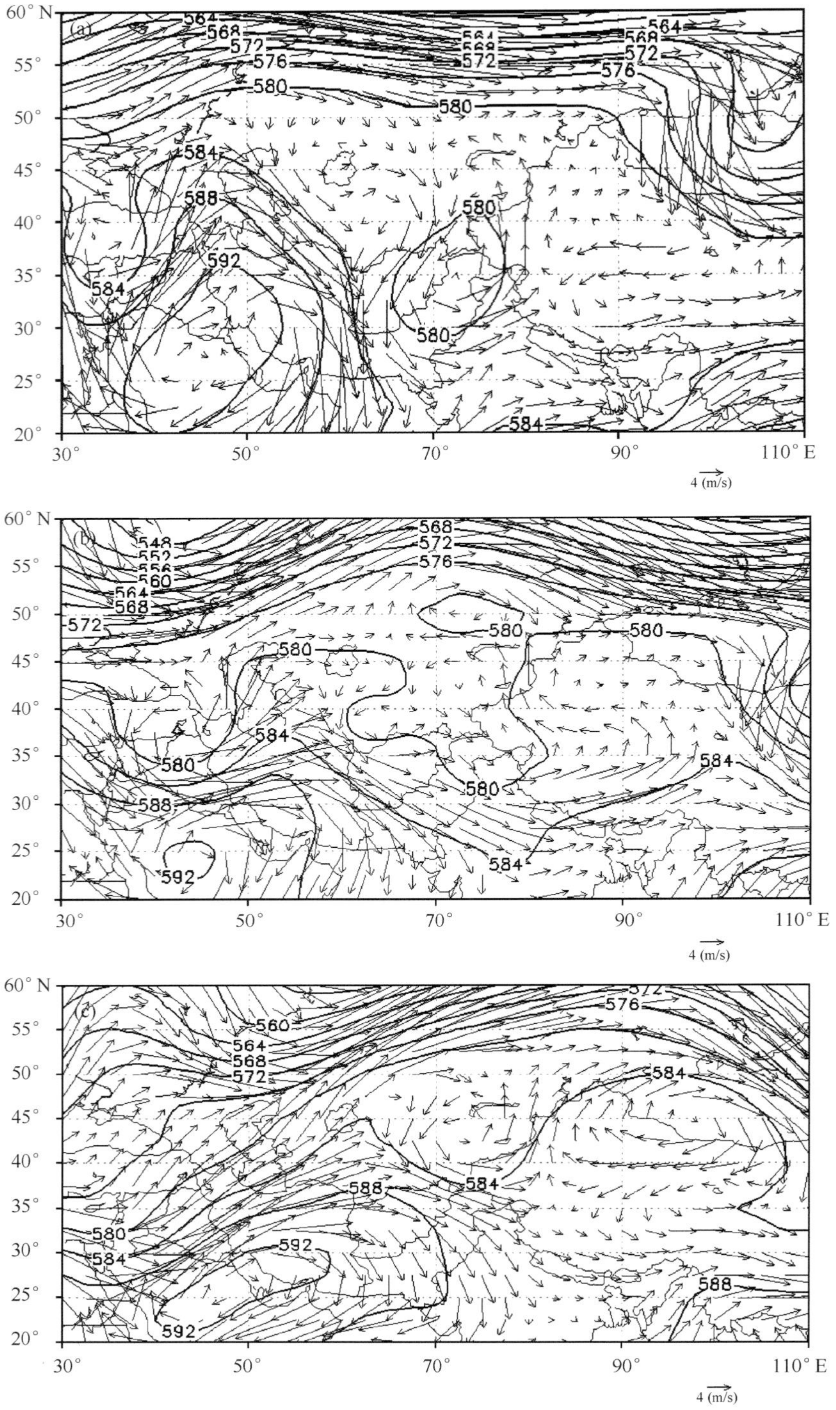

图 3.22　500 hPa 高度场(实线,dagpm)和 UV 风场(矢量箭头,m/s)
(a)2010 年 6 月 15 日;(b)2010 年 6 月 17 日;(c)2010 年 6 月 19 日

3.3.5 小结

(1)从空间分布来看，塔什干低涡有两个高频活动区，大值中心分别位于67.5°E，40.0°N和72.5°E，35.0°N所在的格点。低涡在77.5°E以东出现的频次很少，某些特殊情况下也会有北方冷空气向南堆积，在新疆天山一带被切断形成低涡，继而以低涡形式向南移动影响南疆。

(2)从时间尺度来看，每年的4—6月和9—10月是塔什干低涡活动的两个高峰期，出现次数最多的月份为5月，其次是10月和6月。低涡活动频次同时存在7年左右的强烈振荡周期和13年的次振荡周期，其年代际变化呈现为抛物线型，20世纪80年代最多，之后逐渐减少。塔什干低涡成熟期的生命史绝大多数为2～3天，4天以上的仅占13.5%，其比例在夏、秋两季最高，这与大型环流系统的配置有一定关系，另外研究区域的地形和帕米尔高原的热力、动力作用对其可能也有一定影响。

(3)近40年来，造成南疆显著降水的塔什干低涡占总数的23.3%，这也反映了南疆的干旱气候特征，并且这类低涡主要造成南疆西部、阿克苏和巴州北部的显著降水，这与低涡活动区域有一定相关性，从降水涡所占比例的季节分布来看，夏季最高，秋季最低。低涡的位置及其移动路径都会对其影响南疆天气的强度产生作用，在给南疆带来显著降水的74次塔什干低涡过程中，有66次是偏东路径，且低涡中心位置大多数都在37.5°N以北。

3.4 暴雨过程水汽输送特征

3.4.1 暴雨过程

由于国家降水量级标准不适合干旱、半干旱气候背景的新疆地区，新疆气象工作者从多年预报、服务实践和概率统计方法提出了适合新疆气候特点的降水量级标准(张家宝等，1986；1987)，6.1～12.0 mm为中雨，12.1～24.0 mm为大雨，>24.0 mm为暴雨。图3.23为三次暴雨过程降水量分布，2007年7月8—11日出现了全疆范围的降水，大雨以上的雨带为东西向，位于天山山区及其北麓，暴雨中心位于天山东部，此为雨型1；7月15—17日也是全疆范围降水，雨带呈南北向，位于天山中、东部及其北麓和南疆东部，有天山中部、东部和南疆东部三个暴雨中心，此为雨型2，其中7月15日—17日有20站降水量超过暴雨量，16日20时—17日20时乌鲁木齐降水量达75.4 mm(接近年降水量的三分之一)，天池降水量达101 mm，乌鲁木齐、小渠子、奇台、吉木萨尔、和丰、伊吾6站日降水量突破有记录以来日降水量极值，天池、木垒、哈密站日降水量位居历史第二；7月27—29日新疆全境出现了小到中量降水，大雨及暴雨位于天山山区和北疆地区，有两个暴雨中心，分别为天山西部和北疆东北部，此为雨型3，这三种雨型恰好是新疆暴雨的三种典型分布(张家宝等，1986)，对这三种不同雨型的水汽特征进行分析。

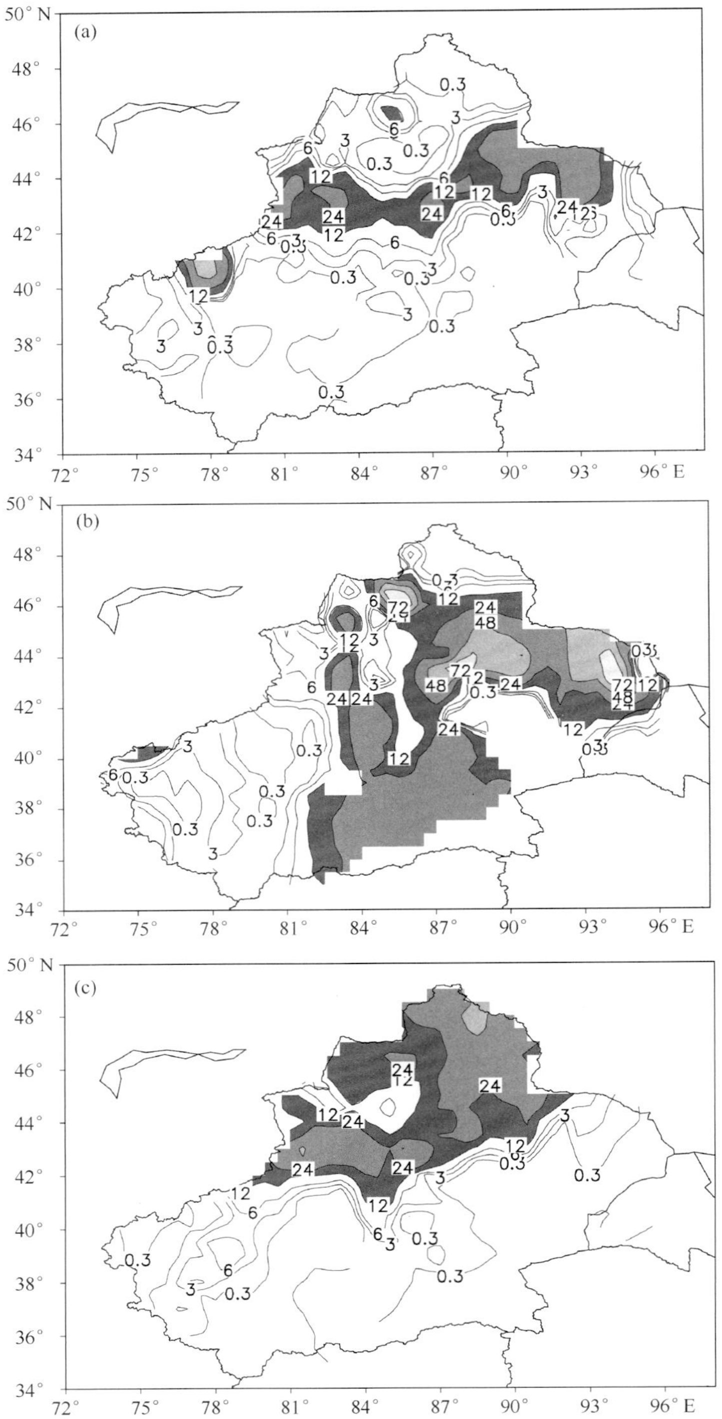

图 3.23　三次暴雨过程降水量分布(单位：mm) 浅和深色阴影区表示大雨和暴雨范围
(a)2007 年 7 月 8 日 12 时—7 月 11 日 12 时；(b)2007 年 7 月 15 日 12 时—17 日 12 时；
(c)2007 年 7 月 27 日 12 时—29 日 12 时

取地面—700 hPa(对流层低层)、700～500 hPa(对流层中层)、500～300 hPa(对流层高层)以及整层(地面—300 hPa)计算新疆区域水汽输入、输出和收支量,分析不同层次水汽输送特征及暴雨过程的水汽收支情况。新疆区域水汽收支计算区域见图 3.24,共 16 个小边界,1、3、5、7 为西边界;2、4、6、8、10 为北边界;9、11、13、15 为东边界;12、14、16 为南边界。东、南、西、北 4 个边界的水汽输送量为其对应的各小边界各层水汽输送量之和。

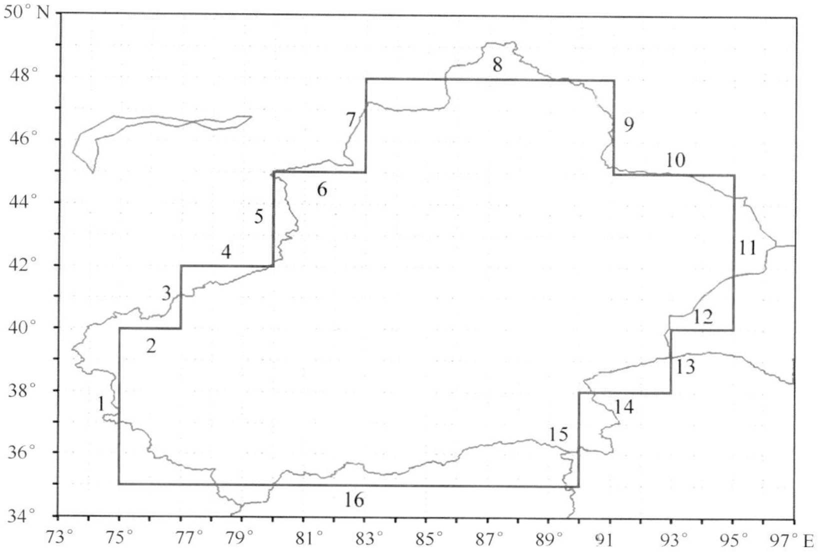

图 3.24　新疆水汽输送边界示意图

水汽输送的计算方法如下,单位边长大气的水汽输送通量矢量 $\boldsymbol{Q}$ 的计算公式为:

$$\boldsymbol{Q}=\frac{1}{g}\int_{ps}^{pt}\mathbf{V}q\,\mathrm{d}p \tag{3.1}$$

其中 g 为重力加速度,单位为 $\mathrm{m/s^2}$,p_s 为地面气压(即气柱底气压),这样去除了地形的影响。大气中 300 hPa 以上水汽含量很少,本节中气柱顶气压=300 hPa。$\mathbf{V}$ 为该单位气柱内各层大气的风速矢量,单位为 m/s,q 是各层大气的比湿,单位为 g/kg,$\boldsymbol{Q}$ 的单位为 g/(m · s · hPa),先由一日四次的资料得到各层各格点水汽通量,进行边长和垂直方向整层积分,最后进行一日四次时间积分得到日水汽输送量,单位为 g,然后换算成吨。

3.4.2　大尺度环流特征

图 3.25 为三次暴雨过程 700 hPa 风场、500 hPa 位势高度场和温度场及 200 hPa 风场。其大尺度环流的共同特征:1) 在 700 hPa 均出现一支由甘肃河西走廊向新疆伸展的强低空偏东急流(LLEJ),在暴雨发生期间其一直存在,并与其他路径气流产生强辐合,随着暴雨的结束该 LLEJ 消失,但三次过程 LLEJ 伸展位置和强度均有显著不同,也表明 LLEJ 在新疆暴雨过程中扮演了非常重要的角色;2) 对流层出现乌拉尔脊发展;3) 对流层深厚中亚冷低涡向东南方向发展移动,这是引发新疆暴雨的影响系统;4) 新疆东部脊或贝加尔湖脊维持,这种中高纬地区脊—槽—脊的环流配置形成了有利于暴雨产生的环流背景;5) 对流层高层副热带西风急流从中亚向新疆呈西南—东北向伸展,气旋性风切变在急流北侧发展;6) 同时南亚高压呈现两个反气旋中心,一个位于伊朗高原上空,另一个位于青藏高原上空,南亚高压脊线位于 30°N

附近，这种对流层高层伊朗高原和青藏高原上空脊向北发展，两脊之间中亚低值系统向南发展，形成了暴雨产生的有利大尺度环流背景。当然，三次过程高、中、低层环流系统的位置、强度、伸展方向和配置有较大差异，在以下水汽分析中具体进行阐述。

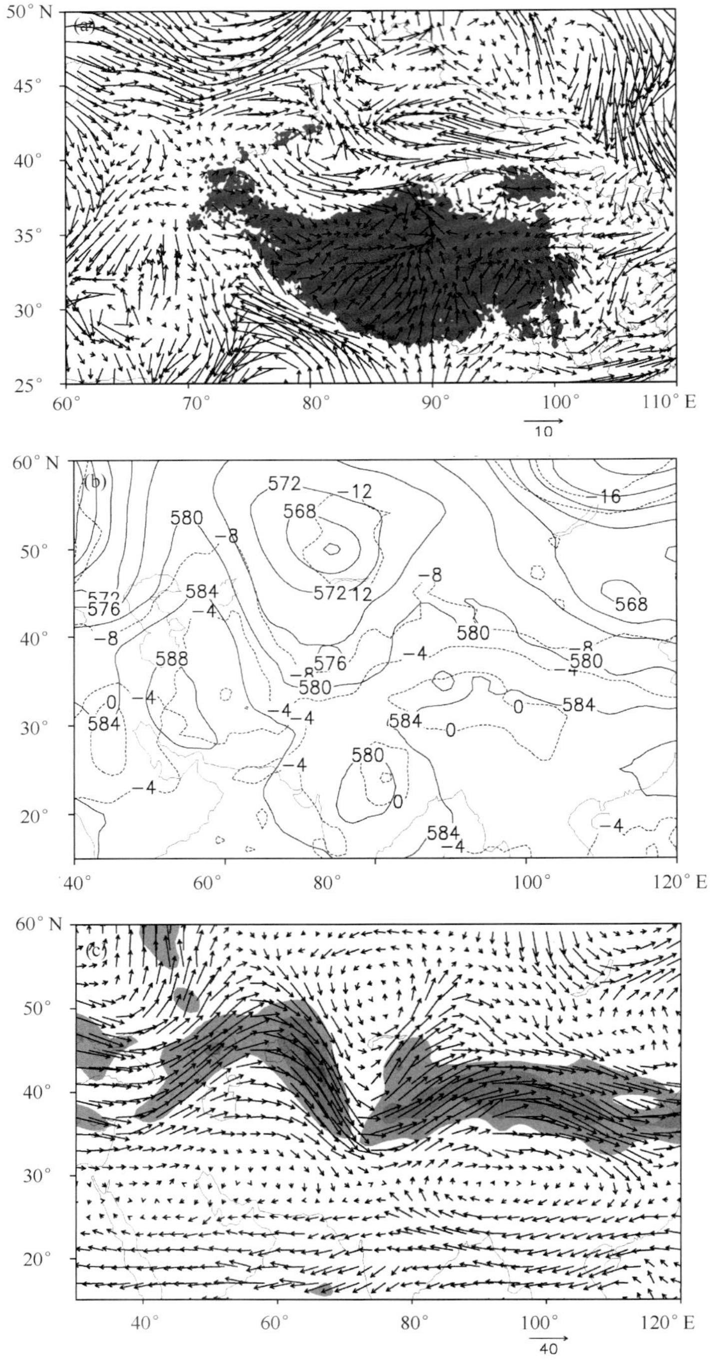

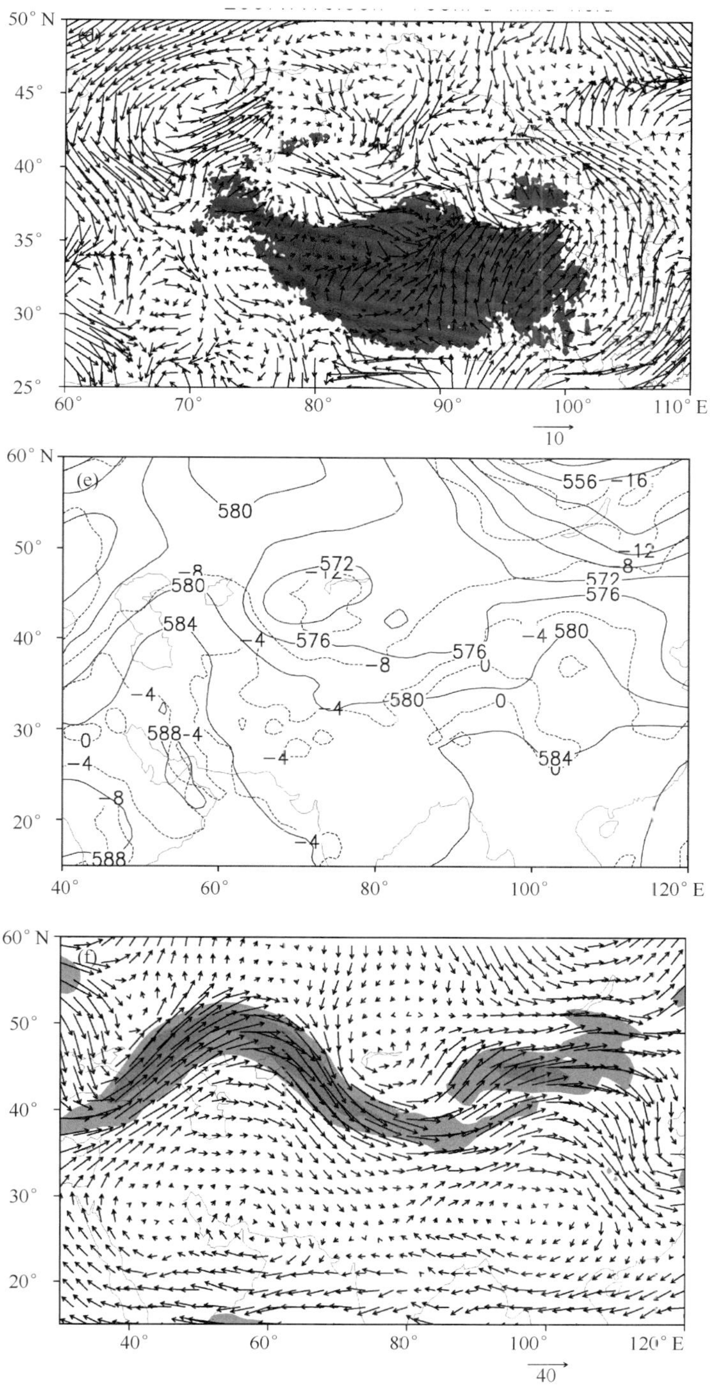
(d)
50° N
45°
40°
35°
30°
25°
60°
70°
80°
90°
100°
110° E
10
(e)
60° N
50°
40°
30°
20°
40°
60°
80°
100°
120° E
580
572
556
−16
−12
576
584
588
−8
−4
0
(f)
60° N
50°
40°
30°
20°
40°
60°
80°
100°
120° E
40

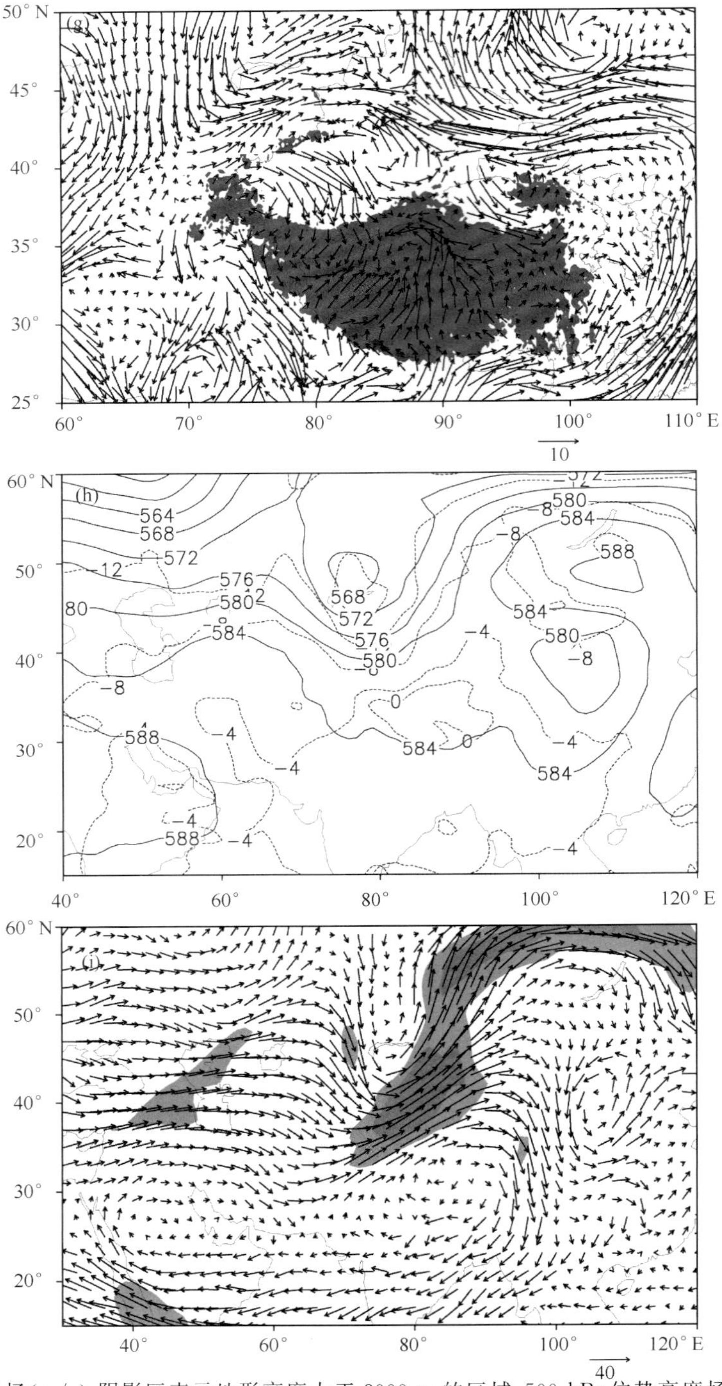

图 3.25　700 hPa 风场(m/s) 阴影区表示地形高度大于 3000 m 的区域,500 hPa 位势高度场(dagpm, 实线)和温度场(℃, 虚线),200 hPa 风场(矢量,单位:m/阴影区表示风速大于 30 m/s)

(a)2007 年 7 月 8 日 00 时 700 hPa 风场;(b)2007 年 7 月 8 日 00 时 500 hPa 位势高度场和物质度场;(c)2007 年 7 月 8 日 00 时 200 hPa 风场(阴影区 30 m/s);(d)2007 年 7 月 16 日 00 时 700 hPa 风场;(e)2007 年 7 月 16 日 00 时 500 hPa 位势高度场;(f)2007 年 16 日 00 时 200 hPa 风场(阴影区 30 m/s);(g)2007 年 7 月 28 日 00 时 700 hPa 风场;(h)2007 年 7 月 28 日 00 时 500 hPa 位势高度场;(i)2007 年 7 月 28 日 00 时 200 hPa(阴影区 30 m/s)

3.4.3　水汽输送路径和收支特征

（1）雨型 1 的水汽输送和收支

图 3.26 为暴雨发展过程中 700 hPa 和 500 hPa 水汽通量演变情况，暴雨发生前新疆上空对流层中低层均为西方水汽输送，这与气候平均是一致的。随着 1200 UTC 贝加尔湖地区脊

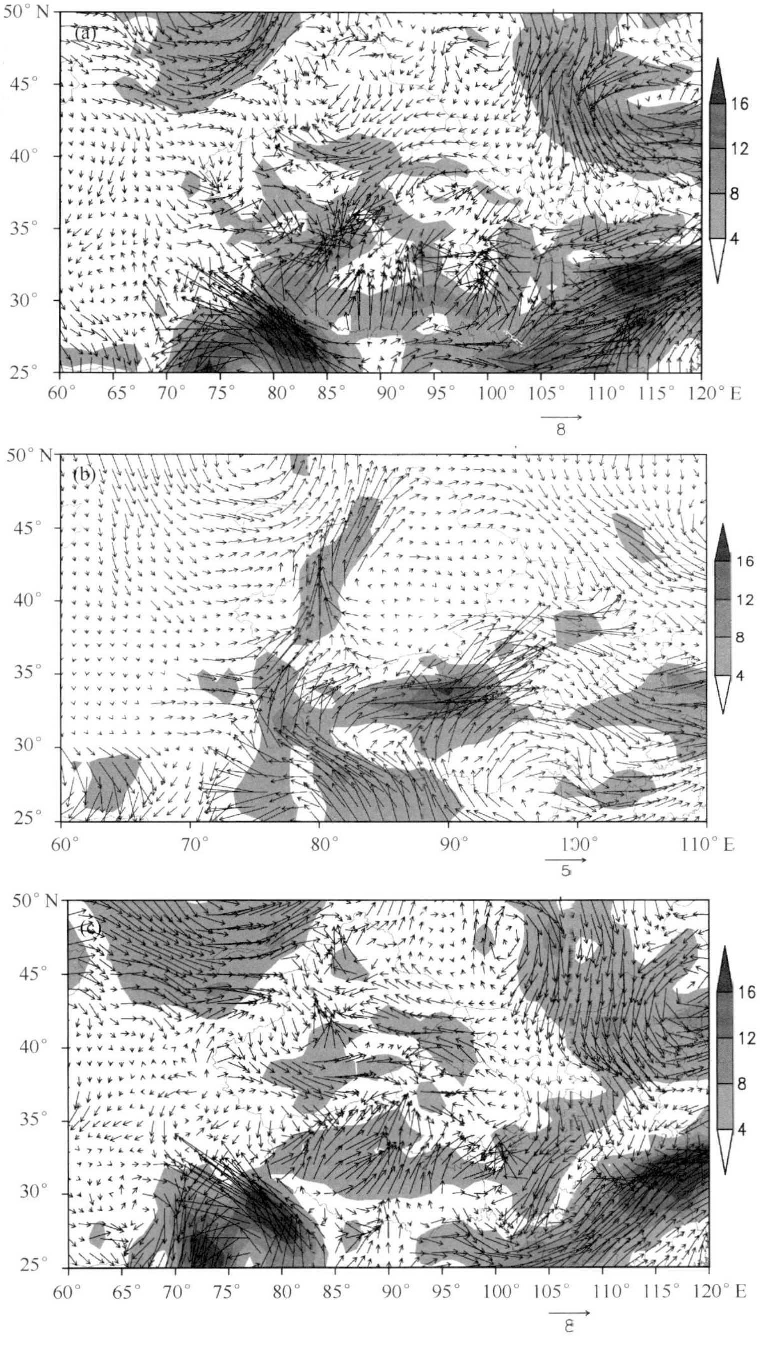

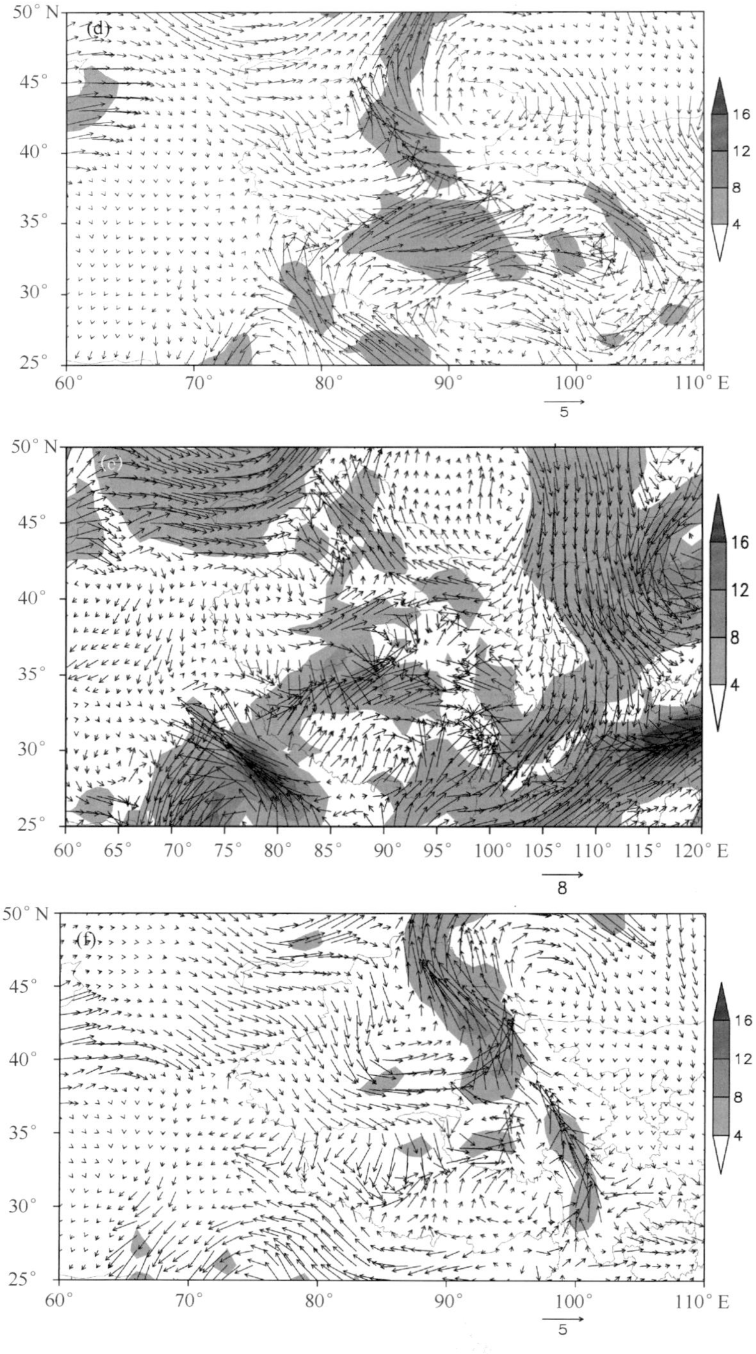

图 3.26　700 hPa 水汽通量场(a. 2007 年 7 月 8 日 12 时；c. 2007 年 7 月 9 日 00 时；e. 2007 年 7 月 9 日 06 时)和 500 hPa 水汽通量场(b. 2007 年 7 月 8 日 00 时；d. 2007 年 7 月 9 日 00 时；f. 2007 年 7 月 9 日 18 时)

开始发展并逐渐向西移动，导致内蒙古至天山山区形成强低空偏东急流 LLEJ，LLEJ 携带偏东水汽与西风气流水汽汇合于天山山区西部，然后随着 LLEJ 东移强辐合区沿天山山区自西向东移动，水汽通量散度最强出现于 0600 UTC 9 达 -4.5×10^{-5} g/(m^2 · s)，暴雨也随强辐合区自西向东移动，随着贝加尔湖脊减弱 LLEJ 消失，由此东、西方向水汽辐合区消失则暴雨结束，LLEJ 的形成和变化由贝加尔湖脊的发展和移动所决定。

500 hPa 7 日随着伊朗地区副热带高压强烈向北发展并与乌拉尔脊叠加，形成伊朗地区至乌拉尔山南北长达 40 个纬距的长波脊，北方冷空气在长波脊前偏北气流引导下南下在巴尔喀什湖以北形成切断低涡，新疆长波脊也强烈发展，形成乌拉尔脊—中亚低涡—新疆脊的经向环流型，并逐渐东移造成新疆暴雨过程，在这种环流配置下，随着中亚低涡的东移携带西方水汽一直是重要的水汽输送路径，同时，由于新疆脊增强在青藏高原西部出现强偏南水汽输送，这支水汽输送随新疆脊东移也自西向东移动，可以发现这支来自青藏高原的偏南水汽输送始终伴随暴雨过程，随其移出新疆暴雨过程结束，表明青藏高原水汽在一定的环流形势下可以向新疆输送并起着重要作用。

为了综合分析暴雨期间对流层总体水汽输送情况，地面—300 hPa 垂直积分水汽通量(图略)表明，暴雨最强时(2007 年 7 月 9 日 14 时)存在三支异常水汽输送：随西风气流的西方水汽输送，来自青藏高原的偏南水汽输送，低空偏东急流导致的来自贝加尔湖的偏东水汽输送。这三支水汽在天山山区上空汇合，辐合区自西向东移动，最大水汽通量散度达 -7.0×10^{-5} g/(m^2 · s)并位于天山山区，整层水汽通量场综合表现了高、中、低层的水汽输送，具体输送量见下述分析。

暴雨过程每隔 6 小时对流层高、中、低层各边界水汽输送量见图 3.27。从其中可见，水汽输入主要为随西风气流的西边界、500 hPa 以上南边界和低空偏东急流导致的 500 hPa 以下东边界，从 7 日 20 时至 10 日 20 时这三部分水汽输送量分别为 267 亿 t、90 亿 t 和 76 亿 t。很明显西边界的输送量最大，且随着暴雨的持续西边界输送量逐渐增大，南边界和东边界水汽输送量之和为西边界的 62%，随着暴雨的结束它们的水汽输入也停止。这些计算结果与上述水汽通量矢量分析是一致的。水汽输出主要出现在 500 hPa 以上的东边界和 700 hPa 以上的北边界。

（2）雨型 2 水汽输送和收支特征

图 3.28 为雨型 2 过程的 700 hPa 和 500 hPa 水汽通量矢量场，在暴雨发生的初始阶段 15 日 06 时蒙古至华北的高压发展导致河西走廊突然出现 LLEJ，并向新疆输送少量水汽，此时新疆出现弱降水天气，从 16 日 00 时开始柴达木盆地上空低压发展，导致沿河西走廊向新疆东部地区 LLEJ 发展，随着柴达木低压的增强 LLEJ 也迅速增强，同时孟加拉湾向东北方向输送大量水汽，其中一部分到达四川盆地和甘肃东部，在 LLEJ 的引导下部分水汽沿河西走廊向新疆东部地区接力输送，此时中亚低涡进入新疆，使得西北、东北、西风与东风气流在新疆区域汇合出现 3 个水汽辐合中心：天山中部、东疆和新疆东南部，分别对应 3 个暴雨中心，16 日 02 时天山中部出现最大水汽通量散度达 -6.0 g/(m^2 · s)，从 16 日 14 时至 17 日 20 时中天山至东天山和新疆东南部出现强水汽通量辐合区，与暴雨中心一致。上述分析表明孟加拉湾水汽在柴达木低压发展形成强 LLEJ 的引导下向新疆输送并影响新疆暴雨的形成。

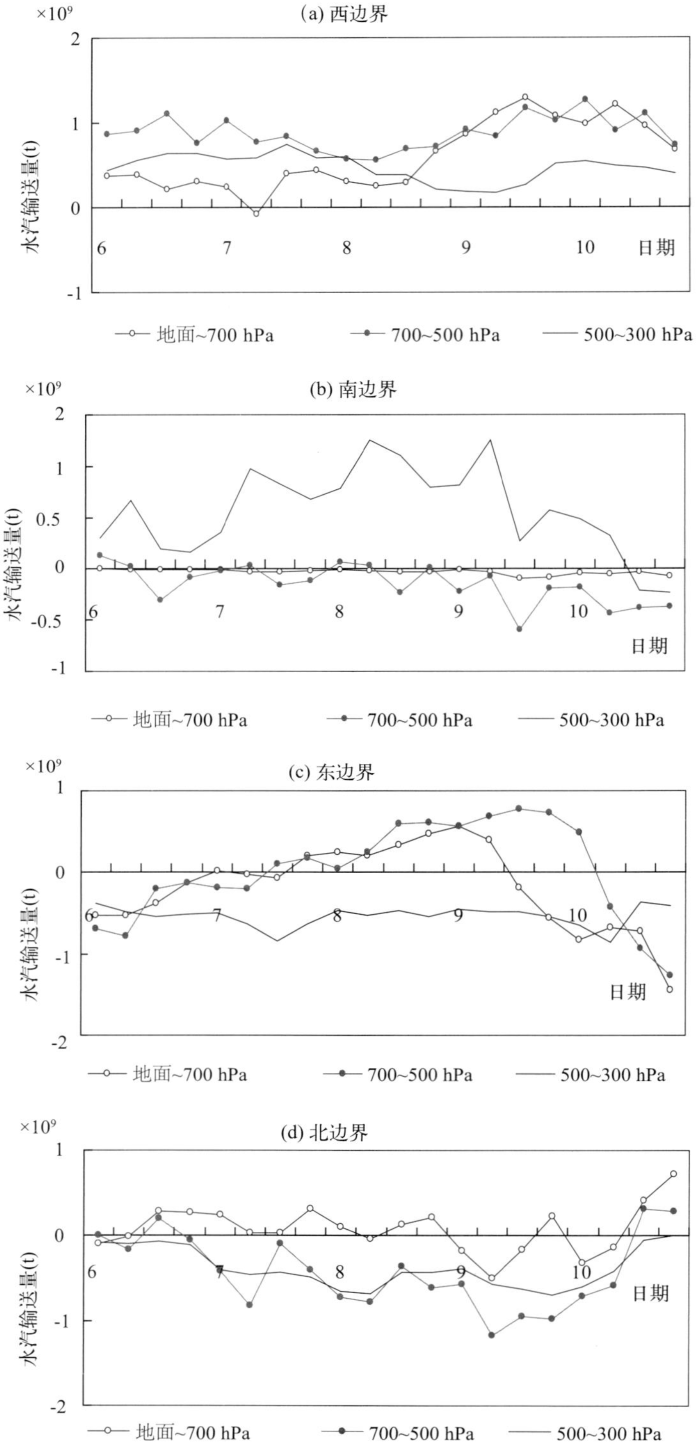

图 3.27　对流层高、中、低层每隔 6 小时各边界水汽输送量

(a) 西边界；(b) 南边界；(c) 东边界；(d) 北边界

正值表示输入，负值表示输出。单位：t

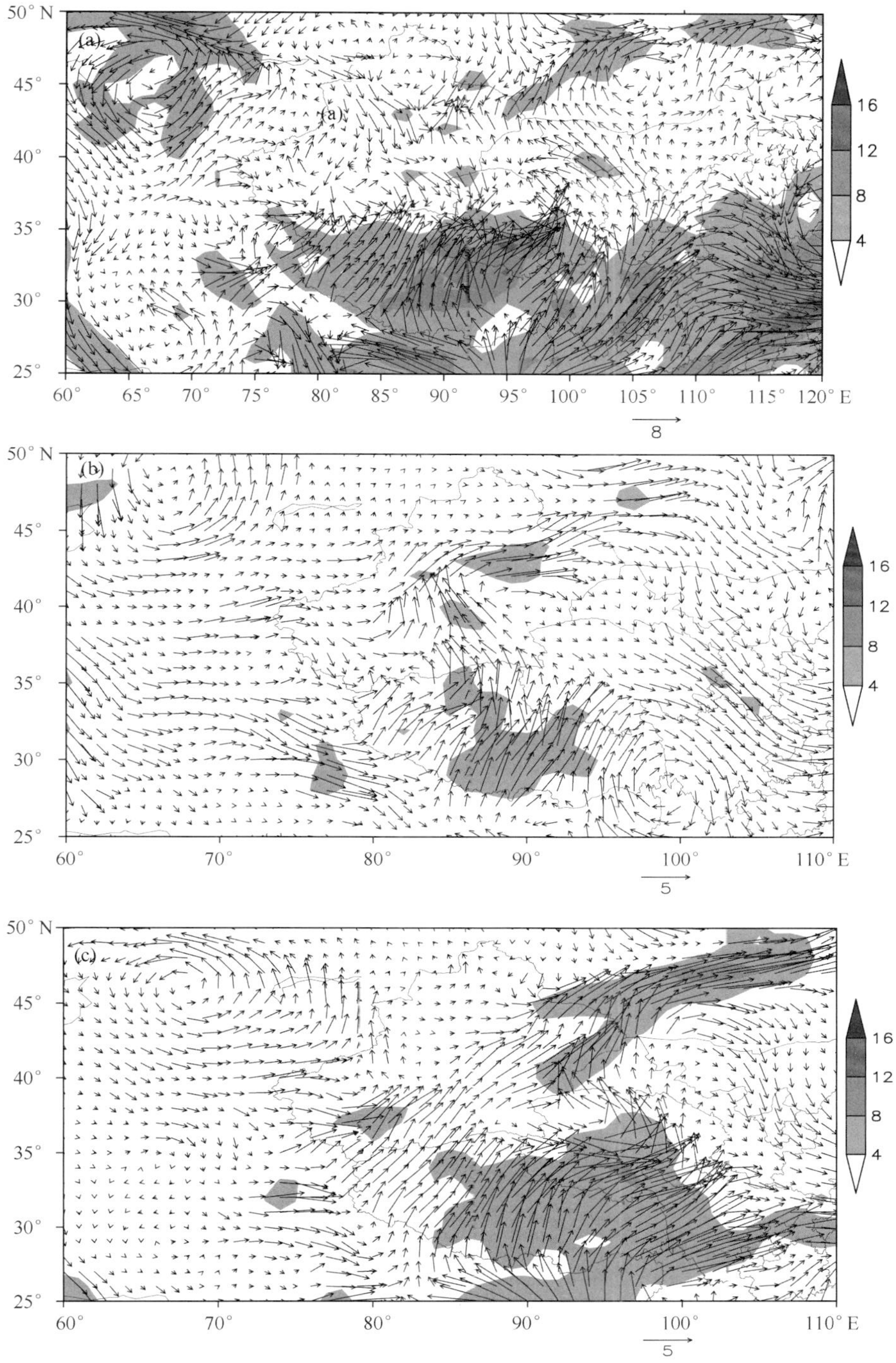
(a)
50° N
45°
40°
35°
30°
25°
60°
65°
70°
75°
80°
85°
90°
95°
100°
105°
110°
115°
120° E
8
16
12
8
4
(b)
50° N
45°
40°
35°
30°
25°
60°
70°
80°
90°
100°
110° E
5
16
12
8
4
(c)
50° N
45°
40°
35°
30°
25°
60°
70°
80°
90°
100°
110° E
5
16
12
8
4

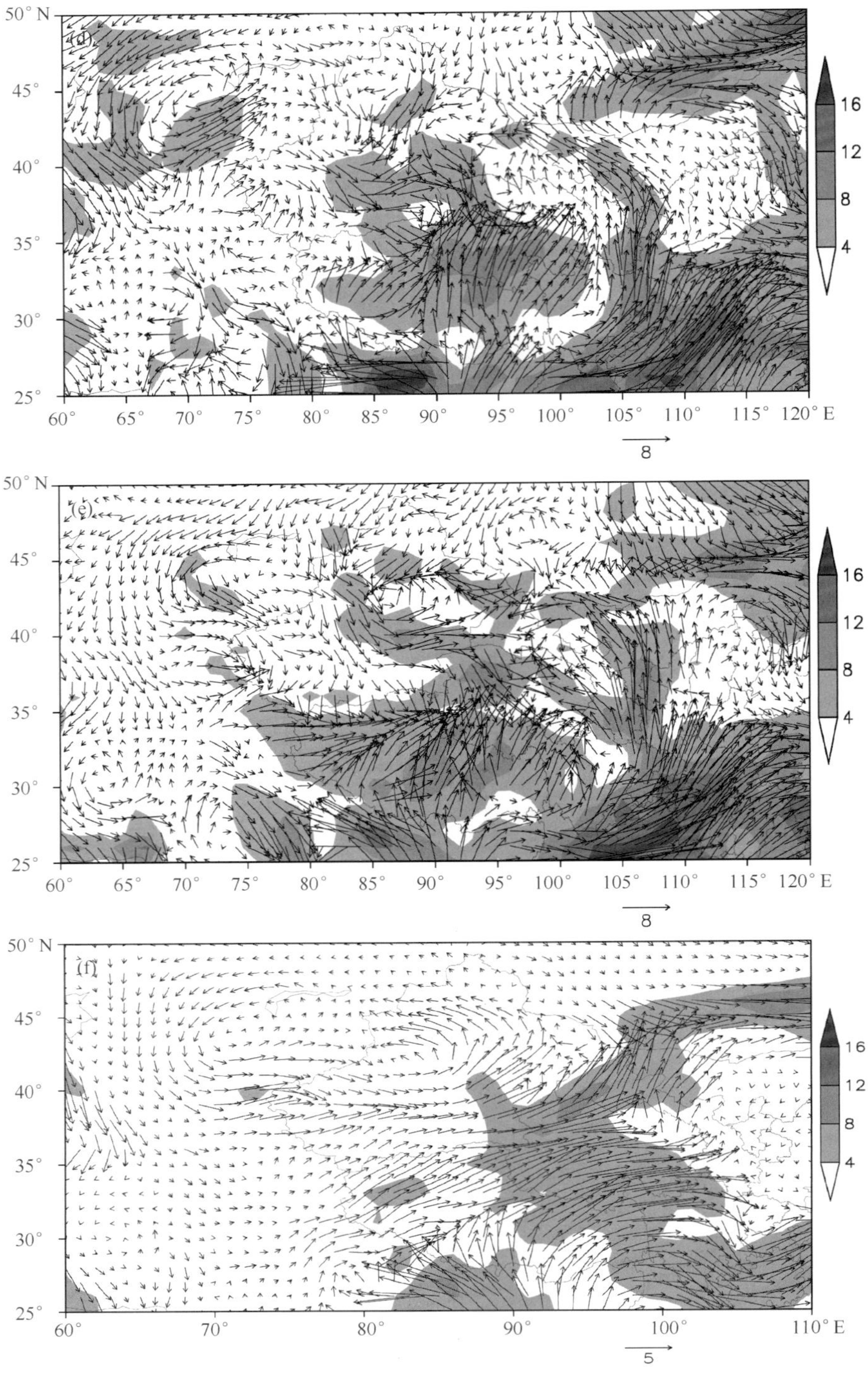

图 3.28　700 hPa 水汽通量场(a. 2007 年 7 月 15 日 06 时；d. 2007 年 7 月 16 日 00 时；e. 2007 年 7 月 16 日 12 时)；500 hPa 水汽通量场(b. 2007 年 7 月 14 日 00 时；c. 2007 年 7 月 15 日 06 时；f. 2007 年 7 月 16 日 06 时)(单位：g/(s・cm・hPa))

从 500 hPa 大尺度环流看，随着 7 月 8—10 日新疆暴雨过程结束中亚低涡快速东移，新疆为高压脊控制，乌拉山北部 60°N 附近为阻塞高压而其南部里海咸海到巴尔喀什湖为切断低涡，14 日开始伊朗地区副热带高压向北发展与乌拉尔阻塞高压接通，推动里海咸海到巴尔喀什湖的切断低涡减弱东移进入新疆，该低涡主体位于天山山区中东部，比 7 月 8—10 日低涡位置偏南、偏东，因此造成新疆中东部和南部地区暴雨过程，同时，低涡东移使得新疆长波脊逐渐东移，新疆长波脊使得青藏高原至新疆为强偏南气流，水汽通量表现为青藏高原向北的水汽输送，从 14 日 08 时至 15 日 08 时在新疆东部脊的引导下青藏高原水汽向新疆输送使得新疆上空增湿，这进一步表明在一定的环流形势下青藏高原水汽能向北输送进入新疆。随着 15 日以后中亚低涡东移进入新疆，500 hPa 青藏高原至新疆表现为平均槽区，水汽呈西南向新疆东部和南部地区输送。

垂直水汽积分水汽通量场表明（图略），存在西北、东北、西方和东方 4 支水汽输送路径，水汽辐合区位于西天山、东天山和新疆东南部，水汽通量散度分别达 -5.5×10^{-5} g/(m^2 · s)，-5.2×10^{-5} g/(m^2 · s)和 -14.0×10^{-5} g/(m^2 · s)，对应于三个暴雨中心。这与 700 hPa 水汽输送路径非常一致。偏东的水汽输送部分源自于孟加拉湾，印度季风向东北方向输送充沛的水汽，其中一部分到达甘肃东部区域在低空偏东急流的引导下部分向新疆输送，500 hPa 以上存在青藏高原向新疆的水汽输送。

对流层各层各边界每隔 6 小时水汽输送量见图 3.29，水汽输入主要为 500 hPa 以下西边界、500 hPa 以上南边界、700 hPa 以下北边界和 500 hPa 以下东边界。从 7 月 15 日 08 时至 18 日 02 时这四个边界西、南、东、北的水汽输入量分别为 107 亿 t、91 亿 t、60 亿 t 和 25 亿 t。虽然西边界的输入最多，但南边界输入量接近西边界，北边界和东边界输入量之和为西边界的 79.8%，东、南和北边界水汽输入量之和达 176 亿 t，远远超出西边界输入量，此外西边界输入量随着暴雨持续是减小的，上述表明在偏东型暴雨过程中，东、南、北边界水汽输入扮演了重要作用，尤其青藏高原的偏南水汽输入是非常充沛的。

(3)雨型 3 水汽输送和收支

700 hPa 水汽通量表明暴雨开始前 27 日 00 时低空偏东急流出现并引导贝加尔湖水汽向新疆输送（图 3.30），随后低空偏东急流逐渐增强并与中亚地区西风气流交汇于北疆地区，东、西风气流交汇辐合区逐渐东移导致强降水持续并逐渐东移，28 日 18 时在天山中部和北疆出现了最大水汽通量散度达 -4.5×10^{-5} g/(m^2 · s)。同时，东亚气候平均场热带呈三支水汽输送（Zhou *et al.*，2005）：一支为印度季风引导孟加拉湾和阿拉伯海的充沛水汽向中国东部地区输送，第二支为东亚季风引导的热带太平洋水汽向中国东部输送，第三支为 105°E—150°E 跨赤道气流向中国输送水汽，这是三支中最弱的。这三支水汽汇合于中国东部并加强然后继续向北方 40°N 输送，但 28 日 06 时开始这部分水汽在贝加尔湖高压西伸的作用下向西输送并与来自于贝加尔湖的水汽汇合，在低空偏东急流的引导下接力向新疆输送，由此可以推断，在贝加尔湖阻塞高压的西移和西太平洋副热带高压的北扩共同作用下，孟加拉湾、南海和热带西太平洋上的丰沛水汽一部分能向新疆输送，这一点与上述两个过程水汽输送有所不同，这在以前的研究中未指出过，也需要更多的个例分析和结合水汽图像来进行深入分析。这种水汽输送路径由高、中、低纬环流系统的共同配置所决定的，700 hPa 西太平洋副热带高压（西太副高）向北发展伸展到 40°N，同时贝加尔湖脊强烈发展并与北伸的西太副高叠加后西伸，使得印度季风和东亚季风向北输送的水汽在贝加尔湖高压南部形成的低空偏东急流引导下接力向西输送

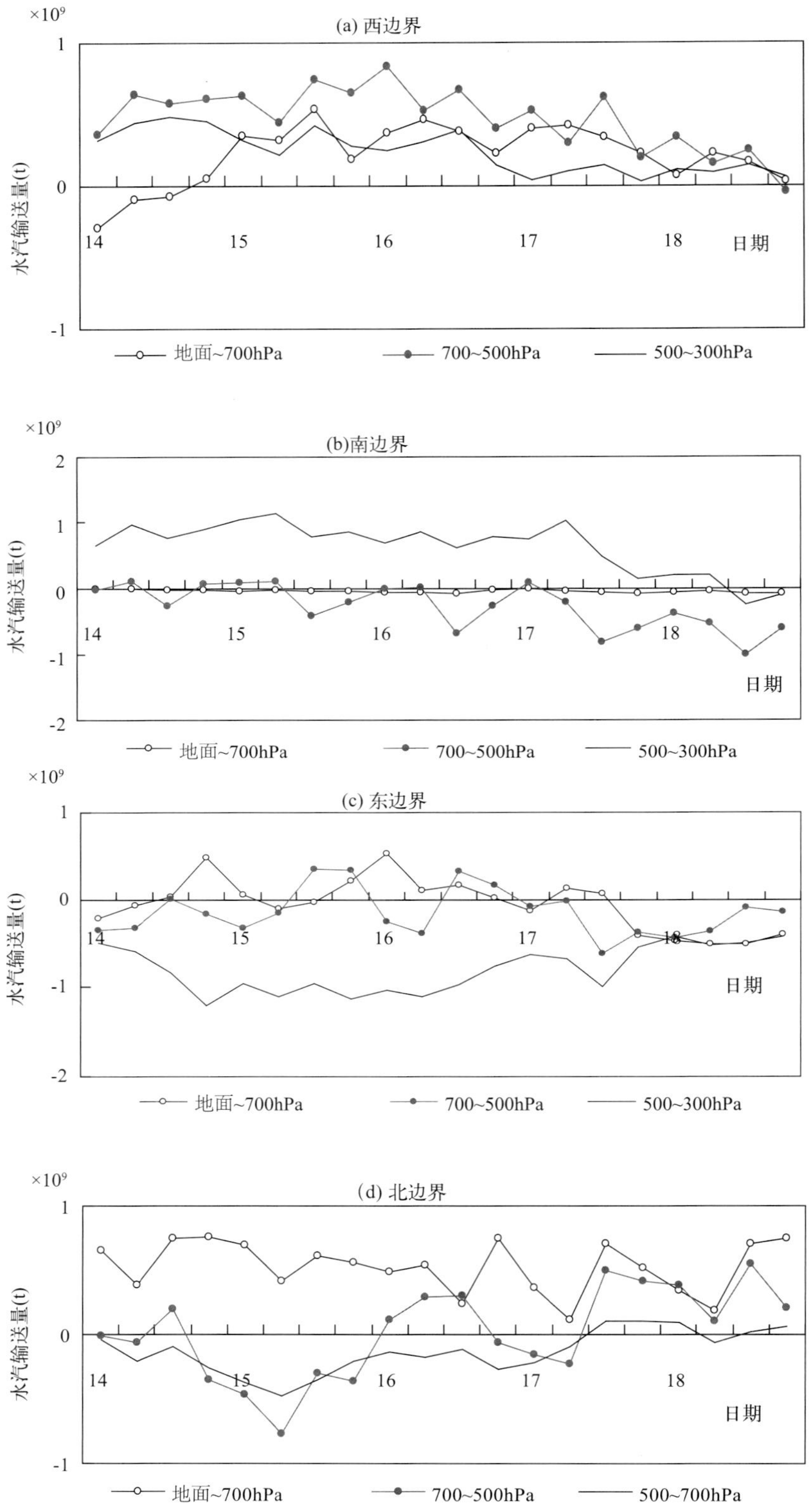

图 3.29　同图 3.27，但为雨型 2

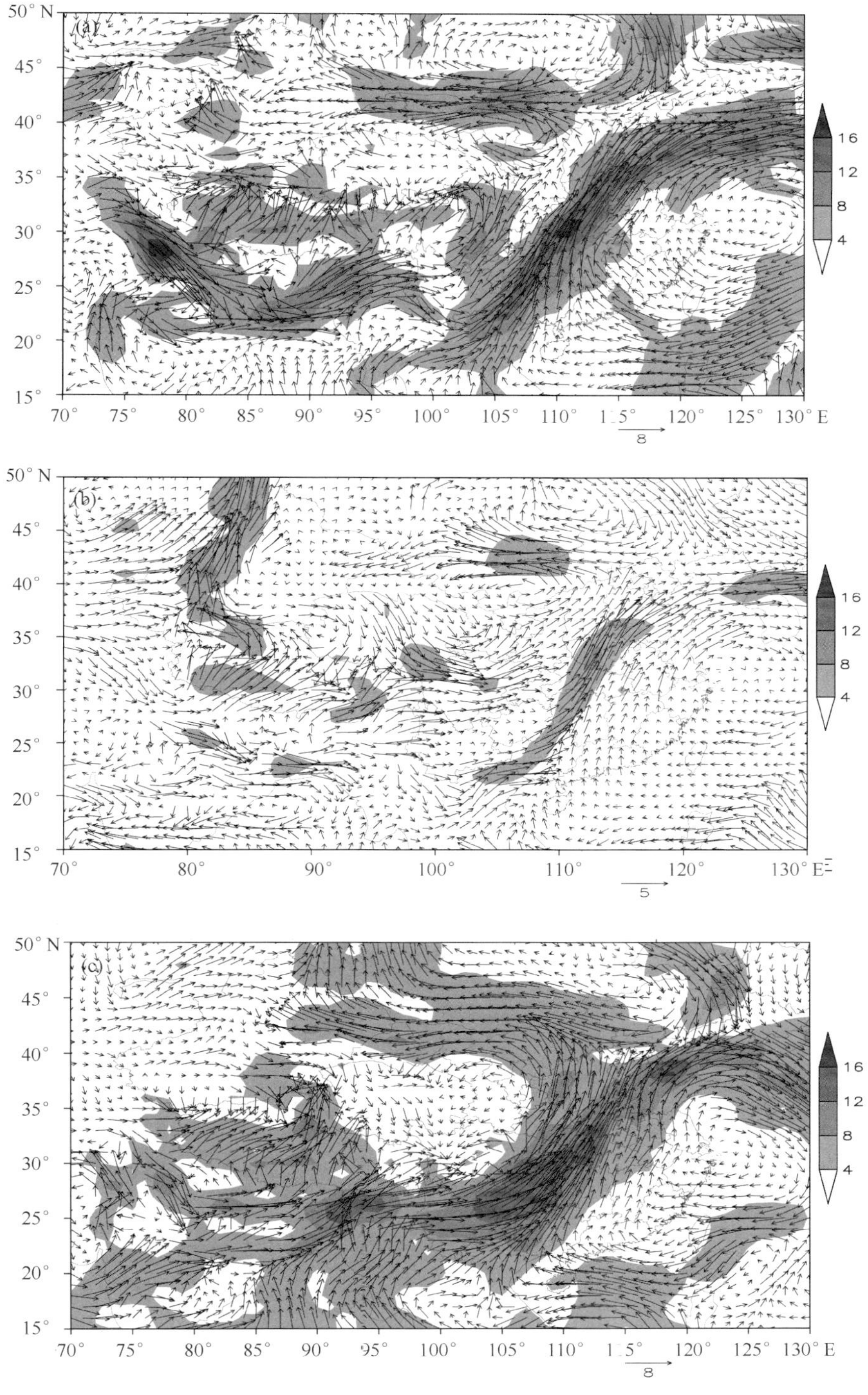
(a)
50° N
45°
40°
35°
30°
25°
20°
15°
70°
75°
80°
85°
90°
95°
100°
105°
110°
120°
125°
130° E
8
16
12
8
4
(b)
50° N
45°
40°
35°
30°
25°
20°
15°
70°
80°
90°
100°
110°
120°
130° E
5
16
12
8
4
(c)
50° N
45°
40°
35°
30°
25°
20°
15°
70°
75°
80°
85°
90°
95°
100°
105°
110°
120°
125°
130° E
8
16
12
8
4

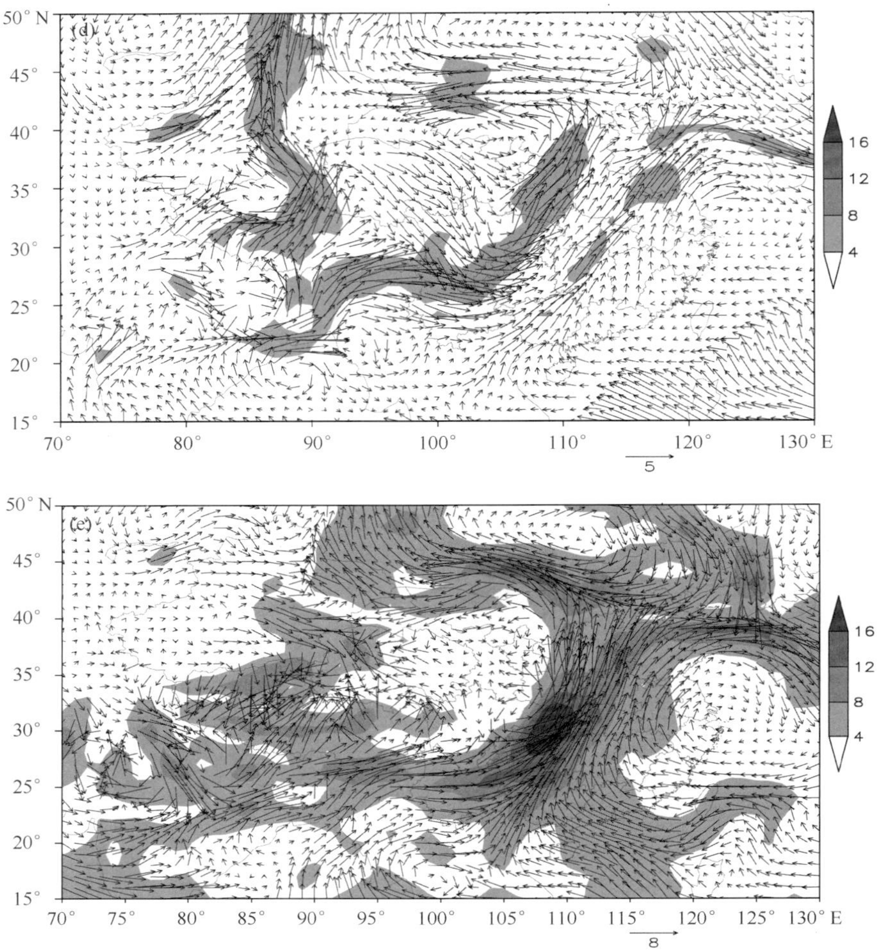

图 3.30　700 hPa 水汽通量(a. 2007 年 7 月 27 日 00 时;c. 2007 年 7 月 28 日 06 时;e. 2007 年 7 月 28 日 18 时);
500 hPa 水汽通量(b. 2007 年 7 月 27 日 00 时;d. 2007 年 7 月 28 日 00 时)(单位:g/(s · cm · hPa))

到新疆,这种环流配置与上述 2 次暴雨过程是明显不同的,因此也造成偏东水汽源地和路径的差异,同时中亚低涡快速向东移动进入新疆,强西风气流与偏东急流汇合于新疆造成这种东、西向的水汽输送和强辐合。

500 hPa 欧亚范围 26 日为乌拉尔山脊—中亚低涡—贝加尔湖脊的环流型,同时伊朗地区副热带高压强烈发展北伸与乌拉尔山脊叠加,在低纬到高纬形成了西南—东北向长达 50 个纬距的长波脊,同时西太副高强烈向北发展与贝加尔湖脊接通,在新疆下游形成了从低纬到高纬西北—东南向的长波脊,从而使得印度大陆—青藏高原—新疆形成长波槽,这种高、中、低纬环流系统的暂时共同配置形成欧亚范围经向度异常大的两脊一槽环流型,决定了新疆的西方和南方的水汽输送路径,水汽通量图上存在 2 支水汽输送路径:西风路径和来自于青藏高原的南方路径,这 2 支气流在新疆天山及其以北汇合并形成强辐合,强辐合区自西向东移动,暴雨区也自西向东移动,再一次强调青藏高原水汽不仅能向新疆输送并且与西风气流产生辐合,为暴雨产生提高有利的水汽和动力条件，随着该环流系统配置的快速减弱，南方路径水汽输送路径消失。

暴雨强盛期7月28日06时地面—300 hPa垂直积分水汽通量场表明（图3.31），有三支异常水汽输送路径，一支为众所周知的随西风气流的西方路径，一支为来自青藏高原的偏南路径，第三支为低空偏东急流导致的偏东路径，偏东路径水汽有四部分：强贝加尔湖高压脊引导的来自于贝加尔湖的偏东水汽输送，向南追溯到低纬孟加拉湾、南海和热带西太平洋，低纬水汽向北输送汇聚于中国东部，在低空偏东急流的引导下部分向西传输并与贝加尔湖水汽汇合然后向新疆输送，偏东水汽通量矢量远大于西方和南方路径的水汽输送，这与低层水汽输送一致，是由于大气水汽主要集中于低层，垂直积分的水汽通量很大部分由低层贡献。上述表明，在高、中、低纬环流系统配合下低纬孟加拉湾、南海和热带西太平洋丰沛的水汽能向新疆地区输送影响暴雨的形成。

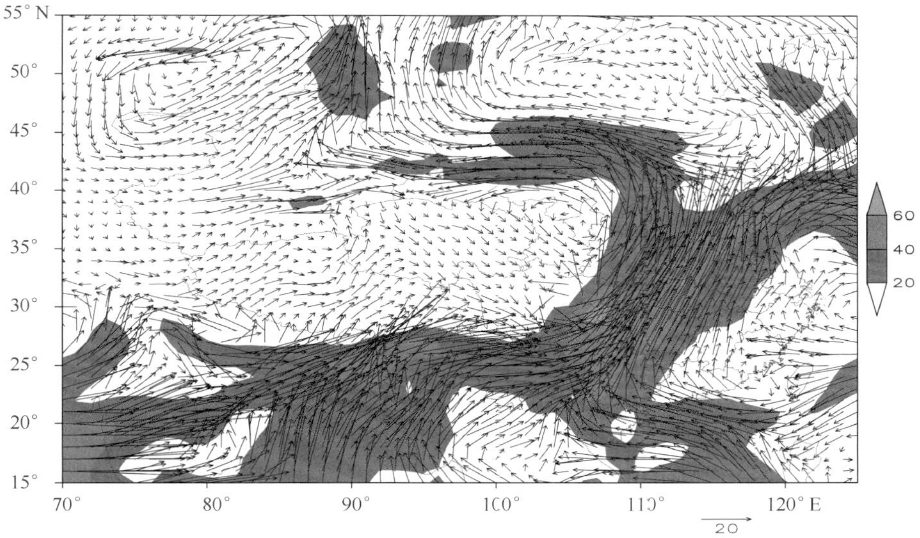

图3.31　2007年7月28日06时地面—300 hPa垂直积分水汽通量场（单位：g/(s·cm·hPa)），阴影区表示水汽通量大于20 g/(s·cm·hPa)

7月25日00时至30日18时各层各边界每隔6小时水汽输送量见图3.32，500 hPa以下的西边界和东边界有大量的水汽输入，500 hPa以上南边界和700 hPa以下北边界有少量水汽输入，从27日00时至29日12时西边界、东边界、南边界和北边界水汽输入量分别为116亿t、139亿t、29亿t和18亿t，东边界的水汽输入量大于西边界，暴雨开始前一天突然出现500 hPa以下东边界水汽输入，同时随着暴雨持续东边界水汽输入逐渐增强，随着暴雨的结束东边界水汽输入转为输出，西边界输入随着暴雨持续却逐渐减弱，表明此次暴雨过程东边界水汽输入占有主要地位。

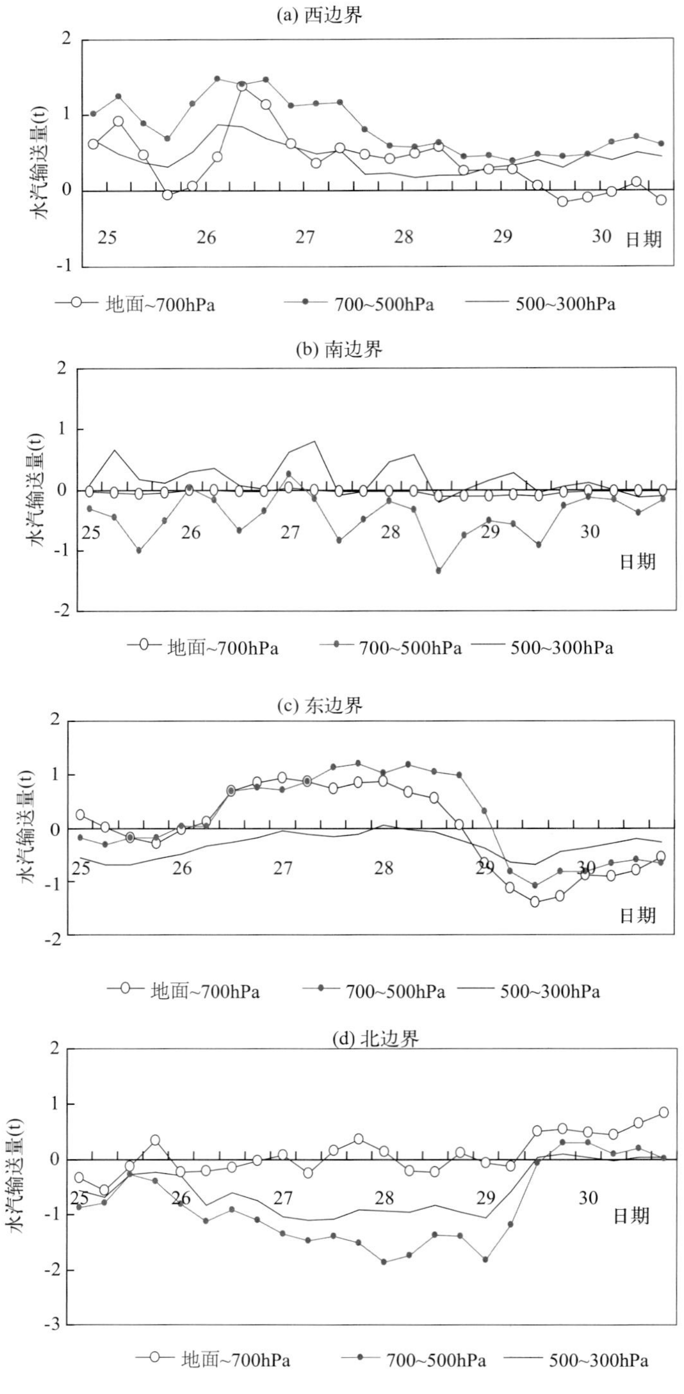

图 3.32　同图 3.27,但为雨型 3

3.4.4 小结

2007年7月新疆三次暴雨过程的水汽输送和收支特征分析表明，在有利的大尺度环流背景和不同配置下三次暴雨过程水汽输送特征有很大差异，雨型1水汽输送有三支，分别为西风气流、来自青藏高原的南风气流和低空偏东急流(LLEJ)，它们汇合于天山山区，西边界水汽输送量最大，而南边界和东边界也有丰富的水汽输入，这是由700 hPa贝加尔湖脊发展、对流层中亚低涡强烈发展东移和500 hPa新疆脊逐渐东移配置所造成的；雨型2水汽输送为西方、东方、南方和北方4条路径，LLEJ引导的偏东方向的水汽有一部分来自于孟加拉湾，四支水汽输送在东—西和南—北向强辐合引发暴雨，南方路径水汽输送量接近西风路径，青藏高原上空有丰富的水汽向新疆输送，700 hPa柴达木低压发展、500 hPa乌拉尔脊东北向发展、中亚低涡南伸和新疆脊配置造成这种异常的水汽输送；雨型3水汽输送主要为西方和东方路径，东—西向水汽输送在新疆北部地区强烈辐合，且东方路径水汽输送量大于西方路径，LLEJ引导的偏东水汽输送前期来自于贝加尔湖，中后期孟加拉湾、南海和热带西太平洋水汽向北输送汇聚于甘肃东部，部分水汽在LLEJ引导下与来自贝加尔湖水汽汇合继续向新疆输送，对流层中亚低涡的东移、西太平洋副热带高压(WPSH)北伸与贝加尔湖脊叠加和西伸配置所造成了这种异常水汽输送。

3.5 西亚副热带西风急流

3.5.1 西亚副热带西风急流位置和强度

图3.33给出了西亚区域200 hPa纬向风距平EOF分析的前两个模态，方差解释分别为53.2%和20.1%。第一模态反应了西风异常的正负分布从低纬度到高纬度，零线位于40°—42.5°N，和西亚副热带西风急流轴线多年平均位置一致。第一模态的时间系数(PC1)呈明显的年际和年代际变化特征，1971—1986年，急流位置偏北，1987以后，急流位置偏南。第二模态显示了一个最大中心位于里海上空，体现了西亚急流强度的变化。

我们定义标准化的时间系数PC1(PC2)大于0.5或者小于−0.5的年份为急流位置偏南/偏北(偏强/偏弱)年，合成分析结果(图3.34)表明第一模态反映了急流位置的变化，第二模态为强度变化，急流位置偏南年比偏北年位置偏南3°，急流偏强年比偏弱年急流强度偏大5 m/s。

3.5.2 西亚副热带西风急流位置和新疆北部夏季降水的关系

基于3.5.1的分析，第一模态时间系数反映了急流位置的变化，因此我们将标准化的PC1时间序列定义为急流位置指数(jet position index, JPI)，标准化的PC2定义为急流强度指数(jet strength index, JSI)。相关分析表明(图3.35a，急流位置指数和北疆夏季降水指数(标准化的北疆43站夏季降水区域平均序列，summer precipitation index，SPI)关系更加密切，相关系数0.38，超过95%信度检验，下文的分析主要集中在急流位置指数JPI。

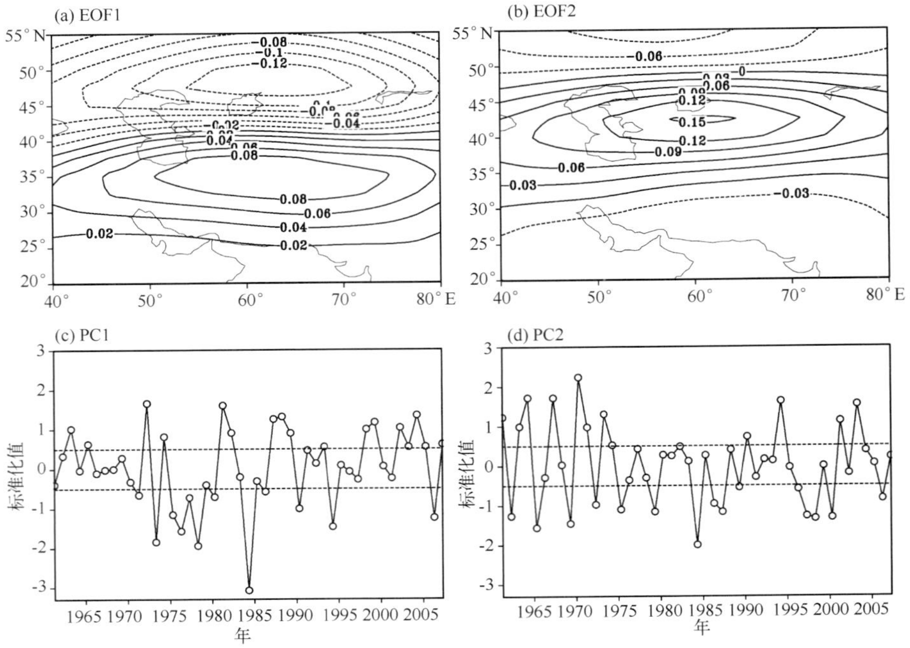

图 3.33　1961—2007 年 200 hPa 纬向风距平 EOF 分析

(a)和(c)第一模态空间分布和时间系数;(b)和(d)第二模态空间分布和时间系数;(c)和(d)中虚线表示+/—0.5

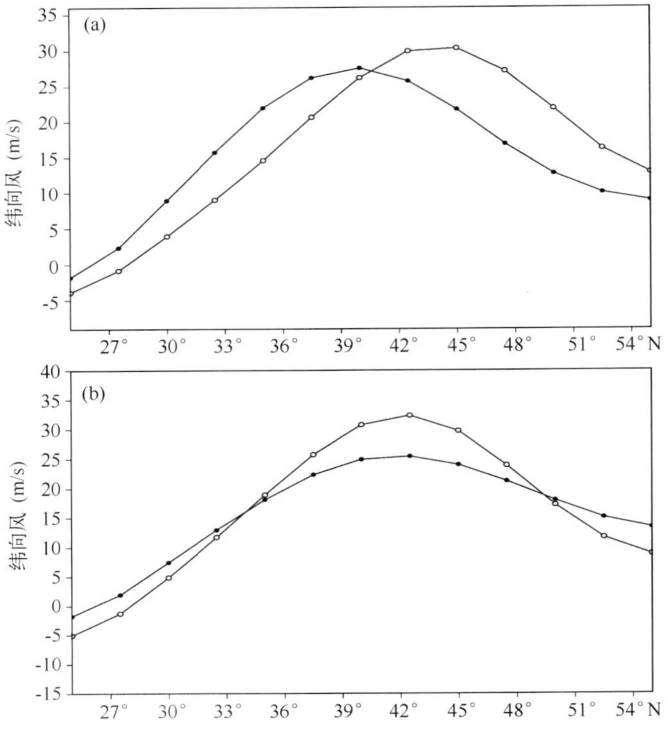

图 3.34　200 hPa 纬向风沿 40°—80°E 平均分布

偏南(空心圆)/偏北(实心圆)年和(b)偏强(空心圆)/偏弱(实心圆)年

取JPI大于0.5的1963，1965，1972，1974，1981，1982，1987，1988，1989，1993，1998，1999，2002，2003，2004，2005，2007年为急流位置偏南年，JPI小于－0.5的1971，1973，1975，1976，1977，1978，1980，1984，1986，1990，1994，2006年为急流位置偏北年。由图3.35b可见，当急流位置偏南时，北疆夏季降水异常偏多，中心位于87°E附近，也是夏季天山山区降水的大值区；当急流位置偏北时(3.35c)，北疆夏季降水偏少，主要减少区域位于伊犁河谷。取SPI大于0.5的1969，1970，1987，1988，1992，1993，1998，1999，2002，2003，2005，2007年为降水偏多年，SPI小于－0.5的1962，1968，1971，1973，1974，1976，1977，1978，1979，1980，1982，1985，1986，1989，1997，2006年为降水偏少年。对比发现，降水偏多年中的9年对应急流位置偏南年，降水偏少年中的8年对应急流位置偏北年，由此也表明急流位置变化对北疆夏季降水存在重要影响。

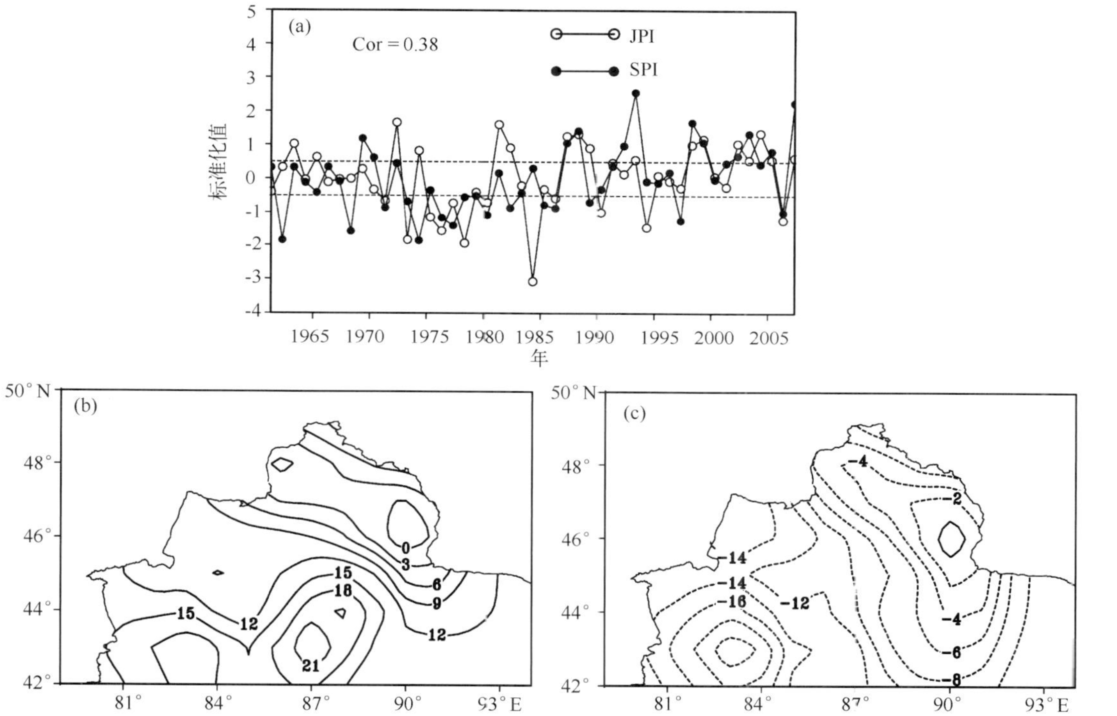

图3.35　(a)急流位置指数JPI和北疆夏季降水指数SPI的年际变化；
(b)急流位置偏南年北疆夏季降水距平(mm)；(c)急流位置偏北年北疆夏季降水距平(mm)

急流位置变化如何影响北疆夏季降水呢？为了回答这个问题，我们进一步分析急流位置对区域环流和水汽输送的影响。图3.36a给出了JPI与500 hPa风场的相关分布。由图可见，在中亚上空形成一异常气旋性环流，北疆上空盛行异常偏南风。合成分析表明，当急流位置偏南时(图3.36b)，中亚上空为异常气旋性环流，气旋东部盛行异常偏南风，将低纬度的暖湿气流带至北疆上空，与高纬度南下的干冷空气交汇，易于降水的生成。反之，当急流位置偏北时，中亚上空为异常反气旋性环流，北疆上空盛行异常偏北风，动力条件不利于降水生成。

新疆位于欧亚大陆腹地，有限的水汽输送限制了这一区域夏季降水，因而水汽条件也是该区域降水的一个重要因素。图3.37a给出了1961—2007年平均的水汽通量分布，越赤道索马

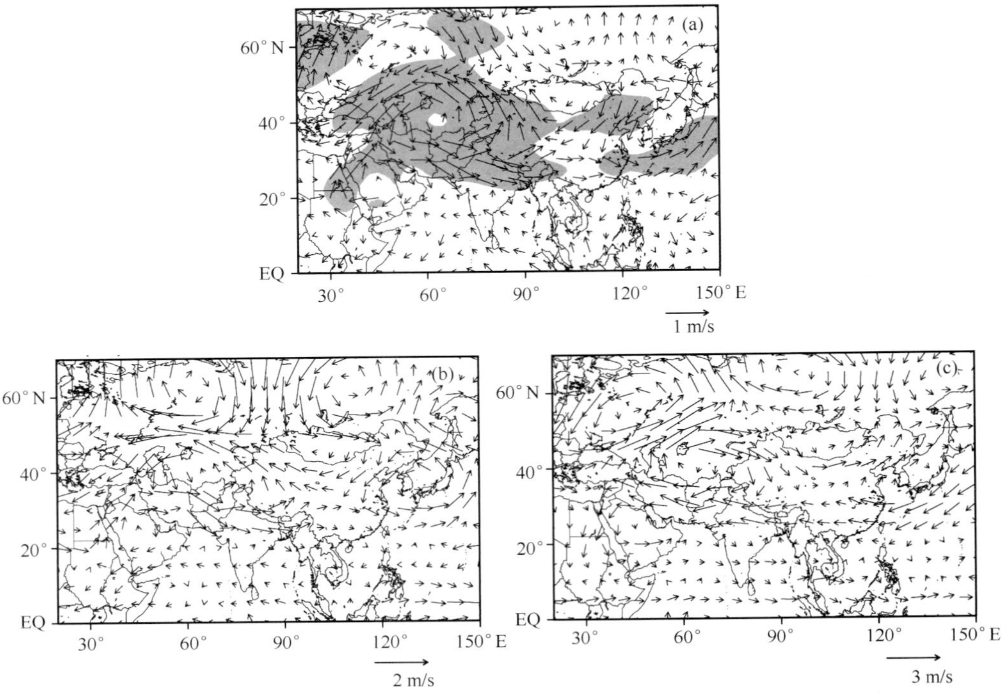

图 3.36　(a)急流位置指数 JPI 与 500 hPa 风场的相关分布，阴影部分表示通过 95%信度检验；(b)急流位置偏南年 500 hPa 风场的距平(m/s)分布；(c)急流位置偏北年 500 hPa 风场的距平(m/s)分布

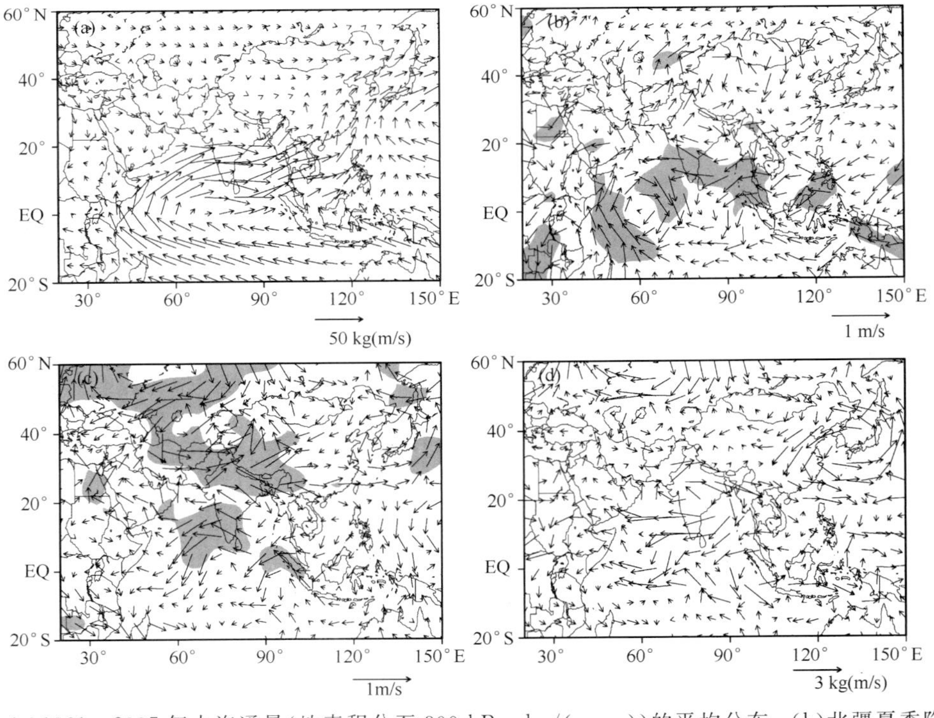

图 3.37　(a)1961—2007 年水汽通量(地表积分至 300 hPa，kg/(m·s))的平均分布；(b)北疆夏季降水指数 SPI 与水汽通量的相关分布，阴影部分表示通过 95%信度检验；(c)急流位置指数 JPI 与水汽通量的相关分布，阴影部分表示通过 95%信度检验；(d)急流位置偏南年水汽通量距平(kg/(m·s))分布

里急流将热带水汽带至阿拉伯海。图 3.37b 给出了北疆夏季降水指数 SPI 与水汽通量(地表积分至 300 hPa)的相关分布。由图可见,在阿拉伯海上空为异常反气旋性环流,反气旋西部的异常偏南风将阿拉伯海上空的水汽向北输送至中纬度地区,中亚上空为异常气旋性环流,气旋西部的异常偏南风将中纬度的水汽继续向北输送至新疆上空,完成水汽的两步输送过程。图 3.37c 给出了急流位置指数 JPI 与水汽通量的相关分布,与图 3.37b 很相似,低纬度的异常反气旋配合中纬度的异常气旋,将热带海洋的水汽输送至新疆上空,为降水提供水汽条件。图 3.37d 为急流位置偏南年水汽通量的异常分布,与图 3.37c 一致,也证明了当急流位置偏南时,可形成利于水汽向北输送的两步动力过程,完成水汽输送。

3.5.3　北极涛动与西亚副热带西风急流位置的关系

虽然从上节的讨论我们知道急流位置变化对北疆夏季降水存在重要影响,但是急流位置变化的可能机制仍然是未知的。北极涛动时北半球中高纬度最为重要的大尺度环流系统之一,对我国气候产生重要影响。北极涛动强弱反映了中高纬纬向环流的变化,当北极涛动偏强时,纬向环流增强,经向环流减弱,不利于高纬度冷空气南下,反之,经向环流加强,易于高纬度冷气南下。图 3.38a 给出了急流位置指数 JPI 和北极涛动指数 AOI 的年际变化,相关分析表明,二者相关系数为－0.36,达到 95%信度检验水平。当 AOI 指数偏弱时,西亚副热带西风急流位置偏南,反之偏北。那么,北极涛动如何影响急流位置变化呢? 图 3.38b 给出了 AOI 与

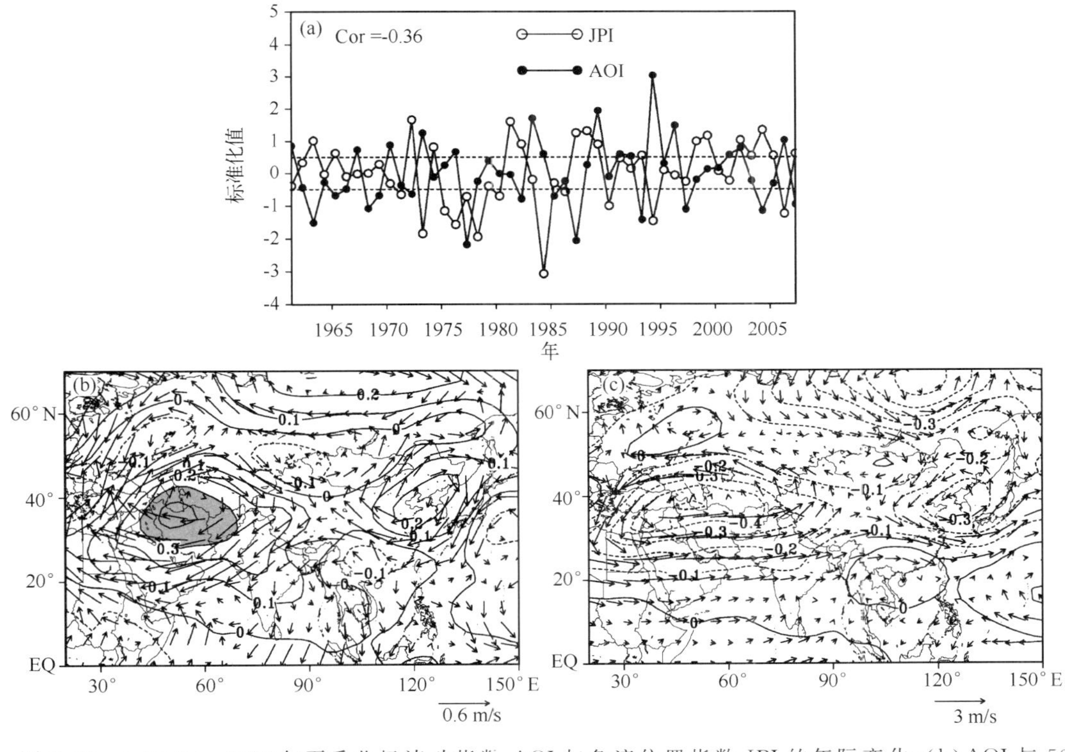

图 3.38　(a)1961—2007 年夏季北极涛动指数 AOI 与急流位置指数 JPI 的年际变化;(b)AOI 与 500～200 hPa 平均的气温和 200 hPa 风场相关分布,阴影部分表示与气温相关通过 95%信度检验区域;(c)AOI 负位相年 500～200 hPa 平均的气温(℃)和 200 hPa 风场(m/s)距平合成分布

500～200 hPa 平均的气温及 200 hPa 风场的相关分布，相关分析发现，AOI 与中亚对流层中上层温度呈正相关，当 AO 偏弱时，纬向环流弱，冷空气易南下，造成这一区域温度低，反之温度高。由热成风原理，低温上空对应气旋，200 hPa 风场恰好匹配了这一特征。阿拉伯半岛西风加强，中亚东风加强，急流位置偏南。图 3.38c 给出了 AOI 负位相年 500～200 hPa 平均的气温及 200 hPa 风场距平的 f 分布，和相关分析一致，也证明了北极涛动的变化可以影响到急流位置的偏移。

3.5.4　小结

EOF 分析发现，西亚（40°—80°E，25°—55°N）副热带西风急流（200 hPa 纬向风）的前两个模态分别表示急流位置变化和强度变化，进一步的合成分析显示，第一模态反映了急流位置的变化，因而定义标准化的第一模态时间系数为急流位置指数 JPI，第二模态反映了急流强度的变化，因而定义标准化的第二模态时间系数为急流强度指数 JSI。相关分析表明，急流位置指数与北疆夏季降水有更为密切的关系。

急流位置变化如何影响北疆夏季降水呢？我们进一步分析了急流位置指数与区域环流和输送的联系。急流位置指数与 500 hPa 风场密切联系。当急流位置偏南时，在中亚上空形成异常气旋性环流，北疆盛行异常偏南风，易于低纬暖湿气流北上，与高纬度的冷气在新疆上空交汇，形成降水。此外，急流位置偏南时，在阿拉伯海上空对应一个反气旋性环流，将越赤道索马里急流携带的热带水汽进一步输送到中纬度，配合中亚上空的气旋环流，进一步将水汽输送至新疆上空，提供水汽条件，完成水汽的两步输送过程。

参考文献

施雅风，沈永平，李栋梁，等. 2003. 中国西北气候由暖干向暖湿型的特征和趋势探讨. 第四纪研究，**23**(2)：152-164.

辛渝，陈洪武，张光兴，等. 2008. 新疆年降水量的时空变化特征. 高原气象，**27**(5)：993-1003.

杨莲梅，张庆云. 2007. 新疆北部汛期降水年际和年代际异常的环流特征. 地球物理学报，**50**(2)：412-419.

张家宝，邓子风. 1987. 新疆降水概论. 北京：气象出版社，400pp.

张家宝，苏起元，孙沈清. 1986. 新疆短期天气预报指导手册. 乌鲁木齐：新疆人民出版社，456pp.

赵传成，王雁，丁永建，等. 2011. 西北地区近 50 年气温及降水的时空变化. 高原气象，**30**(2)：385-390.

Zhou T J and Yu R C. 2005. Atmospheric water vapor transport associated with typical anomalous summer rainfall patterns in China. *J. Geophys. Res.*, **110**, D08104, doi: 10.1029/2004JD005413.

第4章　基于树木年轮资料的中亚区域百年气候变化

4.1　中亚地区树轮研究进展

IPCC第四次评估报告指出：最近100年（1906—2005年）全球平均地表温度上升了0.74℃（0.56～0.92℃），全球变暖成为不争的事实，但在全球变暖的大背景下，区域气候变化仍存在很大的不确定性。亚洲中部干旱区是全球最大的非地带性干旱区，横亘于亚欧大陆中部的天山山脉东西绵延2500多千米，主要横跨中国和吉尔吉斯斯坦边界，总面积约100万km^2；昆仑山一帕米尔高原一阿赖山山脉是青藏高原的一部分，包括帕米尔高原、喀喇昆仑山和阿尔金山，帕米尔高原北缘是两座平行的高山——阿赖山脉和外阿赖山脉，由西向东倾斜，阿赖山在海拔5301 m的伊格拉峰附近又分成平行的三支山脉——突厥斯坦山、泽拉夫尚山和吉萨尔山，该区域的年降水一般为200～300 mm，局部迎风坡可达500 mm，较天山山区降水少，冬季山区积雪，次年春季冰雪融化，成为春季河流主要的水源；阿尔泰山脉位于中国新疆维吾尔自治区北部和蒙古西部，西北延伸至俄罗斯境内，呈西北—东南走向，斜跨中国、哈萨克斯坦、俄罗斯、蒙古国境，绵延2000余公里，森林主要分布在海拔1800～2500 m的山区。年平均温度为0℃，其中7月份高山雪线以下的地区平均温度为15°～17℃，冬季最低温达到－62℃，年均降水量在500～700 mm之间，阿尔泰山泰加林是西伯利亚延伸到中亚地区的唯一一片真正的泰加林，具有丰富的针叶树种资源。

中亚地区具有典型的大陆性山地气候特征，受西风环流和北大西洋涛动的影响（Rogers and Van，1979）。该地区，生态环境脆弱，这决定了其在全球变化研究中的特殊地位。Chen等（2008，2009，2010）研究发现，全新世和近千年亚洲中部干旱区和我国东部季风区的湿度（降水）变化存在错位相现象，据此提出了亚洲中部西风环流控制区气候变化的“西风模式”。陈发虎等（2011）依据CRU 1930—2009年间的0.5°×0.5°网格点的月均降水量序列分析了中亚干旱区近80年来的降水变化特征及其区域差异。结果发现，近80年来主要受西风环流控制的中亚干旱区年降水整体上表现出增加趋势。那么整个中亚地区过去几百年气候环境如何变化？由于中亚地区气象台站稀疏，气象观测不连续，仪器设备陈旧，观测场不够规范，数据精确度不高，限制了人们对其长期气候变化历史规律的认识，需要寻找过去气候变化的替代资料。同时该地区历史文献记录匮乏，其他代用资料（冰芯、湖泊沉积、黄土等）也受到时空分辨率的限制，难以准确地反映该区过去气候年际和年代际变化特征。所幸的是，在中亚地区，尤其是中亚东南部的山区分布着大量的雪岭云杉（*Picea Schrenkiana Fisch. et Mey*），西伯利亚落叶松（*Larix sibirica Ledeb.*），天山圆柏（*Juniperus semiglobosa*），土耳其斯坦圆柏（*Juniperus turkestanica*），西伯利亚云杉（*Picea obovata*），西伯利亚红松（*Pinus sibirica*），西伯利亚冷杉（*Abies sibirica*）等针叶树种原始森林，国内外过去的研究证明，生长在干旱半干旱山地环境的这些树种的树木年轮生长对气候响应敏感，适合用于气候重建工作。而树木年轮由于具有空间分布广、时间序列长、分辨率高、定年准确、环境变化指示意义明确且可定量等优势而成为研究过去气候变化的首选代用资料之一，在揭示气候变化规律及机理研究中发挥了重要作用(Mann *et al.*，1998)。

自20世纪20年代Douglass确立树木年代学的基本原理和方法以来，树轮作为主要的气候代用资料，并被用来重建过去几百年至千年尺度的降水量和温度变化，以弥补器测气候资料的不足(Fritts，1976；Cook and Kairiukstis，1990)。从20世纪70年代起，新疆相关科研机构就开始致力于中亚地区树木年轮气候和水文方面的研究；但由于各方面的条件限制，直到上世纪80年代才陆续有相关的研究报道。最近十几年，随着科技的进步、新仪器和新方法的使用，树轮密度、细胞结构分析、同位素等正在成为树轮气候学研究的焦点，相关研究成果也不断涌现。近20年来，国内外树轮工作者在中亚地区进行大量的采样工作，树轮采样点涉及中国新疆、哈萨克斯坦东部、吉尔吉斯斯坦、塔吉克斯坦和巴基斯坦北部等地区。但相对于欧洲和北美地区，中亚树轮采样点还十分稀少(图4.1)。近些年，树轮工作者不断探索中亚地区树轮对气候的响应规律，在新疆及周边的中亚地区建立了基于树轮资料的气候及环境序列(包括温度、降水、PDSI、沙尘天气日数、河流径流量、植被指数、积雪深度等)。例如，Esper等(2001)重建了中亚西部自1427年以来极端气候的历史变化；Esper等(2002)展示了中亚西部近1300年的气候历史概况；张瑞波等(2013)重建了西天山过去百年的降水和PDSI，分析了西天山过去百年的干湿变化；Chen et al(2013)重建了西天山过去的夏季温度变化；Chen等(2009)利用雪岭云杉树轮最大密度重建了伊犁地区近153年的暖季温度变化；陈峰等(2010)利用雪岭云杉树轮早材密度重建了乌鲁木齐河源近384年7月温度变化；尚华明、chen等(2011，2012)重建了哈萨克斯坦东部过去夏季温度变化；魏文寿等(2008)利用树轮资料重建了中国天山山区较大范围过去235年的降水变化；张瑞波等(2009，2010，2011，2012)利用树轮资料分别重建了天山南坡阿克苏河流域过去的温度、降水、沙尘天气日数和阿克苏河流径流变化，较为全面地分析了天山南坡阿克苏流域过去几百年气候环境状况(图4.1)。

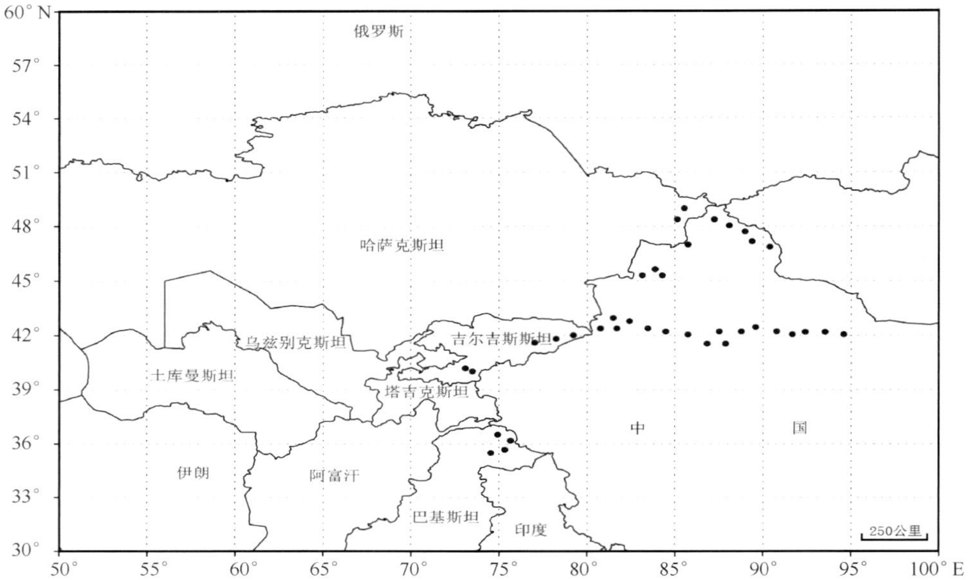

图4.1　中亚地区树轮采样点分布图

4.2　中亚地区树轮对气候的响应

4.2.1　西天山树轮对气候的响应

科研人员于 2012 年 10 月在中亚西天山伊塞克湖周边山区进行了树木年轮采样，树种为雪岭云杉(*Picea Schrenkiana Fisch. et Mey*)。选择了阿克布拉克(AKB)、湖南中(HSZ)、吐伯署(TBX)以及克孜尔孙上线(KZE)和下线(KZX)等 5 个采样点。采样点的具体位置和相关信息见图 4.2 和表 4.1，其自然环境概况见图 4.3。为保证树芯样本所含气候信息的一致性，所采集树木的垂直高度差被控制在 200 m 内。采集样本时，严格选择了树木生长的立地条件，避开了那些可能受到各种干扰以及发生病虫害的树木。每株样树采集 2 个树芯样本(生长锥口径为 5.15 mm)，仅有个别样树采集了 1 个。

表 4.1　西天山伊塞克湖周边采样点信息

代号	纬度(N)	经度(E)	树/芯数	海拔(m)	坡向	坡度	最大树龄(年)
AKB	42.83°	78.23°	20/40	2750	E	20°	175 (1838—2012)
HSZ	41.98°	77.62°	34/61	2450	NW	10°	268 (1745—2012)
TBX	42.42°	78.95°	23/46	2900	NW	40°	362 (1651—2012)
KZE	42.17°	78.18°	27/50	2800	NEE	40°	409 (1604—2012)
KZX	42.25°	78.13°	20/40	2200	N	15°	131 (1882—2012)

图 4.2　西天山伊塞克湖周边采样点位置(图中椭圆圈插旗处)

图 4.3　西天山伊塞克湖周边采样点自然概况

选取的气温和降水资料来自英国 East Anglia 大学的 Climatic Research Unit(简称 CRU)1901 年 1 月到 2002 年 12 月的高分辨率全球逐月格点数据集(CRU TS 2.1)和 CRU TS 3.1(1901 年 1 月到 2009 年 12 月),二者数据处理方法相同(陈发虎等,2011),其网格距均为 0.5°×0.5°(资料来自 KNMI ClimateExplorer: http://climexp.knmi.nl/)。其中,CRU1(42.00°N—78.00°E)格点对应 KZE 和 KZX 采样点,CRU2(42.25°N—77.75°E)格点对应 HSZ 采样点,CRU3(42.75°N—78.25°E)格点对应 AKB 采样点,CRU4(42.75°N—78.75°E)格点对应 TBX 采样点,所选的气象资料种类为降水量和平均气温。PDSI (Palmer Drought Severity Index)数据采用 Dai－Trenberth－Qian1870—2005 年全球陆地 PDSI 数据集,由于早期 PDSI 数据缺失较多,不利于统计分析,因此本研究使用距离采样点最近且对树轮响应较好的 1920—2005 的月 PDSI 数据(41.25°N,78.75°E)(图 4.2),如图 4.4 所示,通过分析这一地区多年月降水量和月平均气温的变化情况,发现这一地区降水量年内变化呈单峰型,降水主要集中在 5 月至 7 月,以 5 月为最多;年内高温期则在 6 月至 8 月,以 7 月为最高。从长期变化来看,这一地区的年降水量和年均温自 1901 年起至 2009 年存在显著的上升趋势。

将采集的西天山树轮样本在实验室按照树木年代学的基本原理和研究步骤(Cook,1990),对树芯样本进行干燥、固定、磨平、打光,并在显微镜下目测定年及标记,再使用精度为 0.001 mm 的树轮宽度测量系统(Velmex Measuring System)测量所有树芯样本。使用国际树木年轮数据库的 COFECHA 交叉定年质量控制程序对年轮宽度数据进行交叉定年检验。生长趋势的拟合采用负指数函数(NEP)、样条函数(SPL)和区域曲线标准化 (RCS) 方法,负指数函数适用于对生长稀疏,制约树木生长的因子单一,树木之间的竞争不明显,生长较少受到气候因子以外的其他非气候因子的影响的树种进行拟合生长趋势,因此广泛应用在干旱、半

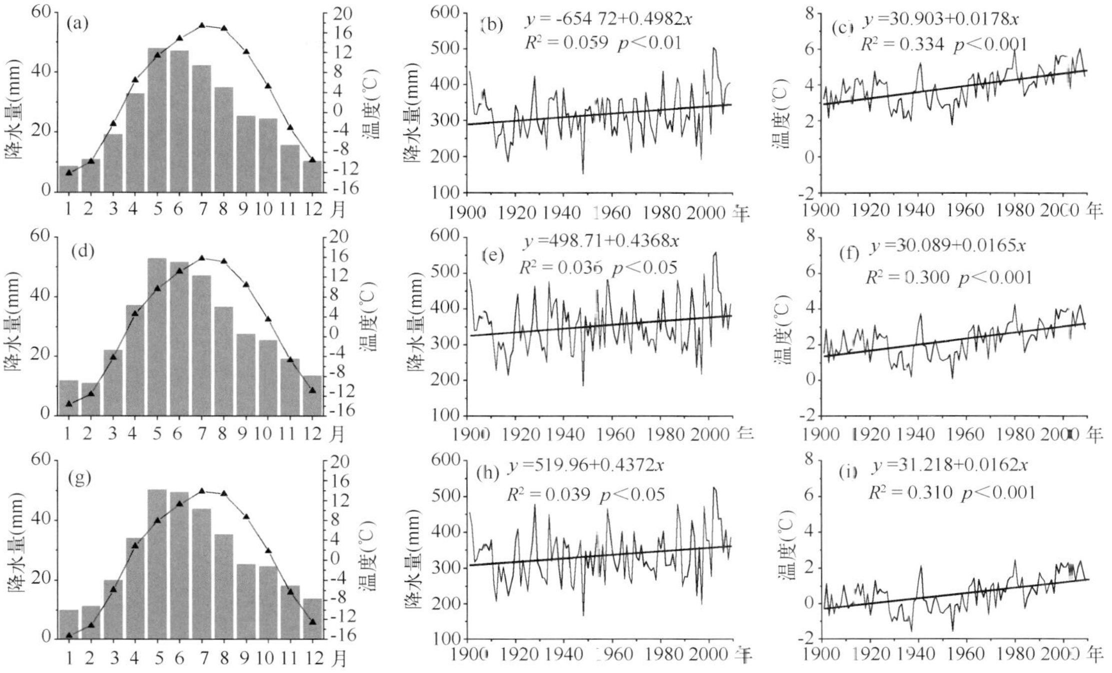

图 4.4　气象资料简图(1901—2009 年)

(a)42.25°N—77.75°E 格点年内月降水量和月平均气温;(b)42.25°N—77.75°E 格点逐年年降水量及趋势线;(c)42.25°N—77.75°E 格点逐年年平均气温及趋势线;(d)42.75°N—78.25°E 格点年内月降水量和月平均气温;(e)42.75°N—78.25°E 格点逐年年降水量及趋势线;(f)42.75°N—78.25°E 格点逐年年平均气温及趋势线;(g)42.75°N—78.75°E 格点年内月降水量和月平均气温;(h)42.75°N—78.75°E 格点逐年年降水量及趋势线;(i)42.75°N—78.75°E 格点逐年年平均气温及趋势线。图中,柱状代表月降水量(mm),曲线代表月平均气温(℃)。

干旱区。样条函数法无需假定年轮样本生长趋势的变化形式,直接采用连续光滑插值方法对具有持续性生长以及种间竞争产生的非同步扰动的树木进行生长趋势拟合,因此适用于湿润地区。区域曲线标准化方法能够通过建立所有样芯的统计生长曲线对各样本进行去趋势,并且能很好地保留气候低频变化信息,本研究区虽然地处干旱半干旱地区,但是该地区雪岭云杉生境较好,生长较为茂密,存在树间竞争,因此本研究运用三种方法不同的去趋势方法,最终选取对气候响应最好的年表进行气候重建。采用 winARSTAN 年表研制程序,对订正后的去趋势序列去除树木生长中与年龄增长相关联的生长趋势得到标准化年表,在此基础上去掉树木个体由于局部小环境变化而造成的对于后期生长的持续性影响得到差值年表,建立差值年表以后,用拟合的群体自回归模式计算出群体共有的持续生长量,再加回到差值年表上,便得到自回归标准化年表(图 4.5)。

单从径向生长和树龄来看,森林上线的树木生长缓慢,树龄大,最长树龄达 400 年以上,而位于森林下线的树木胸径大,生长迅速,树龄较短。最长也不过 130 多年。一致性方面,虽然森林下线树木径向生长要远远快于森林上线,但是宽窄变化和极端窄年上对应较好(图 4.6),典型的 1884—1885 年,1894—1895 年,1917 年,1943—1949 年,1961 年,1997—1998 年,

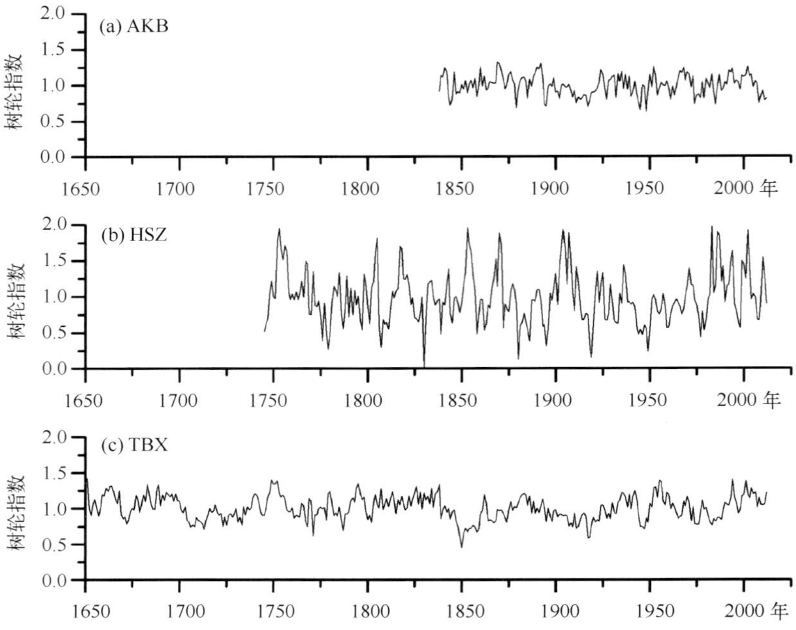

图 4.5　西天山树轮宽度标准化年表

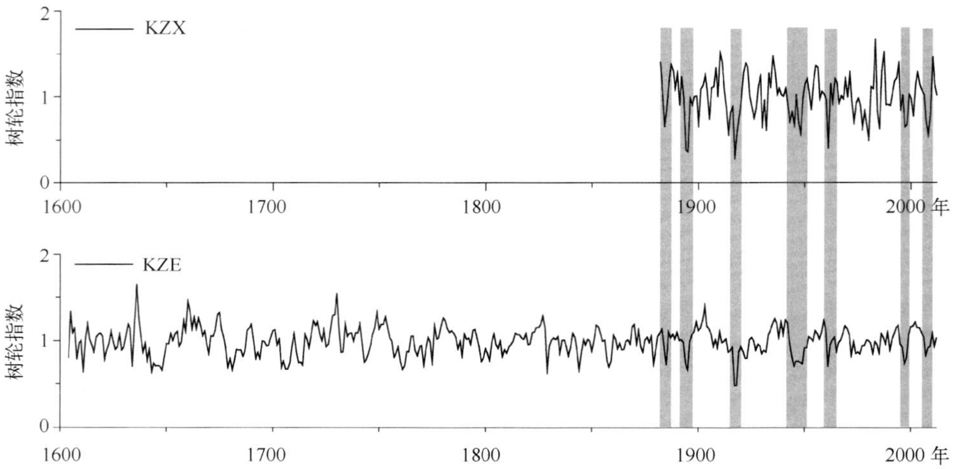

图 4.6　吉尔吉斯斯坦西天山 chon－kyzyl-suu 森林上下树线树轮宽度标准化年表对比

2007—2008 年的低值年一一对应，而这些窄轮也出现在中国境内的天山北坡的树轮年表中，这表明这些年份窄轮的形成可能是由较大尺度的气候原因所致。

树木年轮学理论认为：R_1，R_2，R_3，*SNR*，*ESP* 和 *PCA*1 统计量的数值越大，则表明所选样本对于群体的代表性越好即序列的共性越强，整个分析中的环境信息含量越大。比较发现，位于森林下线的 KZX 树轮年表的平均敏感度、标准差、树间相关、树内相关、信噪比、样本对整体的代表性以及第一特征向量百分比均远远大于森林上线的 KZE 年表(表 4.2)。因此，KZX 年表可能含有更多的气候信息，对气候的响应可能更为敏感。而其他三个年表对比表明，HSZ 树轮年表的年表特征参数大于其他两个年表，初步表明 HNZ 可能含有较多的气候信息，这可能也是由于 HNZ 年表接近森林下树线，天山山区森林下树线往往对气候的响应较为敏感，尤其是对森林下树线降水响应较好。

表 4.2　吉尔吉斯斯坦西天山树轮宽度标准化年表主要特征参数对比

年表号	SSS>0.85	M.S.	一阶	R_1	R_2	R_3	*SNR*	*ESP*	*PCA*1
AKB	1883—2012	0.133	0.610	0.220	0.240	0.810	6.31	0.860	40.70
HSZ	1756—2012	0.287	0.600	0.480	0.490	0.730	46.09	0.980	51.90
TBX	1768—2012	0.107	0.830	0.200	0.210	0.780	11.48	0.920	30.50
KZE	1756—2012	0.120	0.563	0.293	0.280	0.652	5.44	0.845	33.18
KZX	1886—2012	0.263	0.331	0.615	0.609	0.818	26.47	0.964	63.70

注：M.S.、R_1、R_2 和 R_3 分别代表平均敏感度、样本之间的平均相关系数、树与树之间的平均相关系数和同一棵树不同样本之间的平均相关系数．*SNR* 为信噪比．*ESP* 为样本量对总体的代表性，*PCA1* 代表第一特征向量百分比

在利用树木年轮进行古气候研究的过程中，当年轮年表确定以后，年表与气候要素间的相关性分析是衡量该年表能否反映气候信息的关键。将三个格点的逐月降水量和平均气温资料排列组合后，与 AKB 年表、HSZ 年表、TBX 年表进行单相关普查。如图 4.7 所示，伊塞克湖周边三个采样点的树木宽度生长受降水的限制作用较为明显，且多表现为与上年树木快速生长期至当年生长季初期的降水量呈显著正相关。其中，HSZ 年表与上年 7 月至当年 6 月降水量的相关系数最高（$r=0.49$，$p<0.001$，$n=108$）。研究表明，干旱地区偏少的降水对树木生长有较强的限制作用，特别是上年 7 月至当年 6 月的降水量对树木在当年的生长存在着十分显著的正相关。这种情况同祁连山中部青海云杉（*Picea Crassifolia*）（杨银科等，2005）以及柴达木盆地东北部祁连圆柏（*Qilian juniper*）（邵雪梅等，2006）的研究结果相符。

AKB 年表和 HSZ 年表与平均气温的响应分析结果有一定的相似性，均表现为对生长季前期的气温存在正相关。从树木生理学角度解释，在高海拔山区，生长季前期维持低温会导致林下冻土层及山区积雪维持较长时间。这就意味着来年需要较多热量解冻和融雪，从而造成春季地温回升变慢，进而导致树木来年生长时间的推迟（Fritts，1976）。而且较低的冬季气温会导致树木针叶和芽的冻伤，从而降低根系活力（Liang *et al.*，2006）。落叶和脱芽将消耗树木储存的养分，并会降低树木在来年的生长潜力和光合作用率（Lazarus *et al.*，2004；Misson *et al.*，2004）。以上原因将会造成树木在来年形成较窄树轮。相反，冬季气温升高将会减轻对树木针叶和芽的冻伤。此外，较高的冬季气温还将有利于来年树木生长时间的提前，使树木生长季有所延长，从而形成较宽的树轮。这与天山中部的雪岭云杉（袁玉江等，1999），青藏高原的祁连圆柏和青海云杉（*Picea crassifolia*）（Liang *et al.*，2006；Gou *et al.*，2007；Liu *et al.*，2009），祁连山中部的祁连圆柏（Liu *et al.*，2005），秦岭的油松（*Pinus tabulaeformis*）（Liu *et al.*，2009）和华山松（*Pinus armandii Franch*）（史江峰等，2009），川西高原的冷杉（*Abies chensiensis*）（宋慧明等，2007），天目山和黄山的五针松（*Pinus morrisonicola Hayata*）（Shi *et al.*，2010）以及福建长汀地区的马尾松（*Pinus massoniana*）（Chen *et al.*，2012）等的径向生长对气温的响应一致。这表明，生长季前气温的高低对我国亚热带到温带气候区多个树种的径向生长都有显著影响。而 TBX 采样点的树木径向生长则与当年 6 月至 9 月的气温存在正响应，这可能是由于该采样点的海拔较高有关。在高海拔地区，生长季时的高温将有利于树木的径向生长；反之，持续的低温将限制树木的径向生长。

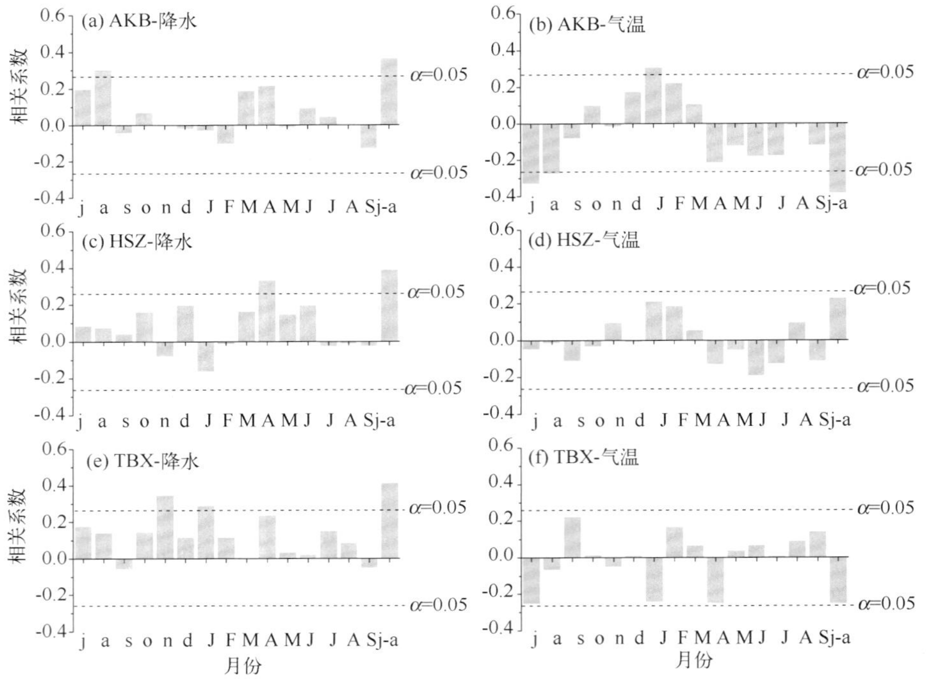

图 4.7　伊塞克湖周边三个树轮宽度年表与气象资料的相关分析结果

(a) AKB 与降水；(b) AKB 与均温；(c) HSZ 与降水；(d) HSZ 与均温；

(e) TBX 与降水；(f) TBX 与均温)

7—4 代表上年 7 月至当年 4 月，10—12 代表上年 10 月至上年 12 月，7—6 代表上年 7 月至当年 6 月，11—2 代表上年 11 月至当年 2 月，7—4 代表上年 7 月至当年 4 月，6—9 代表当年 6 月至当年 9 月；虚线代表显著性水平达 0.05。

将 CRU 组合的降水量、平均气温以及 PDSI 月平均资料与 KZE 和 KZX 年表进行单相关普查，得到最佳相关时段及相关系数(图 4.8)。从该图可以得出以下结论：

(1)树轮对温度响应方面。位于森林下树线树木径向生长和夏季平均气温显著负相关，而森林上树线的树木径向生长与春季气温显著负相关，森林上树线的树轮宽度与 4 月和 5 月的单相关均超过 0.01 的显著水平。这是因为，森林下线整体温度较高，而夏季生长季的高温必然抑制树木生长，而在森林上树线整体气温偏低，如果生长季前期的春季平均温度过低，将会推迟森林上树线积雪的融化，为生长季储存足够的水分，使生长季树轮细胞快速分裂，春材加宽，造成当年年轮偏宽。这一结果与位于天山北坡西部的博尔塔拉河流域树轮对夏季气温响应显著一致。

(2)树轮对降水响应方面。生长季及生长季前期的降水均与树轮宽度正相关，上年 7 月到当年 6 月的降水与树木径向生长相关最好，最高单相关为森林下树线年轮指数与上年 7 月到当年 6 月降水量达 0.61。Schulman 等对北美西部树木年轮的研究发现，干旱和半干旱地区针叶树年轮宽度同生长季以前的春季、冬季、秋季和夏季的气候状况有密切关系(吴祥定等，1990)。相对于温度而言，降水量对年轮生长具有更为明显的滞后效应，如前一年比较湿润，树木在体内有足够多的养分，即使当年偏旱，树木仍能形成中等宽度的年轮(李江风等，2000)。位于吉尔吉斯斯坦南部的我国新疆阿克苏河流域树轮对宽度响应研究结果也表明(张瑞波等，2009)，树轮宽度与生长季前期降水量相关最好。这也与众多学者对天山山区雪岭云杉树轮宽度对气候响应分析

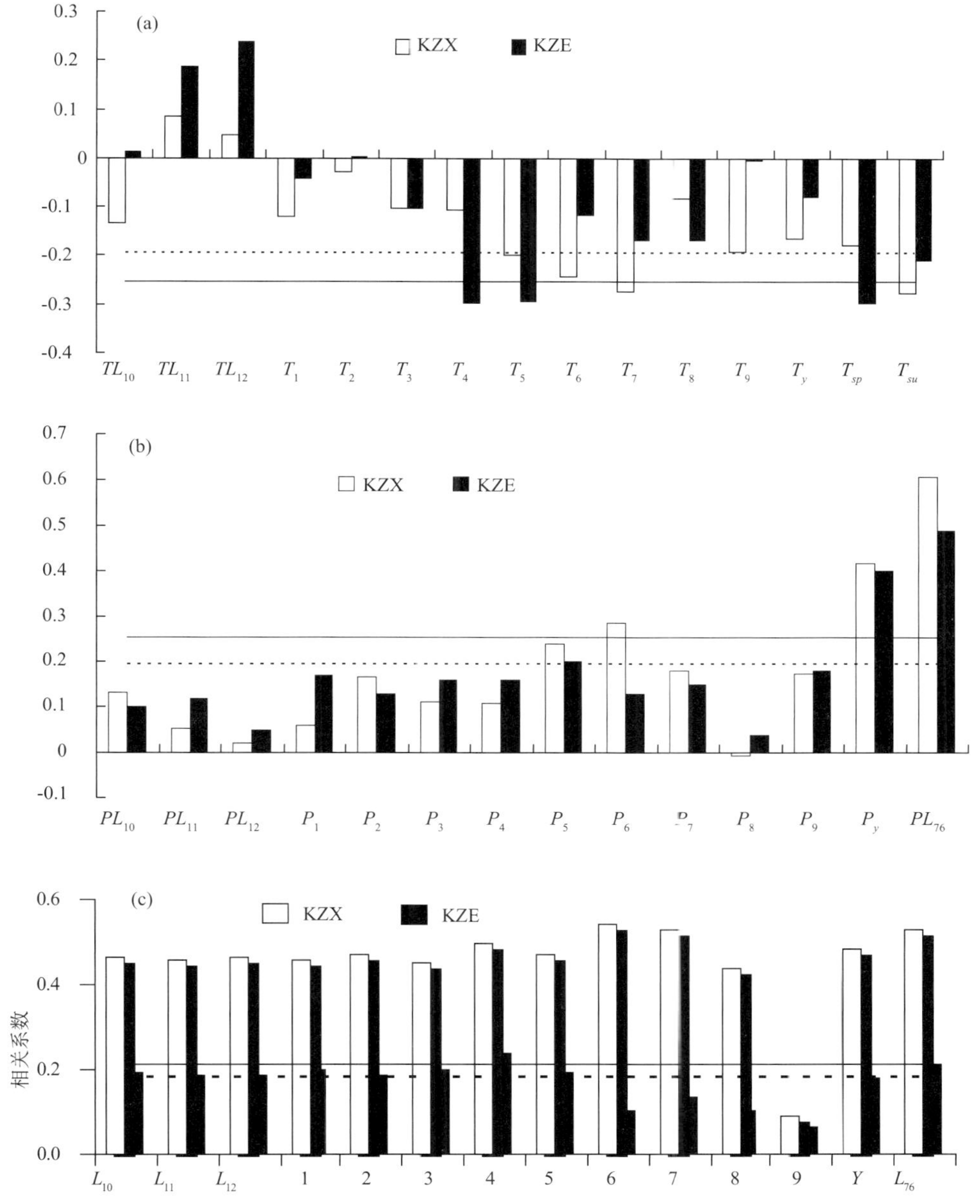

图 4.8　吉尔吉斯斯坦西天山 chon-kyzyl-suu 森林上下树线树轮宽度标准化年表和 CRU 气象资料和 PDSI 相关性

(a)树轮年表与温度相关；(b)树轮年表与降水量相关 (c)月份及组合

(实线代表超过 0.01 的显著水平，虚线代表超过 0.05 的显著水平，$T_{L10}-T_9$ 为上年 10 月到当年 9 月单月平均气温，T_y 代表年平均气温，T_{sp} 代表春季气温，T_{su} 代表夏季气温；$P_{L10}-P_9$ 代表为上年 10 月到当年 9 月单月降水量，P_y 为年降水量，P_{L76} 为上年 7 月到当年 6 月的降水总量)

得出的树轮宽度对降水尤其是生长季前期及生长季降水响应最为敏感的结论一致。

(3)降水可能是该地区树木生长的主要气候限制因子，降水对森林下树线树轮径向生长起决定性作用。

小结

在位于干旱半干旱地区的西天山地区，树轮年表与上年7月到当年6月降水相关最好，位于森林下树线的KZX年表与上年7月到当年6月的降水量相关系数超过0.61。与中国境内雪岭云杉对气候响应基本相同，位于西天山北坡树轮宽度同样对降水的响应更为敏感，尤其在森林下树线。降水可能是该地区树木生长的主要限制性因子，降水对森林下树线树轮径向生长起决定性作用。

4.2.2　哈萨克斯坦阿尔泰山南坡树轮宽度的气候响应

利用2007年在哈萨克斯坦境内阿尔泰山南坡的森林上限附近的牙孜乌耶湖(49°33′41.7″N，86°16′59.0″E，海拔2045 m)采集西伯利亚落叶松树芯标本建立的树轮宽度年表，和卡通卡拉气象站1932年以来的气温和降水资料，采用相关函数分析树轮宽度标准化年表对上年9月至当年9月温度和降水的响应特征。从图4.9可以看出，树轮资料与生长季前期的温度(当年1月—4月)呈微弱的负相关，与生长季温度(5月—7月)正相关，其中与当年6月温度显著正相关，相关系数达到0.615，与5—6月降水负相关，而与生长季前期的降水没有较为明显的关系。可以看出，在阿尔泰山南坡西伯利亚落叶松分布的上限区，制约树木径向生长最主要的气象因子为生长季初期的温度。由于6月为西伯利亚落叶松的生长的关键阶段，是速生期的开始，这一时段也是阿尔泰山南坡冰雪融水补给河流的主要时期，河流最大径流量出现在5—6月，同时山区降水相对平原区也较为丰沛。在水分条件充足的情况下，较高的温度有利于植物的光合作用，延长生长期，形成较宽的年轮；反之，低温会降低光合作用效率，强冷空气甚至会冻死刚开始生长的幼枝嫩叶，形成窄轮。据此也可以推断，树轮宽度指数与5—6月降水的负相关是因为降水通常伴随冷空气入侵、云量的增多和太阳辐射的减少，导致温度较低。

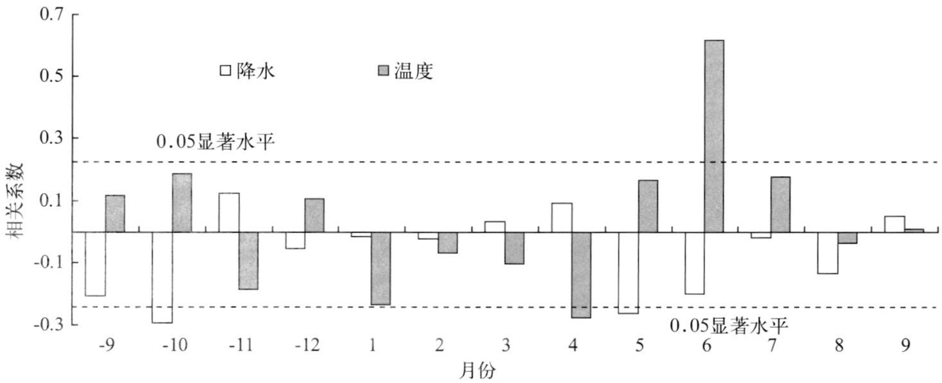

图4.9　树轮宽度标准化年表与上年9月至当年9月温度和降水的相关系数
(−9，−10，−11，−12分别代表上年9到12月)

1932年以来，卡通卡拉盖气象站的器测温度和降水都发生了明显的变化。采用滑动相关的方法得到1932年以来各时段树轮宽度与当年6月的平均温度相关系数的变化序列，可以看出树轮宽度对温度变化的响应特征。从图 4.10b 可以看出，6 月平均温度的 31 年滑动平均序列与树轮年表和 6 月平均温度的相关系数序列呈反向变化趋势。在早期，6 月平均温度最低，树轮宽度对 6 月平均温度的响应最为显著，标准化年表与 6 月平均温度的相关系数最高(达到 0.70 以上)，而在 6 月温度较低的阶段，树轮宽度对 6 月平均温度的响应减弱。但总体来说，树轮年表与 6 月平均温度相关系数的降低趋势并不明显。其中 1977 年对应序列的相关系数最低，仅为 0.50，其余年份对应序列的相关系数都在 0.55 以上。

在区域温度和降水等气候要素发生了显著变化的条件下，树轮宽度对 6 月的温度响应在早期虽有一定程度的减弱，但变化并不明显，且没有持续减弱的趋势，相关系数一直保持在 0.60 左右。树轮宽度对 6 月平均温度的响应较为稳定可能是以下原因：

(1)虽然 1932 年以来研究区的温度呈显著的上升趋势，但升温主要发生在冬季，夏季升温速率较低，6 月的升温速率仅为 0.099℃/(10 a)。

(2)采样点温度较低，根据海拔每上升 100m 温度降低 0.6℃的规律估算，采样点 6 月的平均温度约为 8.8℃。即使研究区 6 月的温度有一定的上升，但目前并没有超过西伯利亚落叶松生长的温度阈值，因此树轮宽度与 6 月平均温度的相关系数并没有发生显著的变化。虽然在目前气候变暖的条件下，树轮宽度对温度的响应并没有出现明显的变化，但如果未来区域降水量持续减少，且变暖的趋势持续，特别是夏季升温，可能会导致 6 月的温度可能上升至阈值以上。同时，生长季较少的降水和高温引起的蒸腾加剧和蒸发量增大还可能造成生长期的水分赤字，造成植物生长的干旱胁迫，从而改变树轮宽度对气候响应的方式。

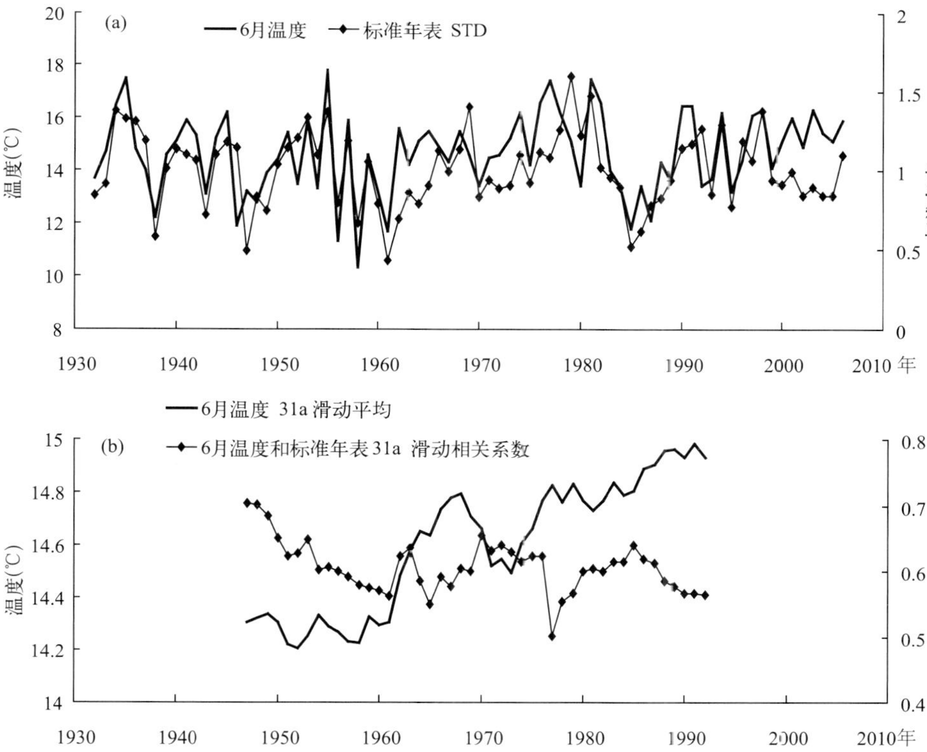

图 4.10　树轮宽度标准化年表对温度变化的响应

(a)牙孜乌耶湖标准年表序列和卡通卡拉盖气象站 6 月平均温度序列；

(b)6 月温度和标准年表的 31 年滑动相关系数

值得注意的是，1962—1992年间的轮宽指数与温度序列的相关系数出现了显著变化，从0.62(1961—1991年)降至0.50(1962—1992年)，这是由于1992年响应异常造成的：当年6月温度较低，但对应的树轮宽度指数是一个相对高值，出现了树轮宽度对6月温度的响应异常，表明这一年树轮生长可能与6月气温以外的其他因素有关。

4.2.3　中国境内天山南北坡树轮对气候的响应

4.2.3.1　天山北坡东部树轮对气候的响应

利用奇台和木垒2个单站1961—2007年的时段上的气候资料以及两站取平均后的历年月平均气温，月平均最低气温，月平均最高气温及降水量资料，取上年1月至当年12月各种顺序组合与天山北坡东部采点(图4.11，表4.3)的宽度年表当年t、次年$t+1$、及再次年$t+2$序列进行相关普查计算。结果表明，以两站取平均以后的降水资料与8个采点树轮宽度标准化年表序列的相关性效果最好。在众多相关性好多时段中，上年7月至当年6月的降水序列相关最好(表4.4)。该时段的降水序列与树轮宽度标准化年表当年t及次年$t+1$年轮序列表现出明显的正相关，最高单相关系数为0.597(白杨河沟，BYX)，显著性水平为0.000006，同时降水序列与再次年$t+2$也存在一定的正相关关系。在气温组合中，当年6月的平均最低气温与树木年轮宽度标准化年表存在明显的负相关关系(表4.5)，最高单相关系数为−0.437，显著性水平为0.001。

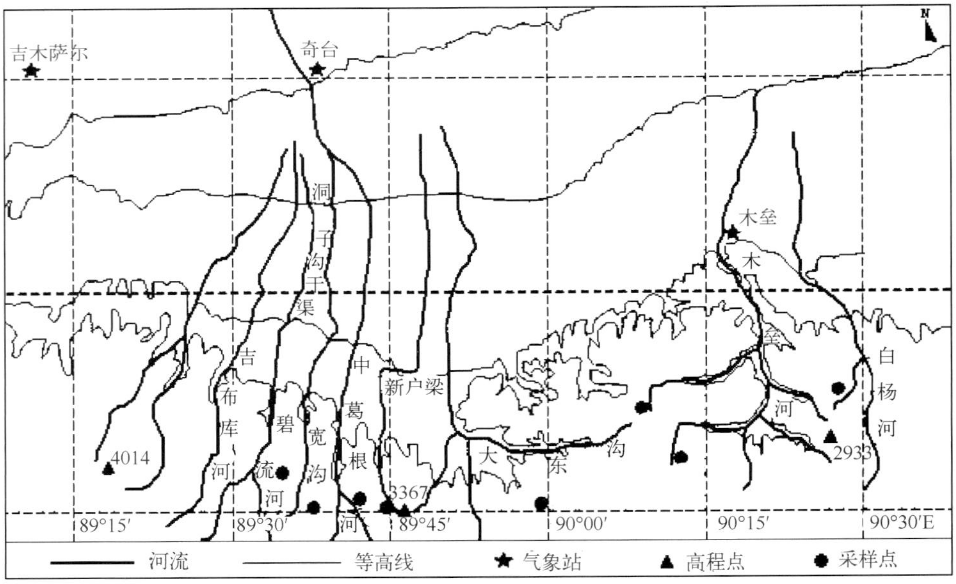

图4.11　天山东部地区树轮采点分布图

表4.3　天山东部地区树轮采点概况

年表代号	地名	东经/E	北纬/N	平均海拔/m	坡向	坡度/°	实采棵数	样本序列数
KLG	肯孜拉克沟	90°08′849″	43°35′449″	2591	WWN	24—48	30	52
ZDG	洞洞沟	89°37′062″	43°30′042″	2373	WWS	25—50	35	59
BLH	碧流河沟	89°35′598″	43°32′335″	2583	WWN	25—38	36	59

续表

年表代号	地名	东经/E	北纬/N	平均海拔/m	坡向	坡度/°	实采棵数	样本序列数
XHG	新户沟	89°44′204″	43°30′861″	2569	WWS	30—61	25	47
SBG	苏巴什沟	90°12′244″	43°35′657″	2491	NNW	21—54	33	58
DDG	大东沟	89°56′116″	43°30′377″	2237	EEN	28—35	33	55
CTG	缠头沟	89°43′441″	43°31′425″	2391	NNW	15—70	29	51
BYX	白杨河沟	90°27′755″	43°36′920″	2285	EEN	21—45	22	41

表 4.4　新疆天山北坡东部上年 7 月至当年 6 月降水量与树轮宽度标准化年表相关系数

年表名称	肯孜拉克沟	洞洞沟	碧流河沟	新户沟	苏巴什沟	大东沟	缠头沟	白杨河沟
年表代号	KLG	ZDG	BLH	XHG	SBG	DDG	CTG	BYX
相关系数 R_t	0.147	0.093	0.139	0.251	0.103	0.323	0.302	0.058
显著性水平 α	0.164	0.270	0.178	0.046	0.247	0.014	0.021	0.351
相关系数 R_{t+1}	0.381	0.366	0.362	0.247	0.587	0.503	0.444	0.597
显著性 α	0.005	0.006	0.007	0.049	0.000009	0.0002	0.001	0.000006
相关系数 R_{t+2}	0.114	0.014	0.067	0.092	0.252	0.164	0.181	0.324
显著性 α	0.229	0.464	0.331	0.273	0.048	0.141	0.117	0.015

表 4.5　天山北坡东部当年 6 月平均最低温度与树轮宽度标准化年表相关系数

年表名称	肯孜拉克沟	洞洞沟	碧流河沟	新户沟	苏巴什沟	大东沟	缠头沟	白杨河沟
年表代号	KLG	ZDG	BLH	XHG	SBG	DDG	CTG	BYX
相关系数 R_t	−0.252	−0.053	−0.095	−0.223	−0.312	−0.273	−0.003	−0.437
显著性水平 α	0.043	0.361	0.262	0.036	0.016	0.032	0.492	0.001
相关系数 R_{t+1}	−0.016	0.120	0.210	0.134	−0.095	−0.047	0.167	−0.341
显著性 α	0.457	0.213	0.081	0.136	0.265	0.378	0.133	0.010
相关系数 R_{t+2}	0.211	0.058	0.159	0.064	0.056	0.104	0.271	−0.101
显著性 α	0.082	0.352	0.148	0.338	0.357	0.248	0.036	0.254

4.2.3.2　天山北坡中部树轮对气候的响应

天山北坡中部呼图壁河流域的树木年轮样本采集于 2003 年(图 4.12,表 4.6)。利用呼图壁气象站 1961—2003 年的气温和降水量资料,取上年 4 月至当年 9 月各种顺序组合与呼图壁河流域六个采点的树轮差值年表进行相关普查计算。结果表明,在所有组合中以春季(5—6 月)的平均最高气温与喀音萨依年表的负相关性最好,相关系数为−0.505,但与希热克久热特差值年表的次年生长却表现出一定的正相关性,相关系数为 0.448。将冰沟最小灰度年表与气温进行单相关分析发现,冰沟的三种年表均与五月最低气温呈负相关关系,自回归年表的相关系数最大,为−0.306。发现与树轮年表正相关显著的主要降水时段有:当年 7 月至 8 月,上年 7 月至当年 4 月,上年 7 月至当年 5 月,上年 7 月至当年 6 月和上年 8 月至当年 7 月。

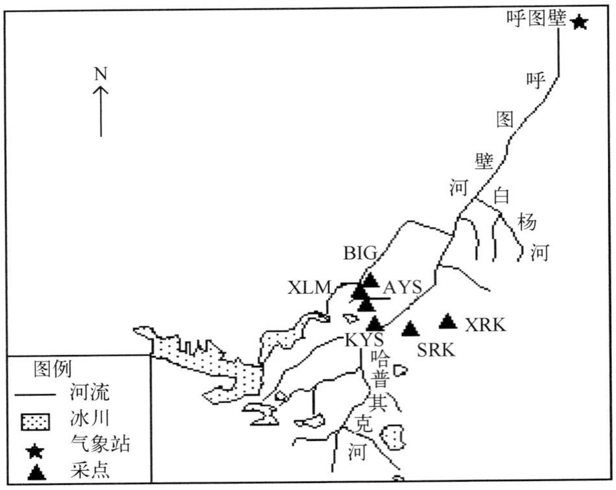

图 4.12　天山北坡中部呼图壁河流域采点图

表 4.6　呼图壁河流域树轮采点概况

地名	冰沟	希勒木布尔克	喀音萨依	赛热克巴依萨	希热克久热特	阿尤萨依
年表代号	BIG	XLM	KYS	SRK	XRK	AYS
东经	86°24′14.8″	86°21′42.0″	86°24′52.5″	86°27′12.0″	86°33′22.1″	86°22′30.0″
北纬	43°39′25.9″	43°36′06.0″	43°33′49.3″	43°32′03.2″	43°33′52.0″	43°34′18.0″
海拔(m)	2540～2690	2480～2600	2065～2215	2450～2650	2475～2615	2120～2250
坡向	NE	N	W—N	NW—NE	NW—NNE	N—NE
坡度(°)	25°—30°	10°—25°	30°—45°	20°—45°	10°—35°	15°—30°
树数	25	26	29	26	24	22

4.2.3.3　天山北坡西部树轮对气候的响应

天山北坡西部博乐地区的树木年轮样本采自该区域的哈夏林场和三台林场(图 4.13,表 4.7)。利用这一区域博乐、温泉、精河三个气象站 1961—2004 年 44a 的各月、年的气温、降水量资料,取上年 1 月至当年 12 月各种顺序的组合与 3 个采点的当年、次年和再次年的树轮 STD 年表进行相关普查分析。分析发现三个年表均与年平均最低气温和 7 月降水量呈较显著的正相关(表 4.7)。年平均最低气温对三个年表的次年和再次年均有明显的滞后影响,除了然布尔萨依再次年年表外,均达到 0.05 的显著相关水平,而 7 月降水对三个采点树木宽度生长的滞后效应则不明显,仅哈夏采点的次年和再次年达到 0.05 的显著水平。这与在同经度的南天山北坡的森林下限,雪岭云杉生长对生长季前 11 月—1 月最低温度存在显著正相关相一致。

将三个树木年轮宽度标准化年表分别用响应面函数进行计算分析,发现哈夏采点方差解释量最高,达 52.7%,喀茵得萨依和然布尔萨依采点的方差解释量为 35.4% 和 36.4%,由此可见,三个采点中,哈夏采点的树木生长对年最低气温和 7 月降水量的变化响应最敏感,这与相关分析的结果一致。我们将年轮生长宽度、年最低气温和 7 月降水量三个因素进行的三维空间面网格化计算,然后绘制成图,形成一个三维趋势面图(图 4.14)。从图中可以看出,降水偏

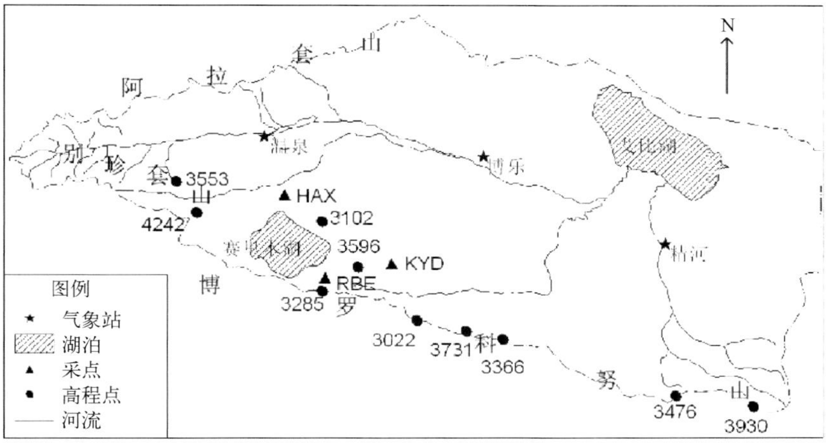

图 4.13　天山北坡西部采样点分布图

表 4.7　博州树轮采点概况、标准化年表主要特征参数及公共区间分析结果

采点名称	喀茵得萨依 KYD	然布尔萨依 RBE	哈夏 HAX
采树(棵)	29	28	30
样芯(个)	60	60	62
平均海拔(m)	2381	2530	2485
坡向	NE	N	N
平均坡度	29.83°	25.83°	27.5°
平均郁闭度	0.52	0.33	0.52
缺轮率(%)	0.27	0.47	0.13
年表长度	508	468	429
平均敏感度	0.181	0.151	0.133
标准差	0.224	0.169	0.156
公共区间(年)	1760—2001	1693—1989	1797—2004
一阶自相关系数	0.401	0.430	0.433
树间平均相关系数	0.365	0.345	0.393
信噪比	17.276	11.588	19.403
样本对总体的代表性(%)	94.5	92.1	95.1

表 4.8　博州三个标准化年表与气候要素相关分析

年表	KYD		RBE		HAX	
相关系数	年平均最低气温	7 月降水量	年平均最低气温	7 月降水量	年平均最低气温	7 月降水量
R	0.392	0.389	0.449	0.434	0.512	0.456
α	0.009	0.009	0.002	0.003	0.0004	0.002
R_{t+1}	0.323	0.280	0.399	0.255	0.483	0.419
α	0.035	0.068	0.008	0.099	0.001	0.005
R_{t+2}	0.494	0.196	0.291	0.291	0.434	0.310
α	0.001	0.213	0.061	0.061	0.004	0.046

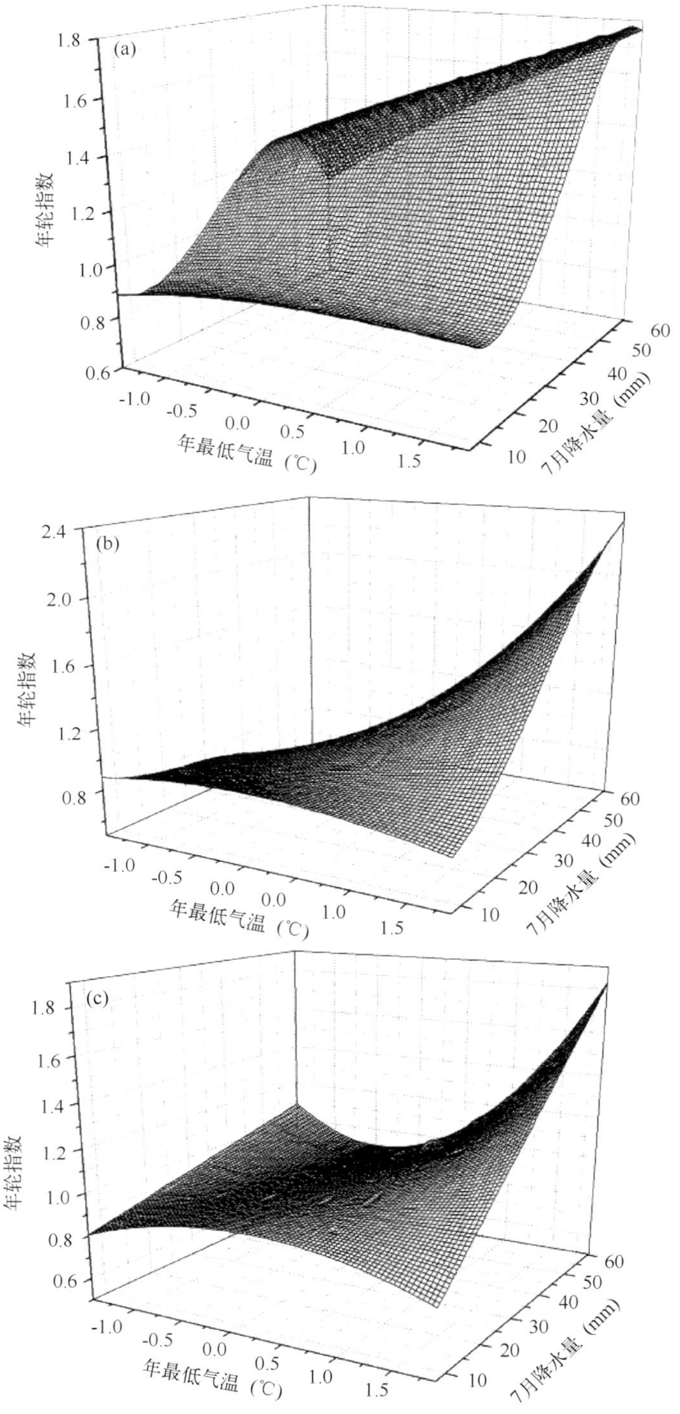

图 4.14　年轮年表与气候要素响应面分析

(a)哈夏年表;(b)喀音得萨依;(c)然布尔萨依

高时，年轮宽度和气温有明显的线性关系，年轮宽度随着气温的增加而增加。这是由于水分比较充足的情况下，年最低温度高，生长期长，树木的营养物质积累增加，利于当年树木生长。气温偏高时，年轮宽度和降水量也具有十分明显的线性关系，年轮宽度随着降水量的增加而增加，在温度满足树木生长的条件下，树木对降水的需求明显地表现出来。在降水偏少时，三个采点的轮宽均表现为在一定范围内随着气温的升高，轮宽也随之增加，而超过这个范围，则出现气温增加，轮宽随之减少的现象，但这种变化的幅度不大。7 月是树木的快生长期，这一时期降水量偏少、气温偏低时，气温是树木生长的主要影响因子，而随着气温升高到一定的范围，蒸发量增加，降水量偏少则造成树木的水分供应不足，从而影响树木生长，形成窄轮。在气温偏低时，三个采点表现差异较大，哈夏的轮宽随着降水量的增加在一定范围内增加，超过这个范围则开始减少，然布尔萨依的轮宽随着降水量的增加变化不明显，而喀茵得萨依采点的轮宽随着降水量的增加而减少，出现这种变化的原因还需进一步的研究探讨。综合以上气候因子与树木生长的响应面分析，可以看出博州地区三个采点天山云杉的生长明显受年最低气温和 7 月降水量这两个气候因子的制约，三个采点对年最低气温的响应是一致的，而对 7 月降水的响应则有差异。

4.2.3.4　天山南坡树轮对气候的响应

南疆区域的六个树轮年表 2005 年采自天山南坡阿克苏河流域(图 4.15，表 4.9，表 4.10)。取阿克苏和乌什两气象站上年 1 月至当年 12 月降水的各种顺序组合与阿克苏河流域六个采点的三种树轮年表序列进行相关普查分析。结果表明，在所有组合中以阿克苏气象站上年 8 月到当年 4 月的降水与标准化年表序列相关最好，表现出明显的正相关，最高单相关系数高达 0.637；取两站点 1962 年至 2005 年共 45 年的上年 8 月到当年 4 月降水量。分析该区域上年 8 月到当年 4 月降水量与年降水量(上年 8 月到当年 7 月)的关系发现，阿克苏气象站上年 8 月到当年 4 月的降水量占年降水量的 49%，且两者显著相关，单相关系数为 0.709，而乌什气象

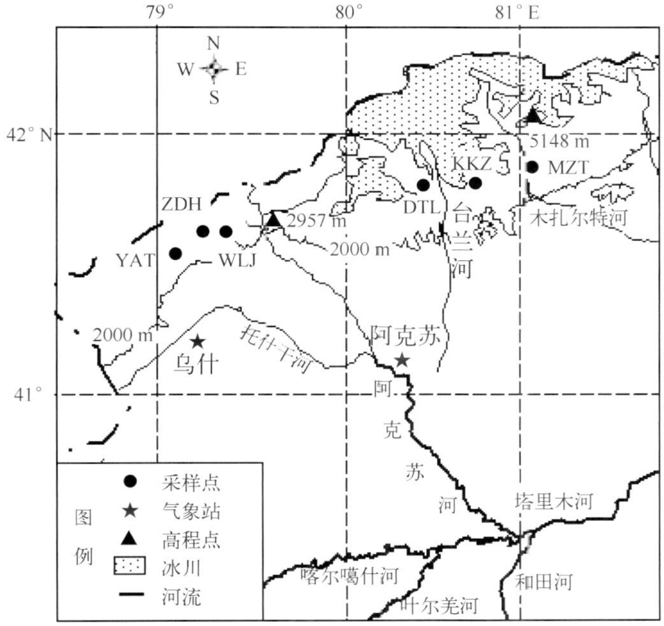

图 4.15　树轮采点及气象站分布示意图

站上年8月到当年4月的降水量占年降水量的54%，相关系数达0.785，显著水平为2.87×10^{-10}，说明上年8月到当年4月降水量可以代表当地的降水状况(表4.11)。

表4.9 树木年轮采样点概况

采点名称	代号	东经	北纬	树/芯	海拔(m)	坡向	平均坡度
木扎特	MZT	80°51′	41°53′	31/61	2280～2880	NNE	23.3°
大台兰	DTL	80°23′	41°47′	36/66	2820～3085	NNW－N	30.0°
小库孜巴依	XKZ	80°37′	41°49′	33/61	2650～3600	山脊	20.3°
臻丹河	ZDH	79°14′	41°40′	44/84	2950～3170	N	27.6°
英阿特河	YAT	79°05′	41°33′	26/50	2680～2915	NNW－NNE	35.6°
吾力街力克	WLJ	79°17′	41°39′	34/67	2875～3045	N	30.3°

考虑到气候对雪岭云杉当年(t)、次年($t+1$)及再次年($t+2$)年轮生长的可能影响。将阿克苏和乌什两个气象站1961—2005年上年1月到当年12月的月平均最高温度、月平均最低温度和月平均温度的各种顺序组合与阿克苏河流域六个树轮宽度的三种年表进行相关分析发现，阿克苏气象站2—3月的平均气温与标准化序列相关较好，最高单相关达0.567。

考虑到沙尘天气对当年树木生长影响最大，为了使沙尘资料和年表资料重叠最大，取阿克苏气象站1954—2005年和乌什气象站1961—2005年逐月沙尘天气日数的各种顺序组合与阿克苏河流域六个树轮宽度的三种年表进行相关分析发现，4—7月的沙尘天气日数与标准化自回归年表序列相关最好，表现出明显的负相关，最高单相关系数高达－0.527。

表4.10 标准化树轮年表与2—3月平均气温(1961—2005年)的单相关系数

		DTL	MZT	WLJ	XKZ	YAT	ZDH
阿克苏气象站	R	－0.194	－0.015	－0.010	－0.149	0.195	0.238
	R_{t+1}	0.388*	0.336*	0.472**	0.437**	0.567**	0.495**
	R_{t+2}	0.292	0.340*	0.374*	0.254	0.312*	0.503**
乌什气象站	R	－0.213	0.034	－0.181	－0.211	0.028	0.090
	R_{t+1}	0.457**	0.431**	0.389**	0.467**	0.497**	0.381*
	R_{t+2}	0.298	0.321*	0.186	0.191	0.111	0.289

*代表超过0.05的显著水平，**代表超过0.01的显著水平

表4.11 标准化树轮年表与上年8月到当年4月及年度降水量单相关系数

标准化年表序列		DTL	MZT	WLJ	XKZ	YAT	ZDH
阿克苏	PL84	0.274	0.201	0.392**	0.358*	0.637**	0.418**
	PL87	0.001	0.130	0.173	0.184	0.484**	0.202
乌什	PL84	0.219	0.050	0.417**	0.275	0.504**	0.383*
	PL87	0.107	0.023	0.306*	0.215	0.536**	0.242

4.3　中亚地区树轮气候重建与分析

4.3.1　西天山过去百年干湿变化

4.3.1.1　数据收集与研究方法

树木年轮样本于 2012 年 10 月采自吉尔吉斯斯坦东部西天山北坡 chon-kyzyl-suu 的森林上树线和森林下树线，其中森林上树线采点（下面用代号 KZE 表示）(78°11′E, 42°10′N)，海拔从 2650 m 到 2890 m，坡向为 NEE，坡度为 20°—60°之间，共采集了 27 棵树的 50 个样芯；森林下树线采点（下面用代号 KZX 表示）(78°08′E,42°15′N)，海拔高度为 2200 m 到 2220 m，坡向为 N，坡度为 15°左右，在此处共采集了 20 棵树的 40 根芯，树种为雪岭云杉（*Picea schrenkiana* Fisch. et Mey）（图 4.16）。

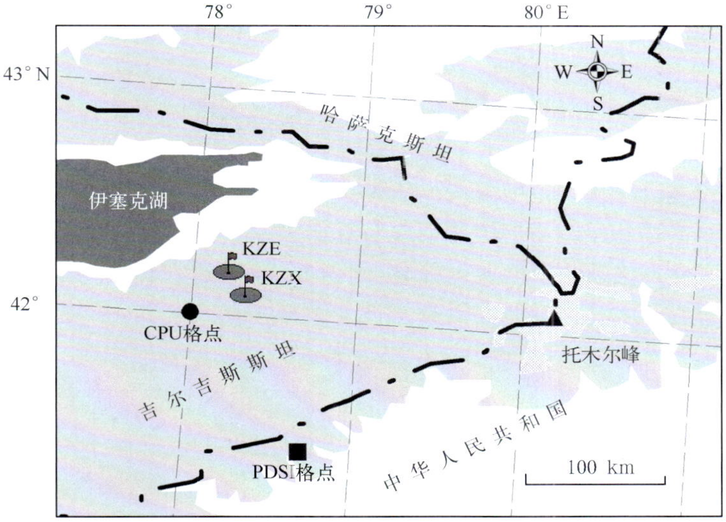

图 4.16　树轮采样点、CRU 格点和 PDSI 格点分布图

降水资料来自英国 East Anglia 大学的 Climatic Research Unit（简称 CRU）1901 年 1 月到 2002 年 12 月的高分辨率全球逐月格点数据集（CRU TS 2.1），空间分析所用数据集为 1901 年 1 月到 2009 年 12 月的 CRU TS 3.1 资料，二者数据处理方法相同，(Chen *et al.*, 2011)其网格距均为 0.5°×0.5°。重建所采用的数据为距离采样点最近且对树轮响应较好的 CRU 格点(78.0°E,42.0°N)1901—2002 年的月总降水量。帕尔默干旱强度指数(PDSI，Palmer Drought Severity Index)采用 Dai-Trenberth-Qian1870—2005 年全球陆地 PDSI 数据集(Dai *et al.*, 2004)，由于早期 PDSI 数据缺失较多，不利于统计分析，因此本研究使用距离采样点最近且对树轮响应较好的 1920—2005 年的月 PDSI 数据(41.25°E,78.75°N)。

将采集回的样本在实验室按照树木年轮学的基本原理和研究步骤(Cook,1990)，对钻芯样本进行干燥、固定、磨平、打光、交叉定年，并用精度为 0.001 mm 的轮宽测量仪和 MeasureJ2X 程序进行轮宽测量并将数据传入计算机，用国际年轮库的 COFECHA 交叉定年质量控制程序进行交叉定年检验，确保每一生长年具有准确的日历年龄，在交叉定年过程中，由于钻芯的质量和年轮测量中的误差，使部分钻芯难以交叉定年，另外，舍弃同一棵树的 2 个序列和整体的相关性不好的序列。

生长趋势的拟合采用负指数函数（NEP）、样条函数（SPL）和区域曲线标准化（RCS）方法，负指数函数适用于对生长稀疏，制约树木生长的因子单一，树木之间的竞争不明显，生长较少受到气候因子以外的其他非气候因子的影响的树种进行拟合生长趋势（Fritts，1976），因此广泛应用在干旱、半干旱区。样条函数法无需假定年轮样本生长趋势的变化形式，直接采用连续光滑插值方法对具有持续性生长以及种间竞争产生的非同步扰动的树木进行生长趋势拟合，因此适用于湿润地区（吴祥定，1990）。区域曲线标准化方法能够通过建立所有样芯的统计生长曲线对各样本进行去趋势，并且能很好地保留气候低频变化信息，研究区虽然地处干旱半干旱地区，但是该地区雪岭云杉生境较好，生长较为茂密，存在树间竞争，因此运用三种方法不同的去趋势方法，最终选取对气候响应最好的年表进行气候重建。采用 winARSTAN 年表研制程序，对订正后的去趋势序列去除树木生长中与年龄增长相关联的生长趋势得到标准化年表，在此基础上去掉树木个体由于局部小环境变化而造成的对于后期生长的持续性影响得到差值年表，建立差值年表以后，用拟合的群体自回归模式计算出群体共有的持续生长量，再加回到差值年表上，便得到自回归标准化年表。

采用 DendroClim 2002 相关分析和响应分析解释树木径向生长对气候的响应；采用逐步回归建立拟合方程重建降水和 PDSI 序列。采用国际年轮研究中常用的“逐一剔除法”（吴祥定，1990），进行交叉检验，从误差缩减值 RE、相关系数 r、一阶差相关系数 r_d、符号检验值 z、一阶差符号检验值 z_d 和乘积平均数 t 等几个方面对重建方程进行交叉检验。如果这些检验统计量中的误差缩减值或其他某几个能通过检验，则说明，该重建方程是稳定的，由其重建出的降水和温度是可靠的。采用对称延伸法消除子波变换效应的 Morlet 子波变换和功率谱分析提取时间序列的变化准周期。采用滑动 t 检验法，来检测重建序列的突变。

4.3.1.2 降水和 PDSI 重建

将距离采样点最近的吉尔吉斯斯坦 CRU 格点的 1901—2002 年上年 7 月到当年 6 月的降水量与两个 SPL 标准化年表序列进行逐步回归分析，将 PDSI 格点和 NEP 标准化年表序列进行逐步回归分析，最终得到转换函数：

$$P_{L7-6}=1222.0-724.9\times \mathrm{KZE.spl}+821.9\times \mathrm{KZX.spl} \tag{4.1}$$

$$\mathrm{PDSI}_{L7-6}=6.8\times \mathrm{KZX.nep}-6.4 \tag{4.2}$$

式中：P_{L7-6} 为该地区上年 7 月到当年 6 月的总降水量重建值，PDSI_{L7-6} 该地区上年 7 月到当年 6 月的 PDSI 重建值，KZE. spl、KZX. spl、KZX. nep 分别为森林上树线、森林下树线样条函数标准化年表序列和森林下树线负指数标准化序列。式（4.1）转换函数的复相关系数是 0.646，方差解释量为 41.8%，调整自由度后的解释方差 $R^2_{adj}=0.406$，$F_{2,97}=34.83$，超过 0.000 1 的极显著水平，由该方程可以重建出 1886—2012 年吉尔吉斯斯坦东部上年 7 月到当年 6 月的降水量（图 4.17）；式（2）转换函数的复相关系数是 0.531，方差解释量为 28.2%，调整自由度后的解释方差 $R^2_{adj}=0.274$，$F_{1,83}=32.66$，超过 0.000 1 的极显著水平，由该方程可以重建出 1882—2012 年吉尔吉斯斯坦东部上年 7 月到当年 6 月的 PDSI（图 4.17）。

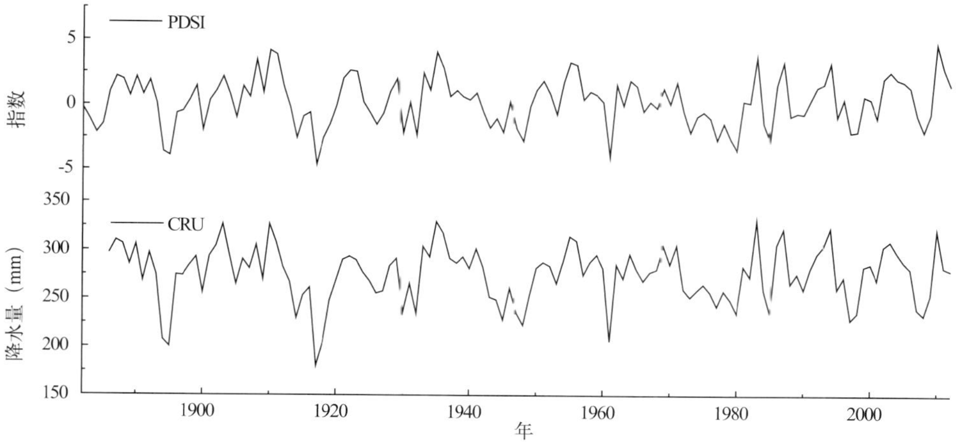

图 4.17　吉尔吉斯斯坦东部降水量和 PDSI 重建序列

表 4.12　重建方程的交叉检验

	r（相关系数）	r_d（一阶差相关系数）	z（原序列符号检验）	z_d（一阶差序列符号检验）	t（乘积平均数）	RE（误差缩减值）
降水量	0.614**	0.584**	26/100**	29/99**	7.812**	0.376
PDSI	0.497**	0.234*	28/85**	33/84	7.850**	0.245

注：**：超过 0.01 的显著水平；*：超过 0.05 的显著水平。

方程检验值如表 4.12 所示，PDSI 的一阶差符号检验（z_d）接近 0.05 的显著水平但未通过检验，而符号检验（z）均通过 0.01 的显著水平检验，说明相对于高频变化，PDSI 重建序列在低频变化上同实测序列吻合得更好些；而降水量重建方程符号检验均远远超过显著水平，两个方程 t 值均通过 0.001 的显著性水平，RE 值大于 0.0，可见重建方程是较为稳定可靠的。因此，利用这两个方程可较好的重建吉尔吉斯斯坦东部过去百年降水量和 PDSI。

4.3.1.3　吉尔吉斯斯坦过去百年干湿变化分析

利用功率谱分析方法分别对吉尔吉斯斯坦东部上年 7 月到当年 6 月降水量和 PDSI 重建序列进行周期分析，以了解过去百年干湿变化的周期性，最大滞后 $M=42$ 和 43，相当于序列长度的三分之一，当功率谱大于一定显著水平所对应的临界值，则认为相应周期显著。分析发现，吉尔吉斯斯坦东部过去百年降水量在 0.10 显著性水平上具有 6 年的变化准周期，而 PDSI 具有 6.1 年和 5.7 年的变化准周期。

基于对称延伸法的 Morlet 子波变换表明（图 4.18a），吉尔吉斯斯坦东部过去百年的干湿变化周期是随时间变化的，降水在 1886 年、1896 年和 1907 年左右小波系数出现最大值，而 PDSI 在 1889 年、1899 年、1908 年、1917 年、1923 年左右小波系数出现最大值（图 4.18b），表明近百年来，1880—1920 年代，周期震荡较强烈，而 20 世纪后期，周期震荡明显减弱，尤其是 1980 年以后，震荡最弱，周期缩短（图 4.19），13～14 年和 20～21 年的变化周期在 1920—1980 年最为明显；近百年来存在 6 年、13～14 年和 20～21 年的变化准周期，13～14 年的周期最为明显。吉尔吉斯斯坦东部过去百年干湿变化具有的 6 年左右的变化准周期特征与“准两年脉动（QBO）”十分接近，已有研究表明，QBO 的影响存在于较大的范围，其可能与海气间相互耦合振荡有关（钱维宏等，1998）。13～14 年和 20～21 年的变化准周期可能对应太阳黑子活动

11 年和 22 年准周期,说明太阳活动对这一区域的温度变化也有影响。这些周期暗示了吉尔吉斯斯坦东部过去百年干湿变化除受当地气候变化影响外,还受到更大范围气候变化的影响,进一步证明了气候变化的全球性。此外,图 4.19 还表明,重建的降水量与 PDSI 序列具有极为相似的频域特征。

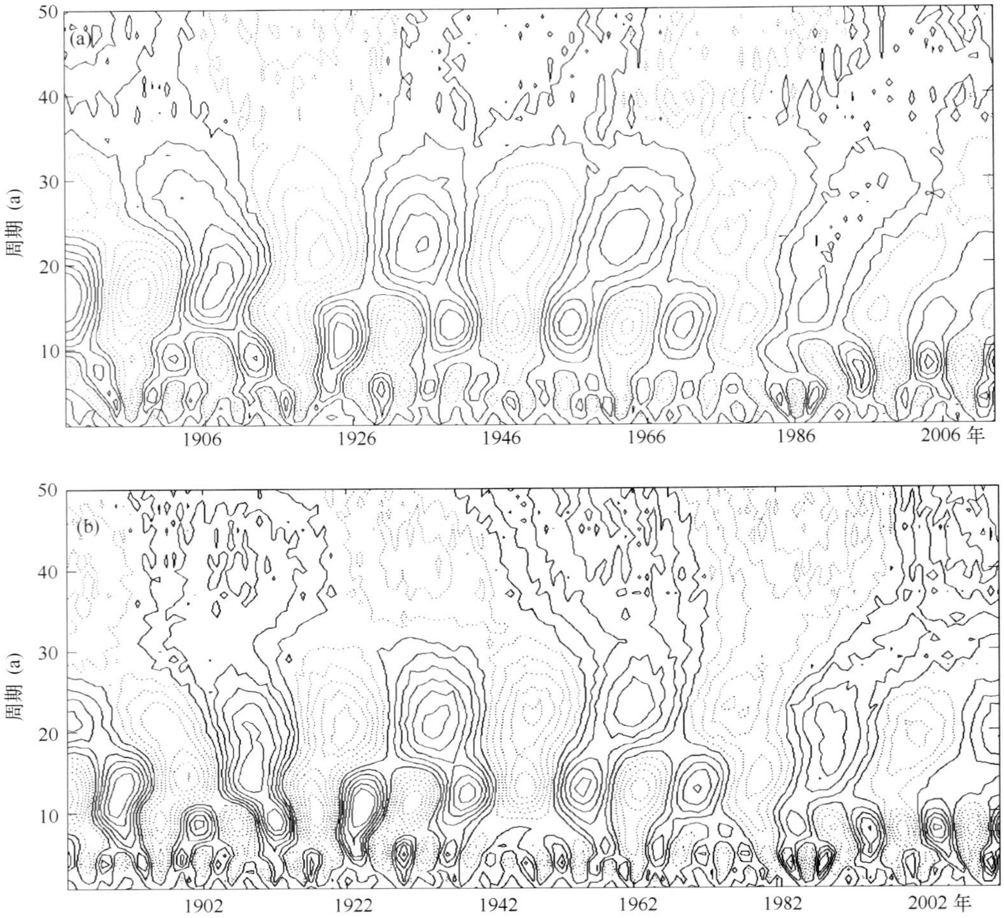

图 4.18　重建序列的 MORLET 小波变换图

(a)降水;(b)PDSI

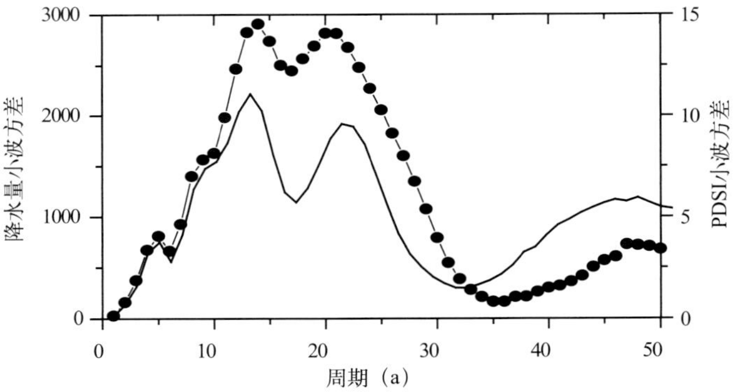

图 4.19　降水量重建序列和 PDSI 重建序列小波方差对比

选取 $m=3,5,7,9,11,13,15$，进行试验比较，来确定近百年吉尔吉斯斯坦东部干湿变化的突变点。本研究取突变点出现次数较多（≥4 次）的年份作为突变年份，判定突变点的临界显著性水平为 0.001。结果表明，吉尔吉斯斯坦过去百年干湿变化在 1913 年前后、1943 年前后和 1972 年前后发生了由多到少的气候突变，在 1950 年前后发生了由少到多的气候突变。

将重建的降水序列和 PDSI 序列进行 11 年滑动平均，以了解近百年吉尔吉斯斯坦东部干湿低频变化。分析表明，近百年该地区经历了 4 干 4 湿的变化阶段（表 4.13）。将干湿变化阶段与中国境内的天山南北坡树轮重建的近百年降水变化阶段进行对比分析表明天山山区无论是南坡还是北坡，东部还是西部，其近百年干湿变化有很好的一致性（图 4.20）。以 1971—2000 年 30 年平均降水量为平均值的年代纪变化分析表明：1890 年代偏干（−1.4%），1900s 偏湿（+6.2%），是最为湿润的 10 年，1910 年代偏干（−5.8%），为最为干旱的阶段，1920 年代—1930 年代偏湿（+0.8%，+5.0%），1940 年代偏干（−5.5%），1950 年代—1960 年代偏湿（+6.4%，+ 1.3%），1970 年代偏干（−3.1%），1980 年代—2000 年代偏湿（+2.6%，+1.0%，+1.8%），尤其是 1980 年以后到现在，天山山区经历了近百年最为漫长的增湿期。

表 4.13　过去百年干湿变化阶段

降水干旱阶段(年)	PDSI 干旱阶段	降水湿润阶段	PDSI 湿润阶段
1891—1899	1890—1900	1900—1911	1901—1912
1912—1930	1913—1929	1931—1941	1930—1940
1942—1952	1941—1950	1953—1970	1951—1968
1971—1983	1969—1985	1984—2007	1986—2007

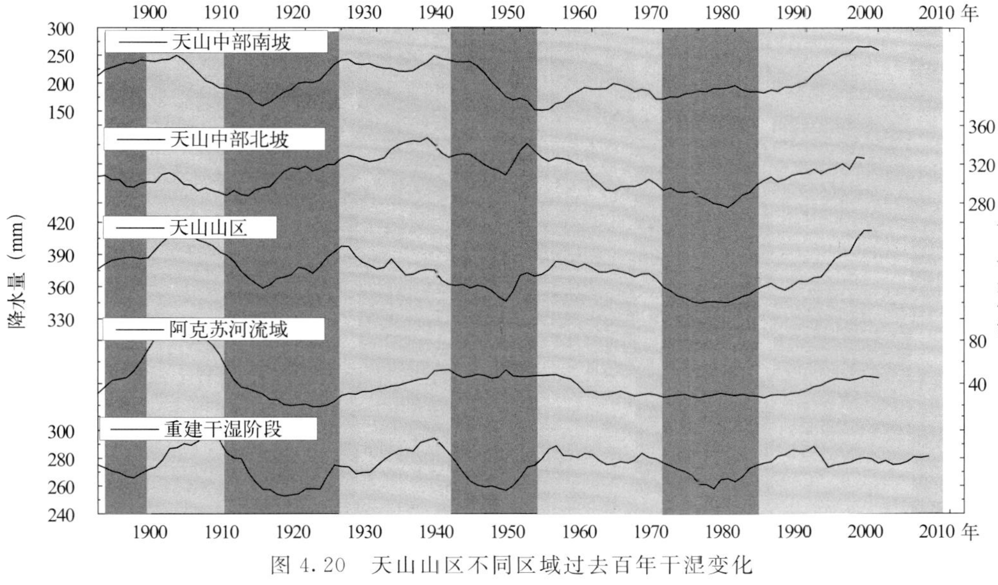

图 4.20　天山山区不同区域过去百年干湿变化

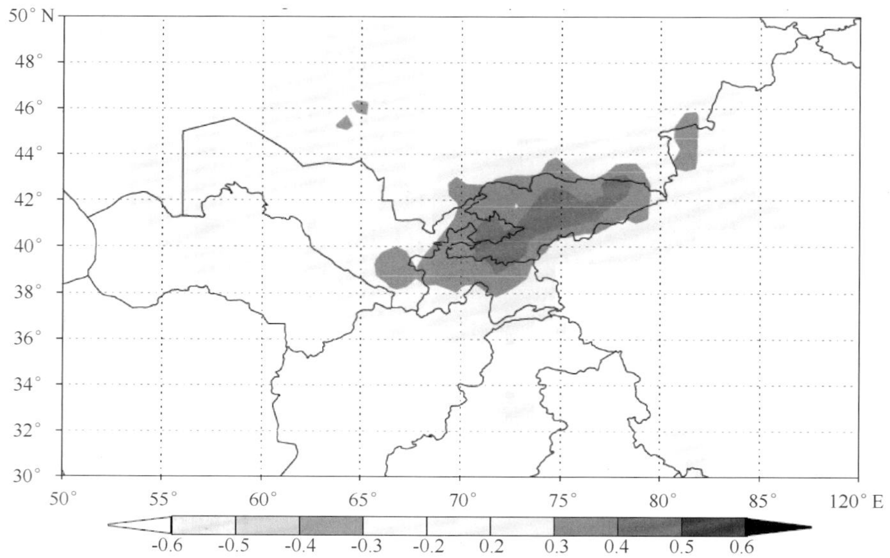

图 4.21　吉尔吉斯斯坦东部降水量与 CRU 上年 7 月到当年 6 月降水量的空间相关

将重建的降水序列与较大范围 CRU 上年 7 月到当年 6 月降水资料空间相关分析表明(图 4.21),重建的降水序列能较好地代表西天山大部分区域上年 7 月到当年 6 月的降水量,尤其是西天山北坡吉尔吉斯斯坦境内。

4.3.1.4　小结

近百年该地区干湿变化具有明显的 6 年、13 年和 21 年左右的变化准周期,1880—1920 年代,周期震荡较强烈,而 20 世纪后期,周期震荡明显减弱,尤其是 1980 年以后,震荡最弱,周期缩短。在 1913 年前后、1943 年前后和 1972 年前后发生了由多到少的气候突变,在 1950 年前后发生了由少到多的气候突变。吉尔吉斯斯坦东部过去百年干湿变化与中国境内天山山区降水变化一致:1890 年偏干,1900 年偏湿,是最为湿润的十年,1910 是近百年最为干旱的 10 年,而 1917 年是最为干旱的一年,1920 年—1930 年偏湿,1940 年偏干,1950 年—1960 年偏湿,1970 年偏干,1980 年—2000 年偏湿,尤其是 1980 年以后到现在,天山山区经历了近百年最为漫长的增湿期;重建的近百年吉尔吉斯斯坦东部干湿变化能较好地代表西天山大部分区域干湿变化,尤其是西天山北坡吉尔吉斯斯坦境内。

4.3.2　吉尔吉斯斯坦天山山区夏季温度变化重建与分析

4.3.2.1　树轮最大密度年表建立

树木年轮样本采样点位于吉尔吉斯斯坦西天山地区的林带中上部地区(图 4.22),森林郁密度为 0.4 左右,土壤为灰褐色森林土。那里垂直地带性比较明显,海拔 3000 m 以上以高山草原草甸和灌木为主,高山峰顶区域多为常年冰雪覆盖,海拔 3000 m 以下至 1500 m 左右为森林覆盖区,以雪岭云杉为主,山脚以下大部分区域为农牧区。由于采样点交通不便,树木受人类活动影响甚少,仍为原始林区。所取钻芯样本的树木多是树龄较长,没有明显受损的立木,树高 10～15 m,胸径在 1.5～1.8 m 左右。采样点的基本情况见表 4.14。

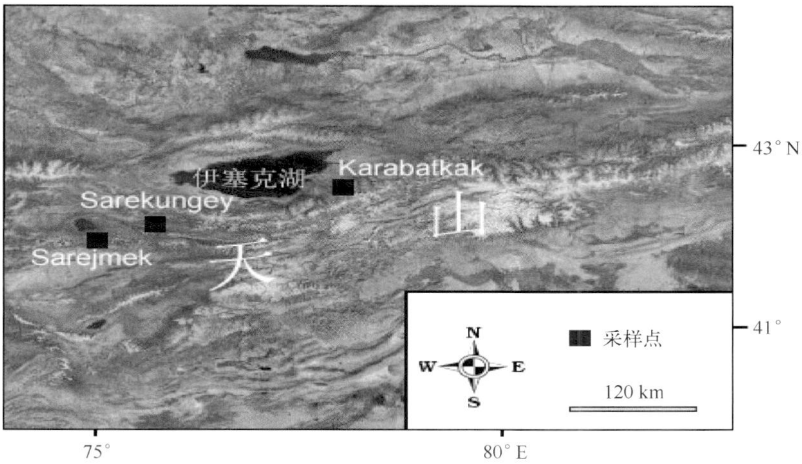

图 4.22　树轮采样点分布图

表 4.14　树轮采点概况和最大密度年表统计量

采样点	北纬	东经	样本量	海拔	平均敏感度	信噪比	样本总体代表性
Karabatkak	42°11′	78°11′	19	2800	0.068	7.96	0.855
Sarejmek	41°36′	75°09′	34	2800	0.068	23.91	0.960
Sarekungey	41°40′	76°26′	24	2800	0.053	16.87	0.944
RC					0.057	30.50	0.968

树轮密度资料的获取是采用传统的 X 光树轮密度分析方法(Schweingruber，1998)。上述采样点的树轮最大密度原始数据获取自瑞士联邦森林、雪与景观研究院和美国国家气候资料中心(http://www.ncdc.noaa.gov/)。利用 COFECHA 程序对树轮最大密度交叉定年结果进行检验(Holmes，1983)。树轮最大密度年表的建立是利用 ARSTAN 程序完成的(Cook and Kairiukstis，1990)。采用传统的负指数函数进行生长趋势拟合，以双权重平均法将上述去除生长趋势后的序列合并成均值为 1、最小值为 0 的无量纲的树轮最大密度指数序列。最终建立了三个采样点单点树轮最大密度标准化年表、差值年表和自回归年表。由于三个采样点的树轮最大密度年表变化具有一致性，且显著相关($r > 0.5$，$P < 0.001$)，于是把三个采样点的所有树轮最大密度序列合在一起建立了区域树轮最大密度标准化年表 RC。各年表的统计特征及共同区间(1900—1995 年)分析见表 4.14。图 4.23 为树轮最大密度年表指数和样本量曲线，其中样本总体代表性(EPS)值大于 0.85 的起始年为 1650 年。

4.3.2.2　温度序列重建

(1)温度与树轮最大年表的相关分析

采样点是典型的森林上限，从树木生理来讲，温度是树轮最大密度的主要生长限制因子(Cook and Kairiukstis，1990)。RC 年表与 CRU 中心的月平均温度数据(1901—1995 年)的相关结果显示(图 4.24)，RC 年表与夏季(7—8 月)的气温呈显著正相关关系。利用 CRU 中心的月平均温度数据(1901—1995 年)，取上年 7 月至当年 9 月各种顺序组合与 RC 年表进行相关普查计算。相关函数分析结果表明，7—8 月的平均温度与树轮最大密度相关显著，相关系数为 0.673。通过重建与检验的试算结果发现，针对 7—8 月这一时段温度的重建方程是稳定可靠的，且方差解释量最大。下面仅针对这一时段温度进行重建。

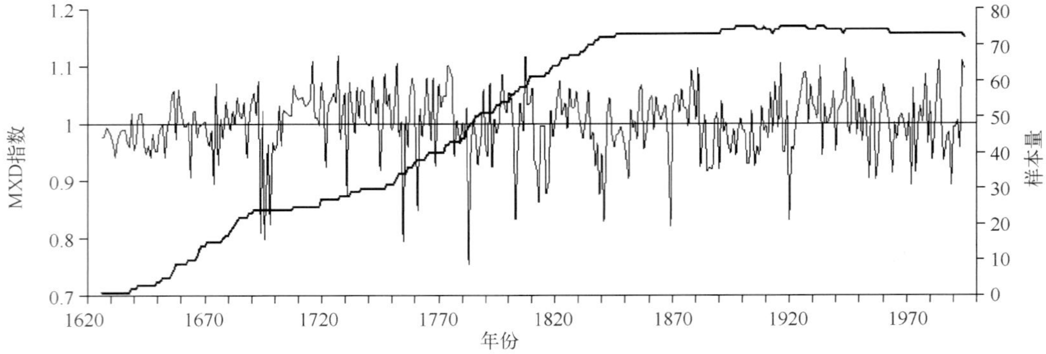

图 4.23　吉尔吉斯斯坦天山山区区域树轮最大密度(MXD)标准化年表与样本量曲线

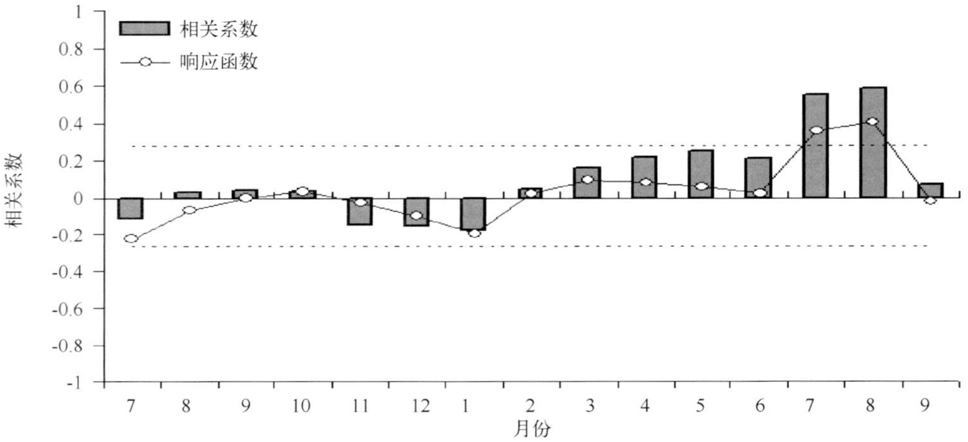

图 4.24　树轮最大密度序列与 CRU 中心的月平均温度数据(1901—1995 年)的响应分析结果

(2)重建方程建立

取覆盖吉尔吉斯斯坦天山山区的 CRU 中心当年 7—8 月平均温度数据，同时考虑到温度对雪岭云杉年轮当年 t、次年 $t+1$ 及再次年 $t+2$ 树轮生长的可能影响，用回归分析方法建模，构建重建方程如下：

$$T = 1.033 + 11.847RC \tag{4.3}$$

式中，T 为覆盖吉尔吉斯斯坦天山山区的 CRU 中心当年 7—8 月平均温度；RC 是吉尔吉斯斯坦天山山区区域树轮最大密度标准化年表。

重建方程的相关系数 R 为 0.673，在校准期内，95 年的重建值对实测值的解释方差 R^2 为 45.3%，调整自由度后解释方差 ${R_{adj}}^2$ 为 44.7%，$F=77.029$。从统计特征来说，方程(4.3)具有很好的稳定性和精确性，从图 4.25 可见重建值与实测值有较好的同步性。温度重建方程交叉检验所得的误差缩减值 $Re=0.453$；乘积平均数检验值为 5.192，其显著性水平均达到 0.001；一阶差相关系数为 0.793；显著水平为 0.001。在符号检验方面，低频符号检验和高频符号检验都达到了 0.001 的显著性平(表 4.15)。

表 4.15 温度重建方程检验参数

项目	相关系数	方差解释量	乘积平均数	误差缩减值	原序列符号检验	一阶差序列符号检验
温度重建方程	0.673	45.3%	5.192	0.453	$26^-/69^+$	$15^-/79^+$

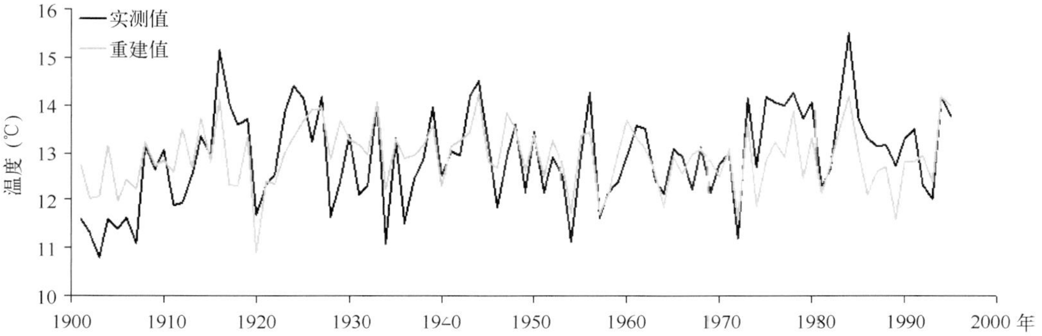

图 4.25 温度实测数据与重建值比较

(3)温度重建序列变化特征

图 4.26 为重建的吉尔吉斯斯坦天山山区公元 1650—1995 年 7—8 月平均温度及其 10 年的低通滤波曲线。以气温重建的平均值(12.9℃)为基准，经 10 年的低通滤波的重建序列表现出的主要低温时段有：1650—1654 年，1662—1678 年，1693—1703 年，1779—1794 年，1801—1805 年，1811—1819 年，1834—1854 年，1882—1910 年，1917—1923 年，1952—1975 年，1986—1992 年等 11 个；高温时段有：1655—1661 年，1679—1692 年，1704—1778 年，1795—1800 年，1806—1810 年，1820—1833 年，1855—1881 年，1911—1916 年，1924—1951 年，1976—1985 年，1994—至今年等 11 个。其中最长的暖期为 1704—1778 年，出现了 75 年的夏季高温；最长的冷期为 1882—1910 年，显示出 29 年的夏季低温。总体来说 17 世纪中期至 20 世纪都出现了较为显著的冷暖期交替变化。进入 20 世纪中期，出现了 20—50 年代较为温暖的 30 年，随后 20 世纪 70—80 年代进入相对寒冷阶段，进入 20 世纪 90 年代后,气温开始迅速上升。采用温度重建序列的标准差(=0.7℃)对序列异常高、低温年份进行了判别。重建序列的标准差 σ 为 0.7℃，如果定义温度距平大于一个 σ 为异常高温年份，小于一个 σ 为异常低温年份，重建的 346 年 7—8 月低温年份和高温年份基本相当，分别为 46 年和 40 年，约占总年份数的 13.3%和 11.6%。在过去的 346 年中，研究区 7—8 月平均温度最高的年份为 1727 年(14.3℃)，最低的年份为 1783 年(10℃)。

图 4.27 为温度重建序列的多窗谱(MTM)谱估计值和相应的红噪声临界谱分析结果。由图 4.27 可见，降水重建序列存在着显著的周期性变化，主要的振荡准周期有 68.3 年，25.9 年，17.0 年，11.3 年，2.5 年，2.1 年。滑动 T 检验结果见表 4.16。通过对温度重建序列的突变分析发现,吉尔吉斯斯坦天山山区 7—8 月平均温度在 1707 年，1777 年，1818 年，1835 年，1856 年，1882 年，1912 年，1923 年、1951 年，而且突变幅度比较大,与干旱半干旱地区的气候变化较剧烈的特征相符(表 4.16)。

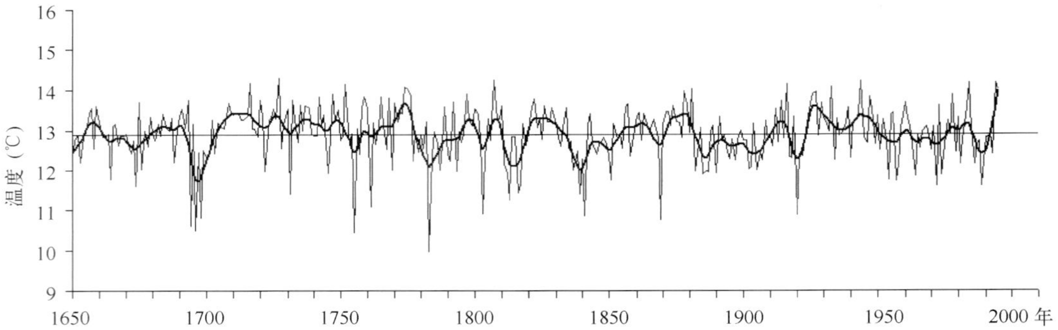

图 4.26　吉尔吉斯斯坦天山山区近 346 年 7—8 月平均温度重建值及 10 年低通滤波曲线

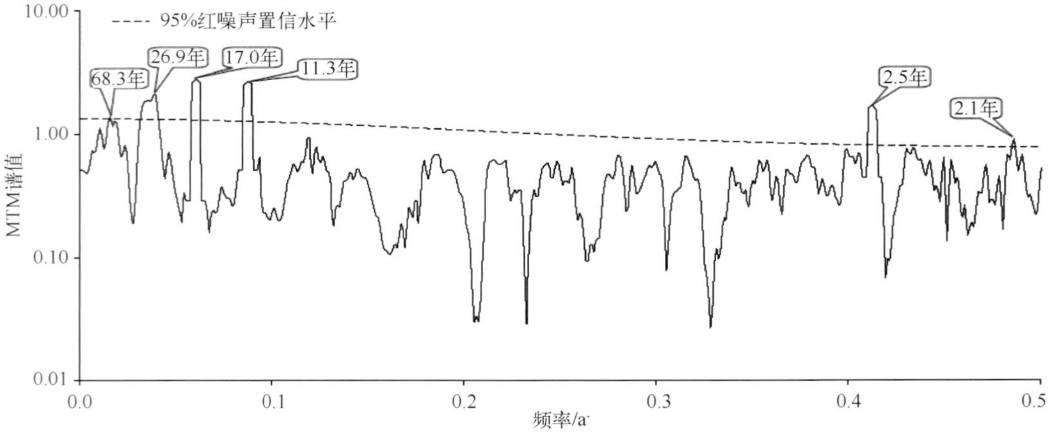

图 4.27　温度重建序列的多窗谱谱估计及其相应的红噪声临界谱

表 4.16　吉尔吉斯斯坦天山山区 7—8 月平均温度变化的突变年份

滑动步长	突变年份								
10 年	1707	1777	1818	1835	1856	1882			
15 年	1707	1777	1818	1835	1852	1885			
20 年	1708	1777	1818	1835	1856	1882	1912	1923	1951
25 年	1706				1856	1882	1912	1923	1951
30 年	1707	1777			1855	1882	1912	1923	1951
最强突变点	1707	1777	1818	1835	1856	1882	1912	1923	1951
突变方向	冷变暖	暖变冷	冷变暖	暖变冷	冷变暖	暖变冷	冷变暖	冷变暖	暖变冷

4.3.2.3　树轮最大密度与气候变化

生长于吉尔吉斯斯坦天山山区森林上树线的雪岭云杉，树轮最大密度表现出同其他一些高海拔和高纬度地区相似的生长特征，主要受夏季温度的限制（Wang *et al.*，2009）。这一限制规律在中亚地区的针叶林都有体现，而且随着海拔高度上升和纬度北移，所包含的季节越短（Chen *et al.*，2010；Chen *et al.*，2012）。夏季中后期进入光合积累的阶段，树木生长主要体现在晚材木质细胞壁的加厚上，较高的温度有利于光合作用从而促进树木晚材细胞壁的加厚过程，进而产生较高的最大晚材密度。10 月份的温度对晚材细胞壁的加厚已经没有显著的影响。除了上述树轮密度与温度的关系，在干旱半干旱地区还存在树轮宽度与降水量的关系（李江风等，2000）。生长季前和生长季中长时间维持少雨，树木生长需要的水分得不到满足，光合作用速度降低或者呼吸作用速度增高将使树木体内营养物质减少，将导致偏窄年轮的形成。相反，如果在生长季节前和生长季中，气候条件良好，降水充足，不仅能够满足树木快速生长的需要，而且水分将保存在土壤当中，有利于土壤墒情的改善，加上生长中存储在树体中的充足养料，能够有效促进整个植物生长季的树木生长，形成较宽的年轮。这两种关系为全面重现区域气候面貌提供了可能。

4.3.2.4　气候配型

我们对比中亚西天山区域干湿指数重建序列（Chen *et al.*，2013）与本温度重建序列对比发现，两者在大多数时段里处于负相关关系（$r=0.21$，$n=346$），即湿润时期，温度降低；干旱时期，温度上升（图 4.28a）。但在 20 世纪 80 年代开始，干湿指数与温度配型发生了重大的变化：转湿润的同时，温度却出现了同步升高，即暖湿化。由于近 346 年来没有出现过类似的暖湿同期的现象，这使得在全球变暖背景下，区域气候变化预测更加困难。由于数据稀缺性和区域局限性，我们必须建立更多的气候长序列，对于这种气候配型是否在亚洲干旱半干旱区广泛存在及其机制进一步深入研究。

为了验证重建结果的可靠性，把用于温度重建的区域最大密度年表序列与研究区周围一条利用树轮密度年表所重建的温度序列和一条西伯利亚落叶松树轮最大密度年表进行对比（图 4.28b）。选择的温度重建序列为利用树轮密度重建的哈萨克斯坦东部斋桑湖 6—8 月温度序列（Chen *et al.*，2012）；选择的西伯利亚落叶松树轮最大密度年表为青河地区反映 6—7 月温度变化的西伯利亚落叶松树轮最大密度年表（Chen *et al.*，2012）。对比结果如图 4.28b

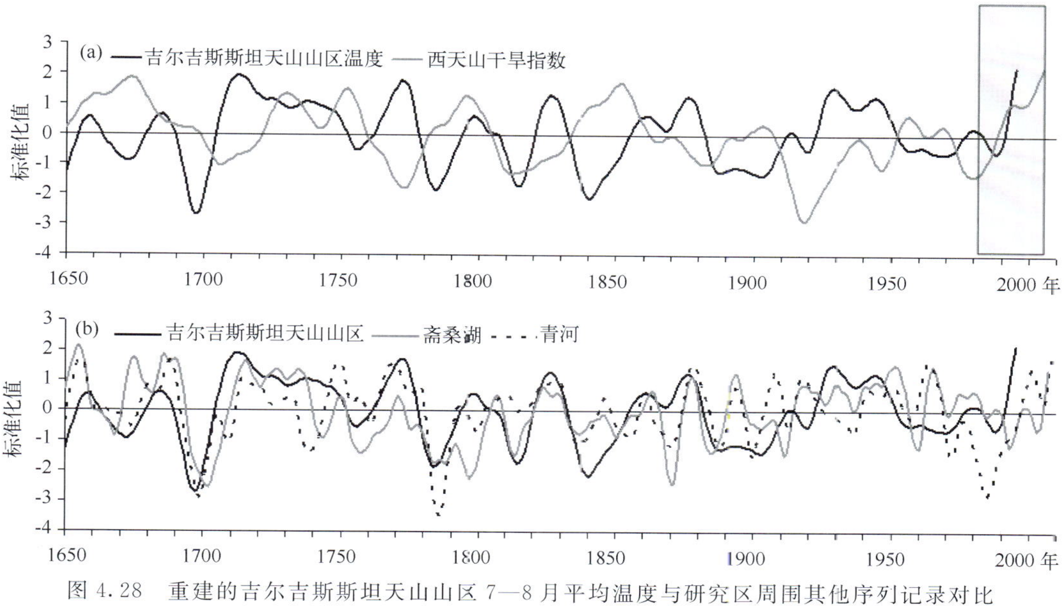

图 4.28　重建的吉尔吉斯斯坦天山山区 7—8 月平均温度与研究区周围其他序列记录对比

（a）与干湿指数对比；（b）与新疆两条温度序列对比

所示，重建的7—8月平均温与其他2条序列有较好的一致性（$r>0.4$）。在过去的346年中，3条序列都体现了17世纪末到18世纪初的冷期、1920—1950年明显的高温期、1980年以来的升温趋势。同时，三个序列都共同指示1783年为近346年的最低值，这一年是欧洲冰岛Laki火山喷发，该次火山喷发是近400年最大的火山喷发之一。进一步对比三条序列和突变分析结果，发现许多西风环流上游和低纬热带地区的大规模火山喷发对中亚地区温度变化有着重要影响，如1783年的Laki火山喷发，1815年的Tambora火山喷发，1854年的Sheveluch火山喷发，1883年的Krakatau火山喷发，1912年的Katmai火山喷发。同时，我们还发现三个序列有类似的周期变化特征。该地区温度变化存在显著的2～3年和11～12左右变化周期，表明该区温度变化可能与ENSO，PDO，NAO以及太阳活动变化等有一定联系。

4.3.3　哈萨克斯坦东北部温度序列重建与分析

选择卡通卡拉盖气象站6月平均温度为重建因子，以树轮宽度差值年表为变量，以1932—2006年为建模期，用一元线性回归模型建立树轮宽度指数与6月平均温度之间的转换方程：$T_{6mean}=10.112+4.559YZW_{res}$。其中$T_{6mean}$为卡通卡拉盖气象站6月月平均温度，$YZW_{res}$为树轮宽度差值年表。该方程的方差解释量达到42.7%，调整后方程解释量为41.9%，F值为54.42，远超过了99.99%的置信水平。由于气象站有较长的实测资料，采用建模期和独立检验期检验方程的稳定性。分别以1932—1969年为校准期、1970—2006年为独立检验期，以1970—2006年为校准期、1932—1969年为独立检验期对方程进行检验，各项检验结果表明，在两个校准期，转换方程的方差解释量分别为52.7%和34.0%，F值达到了0.001的显著性水平。在两个独立检验期，实测值和模拟值的单相关系数(r)、符号检验值(S)和沉积平均数(t)都达到了0.01的显著性水平以上。RE值和CE值都为正值，较好地通过了检验。表明重建方程的稳定性和可靠性。

以子样本信号强度>0.85的年份(1698年)为重建序列开始的年份。在此基础上，利用树轮资料将哈萨克斯坦东北部卡通卡拉盖气象站6月温度变化的记录延长至310年（图4.29a），其中6月温度最低的3年都出现在20世纪前期（分别为1947年、1927年和1938年），而温度最高的3年依次为1979年、1830年和1715年。为了提取重建序列的年代际变化趋势，对重建序列进行11年滑动平均处理，发现重建的温度序列有4个较为明显的暖期（1707—1720年、1757—1770年、1805—1839年、1872—1906年）和三个明显的冷期（1721—1756年、1840—1871年和1906—1924年）。19世纪温度波动最为明显，持续时间最长的冷期（1842—1871）和暖期（1872—1906）都出现在这个阶段。20世纪中后期没有出现持续较长的冷暖阶段，其中1932年有器测资料以来，6月温度以0.01℃/年的速率增加，初夏增温的速率较慢。

对重建的哈萨克斯坦东北部310年来的6月温度序列进行了功率谱分析，发现在0.01的显著性水平上具有11年和2年左右的变化周期，其中2年的变化周期与气象学上的“准两年脉动”是一致的，而11年周期与太阳活动的11年周期接近，太阳辐射是温度最为直接的强迫因子，这也从另外一个角度证明了树轮指数与温度的相关关系（图4.29b）。

图4.29a中哈萨克斯坦东北部6月温度的11年滑动平均序列中存在持续的时间较长的两个冷期（1840—1871年和1906—1924年）和两个暖期（1805—1839年、1872—1906年）与新疆阿勒泰地区西部树轮记录的6月平均温度序列（图4.29b）、5—9月温度序列（图4.29c）所反映的冷暖阶段是对应的，同时与阿尔泰山北坡树轮宽度反映的6—7月温度变化也有较好的

对应关系。由此可见，在阿尔泰山地区，位于森林上限树木年轮的宽度能较好地反映生长期温度的变化，重建的哈萨克斯坦东北部的初夏温度变化与阿尔泰山区域初夏温度变化的总体趋势是一致的。同时，还发现重建的初夏温度序列并没有在20世纪后期出现明显的上升的趋势，与全球近百年来气候变暖的趋势不太一致。这可能是由于这一区域的增温主要发生在秋冬季，夏季的升温并不明显。

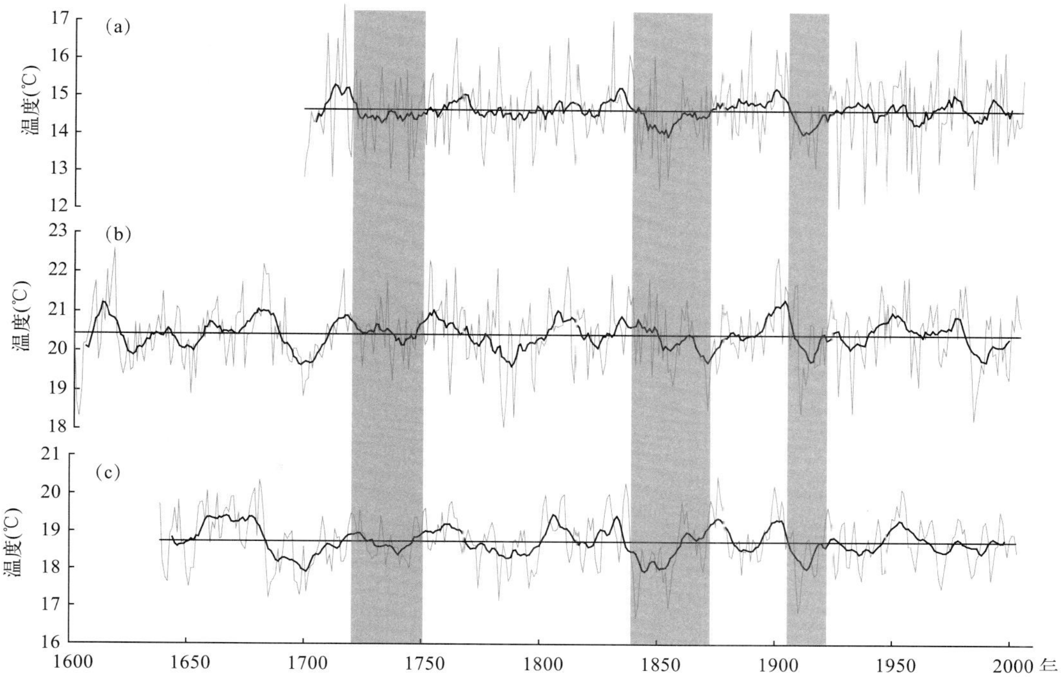

图4.29　基于树轮宽度的哈萨克斯坦东北部310年来6月温度(a)重建序列(粗线)和11年滑动平均(细线)及其与中国阿勒泰西部地区6月平均温度序列(b)和5—9月平均温度序列(c)的对比

4.3.4　哈萨克斯坦东部斋桑湖地区夏季温度变化重建与分析

4.3.4.1　自然地理环境概况

斋桑湖现位于哈萨克斯坦东部斋桑盆地中央。为额尔齐斯河上游流经的淡水湖。布赫塔尔马水库建成前，面积为1800 km^2，长111 km，宽30 km。平均水深4～6 m，最深约10 m。1959年下游水库建成后，在水坝以上沿额尔齐斯河直达斋桑泊形成面积为5500 km^2 的大水库，湖水平均深度增至11～13 m。

研究区位于欧亚内陆，远离海洋，属于寒温带大陆性干旱气候，其特点是冬寒漫长，夏凉短促，无霜期短，降水较少，蒸发旺盛，空气干燥，气温变化大，积雪深而不稳定，春秋多大风，全年盛行西北风，各地受局部地形影响，其风向又有所不同，具有明显的高寒特点。研究区≥10℃的积温在2100℃·d左右，年平均气温只有3.1～3.5℃，无霜期短，仅135天左右；降水量除中山带以上稍多外，一般降水都在180 mm左右。哈萨克斯坦东南部边境连接的中国和布克赛尔铁布克山，海拔2000～2500 m，分布有大量的西伯利亚落叶松林。

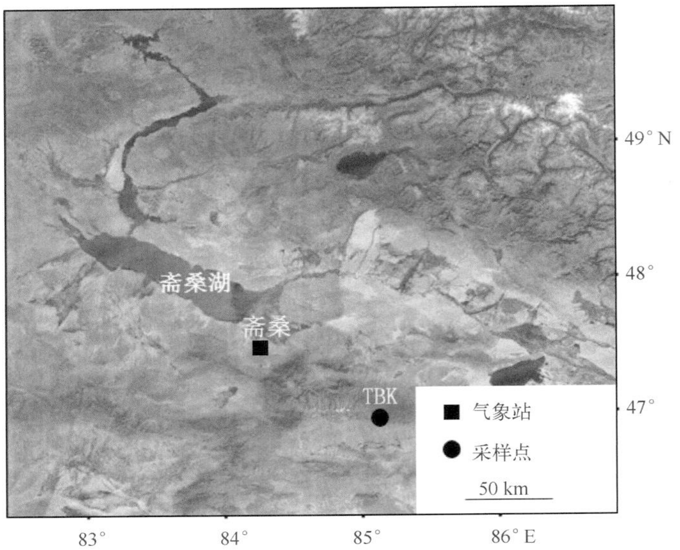

图 4.30　采样点和气象站分布

4.3.4.2　采样与年表研制

出于研究需要，研究人员选择了受人为活动和林火影响较少的和布克赛尔铁布克山地区作为采样点。为了减少非气候因素的影响，我们只选择健康，生长正常的树木进行采样(图 4.30)。平均每棵树采集 2 根 5 mm 树芯和 2 根 12 mm 树芯，最后总计采集了 142 根 5 mm 树芯和 59 根 12 mm 树芯。采样海拔位于 2190～2400 m，坡向为北坡，坡度为 10°—35°(表 4.17)。

5 mm 树芯首先晾干，放入木槽中固定，然后用砂纸打磨。树轮宽度是使用精度为 0.001 mm 的 Velmex 宽度测量系统测量得到的。使用双片锯将 12 mm 树芯加工成厚度为 1.0±0.02 mm 的薄片。将薄木片放入 X 光机中，拍摄 X 光胶片。树轮密度参数的读取是使用 DENDRO—2003 树轮工作站完成的。通过上述过程，我们可以得到包括年轮宽度、最大密度、最小密度、早材平均密度、晚材平均密度、早材宽度和晚材宽度等七种参数。其中早晚材的界定是以最大密度和最小密度的中间值进行确定的。树轮数据的交叉定年是使用 COFECHA 程序完成的(Holmes，1983)。使用晚材平均密度进行研究。为去除非气候因素和树木生长趋势，同时保留气候低频信号，我们利用区域生长函数进行去趋势处理。最后，利用 ARSTAN 程序得到树轮晚材平均密度标准化年表(Cook and Kairiukstis，1990)。

表 4.17　采样点信息

采样点代号	北纬	东经	海拔(m)	坡向
TBK	46°57′	85°06′	2190～2400	N

表 4.18 展示了晚材平均密度标准化年表的统计参数。不同序列间的平均相关系数意味了公共气候信号的强度(图 4.31，表 4.18)。本年表的平均相关系数很高。一般来说，较高的样本总体代表性、信噪比、平均敏感度和标准差意味着包含更多的气候信息。本年表也具有较

高的样本总体代表性、信噪比、平均敏感度和标准差。同时，前期研究都发现树轮密度参数的平均敏感度和标准差要小于树轮宽度参数(Schweingruber, 1998)。本年表的平均敏感度和标准差也较小，与前人研究结果一致。

表 4.18　晚材平均密度年表的统计参数

年表类型	平均敏感度	相关系数	标准差	信噪比	样本总体代表性	EPS>0.8	样芯数/树数
晚材密度	0.089	0.535	0.121	29.405	0.967	1540	59/58

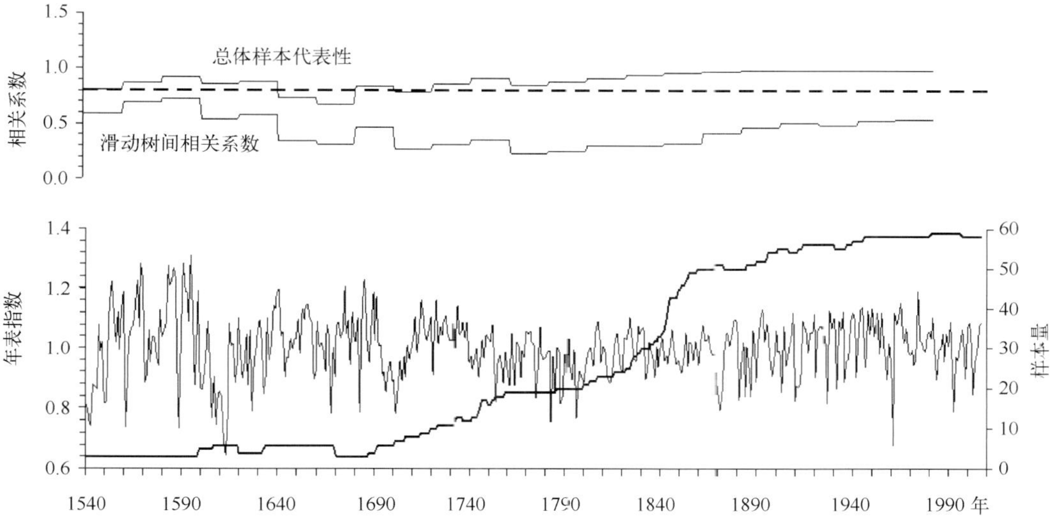

图 4.31　树轮晚材平均密度年表、样本量曲线、总体样本代表性和滑动树间相关系数

4.3.4.3　气候响应分析与温度重建

树轮晚材平均密度标准化年表与气候数据的相关分析覆盖了两者的最大时段(1900—2002 年)。研究结果显示，晚材平均密度与 5—8 月的温度有着良好的相关(表 4.19)。

其中，6—8 月平均最高温度与晚材平均密度的相关性最高，为 0.625。同时，研究还发现，同期降水也与晚材平均密度存在显著负相关。利用偏相关分析，发现晚材平均密度与 6—8 月最高温度相关比较稳定，相关系数为 0.48。而晚材平均密度与降水的相关仅为－0.18。尽管晚材平均密度与降水存在明显的相关，但根据偏相关分析的结果，晚材平均密度主要受温度变化的控制。此外，上年 10 月的温度变化也影响了晚材平均密度。

表 4.19　树轮气候响应分析结果（$p<0.05$）

月份	10	11	12	1	2	3	4	5	6	7	8	9
降水				180					●	●	●	
平均温度	●							○	○	○	○	
平均最高温度	●							○	○	○	○	
平均最低温度	●							○	○	○	○	

○○正相关，●●负相关

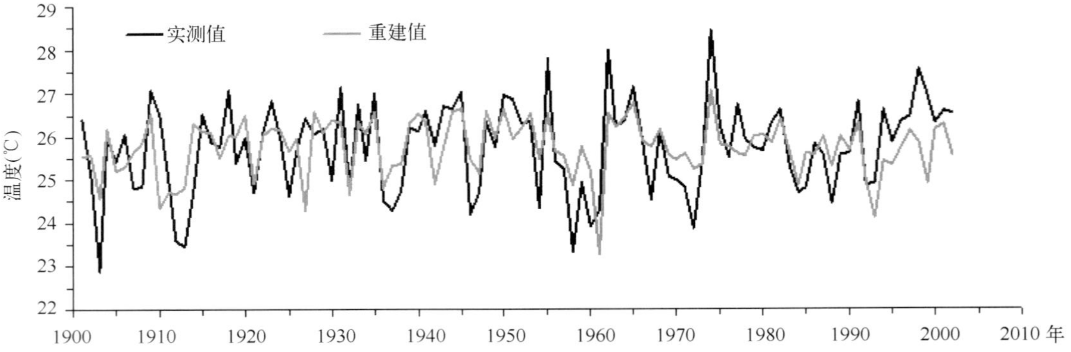

图 4.32　重建温度与实测温度对比

表 4.20　回归方程的检验参数

校准期(年)	验证期(年)	相关系数	解释方差	误差缩减值	效率系数	符号检验	乘积平均数
1901—1951	1952—2002	0.592	0.350	0.342	0.329	$13^-/38^+$	1.966
1952—2002	1901—1951	0.666	0.444	0.434	0.423	$15^-/36^+$	3.352
1901—2002		0.625	0.391				

基于以上气候响应分析的结果，我们利用晚材平均密度标准化年表重建了哈萨克斯坦东部斋桑湖地区近 400 年夏季(6—8 月)平均最高温度。为检验重建方程的稳定性和重建结果的可靠性，我们利用分段检验的方法对于重建序列进行检验。其中，将 1901—1951 年确定为验证期，将 1952—2002 年确定为校准期(图 4.32 和表 4.20)。统计参数包括了误差缩减值、效率系数、信号检验和相关系数等(Cook and Kairiukstis，1990)。误差缩减值和效率系数都为正值，揭示了重建结果比较可靠。符号检验和乘积平均数都达到了 99%的置信度水平。本温度重建序列与斋桑气象站实测温度相关达到了 0.742 ($p<0.01$，1936—1989 年)。以上测试结果验证了重建序列的可靠性。基于重建方程，我们重建了斋桑湖地区近 400 年夏季温度(序列数 ≥5，样本总体代表性≥0.8)。

4.3.4.4　温度重建序列的变化特征

图 4.33 展示了温度重建序列及其 10 年的低通滤波值。近 400 年的夏季最高温度的平均值为 25.6℃。重建序列揭示了 20 世纪温度要比过去 400 年温度的平均值高出 0.15℃。其中 1613 年(23.04℃)和 1685 年(27.30℃)分别为重建序列的最低值和最高值。重建序列还揭示了 4 个偏暖阶段(1635—1655 年，1670—1690 年，1710—1740 年，1920—1950 年)。1650—1680 年这 30 年显著偏暖。尽管如此，20 世纪还是最暖的一个世纪，并包含了三个最暖的年代。10 个最暖年分别分布在 1640 年，1641 年，1675 年，1685 年，1686 年，1690 年，1692 年，1715 年，1723 年和 1974 年。重建序列也揭示了四个偏冷阶段(1600—1620 年，1695—1710 年，1780—1820 年和 1868—1890 年)。十个最冷年则均匀分布于近 400 年(1606 年，1608 年，1612 年，1613 年，1614 年，1668 年，1702 年，1783 年，1796 年和 1961 年)。最冷的年代多分布于 17 世纪和 18 世纪(表 4.21)。

表 4.21　斋桑湖温度重建序列统计特征

10 个最高值和最低值				10 个最高年代和最低年代				长期平均值	
年份	最低	年份	最高	年份	最低	年份	最高	年份	平均值
1613	23.04	1685	27.30	1610	24.73	1650	26.15	1600—1699	25.61
1961	23.29	1675	27.16	1660	24.86	1720	26.07	1700—1799	25.51
1612	23.42	1641	27.08	1700	25.00	1710	26.07	1800—1899	25.54
1608	23.77	1974	27.05	1780	25.04	1730	26.07	1900—2002	25.75
1783	23.87	1686	27.03	1790	25.08	1670	26.05	1600—2002	25.60
1606	23.94	1690	27.00	1880	25.31	1680	26.03		
1796	23.94	1640	26.99	1810	25.34	1940	25.99		
1668	24.05	1692	26.90	1760	25.34	1950	25.91		
1614	24.05	1715	26.82	1750	25.40	1640	25.90		
1702	24.07	1723	26.82	1620	25.41	1920	25.84		

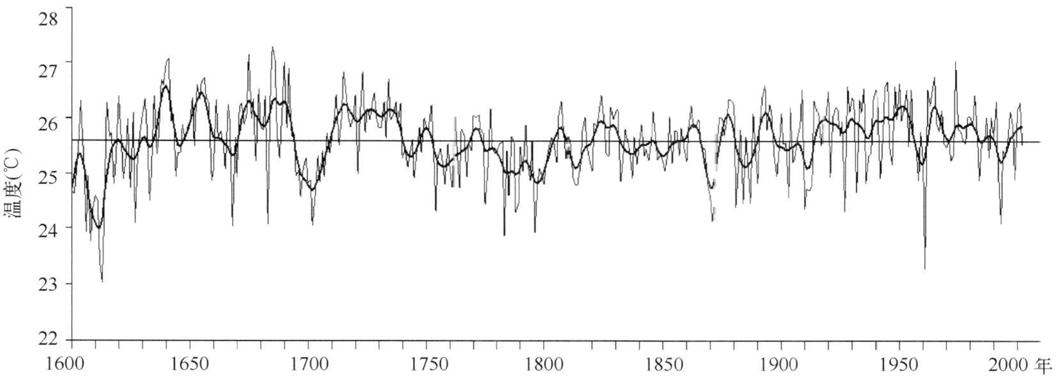

图 4.33　哈萨克斯坦东部斋桑湖地区近 400 年夏季温度变化

多窗谱分析揭示重建序列具有 201.5 年的世纪周期变化。同时，发现了 42.7 年，18.3 年，12 年的年代周期变化和 5.1 年，3.1 年，2.7 年，2.4 年的高频变化。小波分析揭示 1680—1710 年存在一个 18～40 年的周期变化。

4.3.4.5　自然驱动力

相关研究发现，在北半球的许多地方的树轮密度都受到火山活动的抑制，出现了显著低值（Briffa *et al.*，1998）。对比火山喷发活动记录（Simkin and Siebert，1994），与我们的温度重建序列发现两者并没有必然的联系，然而仔细研究分析发现许多大规模火山喷发以后，出现了 33 个偏冷年，这 33 个偏冷年比重建序列的平均值下降了 0.51℃。这些火山包括了秘鲁的 Huaynaputina 火山（1600），日本的 Shikotsu 火山（1667），苏拉威西的 Tongkoko 火山（1680），日本的 Komaga-Take 火山（1695），日本的 Fuji 火山（1707），日本的 Shikotsu 火山（1739），印尼的 Taal 火山（1754），美国的 StHelens 火山（1800），印尼的 Awu（1812），印尼的 Tambora 火山（1815），堪察加的 Sheveluch 火山（1854），爪哇的 Krakatau 火山（1883），新西兰的 Okataina 火山（1886），危地马拉的 Santa Maria 火山（1902），菲律宾的 Taal 火山

(1911)，阿拉斯加的 Novarupta 火山(1912)，智利的 Azul Cerro 火山(1932)，墨西哥的 El Chichon 火山(1982)和菲律宾的 Pinatubo 火山(1991)(表 4.22)。

表 4.22　斋桑湖温度重建序列低值与火山喷发

火山	年份	距平值(℃)
Huaynaputina, Peru (1600)	1600—1601	−0.97
Island, New Guinea (1660)	1660	−0.54
Shikotsu (Tarumai), Japan (1667)	1667—1668	−0.61
Tongkoko, Sulawesi (1680)	1681—1683	−0.20
Komaga-Take, Japan (1695)	1695	−0.67
Fuji, Japan (1707)	1707	−0.67
Shikotsu, Japan (1739)	1740—1742	−0.33
Taal, Indonesia (1754)	1754	−1.28
Laki, Iceland (1783)	1783	−1.73
St Helens, US(1800)	1800	−0.81
Awu, Indonesia (1812)	1812	−0.69
Tambora, Indonesia (1815)	1815	−0.46
Sheveluch, Kamchatka (1854)	1854	−0.42
Krakatau, west of Java (1883)	1883—1884	−0.48
Okataina, New Zealand (1886)	1886—1887	−0.76
Santa Maria, Guatemala (1902)	1902—1903	−0.54
Novarupta (Katmai), Alaska (1912)	1912—1913	−0.86
Azul, Cerro (Quizapu), Chile (1932)	1932	−0.95
El Chichon, Mexico (1982)	1983—1984	−0.35
Pinatubo, Philippines (1991)	1991—1993	−0.47

太阳辐射被认为是地球生态系统最为重要的驱动力。利用太阳辐射重建序列(Crowley, 2000)和斋桑湖地区温度重建序列进行对比，发现该地区温度在蒙德、达尔顿和戴蒙 3 个太阳黑子极小期内都比较低。利用小波分析发现，在小冰期期间存在 18～40 年的周期变化，蒙德极小期的低温可能受到太阳辐射变化周期的影响。类似的周期变化也在西藏的干旱指数重建序列中存在(Wang *et al.*, 2008)。在欧洲和亚洲的许多地方受到 1815 年印尼 Tambora 火山爆发的影响，出现了很大的降温，在欧洲，1816 年的温度甚至下降了 4.5℃，被称为“无夏年”。1808—1815 年期间，热带地区火山喷发频繁，火山爆发所产生的火山灰导致夏季温度有显著下降(Chenoweth, 2001)，同时，这一时期也是达尔顿极小期。19 世纪 10 年代是重建序列中 10 个最冷年代之一。但这一时段的温度仍然高于达尔顿极小期的温度。我们认为这一时期温度受到了太阳活动和火山喷发的双重影响。

2.4～5.1 年的高频周期振荡与北极涛动、北大西洋涛动和 ENSO 的周期变化一致(Glueck *et al.*, 2001)。2.4 年的周期变化与 TBO 振荡有关。综上所述，这些高频变化意味着斋桑湖地区温度变化与大范围海气系统的交互作用有关。

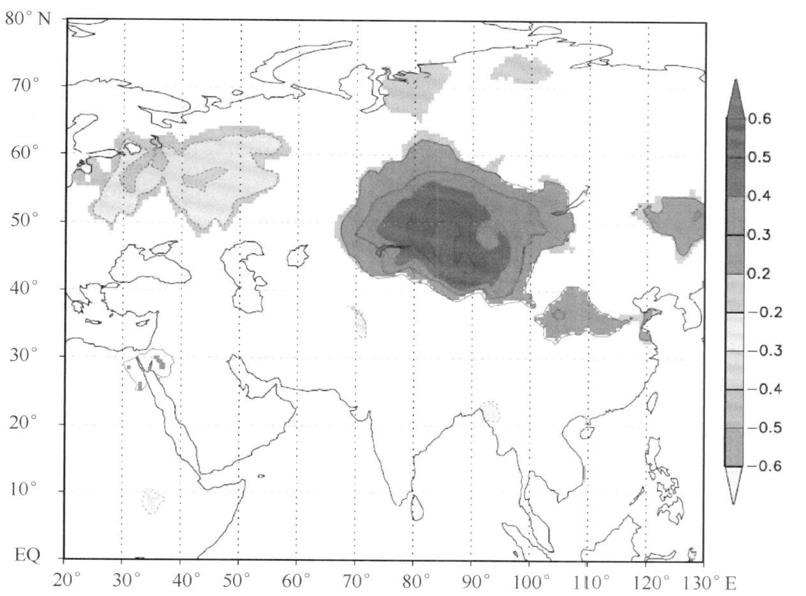

图 4.34　斋桑湖温度重建序列的空间代表性

4.3.4.6　大范围气候信号

为揭示重建温度的空间代表性，我们计算了温度重建序列和 CUR 温度数据集的相关系数（1901—2006 年）。空间相关揭示我们的重建序列能够表征北纬 42°～55°，沿东西向伸展的广大地区温度变化，其中相关系数最高的地方发生在哈萨克斯坦东部（图 4.34）。这一结果证实我们重建序列能够捕捉到大范围的气候信号。

为进一步验证我们重建序列的可靠性。我们比较了本地区的年表与阿尔泰山青河地区的树轮晚材平均密度年表，两者采用同样的去趋势方法。两者间的相关系数达到了 0.347，进行 10 年低通滤波处理以后，相关系数上升到 0.402。其中，17 世纪晚期到 18 世纪早期的低值阶段可能与蒙德极小期有关。最近 20 年来，青河年表出现了显著的上升趋势，而本重建序列却没有出现明显上升（图 4.35）。

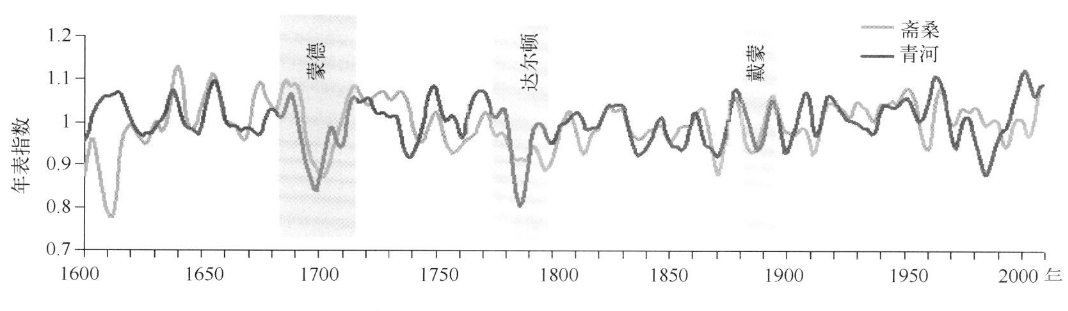

图 4.35　和布克赛尔密度年表与阿尔泰山青河地区密度年表对比

表 4.23 斋桑湖温度重建序列与北半球温度重建序列 10 年低通滤波值相关系数

	Briffa	D'Arrigo	Esper	Jones	Mann	Moberg
斋桑	0.207	0.355	0.292	0.29	0.352	0.141
显著性水平	0.001	0.001	0.001	0.001	0.001	0.001
年数	394	396	393	392	381	380

大范围温度重建被认为是研究区域气候与全球气候化的重要纽带。一些大范围温度重建研究揭示了在整个大陆可能存在共同的气候信号(Briffa，2000；D'Arrigo *et al.*，2006；Esper *et al.*，2002；Jones *et al.*，1998；Mann *et al.*，1999；Moberg *et al.*，2005)。然而，在这些重建中，却很少使用来自中亚地区的气候代用资料。斋桑湖温度重建序列与多条北半球温度重建序列在原始值上相关不高，但经过 10 年低通滤波处理以后，相关系数有了明显上升，其中最高的相关系数达到了 0.355(表 4.23)。这一结果揭示了斋桑湖地区温度在低频变化上与北半球温度变化存在一定联系。

4.3.5 中亚西天山干湿变化重建与分析

4.3.5.1 树轮宽度年表建立

树轮样本采自伊犁地区霍城的大水沟(DSG)、尼勒克的尼勒克于赞(NLK)。采样时间为 2006 年 7—8 月。在采样布局上，除遵循树木年轮气候学采样点选择基本原理外，还考虑了空间和坡向分布等因素。树木年轮样本采样点位于伊犁天山山区的林带中下部地区，森林郁密度为 0.3 左右，土层较薄，树木生长的立地条件较差。由于采样点交通不便，树木受人类活动影响甚少，仍为原始林区。所取钻芯样本的树木多是树龄较长，没有明显受损的立木，树高 10～15 m，胸径在 1.5～1.8 m 左右。树种为雪岭云杉(*Picea schrenkiana*)，共采集了 46 棵树 92 个样芯(采样点概况见表 4.24 和图 4.36)。

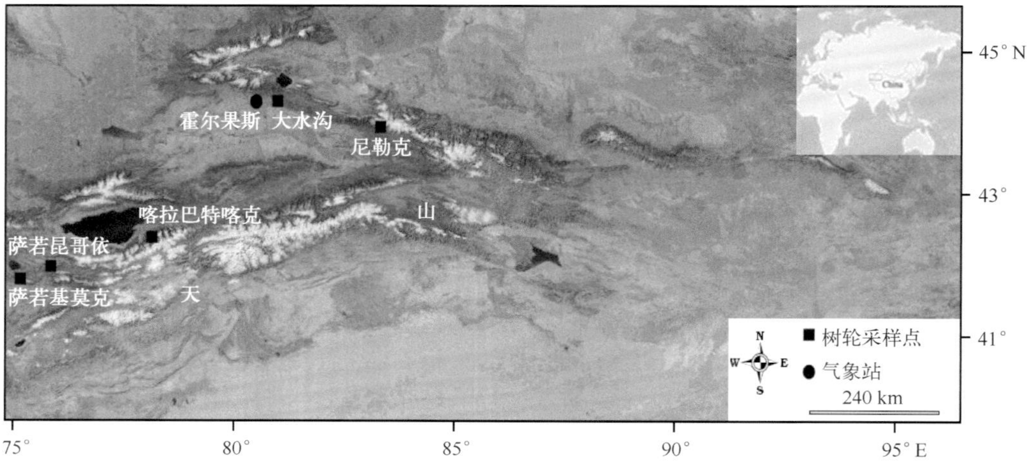

图 4.36 树轮采样点分布图

表 4.24　树轮采样点概况

采样点	北纬　东经	树数	海拔高度(m)	坡向	坡度	年表区间
大水沟(DSG)	44°24′ 81°04′	42	1630～1745	SE	15°—25°	1520—2006
尼勒克(NLK)	44°01′ 82°42′	38	1790～1865	SW	15°—20°	1751—2006
喀拉巴特喀克(Karabatkak)	42°11′ 78°11′		2800			1650—1995
萨若基莫克(Sarejmek)	41°36′ 75°09′		2800			1626—1995
萨若昆哥依(Sarekungey)	41°40′ 76°26′		2800			1689—1995

依照树轮样本处理的基本程序，首先对新采集的树木样芯进行干燥、固定、磨光和交叉定年，用精度为 0.001 mm 的 Velmex 轮宽测量仪进行轮宽测量。同时，我们还从自瑞士联邦森林、雪与景观研究院获取了吉尔吉斯斯坦天山山区三个采样点的树轮宽度原始数据(表 4.24、图 4.36)。利用 COFECHA 程序对树轮最大密度交叉定年结果进行检验(Holmes，1983)。树轮最大密度年表的建立是利用 ARSTAN 程序完成的(Cook and Kairiukstis，1990)。采用传统的负指数函数进行生长趋势拟合，以双权重平均法将上述去除生长趋势后的序列合并成均值为 1、最小值为 0 的无量纲的树轮最大密度指数序列。最终建立了吉尔吉斯斯坦和中国天山山区两个区域树轮宽度标准化年表(STD)、差值年表(RES)和自回归年表(ARS)。由于 2 个区域树轮宽度年表变化具有一致性，且显著相关($r > 0.5$，$P < 0.001$)，于是把 5 个采样点的所有树轮宽度序列合在一起建立了中亚西天山区域树轮宽度标准化年表 RC。图 4.37 为树轮最大密度年表指数和样本量曲线，其中样本总体代表性大于 0.85 的起始年为 1580 年。

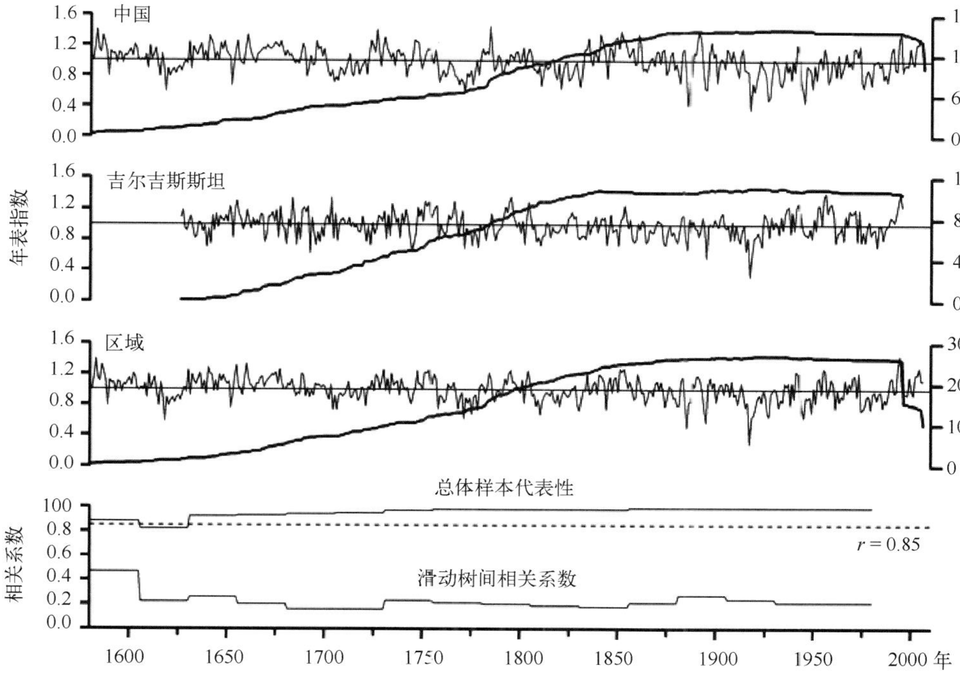

图 4.37　中亚西天山树轮宽度标准化年表与样本量曲线

4.3.5.2　气候响应分析

干旱胁迫是影响干旱半干地区树木生长的主要限制因素。在夏末和初秋，较高土壤水分可促进植物光合作用，提高营养物质存储，从而为下一年植物的生长奠定基础(Fritts，1976)。7—9月的降雨量增加能够有利于缓解夏季干旱威胁。相反，夏季气温上升会使土壤水分蒸发量增加，从而加速了已经存在的水分胁迫(图4.38)。研究发现树木生长与2—4月降水有着良好正相关。相关分析结果同时还表明上年冬季至当年春季的土壤水分含量对于树轮早材快速增长有着重要限制作用。冬季和初春的天山西部的降水是以降雪为主，与2—4月的降水的正相关关系可能代表了积雪及其融水对土壤水分影响。上年冬季到当年春季降水和降雪增加，能够有效增加土壤水分含量，从而促进生长季节早期树木的快速生长。之后，伴随着来自北大西洋水汽输送的增加，使得天山山区降水增加，土壤能够获取到足够的水分，使得干旱胁迫作用逐渐减弱。由于帕尔默干旱强度指数(PDSI)该考虑了月平均温度、降水量与可提供的土壤水分含量的综合影响，这使得年轮宽度和PDSI指数之间的相关性均高于单独降水或温度因子。气候相关普查结果显示，树轮宽度年表与当年1—5月份PDSI指数存在显著的正关关系($r=0.59$)。

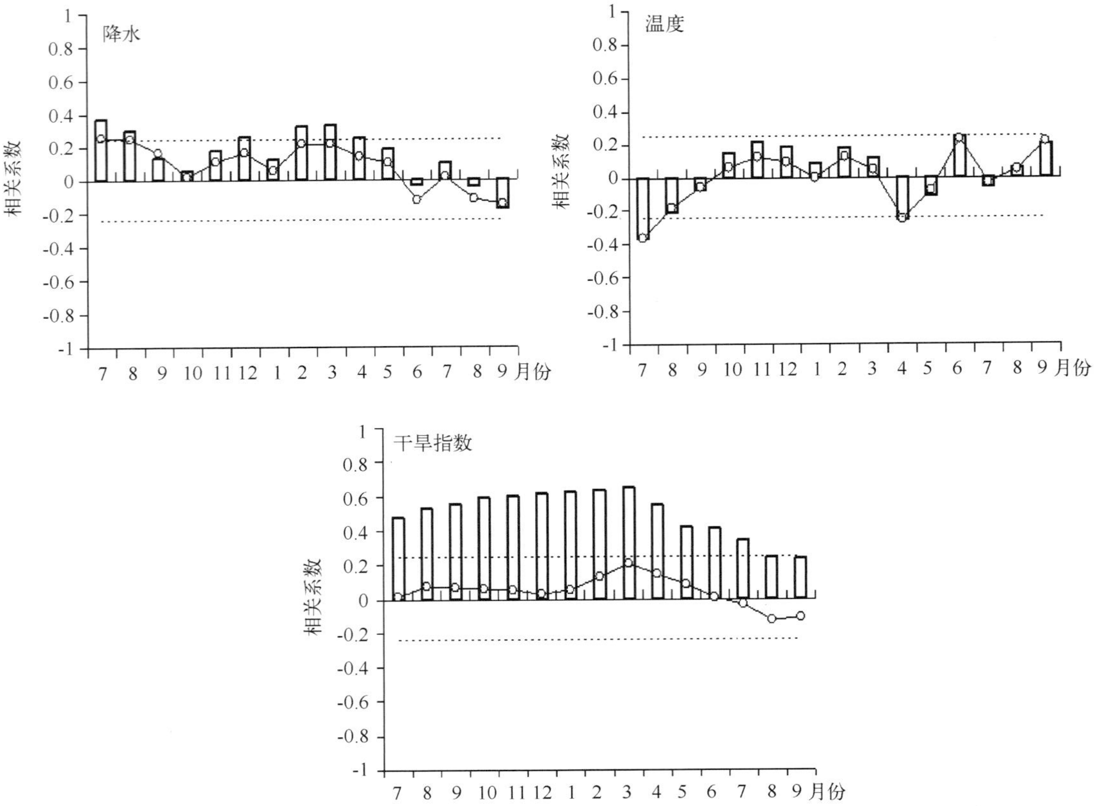

图4.38　树轮宽度序列与气候要素响应分析结果

4.3.5.3　PDSI 指数重建

取覆盖西天山山区的当年 1—5 月平均 PDSI 指数，同时考虑到温度对雪岭云杉年轮当年 t、次年 $t+1$ 及再次年 $t+2$ 树轮生长的可能影响，用逐步回归分析方法建模，构建重建方程如下：

$$Y = 6.888RC - 6.978 \tag{4.4}$$

式中：Y 为西天山山区的当年 1—5 月平均 PDSI 数据；RC 是西天山山区区域树轮宽度标准化年表。

重建方程的相关系数 R 为 0.59，在校准期内，81 年的重建值对实测值的解释方差 R^2 为 35%。从统计特征来说，方程(4.4)具有很好的稳定性和精确性，从图 4.39 可见重建值与实测值有较好的同步性。重建方程交叉检验所得的误差缩减值和效率系数的显著性水平均达到 0.001；符号检验也都达到了 0.001 的显著性平。

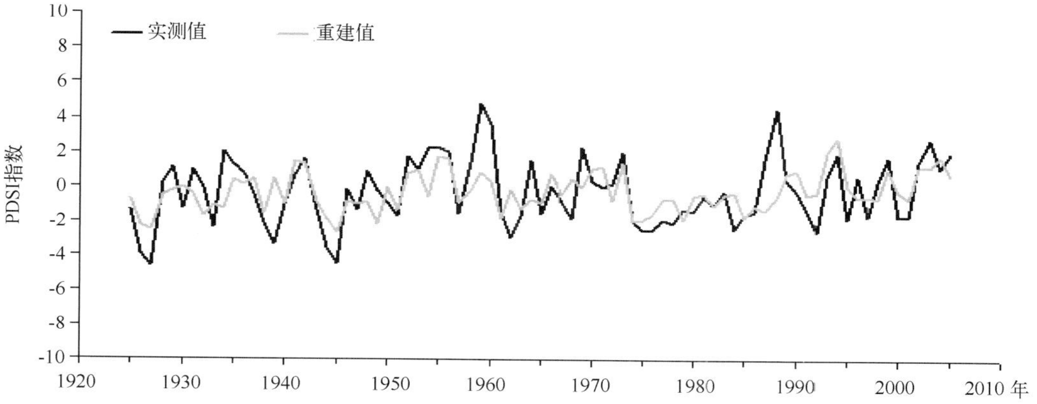

图 4.39　PDSI 实测数据与重建值比较

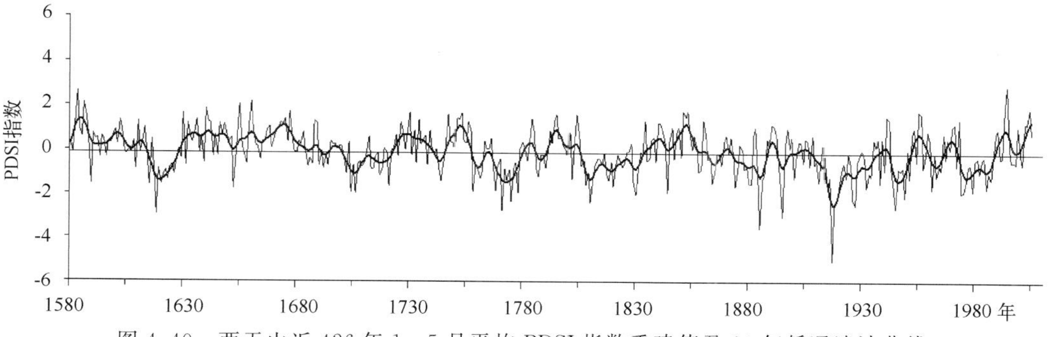

图 4.40　西天山近 426 年 1—5 月平均 PDSI 指数重建值及 10 年低通滤波曲线

图 4.40 为重建的中亚天山山区公元 1580—2005 年 1—5 月平均 PDSI 指数及其 10 年的低通滤波曲线。以 PDSI 指数重建的平均值(－0.10)为基准，经 10 年的低通滤波的重建序列揭示出的主要干旱时段有：1614—1628 年，1700—1722 年，1758—1790 年，1806—1833 年，1873—1898 年，1908—1936 年，1943—1951 年，1960—1966 年和 1973—1988 年；湿润时段有：1580—1613 年，1629—1699 年，1723—1757 年，1791—1805 年，1834—1872 年，1899—1907 年，1937—1942 年，1952—1959 年，1967—1972 年和 1989—2005 年。其中，1908—1936 年是最近 426 年最为显著的干旱时段，1917 年为该地区最为干旱的年份。值得注意的是

在 20 世纪后期，伴随着全球变暖，中亚西天山地区具有一个明显的变湿趋势。小波分析结果表明中亚西天山干湿变化存在显著的周期性变化，主要的振荡周期有 213 年，60.2 年，2～5 年。

4.3.5.4　西天山干湿变化的驱动力

对比前人在天山不同地区获取的干湿变化序列，发现这些序列在低频变化上具有良好的同步性。这些干湿序列显示了天山山区干湿阶段变化：其中 1697—1721 年，1741—1752 年，1805—1825 年，1853—1878 年，1908—1932 年和 1973—1988 年偏干；1722—1740 年，1826—1852 年，1879—1907 年，1933—1950 年和 1989—2006 年偏湿(图 4.41)。17 世纪后期到 18 世纪初的干旱时段可能与蒙德太阳活动极小期的低温有关。重建序列所揭示的 19 世纪初的干旱时段与 1808 年至 1815 年一系列热带火山喷发所带来的降温效应有关(Chenoweth，2001；Dai *et al.*，1991)。在天山最干旱的 1908—1932 年是天山山区最为干旱的一个时段。这一时期的多个干旱事件在周边广大地区都有发生。特别值得注意的是天山山区在最近 20 年表现出明显的变湿趋势，与之相反的是祁连山却表现出了显著的变干趋势，这可能与季风系统和西风系统的交互作用有关。但这种作用并不是十分稳定，祁连山地区与天山山区的干湿序列都揭示出共同的大范围干旱极端事件(如 1810 年，1916—1917 年，1944—1946 年和 1923—1932 年)。

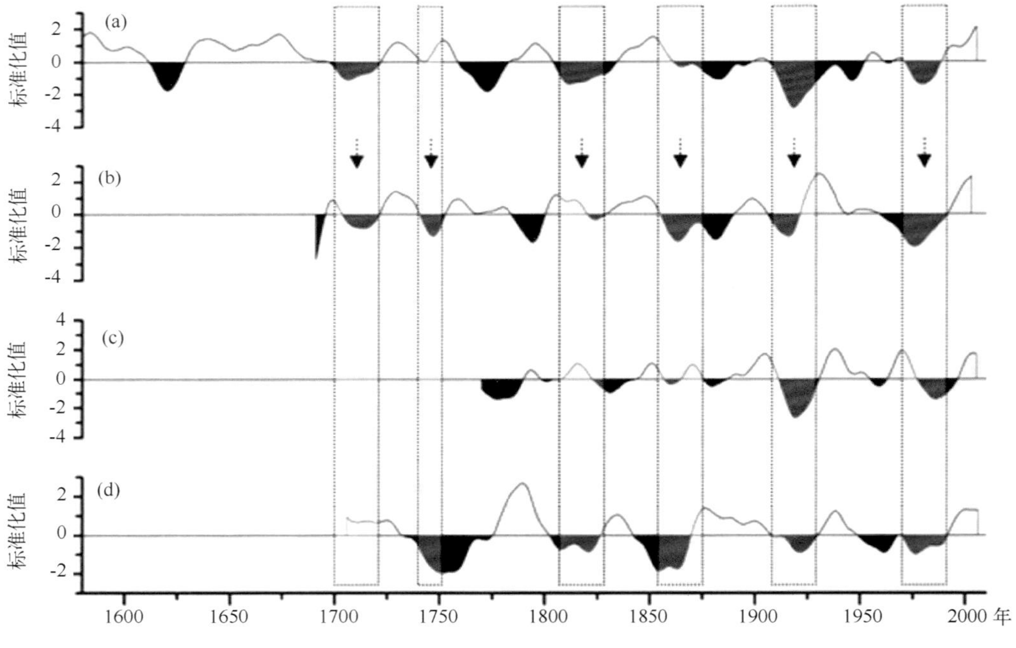

图 4.41　天山山区不同区域干湿变化序列低频变化对比。

(a)西天山 1—5 月 PDSI 指数重建序列；(b)中天山呼图壁地区上年 8 月至当年 7 月降水重建序列；(c)伊犁地区上年 7 月至当年 6 月降水重建序列；(d)东天山上年 7 月至当年 6 月降水重建序列

PDSI 重建表明，“小冰期”期间，西天山具有一个相对湿润期。这可能与北大西洋涛动(NAO)活动有关。空间相关性分析表明西天山 PDSI 重建序列捕捉到了大范围的干湿变化信号。同时，研究还发现 PDSI 指数与 1—5 月降水也显示非常类似的空间相关(图 4.42)。西天山 PDSI 重建序列的 2～5 年周期和 60.2 周期在冬季北大西洋涛动重建中也有所体现，这表明西天山干湿变化可能受到北大西洋涛动的影响(Glueck *et al.*, 2001)。西天山 PDSI 重建序列与北大西洋海面温度(SST)的显著正相关支持这种联系(图 4.42c)。当北大西洋涛动位于正相位，冰岛低压增强，使得来自北大西洋的暖湿气流更容易深入亚洲大陆内陆，进而使得来自北冰洋的冷干气团减弱。相反，如果冰岛和亚速尔群岛之间的气压差异偏小(NAO 的负相位)，西风气流的活动会受到抑制，从而使北极干冷气团对亚洲大陆影响进一步增强(Folland *et al.*, 2009; Glueck and Stockton, 2001; Jones and Conway, 1997)。通过对北西天山地区 PDSI 重建序列与北大西洋年代际振荡(AMO)重建序列的比较也支持了这种关系($r = 0.32, P < 0.001$)。仔细分析表明，当 AMO 为正值时的 PDSI 值平均较为 AMO 为负值时偏高 0.31。如图 4.43 所示，我们的 PDSI 重建序列与 AMO 序列在 1580—1601 年，1620—1644 年，1657—1674 年，1686—1707 年，1722—1735 年，1755—1776 年，1795—1821 年，1829—1847 年，1867—1889 年，1898—1910 年，1922—1941 年，1963—1972 年和 1980—1990 年具有很强同步性。如上所述，在中亚天山山区与受北大西洋海温影响的西风环流有着重要联系。

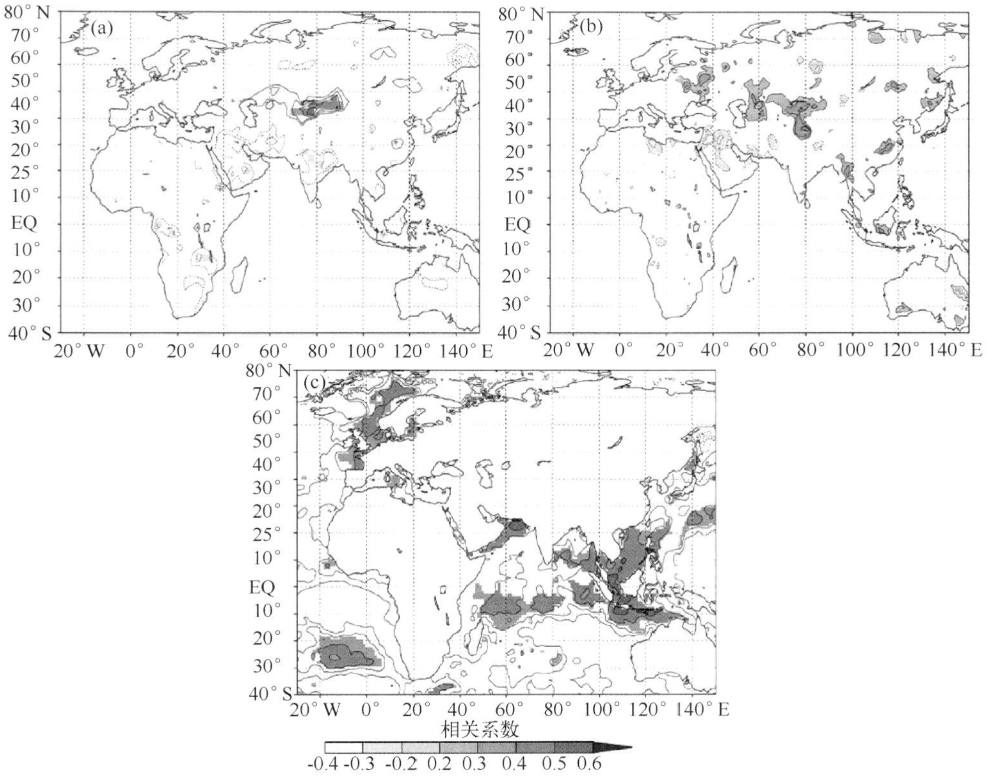

图 4.42　中亚天山山区 1—5 月 PDSI 指数重建序列与 PDSI(a)，降水(b)，海温(c)的空间相关

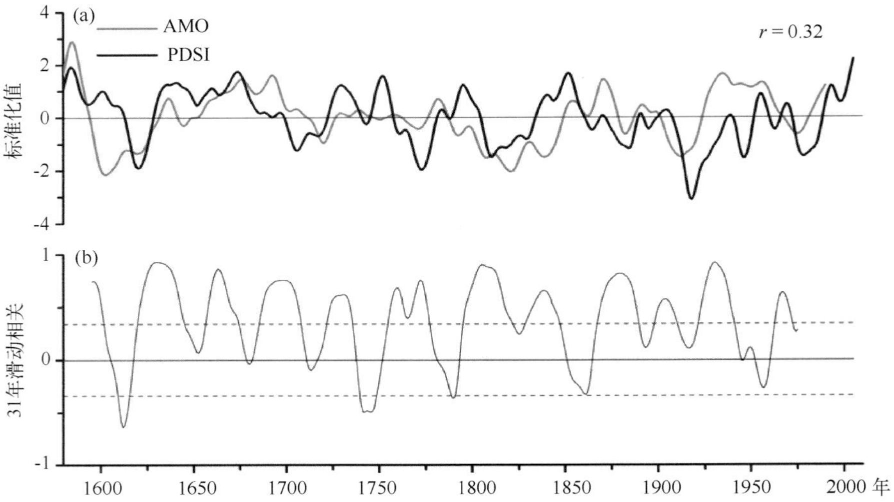

图 4.43　中亚天山山区 1—5 月 PDSI 指数重建序列与北大西洋年代际振荡 20 年低通滤波值对比

4.3.6　新疆历史时期气候变化

4.3.6.1　北疆历史气候变化重建

(1)气温

选取利用树木年轮资料重建的阿勒泰西部 5—9 月平均气温、伊犁乌孙山北坡 4—5 月平均最低气温、呼图壁 5—6 月平均最高气温、南天山北坡西部 6—7 月平均气温、博州年最低气温和沙湾年最低气温与北疆年平均气温进行相关分析。结果发现阿勒泰西部 5—9 月平均气温、南天山北坡西部 6—7 月平均气温和博州年最低气温三条温度序列与北疆年平均气温的单相关系数达到显著水平(表 4.25)。

表 4.25　重建气温序列与北疆年平均气温相关分析结果

气温序列	阿勒泰西部 5—9 月平均气温	伊犁乌孙山北坡 4—5 月平均最低气温	呼图壁 5—6 月平均最高气温	南天山北坡西部 6—7 月平均气温	博州年最低气温	沙湾年最低气温
北疆年平均气温	0.478	0.256	0.083	0.414	0.629	0.273
显著水平	0.0009	0.086	0.593	0.004	0.000004	0.076

通过逐步剔除回归,利用这三条气温序列重建了 1681—2002 年北疆年平均气温:

$$T_{北疆} = 2.065 + 0.752 \times T_{阿勒泰} + 0.679 \times T_{博州} \qquad (4.5)$$

式中 $T_{北疆}$ 为北疆年平均气温、$T_{阿勒泰}$ 为阿勒泰西部 5—9 月平均气温(由沙勒哈、吉克音 2 个年表重建)、$T_{博州}$ 为博州年最低气温(由哈夏、喀茵得萨依和然布尔萨依三个年表重建)。该转换方程的复相关系数为 0.755,方差解释量为 56.9%,F 检验值为 26.449,达到 0.000001 的显著水平。

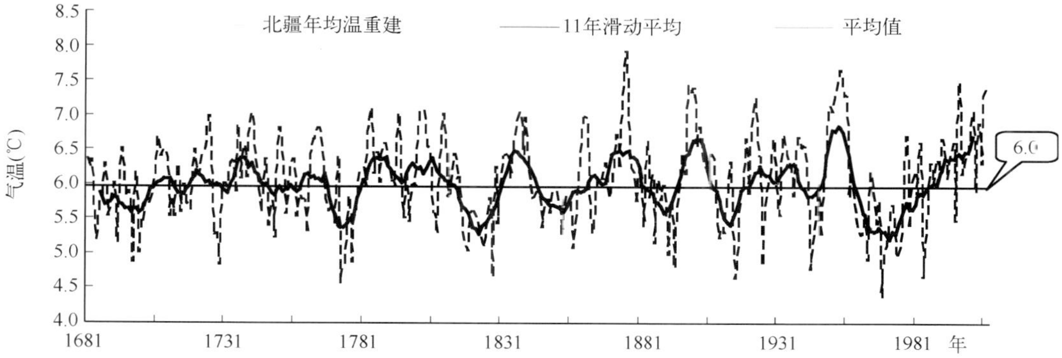

图 4.44　1681—2007 年北疆年平均气温重建序列及 11 年滑动平均

注:图中平均值为北疆年平均气温实测值 1971—2000 年 30 年平均值

从图 4.44 北疆年平均气温重建序列 11 年滑动平均值(粗线)可以看出,1861—2007 年北疆年平均气温大体经历了 8 个偏冷阶段和 8 个偏暖阶段(表 4.26),最冷阶段出现在 1769—1780 年和 1909—1918 年,最暖阶段出现在 1947—1959 年。

用功率谱分析方法对北疆年平均气温重建序列进行周期分析,以了解过去 235 年的气温变化的周期性。结果表明,北疆的气温以 2.1～2.6 年、24 年、27 年的周期最为显著,均超过了 0.05 的显著性水平。

表 4.26　1661—2007 年北疆年平均气温冷暖阶段变化(单位:℃)

偏冷阶段	平均值	年数	偏暖阶段	平均值	年数
1661—1703	5.7	43	1704—1768	6.1	65
1769—1780	5.4	12	1781—1814	6.2	34
1815—1830	5.5	16	1831—1844	6.3	14
1845—1861	5.8	17	1862—1884	6.2	23
1885—1894	5.6	10	1895—1908	6.5	14
1909—1918	5.4	10	1919—1940	6.2	22
1941—1946	5.9	6	1947—1959	6.6	13
1960—1985	5.5	26	1985—2007	6.4	23

(2)降水量

将北疆年降水量与博州年降水量、伊犁南天山上年 7 月到当年 5 月降水量、呼图壁上年 8 月到当年 7 月降水量、乌苏年降水量进行相关分析(表 4.27)。发现博州年降水量、乌苏年降水量均与北疆年降水量相关最好,相关系数分别达到 0.543 和 0.498,显著性水平都达到 0.0001。

表 4.27　北疆年降水量与 4 个重建降水序列的相关系数

	博州年降水量	伊犁南天山上年 7 月到当年 5 月降水量	呼图壁上年 8 月到当年 7 月降水量	乌苏年降水量
北疆年降水量	0.543	0.360	0.257	0.498
显著水平	0.0002	0.008	0.046	0.003

根据相关分析结果，进行逐步剔除回归分析，得到北疆年降水量转换方程：

$$P_{北疆} = 0.668P_{博州} + 0.185P_{伊犁} - 3.185 \quad (4.6)$$

式中，$P_{北疆}$为北疆年降水量，$P_{博州}$为博州年降水、$P_{伊犁}$为伊犁年天山上年7月到当年5月年降水量，该转换方程的复相关系数为0.597，方差解释量为35.6%，F检验值为11.349，达到0.0001的极显著水平，由该方程可以重建出北疆地区1770—2004年的年降水量。

表4.28　1770—2004年北疆年降水量干湿阶段变化

偏干阶段(年)	年数	平均值	偏湿阶段	年数	平均值
1770—1777	8	150.2	1778—1793	16	195.3
1794—1812	19	167.9	1813—1820	8	193.4
1821—1836	16	162.4	1837—1842	6	189.8
1843—1864	22	173.4	1865—1911	47	190.0
1912—1917	6	170.1	1918—1938	21	185.7
1939—1950	12	171.4	1951—1965	15	184.9
1966—1992	27	169.8	1993—2004	12	205.3

从重建序列的11年滑动平均曲线上看(图4.45)，近235年来的降水大致经历了七个偏干阶段和七个偏湿润阶段(表4.28)，其中偏湿年份为125年，多于偏干年份。

最长的偏干阶段是1966—1992，偏少5.4%。最长的偏湿阶段是1865—1911，偏多5.8%。最干旱年份是1944，偏少44.4%。最湿润年份是1783，偏多40%。

用功率谱分析方法对北疆年降水量重建序列进行周期分析，以了解过去235年的气温变化的周期性。结果表明，北疆年降水量以2年、5.6年、5.8年的周期最为显著，均超过了0.05的显著性水平。

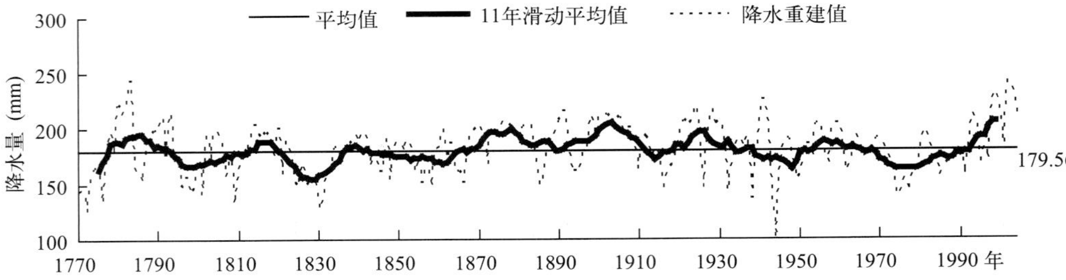

图4.45　北疆年降水量重建值的11年滑动平均曲线(平均值为1971—2000年实测数据的平均值)

4.3.6.2　天山山区

(1)天山山区年平均气温重建序列

用尼勒克、新源、昭苏、天池、小渠子、大西沟、巴里坤、伊吾、巴仑台、巴音布鲁克共10个站的年降水量平均值代表天山山区年平均气温，其可利用的时段为1959—2007年，并使用由采自天山山区的树木年轮宽度年表重建的降水量长序列对其进行重建。

选取利用树木年轮资料重建的伊犁乌孙山北坡4—5月平均最低气温、呼图壁5—6月平均最高气温、南天山北坡西部6—7月平均气温、博州年最低气温和沙湾年最低气温与天山山区年平均气温进行相关分析。结果发现南天山北坡西部6—7月平均气温和博州年最低气温两条温度序列与北疆年平均气温的单相关系数达到显著水平(表4.29)。

表 4.29 重建气温序列与天山山区年平均气温相关分析结果

气温序列	伊犁乌孙山北坡 4—5 月平均最低气温	呼图壁 5—6 月平均最高气温	南天山北坡西部 6—7 月平均气温	博州年最低气温	沙湾年最低气温
天山山区年平均气温	0.242	0.173	0.432	0.699	0.321
显著水平	0.105	0.263	0.002	0.000002	0.036

利用这两条气温序列通过逐步回归重建了 1681—2002 年天山山区年平均气温，转换方程为：

$$T_{天山} = 2.297 + 0.641 \times T_{博州} \quad (4.7)$$

式中 $T_{天山}$ 为天山山区年平均气温、$T_{博州}$ 为博州年最低气温。该转换方程的相关系数为 0.671，方差解释量为 45.0%，F 检验值为 33.541，达到 0.00000001 的显著水平。

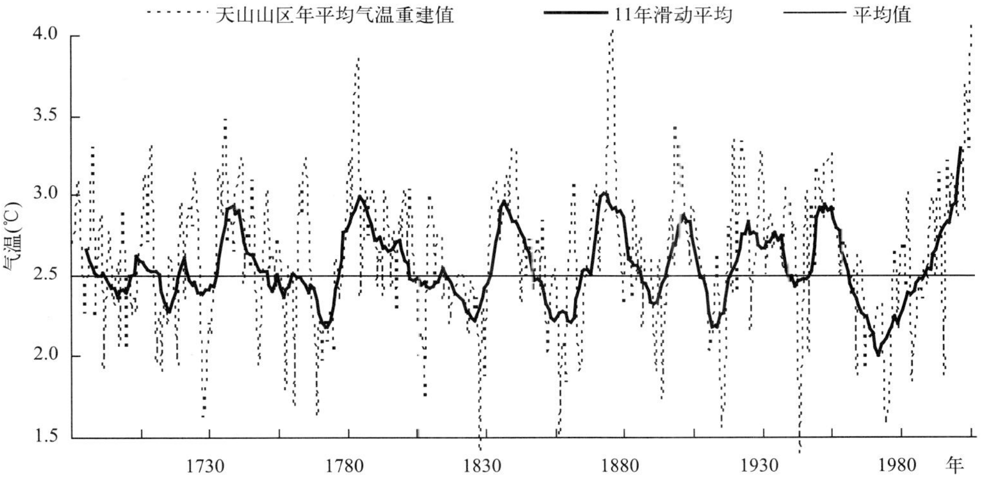

图 4.46 1681—2002 年天山山区年平均气温重建序列及 11 年滑动平均

注：图中平均值为天山山区年平均气温实测值 1971—2000 年 30 年平均值

从图 4.46 天山山区年平均气温重建序列 11 年滑动平均值(粗线)可以看出，1861—2002 年天山山区年平均气温大体经历了 8 个偏暖阶段和 7 个偏冷阶段(表 4.30)，最暖阶段出现在 1986—2007 年，最冷阶段出现在 1910—1917 年。

表 4.30 1681—2007 年天山山区年平均气温冷暖阶段

偏暖阶段(年)	平均值	年数	偏冷阶段	平均值	年数
1681—1693	2.6	13	1694—1701	2.4	8
1702—1712	2.6	11	1713—1732	2.4	20
1733—1751	2.8	19	1752—1776	2.4	25
1777—1806	2.7	30	1807—1831	2.3	25
1832—1850	2.8	19	1851—1864	2.3	14
1865—1909	2.7	45	1910—1917	2.0	8
1918—1961	2.7	44	1962—1985	2.2	24
1986—2007	2.9	22			

用功率谱分析方法对天山山区年平均气温重建序列进行周期分析，以了解过去 237 a 的气温变化的周期性。结果表明，天山山区的气温以 2～3 年、27 年、54 年的周期最为显著，均超过了 0.05 的显著性水平。

(2)天山山区年降水量重建序列

将天山山区降水与博州年降水量、伊犁南天山上年 7 月到当年 5 月降水量、呼图壁上年 8 月到当年 7 月降水量、乌苏年降水量进行相关分析(表 4.31)。发现博州年降水量、伊犁南天山上年 7 月到当年 5 月降水量与天山山区年降水量相关最好，相关系数分别达到 0.608 和 0.453，显著性水平都达到 0.001。

表 4.31　天山山区年降水量与 4 个重建降水序列的相关系数

	博州年降水量	伊犁南天山上年 7 月到当年 5 月降水量	呼图壁上年 8 月到当年 7 月降水量	乌苏年降水量
天山山区年降水量	0.608	0.453	0.251	0.453
显著水平	0.00001	0.001	0.05	0.001

根据相关分析结果，进行逐步剔除回归分析，得到天山山区年降水量转换方程：

$$P_{天山} = 62.500 + 1.0484\,P_{博州} + 0.350\,P_{伊犁} \tag{4.8}$$

式中 $P_{天山}$ 为天山山区年降水量，$P_{博州}$ 为博州年降水(由沙尔陶勒盖、阿合侠特 2 个年表重建)、$P_{伊犁}$ 为伊犁南天山上年 7 月到当年 5 月年降水量(由阿乌里亚乔克 1 个年表重建)。该转换方程相关系数为 0.691 方差解释量为 47.7%，F 检验值为 18.725，达到 0.0001 的极显著水平，由该方程可以重建出天山山区 1770—2004 年的年降水量(图 4.47)。

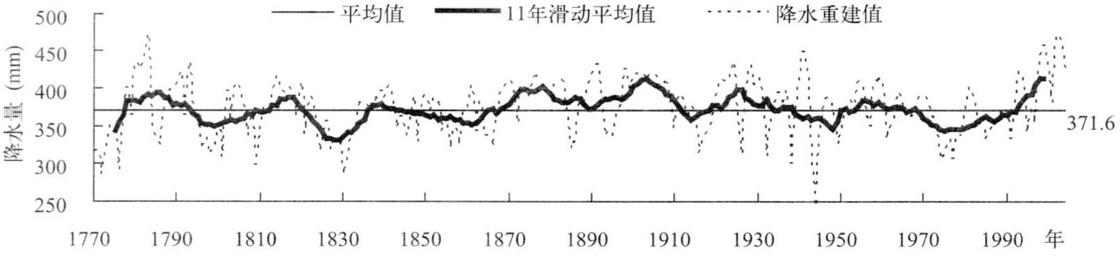

图 4.47　天山山区年降水量重建值的 11 年滑动平均曲线(平均值为 1971—2000 年实测数据的平均值)

从重建序列的 11 年滑动平均曲线上看，近 235 年来的降水大致经历了 7 个偏干阶段和 7 个偏湿润阶段(表 4.32)，其中偏湿年份为 124 年，多于偏干年份。最长的偏干阶段是 1969—1992 年，偏少 4.6%。最干旱年份是 1944，偏少 34.4%。最长的偏湿阶段是 1866—1911 年，偏多 4.8%。最湿润年份是 1783，偏多 27.1%。

表 4.32　天山山区 1770—2004 年年降水量干湿阶段变化

偏干阶段(年)	年数	平均值(mm)	偏湿阶段(年)	年数	平均值(mm)
1770—1777	8	323.7	1778—1793	16	395.3
1794—1811	8	351.7	1812—1820	9	392.2
1821—1836	16	345.1	1837—1842	6	388.1
1843—1865	23	359.7	1866—1911	46	389.5

续表

偏干阶段(年)	年数	平均值(mm)	偏湿阶段(年)	年数	平均值(mm)
1912—1918	7	354.2	1919—1938	20	381.9
1939—1953	15	362.4	1954—1968	15	377.1
1969—1992	24	354.4	1993—2004	12	413.3

利用功率谱分析方法和小波变换对天山山区年降水重建序列进行周期分析，以了解过去 235 a 的降水变化的周期性。结果表明，天山山区的降水量以 2.1 年、3.0 年、5.8 年、6.0 年的周期最为显著，均超过了 0.05 的显著性水平。对天山山区 235 年降水量进行 Morlet 小波变换，采用对称延伸法．消除小波变换的边界效应。过去 235 年天山山区降水量周期的 20～30 年的低频变化随时间变化逐渐减弱，30 年以上的震荡周期前期不明显，进入 20 世纪中期，40 年左右的低频震荡明显加强。结合小波方差分析结果可以看出，24～25 年的低频震荡最强，9 年的周期次之。

4.3.6.3　天山南坡过去气候变化重建

(1)阿克苏上年 8 月到当年 4 月降水量重建序列

将阿克苏气象站 1962—2005 年的上年 8 月到当年 4 月降水取对数后与南疆的 6 个标准化年表序列进行逐步回归分析，最终得到最佳转换函数：

$$P_{L8-4} = EXP(1.558 \times YAT + 1.982) \tag{4.9}$$

式中：P_{L8-4} 为上年 8 月到当年 4 月降水量重建值，YAT 为英阿特河标准化年表序列。

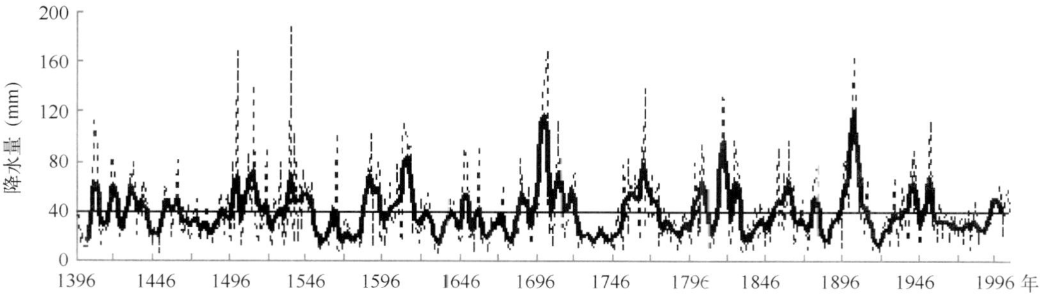

图 4.48　阿克苏上年 8 月到当年 4 月降水量重建序列(虚线)、低通虑波曲线(粗线)

该转换函数的复相关系数是 0.679，方差解释量为 46.0%，$F_{1,42}=35.898$，达到 0.0000004 的极显著水平，由该方程可以重建出 1396—2005 年天山南坡阿克苏河流域上年 8 月到当年 4 月降水量(图 4.48)，校准期内重建值和实测值的相关系数达 0.632，超过 0.00001 的极显著性水平，重建降水效果较好。

利用功率谱分析方法对天山南坡阿克苏河流域的降水重建序列进行周期分析，以了解过去 610 年的降水变化的周期性。分析发现，天山南坡阿克苏河流域的降水量以 2～2.5 年、12～13 年、45 年、50 年、58 年的周期最为显著，均超过了 0.05 的显著性水平。其中 12～13 年的周期与太阳黑子活动的 Schwabe(11 年)周期相近，而 2～2.5 年的周期特征与"准两年脉动(QBO)"十分接近。已有研究表明，QBO 的影响存在于较大的范围，其可能与海气间相互耦合振荡有关，这暗示了天山南坡阿克苏河流域的降水受当地气候变化影响外，还受到更大范围气候变化的影响，进一步证明了气候变化的全球性。

表 4.33　降水重建序列的突变年份

M	10	15	20	25	30	35	40	最强突变点	突变方向
突变年份	1584	1583	1586	1582	1584	1584	1584	1584	由少向多
			1617	1615	1615	1618	1626	1615	由多向少
			1684	1685	1685	1685	1685	1685	由少向多
	1722	1723	1722	1722	1723	1721	1723	1722—1723	由多向少
	1753	1753	1753	1753	1753	1753		1753	由少向多

采用的是滑动 T 检验法来检测重建降水序列的突变事实。为解决此法突变点随平均值时段长度(M)漂移的不足，参照文献，取 $M=10,15,20,25,30,35,40$ 年七个时段，进行计算，为找到较显著的突变点，本文取突变点出现次数较多(≥5 次)的年份作为突变年份，判定突变点的临界显著性水平为 0.001。结果表明(表 4.33)，天山南坡阿克苏河流域降水重建序列在 1584 年前后、1685 年前后、1753 年前后是从少向多突变，1615 年前后、1722 年前后发生从多向少的突变。这些突变年份中，1584 年前后的由少到多突变最为显著，1722 年前后的由多到少突变最为显著，15、19、20 世纪天山南坡阿克苏河流域未发生非常明显的突变，说明这三个世纪该地区降水较稳定。

图 4.49　降水重建序列的 31 年滑动平均

结合滤去小于 8 年的高频周期振动的低通滤波(图 4.48)和 31 年滑动平均(图 4.49)对重建的降水序列进行阶段分析发现：从 1416—1990 年，天山南坡阿克苏河流域的降水大体经历了 9 个偏干和 9 个偏湿阶段：1416—1434 年偏湿、1435—1492 年偏干、1493—1550 年偏湿、1551—1588 年偏干、1589—1625 年偏湿、1626—1684 年偏干、1685—1718 年偏湿、1719—1751 年偏干、1752—1779 年偏湿、1780—1801 年偏干、1802—1832 年偏湿、1833—1851 年偏干、1852—1869 年偏湿、1870—1886 年偏干、1887—1918 年偏湿、1919—1936 年偏干、1937—1956 年偏湿、1957—1990 年偏干。

表 4.34　百年尺度的干湿年份和平均降水

	偏干湿年份		平均降水量距平(mm)				
	偏干旱年	偏湿润年	00～99	00～24	25～49	50～74	75～99
15 世纪	68	32	−2.95	−0.48	−1.21	−1.96	−8.13
16 世纪	62	38	1.38	9.92	10.06	−14.93	0.45
17 世纪	69	31	−1.21	10.51	−7.56	−7.24	−0.55
18 世纪	63	37	0.72	20.37	−19.29	13.11	−11.3
19 世纪	56	44	1.83	12.39	−5.54	2.45	−1.97
20 世纪	65	35	0.66	9.38	0.58	−2.53	−4.77

从百年尺度上来看(表 4.34),每个世纪低于均值的偏干旱年份均高于均值的偏湿润年份;从趋势上看,偏湿润年份有所增加,偏干旱年份减少,表明天山南坡阿克苏河地区气候有湿化趋势,16、18、19、20 世纪的平均降水高于平均值,为较湿润的 4 个世纪,其中 19 世纪不但湿润年份最多,而且平均降水最高,说明 19 世纪是过去 6 个世纪中最为湿润的,而 15 和 17 世纪干旱年份最多,平均降水最少,表明 15 和 17 世纪是较干旱的 2 个世纪,而 16—20 世纪每个世纪的初期(前 25 年)较之其他时段均表现为湿润,其中,18 世纪初(前 25 年)降水平均偏多 51.2%。

取降水距平百分率－10%～＋10%为正常年份,＞＋30%为湿润年,＜－30%为干旱年,期间分别为偏湿年和偏干年。在 1396—2005 年期间,阿克苏河流域降水出现的湿润年有 139 个,占 22.8%,偏湿年有 51 个,占 8.3%,正常年有 87 个,占 14.3%,偏干年有 91 个,占 14.9%,干旱年 242 个,占 39.7%。偏干年和干旱年出现频率均多于偏湿年和湿润年,干旱年和湿润年出现的频率共占 62.5%,说明该地区过去 610a 自然灾害频繁,尤其是旱灾,这些均反映了干旱、半干旱地区的基本特性。

(2)阿克苏 2—3 月平均气温重建序列

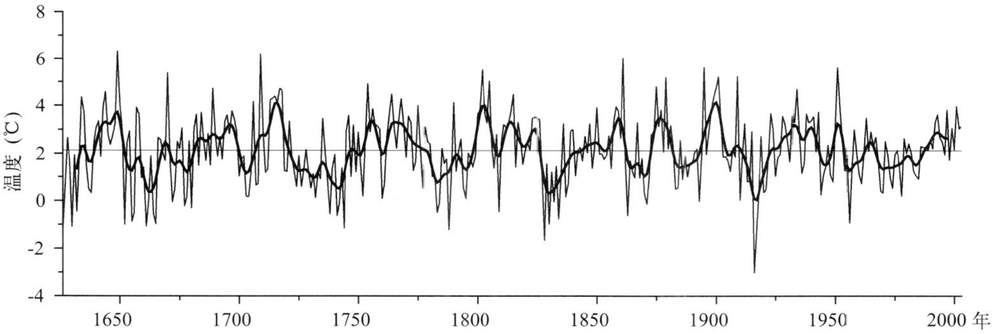

图 4.50　2—3 月平均气温重建序列(虚线)、低通滤波曲线(粗线)

将阿克苏气象站 1962—2005 年 2—3 月平均气温与 6 个标准化年表序列进行逐步回归分析,最终得到最佳转换函数:

$$T_{2-3} = -2.766 - 3.287 \times XKZ_t + 3.743 \times DTL_{t+1} + 2.954 \times ZDH_{t+2} + 1.626 \times YAT_t \quad (4.10)$$

式中 T_{2-3} 为 2—3 月平均气温的重建值,XKZ_t、DTL_{t+1}、ZDH_{t+2} 和 YAT_t 分别为小库孜巴依当年、大台兰次年、臻丹河再次年和英阿特河标准化年表序列。

该转换函数的复相关系数是 0.759,方差解释量为 57.7%,调整自由度后的解释方差 $R^2_{adj}=0.532$,$F_{4,38}=12.96$,超过 0.0001 的极显著水平,由该方程可以重建出 1626—2003 年天山南坡阿克苏河流域 2—3 月的平均气温(图 4.50)。

表 4.35　重建方程的交叉检验统计检验

R_1	R_2	S_1	S_2	t	RE
0.676**	0.459**	30/43*	26/42	5.254**	0.45

注:R_1 为相关系数,R_2 为一阶差相关系数,S_1 为原序列符号检验,S_2 为一阶差序列符号检验,t 为乘积平均数,RE 为误差缩减值。**代表超过 0.01 的显著水平,*表示超过 0.05 的显著水平,***代表超过 0.001 的显著水平。

方程检验值如表 4.35，S_1 通过 0.05 的显著性检验，说明相对于高频变化，重建序列在低频变化上同实测序列吻合得更好些。t 值通过均 0.001 的显著性水平，RE 值大于 0.3，可见重建方程是较为稳定的。

利用功率谱分析方法分别对天山南坡阿克苏河流域 2—3 月平均气温序列进行周期分析。分析发现，天山南坡阿克苏河流域 2—3 月的平均气温在 0.05 显著性水平上具有 3.5～3.6、42 和 50.4 年的周期；其中 3.5～3.6 年和厄尔尼诺与南方涛动（ENSO）的周期 3～5 年一致，ENSO 现象具有全球性。

取 M＝10，15，20，25，30，35，40 年七个时段，进行计算，为找到较显著的突变点，取突变点出现次数较多（≥5 次）的年份作为突变年份，判定突变点的临界显著性水平为 0.001。结果表明，天山南坡阿克苏河流域 2—3 月平均气温重建序列在 1719 年和 1827 年前后发生了由高向低的突变，而由低向高的突变不明显。

从滤去了小于 8 年的高频波动后的曲线中可见（图 4.50）：天山南坡阿克苏河流域 1632—1997 年 2—3 月的平均气温大体经历了 9 低 9 高的变化阶段（表 4.36），其中 1911—1922 年是最冷的阶段，比平均值偏低 1℃以上，而 1640—1651 是最暖的阶段，比平均值偏高 1℃以上。历史时期冷暖变化研究中，大部分研究者均认为：17 世纪中期和 19 世纪中期较冷，而 18 世纪前期相对较暖。当然在冷谷出现的具体时间和冷暖程度的界定上，不同研究者所显示的研究结论并不一致，这可能与区域及季节不同有关。从重建的华北地区 1380 年以来和华东地区 1470 年以来分辨率为 10 年的逐季温度变化看，不同地区、不同季节出现低温的时间各不相同。葛全胜认为：过去 2000 年中国东部冬半年温度较 1951—1980 年冷且持续时间超过百年的冷期有三个，其中最冷的 30 年出现在 1650 年代—1670 年代（冬半年温度较 1951—1980 年低 1.1℃），重建气温的低频阶段变化显示 1652—1681 年温度明显偏低与之完全对应。阿克苏河流域 378 年 2—3 月温度重建序列表明，自 19 世纪 50 年代，阿克苏河流域 2—3 月平均气温呈上升趋势，尤其是自 20 世纪 80 年代后期，气温呈快速上升趋势，无论从气温上升持续时间还是速率来看，都和 378 年来的极值相差甚远。

表 4.36　重建平均温度的冷暖阶段

偏冷阶段(年)	年数(a)	平均距平(℃)	偏暖阶段(年)	年数(a)	平均距平(℃)
1632(?)—1639	8	0.24	1640—1651	12	1.04
1652—1681	30	0.65	1682—1720	39	0.53
1721—1751	31	0.76	1752—1778	27	0.60
1779—1798	20	0.68	1799—1826	28	0.73
1827—1843	17	0.90	1844—1862	19	0.43
1863—1872	10	0.72	1873—1881	9	0.83
1882—1893	12	0.49	1894—1910	17	0.76
1911—1922	12	1.09	1923—1953	31	0.42
1954—1987	34	0.41	1988—1997(?)	10	0.51

表 4.37　冷暖变化的气候频率

	冷	偏冷	正常	偏暖	暖
年数(年)	122	42	51	32	131
所占百分率	32.30%	11.10%	13.50%	8.50%	34.60%

从 2—3 月平均温度来看(表 4.37),378 年来冷年和暖年共占 66.9%,正常年份只占 13.5%,可见天山南坡阿克苏河流域历史时期 2—3 月温度变化极不稳定,但是冷暖年份大体相当。平均值最小值出现在 1916 年,值为−3℃,比 378 年来 2—3 月平均气温和 43 年实测平均气温(均为 2.13℃)偏低 5.13℃。最长的偏暖时段为:1986—1995 年,1986 年以来的 18 年间,只有两个偏冷年份,平均气温平均偏高 0.59℃,最长的偏冷阶段为 1736—1744 年和 1827—1835 年,1719—1744 年 26 年间,只有 3 个偏暖年份,平均气温偏低 0.98℃。

参考文献

陈发虎,陈建徽,黄伟.2009.中纬度亚洲现代间冰期气候变化的"西风模式"讨论.地学前缘,**16**(6):23-32.

陈发虎,黄伟,靳立亚,等.2011.全球变暖背景下中亚干旱区降水变化特征及其空间差异.中国科学:地球科学,**41**(11):1647-1657.

陈峰,袁玉江,魏文寿,等.2008.利用树轮图像灰度重建南天山北坡西部初夏温度序列.中国沙漠,**28**(5):842-847.

陈峰,袁玉江,魏文寿,等.2009.天山北坡呼图壁河流域近 313 年降水的重建与分析.干旱区研究,**26**(1):130-135.

陈峰,袁玉江,魏文寿,等.2011.树轮记录的过去 384a 乌鲁木齐河源 7 月温度变化.冰川冻土,**33**(1):55-63.

陈峰,袁玉江,魏文寿,等.2010.特克斯河流域近 236a 降水变化及其趋势.山地学报,**28**(5):545-551.

陈峰,袁玉江,魏文寿,等.2010.用西伯利亚落叶松年轮最大密度重建和布克赛尔 5-8 月份平均最高温度.生态学报,**30**(17):4652-4658.

陈峰,袁玉江,魏文寿,等.2011.树轮记录的伊犁地区近 354 年帕尔默干旱指数变化.高原气象,**30**(2):355-362.

崔宇,袁玉江,金海龙,等.2007.乌鲁木齐河源 467 年春季降水的重建与分析.干旱区地理,**30**(4):496-500.

段建平,王丽丽,徐岩,等.2010.贡嘎山东坡不同海拔高度树轮宽度对气候变化的响应.地理研究,**29**(11):1940-1949.

范敏杰,袁玉江,魏文寿,等.2007.用树木年轮重建伊犁南天山北坡西部的降水量序列.干旱区地理,**30**(2):268-273.

高卫东,袁玉江,张瑞波,等.2011.树木年轮记录的天山北坡中部过去 338 a 降水变化.中国沙漠,**31**(6):1535-1540.

高卫东,袁玉江,张瑞波.2012.基于树木年轮的呼图壁河流域草地归一化植被指数重建.东北林业大学学报,**40**(4):26-30.

葛全胜,郑景云,方修琦等.2002.过去 2000 年中国东部冬半年温度变化.第四纪研究,**22**(2):166-173.

勾晓华,邵雪梅,王亚军,等.1999.祁连山东部地区树木年轮年表建立.中国沙漠,**19**(4):234-237.

胡义成,魏文寿,袁玉江,等.2012.基于树轮的阿勒泰地区 1818—2006 年 1—2 月降雪量重建与分析.冰川冻土,**34**(2):319-327.

胡义成，袁玉江，魏文寿，等. 2012. 用树木年轮重建阿勒泰东部 6-7 月平均温度序列. 中国沙漠，**32**(4)：1003-1009.

李江风，袁玉江，由希尧，等. 2000. 树木年轮水文学研究与应用. 北京：科学出版社.

蔺甲，袁玉江，魏文寿，等. 2013. 博州中东部树轮宽度年表特征及其气候响应. 沙漠与绿洲气象，**7**(1)：39-46.

马柱国，符淙斌. 2007. 20 世纪下半叶全球干旱化的事实及其与大尺度背景的联系. 中国科学 D 辑：地球科学，**37**(2)：222-233.

潘雅婷，袁玉江，喻树龙. 2007. 博尔塔拉河流域过去 461a 夏季温度的重建和分析. 中国沙漠，**27**(1)：159-164.

钱维宏，朱亚芬，叶谦. 1998. 赤道东太平洋海温异常的年际和年代际变率. 科学通报，**43**(10)：1098-1102.

秦莉，史玉光，袁玉江，等. 2010. 天山中部北坡头屯河流域树轮宽度年表特征分析及与气候要素的相关性初探. 沙漠与绿洲气象，**4**(1)：16-20.

尚华明，魏文寿，袁玉江，等. 2008. 艾比湖胡杨宽度年表建立及其环境意义. 中国沙漠，**28**(5)：815-820.

尚华明，魏文寿，袁玉江，等. 2010. 树轮记录的中天山 150 年降水变化特征. 干旱区研究，**27**(3)：443-449.

尚华明，魏文寿，袁玉江，等. 2010. 天山北坡东部树轮宽度和稳定碳同位素的环境响应分析. 沙漠与绿洲气象，**4**(5)：6-11.

尚华明，魏文寿，袁玉江，等. 2011. 哈萨克斯坦东北部 310 年来初夏温度变化的树轮记录. 山地学报，**29**(4)：402-408.

邵雪梅，吴祥定. 1994. 华山树木年轮年表的建立. 地理学报，**49**(2)：174-180.

邵雪梅，梁尔源，黄磊，等. 2006. 柴达木盆地东北部过去 1437a 的降水变化重建. 气候变化研究进展，**2**(3)：122-126.

史江峰，鹿化煜，万建东，等. 2009. 采用华山松树轮宽度重建秦岭东缘近百年冬半年温度. 第四纪研究，**29**(4)：831-836.

宋慧明，刘禹，倪万眉，等. 2007. 以树轮宽度重建九寨沟 1750 年以来冬半年平均最低温度. 第四纪研究，**27**(4)：486-491.

魏文寿，袁玉江，喻树龙，等. 2008. 中国天山山区 235 a 气候变化及降水趋势预测. 中国沙漠，**28**(5)：803-808.

吴祥定. 1990. 树木年轮与气候变化. 北京：气象出版社，171-172.

喻树龙，袁玉江，金海龙，等. 2005. 用树木年轮重建天山北坡中西部 7-8 月 379 a 的降水量. 冰川冻土. **27**(3)：404-410.

杨银科，刘禹，蔡秋芳，等，2005. 以树木年轮宽度资料重建祁连山中部地区过去 248 年来的降水量. 海洋地质与第四纪地质，**25**(3)：113-118.

喻树龙，袁玉江，秦莉，等. 2012. 新疆沙湾夏季最低气温的重建和分析. 地球环境学报，**3**(3)：868-873.

袁玉江，ESPER Jan，魏文寿，等. 2008. 新疆天山西部三个云杉上树线树轮最大密度年表的研制、相关性及其气候信号分析. 干旱区地理，**31**(4)：560-566.

袁玉江，李江风，胡汝骥，等. 2001. 用树木年轮重建天山中部近 350a 来的降水量. 冰川冻土，**23**(1)：34-40.

袁玉江，李江风. 1999. 天山乌鲁木齐河源 450a 冬季温度序列的重建与分析. 冰川冻土，**21**(1)：64-70.

袁玉江，邵雪梅，李江风，等. 2002. 夏干萨特树轮年表中降水信息的探讨与 326 年降水重建. 生态学报，**22**(12)：2048- 2053.

袁玉江，叶玮，董光荣，等. 2000. 天山西部伊犁地区 314a 降水的重建与分析. 冰川冻土，**22**(2)：121-127.

张瑞波，尚华明，何清，等. 2013. 吉尔吉斯斯坦西天山上下林线树轮对气候的响应差异. 沙漠与绿洲气象，**7**(4)：1-6.

张瑞波，魏文寿，袁玉江，等. 2009. 1396—2005 年天山南坡阿克苏河流域降水序列重建与分析. 冰川冻土.

31(1)：27-33.

张瑞波，魏文寿，袁玉江，等. 2008. 新疆伊犁霍城地区树轮年表的建立及气候意义. 干旱区研究，**25**(5)：716-722.

张瑞波，魏文寿，袁玉江，等. 2011. 树轮记录的天山南坡阿克苏河过去 300a 径流变化特征. 冰川冻土，**33**(4)：744-751.

张瑞波，魏文寿，袁玉江，等. 2010. 树轮记录历史时期阿克苏河流域沙尘天气变化. 中国沙漠，**30**(5)：1040-1046.

张瑞波，喻树龙，袁玉江，等. 2009. 新疆伊犁乌孙山北坡树轮灰度年表的建立及气候意义. 沙漠与绿洲气象，**3**(1)：14- 19.

张瑞波，袁玉江，魏文寿，等. 2012. 西伯利亚落叶松树轮稳定碳同位素对气候的响应. 干旱区研究，**29**(2)：328-334.

张瑞波，袁玉江，魏文寿，等. 2012. 树轮记录的天山南坡阿克苏河流域 2—3 月平均气温. 高原气象，**31**(3)：804-809.

张瑞波，魏文寿，袁玉江，等. 2009. 1396—2005 年天山南坡阿克苏河流域降水序列重建与分析. 冰川冻土，**31**(1)：27-33.

张瑞波，魏文寿，袁玉江，等. 2008. 新疆霍城地区树轮年表的建立及气候意义. 干旱区研究，**25**(05)：716-722.

张瑞波，袁玉江，魏文寿，等. 2008. 用树轮灰度重建乌孙山北坡 4—5 月平均最低气温. 中国沙漠，**28**(5)：848-854.

张同文，王丽丽，袁玉江，等. 2011. 利用树轮宽度资料重建天山中段南坡巴仑台地区过去 645 年来的降水变化. 地理科学，**31**(2)：251-256.

张同文，袁玉江，魏文寿，等. 2010. 使用树轮资料重建阿勒泰西部年积雪深度≥0 cm 日数的长期变化. 沙漠与绿洲气象，**4**(6)：6-11.

张同文，袁玉江，魏文寿，等. 2011. 阿勒泰西部过去近 600 年夏季气候变化及未来 10 年趋势预测. 干旱区资源与环境，**25**(7)：84-90.

张志华，李骥. 1998. 用树轮密度及宽度资料重建新疆吉木萨尔县的季节降水和最高温度. 气象学报，**56**(1)：77-86.

Aizen E M, Aizen V B, Melack J M, *et al*. 2001. Precipitation and atmospheric circulation patterns at mid-latitudes of Asia. *International Journal of Climatology*, **21**(5): 535-556.

Biondi F, Waikul K. 2004. DENDROCLIM 2002: a C++ program for statistical calibration of climate signals in tree-ring chronologies. *Computers & Geosciences*, **30**: 301-311.

Briffa K R, Jones P D, Schweingruber FH. 1992. Tree-ring density reconstructions of summer temperature patterns across western North America since 1600. *Journal of Climate*, **5**: 735-754.

Briffa K R, Jones P D, Schweingruber FH 1998. Summer temperature patterns over Europe: a reconstruction from 1750 AD based on maximum latewood density indices of conifers. *Quaternary Research*, **30**: 36-52.

Chen F, Yuan Y J, Wei W S, *et al*. 2010. Chronology development and climate response analysis of Schrenk spruce (Picea Schrenkiana) tree-ring parameters in the Urumqi river basin, China. *Geochronometria*, **36**: 17-22.

Chen F, Yuan Y J, Wei W S *et al*. 2010. Variation and prediction trend of precipitation series for the Tekes River basin during the last 236 years. *Journal of Mountain Science*, **28**: 545-51.

Chen F, Yuan Y J, Wei W S *et al*. 2010. Tree-Ring-Based Reconstruction of Precipitation for the Changling Mountains, China, since A. D. 1691. *International Journal of Biometeorology*, **56**: 765-774.

Chen F, Yuan Y J, Wei W S *et al*. 2011. Climatic response of Picea crassifolia tree-ring parameters and precipitation reconstruction in the western Qilian Mountains, China. *Journal of Arid Environments*, **75**, 1121-1128.

Chen F, Yuan Y J, Wei W S *et al*. 2012. Tree ring density-based summer temperature reconstruction for Zajsan Lake area, East Kazakhstan. *International Journal of Climatology*, **32**: 1089-1097.

Chen F, Yuan YJ, Wei WS, *et al*. 2012. Climatic response of ring width and maximum latewood density of Larix sibirica in the Altay Mountains, reveals recent warming trends. *Annals of Forest Science*, **69**: 723-733.

Chen F, Yuan Y J, Wei W S, *et al*. 2012. Tree ring-based winter temperature reconstruction for Changting, Fujian, subtropical region of Southeast China, since 1850: linkages to the Pacific Ocean. *Theoretical and Applied Climatology*, **109**(1-2):141-151.

Chen F, Yuan Y J, Wei W S *et al*. 2013. Reconstructed precipitation for the north-central China over the past 380 years and its linkages to east Asian summer monsoon variability. *Quaternary International*, **283**: 36-45.

Chen F H, Yu Z C, Yang M L, *et al*. 2008. Holocene moisture evolution in arid central Asia and its out-of-phase relationship with Asian monsoon history. *Quaternary Science Reviews*, **27**: 351-64.

Chen F H, Chen J H, Holmes J, *et al*. 2010. Moisture changes over the last millennium in arid central Asia: A review, synthesis and comparison with monsoon region. *Quaternary Science Reviews*, **29**:1055-1068.

Chen F H, Huang W, Jin L Y, *et al*. 2011. Spatiotemporal precipitation variations in the arid Central Asia in the context of global warming. *Science China Earth Sciences*, **54**(12):1812-1821.

Chen F H, Yu Z C, Yang M L, *et al*. 2008. Holocene moisture evolution in arid central Asia and its out-of-phase relationship with Asian monsoon history. *Quaternary Science Reviews*, **27**: 351-364

Cheng H, Zhang P Z, SPÖTL C. *et al*. 2012. The climatic cyclicity in semiarid-arid central Asia over the past 500,000 years. *Geophysical Research Letters*, **39**, 1 DOI: 10.1029/2011GL050202.

Chenoweth M. 2001. Two major volcanic cooling periods derived from global marine air temperature, AD 1807—1827. *Geophysical Research Letters*, **28**: 2963-2966.

Cook E R, Kairiukstis L A. 1990. *Methods of dendrochronology*. The Netherlands, Dordrecht: Kluwer Academic Publishers, 1-200.

Cook E R. 1985. A time series analysis approach to tree-Ring standardization. Tucson: The University of Arizona.

Crowley T J. 2000. Cause of climate change over the past 1000 years. *Science*, **295**:270-277.

D'Arrigo R D, Schuster W S F, Lawrence D M, *et al*. 2011. Climate-growth relationships of eastern hemlock and chestnut oak from Black Rock Forest in the highlands of southeastern New York. *Tree-Ring Research*, **57**: 183-190.

Dai A G, Trenberth K E, Qian T T. 2004. A global data set of Palmer Drought Severity Index for 1870-2002: Relationship with soil moisture and effects of surface warming. *Journal of Hydrometeorology*, **5**: 1117-1130.

Dai A G, Trenberth K E, Karl T R. 1998. Global variations in droughts and wet spells: 1900—1995. *Geophysical Research Letters*, **25**: 3367-3370.

Dai J H, Mosley-Thompson E. 1991. Thompson LG. Ice core evidence for an explosive tropical volcanic eruption 6 years preceding Tambora. *Journal of Geophysical Research*, **96**: 17361-17366.

Eddy J A. 1976. The Maunder Minimum. *Science*, **192**: 1189-1202.

Esper J, Schweingruber F H, Winiger M. 2002. 1300 years of climatic history for Western Central Asia inferred from tree-rings. *The Holocene*, **12**:267-277.

Esper J, Treydte K, Gartner H, *et al*. 2001. A tree ring reconstruction of climatic extreme years since 1427 AD for Western Central Asia. *Palaeobotanist*, **50**: 141-152.

Fan Z X, Bräuning A, Cao K F. 2008. Tree-ring based drought reconstruction in the central Hengduan Mountains (China) since A. D. 1655. *International Journal of Climatology*, **28**: 1879-1887.

Fang K Y, Gou X H, Chen F H, *et al*. 2010. Tree-ring based drought reconstruction for Guiqing Mountain (China): Linkage to the Indian and Pacific Oceans. *International Journal of Climatology*, **30**: 1137-1145.

Folland C K, Knight J, Linderholm H. W, *et al*. 2009. The Summer North Atlantic Oscillation: Past, Present, and Future. *Journal of Climate*, **22**: 1082-1103.

Fritts H C. 1976. *Tree Ring and Climate*. London: Academic Press, 1-54.

Fritts H C. 1974. Relationships of ring widths in arid-site conifers to variations in monthly temperature and precipitation. *Ecological Monographs*, **44**: 411-440.

Glueck M F, Stockton C W. 2001. Reconstruction of the North Atlantic Oscillation, 1429-1983. *International Journal of Climatology*, **21**: 1453-1465.

Gou X H, Chen F H, Cook E R, *et al*. 2007. Streamflow variations of the Yellow River over the past 593 years in western China reconstructed from tree rings. *Water Resource Research*, **43**: W06434, doi: 10.1029/2006WR005705.

Gou X H, Chen F H, Jacoby GC, *et al*. 2007. Rapid tree growth with respect to the last 400 years in response to climate warming, northeastern Tibetan Plateau. *International Journal of Climatology*, **27**: 1497-1503.

Gray S T, Graumlich L J, Betancourt J L *et al*. 2004. A tree-ring based reconstruction of the Atlantic Multidecadal Oscillation since 1567 A D. *Geophysical Research Letters*, **31**: L12205, doi: 10.1029/2004GL019932.

Hoerling M, Kumar A. 2003. The perfect ocean for drought. *Science*, **299**: 691-694.

Holmes R L. 1983. Computer-assisted quality control in tree-ring dating and measurement. *Tree-ring Bulletin*, **43**: 69-75.

Hurrell J, Van Loon H. 1997. Decadal Variations in Climate Associated with the North Atlantic Oscillation. *Climate Change*, **36**: 301-326.

Jones P D, Briffa K R, Osborn T J. 2009. High-resolution palaeoclimatology of the last millennium: a review of current status and future prospects. *The Holocene*, **19**: 3-49.

Jones P D, Conway D. 1997. Precipitation in the British Isles: An analysis of area-average data update to 1995. *International Journal of Climatology*, **17**: 427-438.

Lara A, Villalba R. 1993. A 3620-year temperature record from Fitzroya cupressoides tree rings in southern South America. *Science*, **260**: 1104-1106.

Lazarus B E, Schaberg P G, Dehayes D H, *et al*. 2004. Severe red spruce winter injury in 2003 creates unusual ecological event in the northeastern United States. *Canadian Journal of Forest Research*, **34**: 1784-1788.

Li J B, Cook E R, Chen F H, *et al*. 2007. Drought reconstruction for north central China from tree rings: the value of the Palmer drought severity index. *International Journal of Climatology*, **27**: 903-909.

Li J B, Cook E R, Chen F H, *et al*. 2010. An extreme drought event in the central Tien Shan area in the year 1945. *Journal of Arid Environments*, **74**: 1225-1231.

Li Q H, Chen Y N, Shen Y J, *et al*. 2011. Spatial and temporal trends of climate change in Xinjiang, China. *Journal of Geographical Sciences*, **21**: 1007-1018.

Liang E Y, Shao X M, Kong Z C, *et al*. 2003. The extreme drought in the 1920s and its effect on tree growth deduced from tree ring analysis: a case study in North China. *Annals of Forest Science*, **60**: 145-152.

Liang E Y, Shao X M, Eckstein D, *et al*. 2006. Topography- and species-dependent growth responses of Sabina przewalskii and Picea crassifolia to climate on the northeast Tibetan Plateau. *Forest Ecology and Management*, **236**: 268-277.

Liu X H, Qin D H, Shao X M, *et al*. 2005. Temperature variations recovered from tree-rings in the middle Qilian Mountain over the last millennium. *Science in China Series* D: *Earth Sciences*, **48**:521-529.

Liu Y, An Z S, Linderholm H W, *et al*. 2009. Annual temperatures during the last 2485 years in the mid-eastern Tibetan Plateau inferred from tree rings. *Science in China Series* D: *Earth Sciences*, **52**:348-359.

Liu Y, Linderholm H W, Song H M, *et al*. 2009. Temperature variations recorded in Pinus tabulaeformis tree rings from the southern and northern slopes of the central Qinling Mountains. *Boreas*,**38**:285-291.

Mann M E, Lee J M. 1996. Robust estimate estimation of background noise and signal detection in climatic time series. *Climatic Change*, **33**: 409-445.

Mann M E, Bradley R S, Hughes M K. 1998. Global-scale temperature patterns and climate forcing over the past six centuries. *Nature*,**392**, 779-787.

Mariotti A. 2007. How ENSO impacts precipitation in southwest central Asia. *Geophysical Research Letters*, **34**, doi:10. 1029/2007GL030078.

Misson L, Rathgeber C, Guiot J. 2004. Dendroecological analysis of climatic effects on Quercus petraea and Pinus halepensis radial growth using the process-based MAIDEN model. *Canadian Journal of Forest Research*, **34**: 888-898.

Mitchell T D, Jones P D. 2005. An improved method of constructing a database of monthly climate observations and associated high-resolution grids. *International Journal of Climatology*,**25**: 693-712.

Moberg A, Sonechkin D M, Holmgren K, *et al*. 2005. Highly variable Northern Hemisphere temperatures reconstructed from low-and high-resolution proxy data. *Nature*, **433**: 613-617.

Oberhuber W, Stumböck M, Kofler W. 1998. Climate-tree-growth relationships of Scots pine stands (Pinus sylvestris L.) exposed to soil dryness. *Trees-Structure and Function*,**13**: 19-27.

Osborn T J, Briffa K R, Jones P D. 1997. Adjusting variance for sample-size in tree-ring chronologies and other regional mean timeseries. *Dendrochronologia*,**15**: 89-99.

Pederson N, Jacoby GC, D'Arrigo R D, *et al*. 2001. Hydrometeorological reconstructions for Northeastern Mongolia derived from Tree Rings: AD 1651-1995. *Journal of Climate*,**14**: 872-881.

Rasmusson E M, Wangn X L, Ropelewski C F. 1990. The biennial component of ENSO variability. *Journal of Marine Systems*,**1**:71-96.

Rayner N A, Parker D E, Horton E B, *et al*. 2003. A global analyses of sea surface temperature, sea ice, and night marine air temperature since the late nineteenth century. *Journal of Geophysical Research*, **108**, doi: 10. 1029/2002JD002670.

Rogers J C, Van L H. 1979. The seesaw in winter temperatures between Greenland and northern Europe. Part II: Some oceanic and atmospheric effects in middle and high latitudes. *Monthly Weather Review*, **107**: 509-519.

Schweingruber F H. 1998. *Tree rings: basics and applications of Dendrochronology*. Dordrecht Press.

Schweingruber F H, Feiertag B. 2007. Tree-ring measurements of Picea shrenkiana (Shrenk's spruce) from sample JMEKPCSH-141. *Swiss Federal Institute for Forest, Snow and Landscape Research*, doi: 10. 1594/PANGAEA. 592965.

Shi J F, Cook E R, Lu H Y, *et al*. 2010. Tree-ring based winter temperature reconstruction for the lower reaches of the Yangtze River in southeast China. *Climate Research*,**41**:169-175.

Shi Y F, Shen Y P, Kang E S, *et al*. 2007. Recent and future climate change in northwest China. *Climate*

Change, **80**: 379-393.

Torrence C, Compo G P. 1998. A practical guide to wavelet analysis. *Bulletin of the American Meteorological Society*, **79**: 61-78.

Wang J S, Chen F H, Jin L Y, *et al*. 2010. Characteristics of the dry/wet trend over arid central Asia over the past 100 years. *Climate Research*, **41**:51-59.

Wang L L, Duan J P, Chen J, *et al*. 2009. Temperature reconstruction from tree-ring maximum density of Balfour spruce in eastern Tibet, China. *International Journal of Climatology*, **30**: 972-979.

Wang T, Zhang Q B, Ma K P. 2006. Treeline dynamics in relation to climatic variability in the central Tianshan Mountains, northwestern China. *Global Ecology and Biogeography*, **15**: 406-415.

Wang X C, Zhang Q B, Ma K P, *et al*. 2008. A tree-ring record of 500-year dry-wet changes in northern Tibet, China. *The Holocene*, **18**: 579-588.

Wigley T M L, Briffa K R, Jones P D. 1984. On the average value of correlated time series, with applications in dendroclimatology and hydrometeorology. *Journal of Climate and Applied Meteorology*, **23**: 201-213.

Wilson R, D'Arrigo R, Buckley B, *et al*. 2007. A matter of divergence: Tracking recent warming at hemispheric scales using tree ring data. *Journal of Geophysical Research*, **112**: D17103, doi: 10.1029/2006JD008318.

Xu H M, Taylor R G, Kingston D G, *et al*. 2010. Hydrological modeling of river Xiangxi using SWAT2005: A comparison of model parameterizations using station and gridded meteorological observations. *Quaternary International*, **226**: 54-59.

Yang B, Qin C, Bräuning A, *et al*. 2011. Rainfall history for the Hexi Corridor in the arid northwest China during the past 620 years derived from tree rings. *International Journal of Climatology*, **31**: 1166-1176.

Yuan Y J, Jin L Y, Shao X M, *et al*. 2003. Variations of the spring precipitation day numbers reconstructed from tree rings in the Urumqi River drainage, Tianshan Mts. over the last 370 years. *Chinese Science Bulletin*, **48**(14): 1507-1510.

Yuan Y J, Li J F, Zhang J B. 2001. 348 year precipitation reconstruction from tree-rings for the North Slope of the middle Tianshan Mountains. *Acta Meteorologica Sinica*, **15**(1):95-104.

Yuan Y J, Zhang T W, Wei W S, *et al*. 2013. Development of tree-ring maximum latewood density chronologies for the western Tien Shan Mountains, China: influence of detrending method and climate response. *Dendrochronologia*, **31**:192-197.

Zhang T W, Yuan Y J, Liu Y, *et al*. 2013. A tree-ring based precipitation reconstruction for the Baluntai region on the southern slope of the central Tien Shan Mountains, China, since AD 1464. *Quaternary International*, **283**, 55-62.

Zhao Y, Yu Z C, Chen F H, *et al*. 2009. Vegetation response to Holocene climate change in monsoon-influenced region of China. *Earth-Science Reviews*, **97**: 242-256.

第 5 章　中亚地区未来 50 年气候变化预估

5.1　基于树木年轮的未来气候变化趋势预估

5.1.1　基于树轮资料的吉尔吉斯斯坦东部气候趋势预测

利用基于树轮资料重建的 1886—2012 年吉尔吉斯斯坦东部上年 7 月到当年 6 月的降水量序列进行这一地区降水量由方差分析法进行趋势预估，预估年份为 2013—2019 年。在趋势预估分析中，分别选取了 6，16，27，23，52，7，34，3，25，8，41，31，38，4，10，11，共 16 个周期。其拟合百分率为 99.70%。在独立检验期内，拟合值与预估值的相关系数 R 为 0.64，一阶差相关系数 R_d 为 0.50，误差缩减值 R_e 为 0.36。预估值见表 5.1。

表 5.1　吉尔吉斯斯坦东部地区降水量 2013—2019 年预估值

年份	预估值	距平值	距平百分率(%)
2013	263.6	−9.3	−3.41
2014	284.8	11.9	4.35
2015	285.1	12.2	4.46
2016	299.2	26.3	9.63
2017	295.8	22.9	8.38
2018	347.8	74.9	27.44
2019	286.4	13.5	4.94

从表 5.1 和图 5.1 中可以看出，在 2013—2019 年期间，该地区降水量将以偏多为主(一个偏少年份，六个偏多年份)，其中 2013 年降水量与历史平均水平相比将略偏少(−3.41%)。图 5.1 中平均值为 1971—2000 年气象观测资料的平均值。

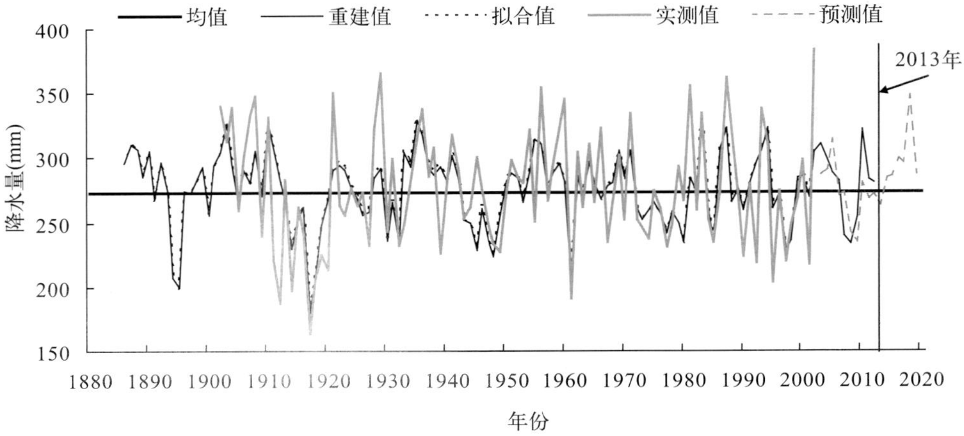

图 5.1　吉尔吉斯斯坦东部地区降水量预估分析结果

利用吉尔吉斯斯坦东部 1886—2012 年降水量重建序列，结合这一地区 2013—2019 年降水量预估分析结果，开展该地区降水量的年代际变化分析。从图 5.2 可以看出，吉尔吉斯斯坦东部地区自 1890s 起至 2000s 的降水量变化以偏湿为主。其中，偏干年代出现了四次，而偏湿年代出现了八次。自 1990s 起至今，该地区降水量变化则主要表现为上升趋势。结合预估结果，可以看出该地区降水量在未来 2010s 将进入一个偏湿期(见图 5.2 中虚线部分)。

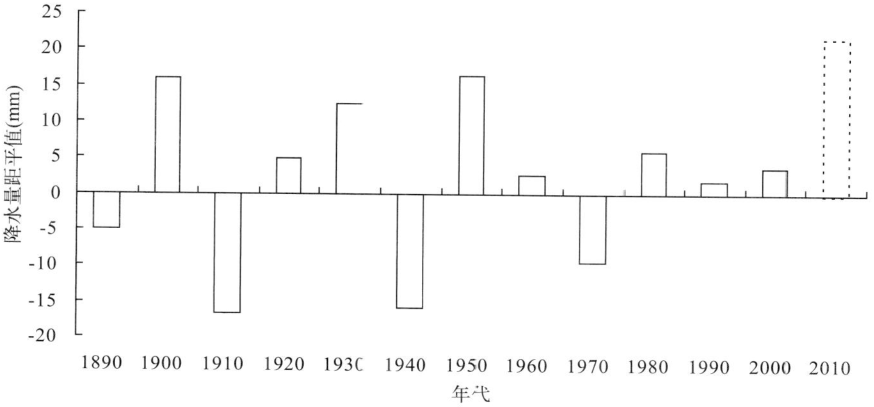

图 5.2　吉尔吉斯斯坦东部地区降水量年代际变化分析

5.1.2　基于树轮资料的哈萨克斯斯坦东北部气候趋势预测

利用基于树轮资料重建的 1698—2007 年哈萨克斯斯坦东北部初夏(6 月)气温序列日方差分析法进行这一地区气温趋势预估，预估年份为 2008—2019 年。在趋势预估分析中，分别选取了 107、13、47、29，共 4 个周期。其拟合百分率为 68.11%。在独立检验期内，拟合值与预估值的相关系数 R 为 0.811，一阶差相关系数 R_d 为 0.871，误差缩减值 R_e 为 0.627。预估值见表 5.2。

表 5.2　哈萨克斯斯坦东北部地区气温 2013—2019 年预估值

年份	预估值	距平值	距平百分率(%)
2013	13.80	−1.05	−7.09
2014	13.60	−1.25	−8.43
2015	14.70	−0.15	−0.99
2016	14.00	−0.85	−5.75
2017	14.90	0.05	0.31
2018	15.00	0.15	0.99
2019	14.20	−0.65	−4.40

从表 5.2 和图 5.3 中可以看出，在 2013—2019 年期间，该地区气温将以偏低为主(五个偏低年份，两个偏高年份)，其中 2013 年气温与历史平均水平相比将偏低(−7.09%)。图 5.3 中平均值为 1971—2000 年气象观测资料的平均值。

利用哈萨克斯斯坦东北部 1698—2007 年气温重建序列，结合这一地区 2008—2019 年气温预估分析结果，开展该地区气温的年代际变化。从图 5.4 可以看出，哈萨克斯斯坦东北部地区自 1700s 起至 2000s 的气温变化以偏低为主。其中，偏高年代出现了 8 次，而偏低年代出现了 19 次。自 1990s 起至今，该地区气温变化则主要表现为下降趋势。结合预估结果，可以看出该地区气温在未来 2010s 将进入一个偏低期（见图 5.4 中虚线部分）。

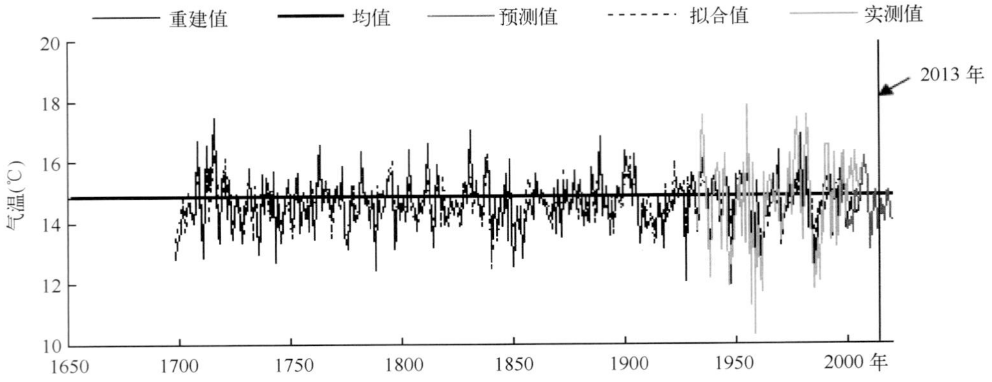

图 5.3　哈萨克斯斯坦东北部地区气温预估分析结果

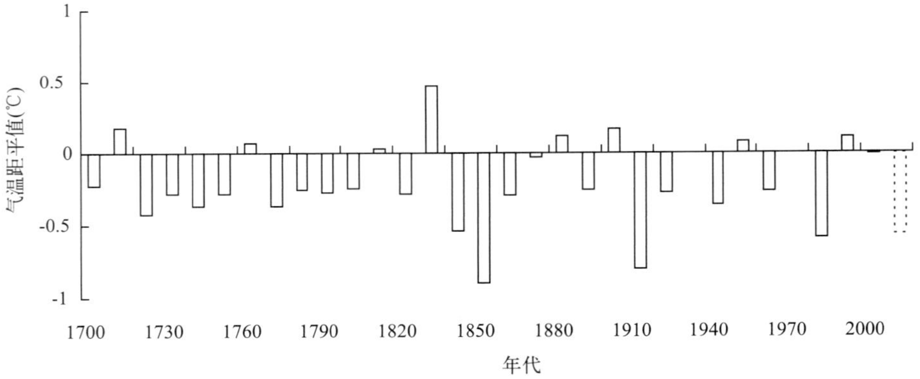

图 5.4　哈萨克斯斯坦东北部地区气温年代际变化分析及预估

5.1.3　基于树木年轮的新疆未来气候变化趋势预估

5.1.3.1　北疆年平均气温的趋势预估

采用方差分析方法对北疆年平均气温进行周期叠加外推预估。计算北疆年平均气温的累计距平平均值和 11 年滑动平均值，分别利用重建的年平均气温实际值、累计距平值和 11 年滑动平均值进行方差分析。重建平均气温实际值代表该区域气温的年际变化、累积距平值可揭示气温的变化的拐点、11 年滑动平均值代表该区域气温年代际变化。

取 1998—2007 共 10 年为独立检验值，11 年滑动平均值取 1993—2002 年为独立检验值，进行方差分析发现，实际值的平均相关系数和独立检验相关系数最高，为 0.954 和 0.086，一阶差相关系数 RD 和误差缩减值 RE 为 0.340 和 0.348，累积距平值的平均相关系数和独立检验相关系数为 0.898 和 −0.924，11 年滑动平均相关系数和独立检验相关系数为 0.978 和

－0.768。通过分析，选取实际重建值进行北疆年平均气温的趋势预测，预测年份为2008—2030。在趋势预测分析中，共选用了12个周期，分别为24（F＝1.952，P＝0.007）、29（F＝2.119，P＝0.001）、39（F＝2.342，P＝0.001）、17（F＝2.668，P＝0.001）、63（F＝1.875，P＝0.001）、69（F＝1.884，P＝0.001）、57（F＝2.462，P＝0.001）、33（F＝2.001，P＝0.002）、27（F＝2.093，P＝0.002）、51（F＝2.148，P＝0.001）、59（F＝1.76，P＝0.002）、125（F＝1.882，P＝0.001），拟合百分率为90.99%。

图5.5中平均值为实测值1971—2000年30年平均值，从预测值可以看出，2014—2030年年平均气温预测平均值为6.1℃，即未来17年北疆气温比30年平均值升高0.1℃左右。在2015年、2023年和2027—2030年北疆年平均气温低于常年，为偏冷阶段，在2030年前后出现北疆年平均气温的最冷年份。而2015—2022年和2023—2026年则高于常年，为偏暖阶段，在2018年前后出现最暖年份。

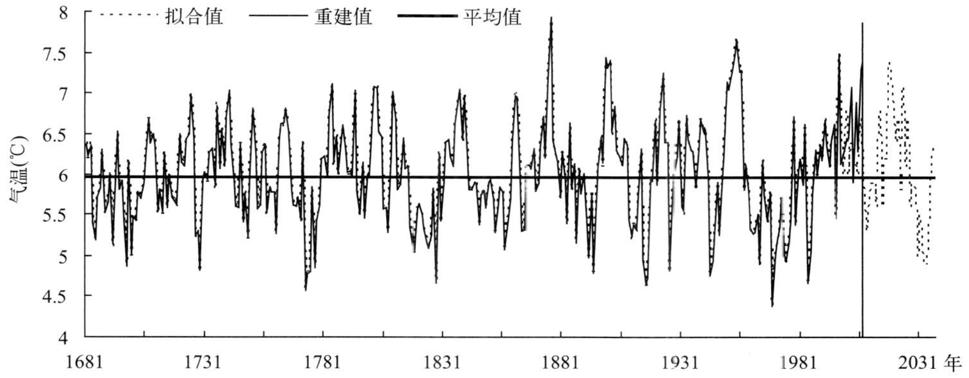

图5.5　北疆年平均气温变化趋势预估

5.1.3.2　北疆年降水量的趋势预估

取1998—2007共10年为独立检验值，11年滑动平均取1993—2002年为独立检验值，进行方差分析发现，实际值的平均相关系数和独立检验相关系数最高，为0.815和0.094，一阶差相关系数RD和误差缩减值RE为0.202和－0.463，累积距平值的平均相关系数和独立检验相关系数为0.217和－0.976，11年滑动平均相关系数和独立检验相关系数为0.644和－0.961。通过分析，选取实际重建值进行天山山区年降水量的趋势预测，预测年份为2008—2030。在趋势预测分析中，共选用了8个周期，分别为29（F＝2.614，P＝0.0001）、3（F＝2.741，P＝0.087）、20（F＝1.741，P＝0.032）、12（F＝1.873，P＝0.044）、17（F＝2.208，P＝0.006）、11（F＝1.725，P＝0.077）、41（F＝1.407，P＝0.069）、13（F＝1.934，P＝0.032），拟合百分率为66.47%。

图5.6中平均值为实测值1971—2000年30年平均值。从图5.6可以看出，在2014—2015年、2019—2024年、2027年天山山区年降水量多于常年，为偏湿阶段，在2021年前后出现北疆年降水量的最湿润年份。而2016—2018年、2025年和2028—2030年则少于常年，为偏干阶段，在2030年前后出现最干旱年份。

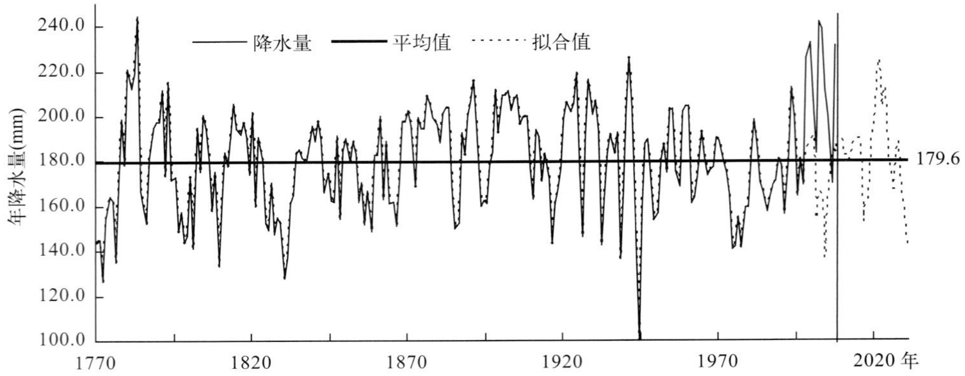

图 5.6　北疆年降水量变化趋势预值

5.1.3.3　天山山区年平均气温的趋势预测

进行方差分析发现，实际值的平均相关系数和独立检验相关系数最高，为 0.876 和 −0.090，一阶差相关系数 RD 和误差缩减值 RE 为 0.754 和 0.017，累积距平值的平均相关系数和独立检验相关系数为 0.515 和 −0.504，11 年滑动平均相关系数和独立检验相关系数为 0.975 和 −0.783。通过分析，选取实际重建值进行天山山区年平均气温的趋势预测，预测年份为 2008—2030。在趋势预测分析中，共选用了 7 个周期，分别为 29(F=1.847，P=0.007)、158(F=1.676，P=0.001)、48(F=2.334，P=0.0001)、38(F=2.193，P=0.0002)、69(F=1.762，P=0.001)、43(F=2.335，P=0.0001)、31(F=2.462，P=0.0002)，拟合百分率为 76.79%。

图 5.7 中平均值为实测值 1971—2000 年 30 年平均值，从图 5.7 可以看出，在 2014 年、2017—2019 年、2022 年和 2030 年天山山区年平均气温低于常年，为偏冷阶段，在 2017—2018 年前后出现天山山区年平均气温的最冷年份。而 2015—2016 年、2020—2021 年、2023—2026 年和 2028—2029 则高于常年，为偏暖阶段，在 2024—2026 年前后出现最暖年份。

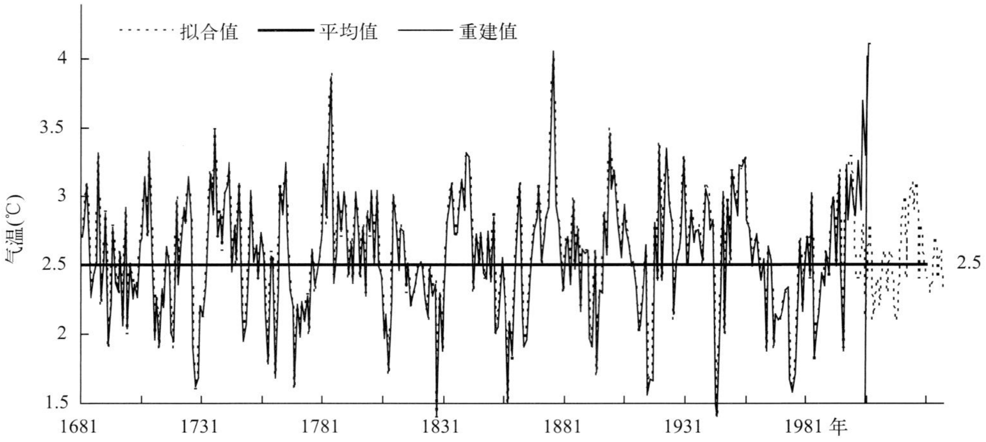

图 5.7　天山山区年平均气温变化趋势预估

5.1.3.4　天山山区年降水量的趋势预估

进行方差分析发现，实际值的平均相关系数和独立检验相关系数最高，为 0.887 和 0.031，一阶差相关系数 RD 和误差缩减值 RE 为 −0.255 和 −0.266，累积距平值的平均相关系数和独立检验相关系数为 0.552 和 −0.750，11 年滑动平均相关系数和独立检验相关系数为 0.664 和 −0.948。通过分析，选取实际重建值进行天山山区年降水量的趋势预测，预测年份为 2008—2030。在趋势预测分析中，共选用了 5 个周期，分别为 30(F=2.602，P=0.001)、11(F=1.783，P=0.065)、47(F=1.427，P=0.052)、109(F=1.406，P=0.035)、20(F=1.583，P=0.062)，拟合百分率为 78.61%。

从图 5.8 可以看出，在 2016 年—2017、2019 年、2026—2028 年天山山区年降水量少于常年，为偏干阶段。而 2014—2015 年、2018 年、2020—2025 年、2029—2030 则多于常年，为偏湿阶段，在 2023—2024 年前后出现最湿润年份。

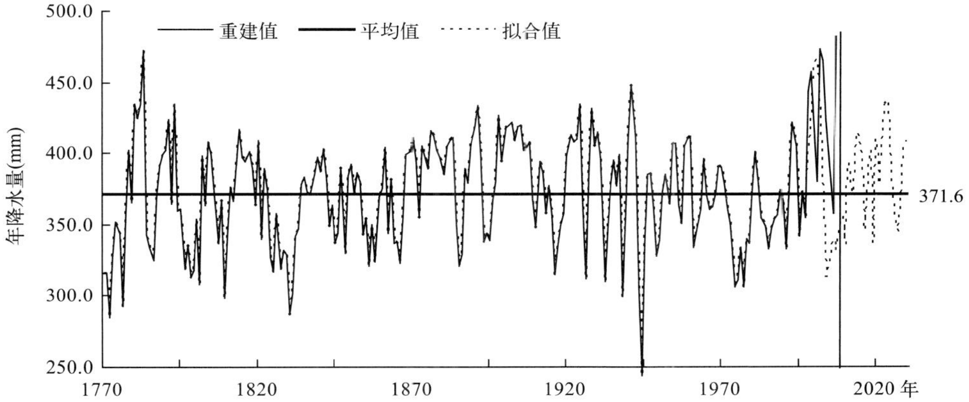

图 5.8　天山山区年降水量变化趋势预估

5.2　基于气候模式中亚地区未来 50 年气候变化预估

全球气候模式是进行气候模拟和气候变化预估的重要手段。无论是对未来气候变化的预估还是气候变化影响的预估，全球气候模式都起了主导作用。IPCC 自 1990 年到 2007 年的 4 次评估报告都进行了未来气候变化预估。IPCC 第 4 次评估报告中分析了 23 个全球气候系统模式对过去气候变化的模拟结果，发现在全球尺度上，多模式集合平均模拟的主要气象要素的变化趋势和空间分布与观测事实较为一致。

国内外不少专家和学者利用参与 IPCC 评估报告的全球气候模式，在区域气候模拟和预估方面做了很多的研究，如江志红等(2009)利用站点日降水资料，分析了七个全球模式对极端降水指数的模拟能力，结果表明全球模式能较好地模拟出极端降水指数气候场的空间分布及其中国区域的线性趋势，且模式集合模拟能力优于大部分单个模式。许崇海等(2007)利用 CRU 地面温度、降水的陆地月平均观测资料等，分析了 22 个海气耦合模式对东亚地区当前气候的模拟能力并指出：各模式模拟效果差异较大，多数模式的温度模拟值偏低，降水模拟值偏高，与单个模式相比，多模式集合平均能更好地反映气候变化趋势。Grotch 等(1991)的研究表明：模式对全球平均气温的模拟与观测值之差<0.9℃，但在不同的大陆上冬夏季节模拟的气温与实际观测值差异较大。王淑瑜等(2004)讨论了五个全球海气耦合模式对东亚地区地面气温和降水的模拟性能，结果显示：所有模式对东亚地区地面气温及年变化的模拟结果均较好，但在整个模拟区域地面气温模拟值偏低，冬半年模拟结果较夏半年差；模式能模拟出东亚

地区降水的时空分布特征，但模拟的区域性差别比较大。

目前对气候模式的研究主要集中在东亚季风区，对中亚地区研究相对较少，陈发虎等(2011)对过去80年中亚干旱区降水的研究指出，中亚地区各季节降水都表现出微弱增加趋势。中亚地区处于亚洲中部，为典型温带沙漠、草原的大陆性气候，雨水稀少，日光充足，温度变化剧烈，生态脆弱。在全球变暖的大背景下，其未来的气候变化趋势和要素空间分布等缺少系统研究。由于中国新疆也是中亚地区的一部分，因此研究中亚地区气候，对于认识中国气候变化，为应对气候变化做出相应决策提供依据，有着重要意义。

第五次耦合模式国际比较计划(CMIP5)是提供IPCC第五次评估报告撰写的重要科学依据，该计划在关注历史气候模拟的同时，开发了以稳定浓度为特征的一套新情景一代表性浓度路径(representative concentration pathways，RCPs)，并将其应用到气候变化影响、适应和缓解的各种预估中(Moss *et al.*，2009；林而达等，2008；赵宗慈，2009)。当前，IPCC已经在现有文献中确认了四类RCPs(RCP85，RCP60，RCP45，RCP26)(赵宗慈，2009；van vuuren *et al.*，2008；moss *et al.*，2007；Taglor *et al.*，2012)情景试验，这些试验为我们系统研究中亚气候变化对全球变暖的响应及揭示其内在的物理机制提供了大量的分析资料。

利用CRU月降水资料，检验参与IPCC第五次评估报告的10个CMIP5模式模拟1951—2005年中亚地区降水的能力，并在此基础上选取合适的模式建立多模式集合，进而对中亚地区未来50年(2011—2060年)气候变化特征进行预估。

5.2.1　资料和方法

5.2.1.1　资料

观测数据为英国东安格利亚大学(University of East Anglia)的Climatic Research Unit(简称CRU)近期释放的1901—2009年全球陆面月平均地面数据集CRU_TS_3.1，空间分辨率为0.5°×0.5°(http://badc.nerc.ac.uk/browse/badc/cru/data)。该数据集有较高的可信度，比较完整地描述了中国20世纪气候变化的基本特征(闻新宇等，2006)。研究选取10个CMIP5模式的Historical和RCPs试验结果作为评估和预估的基础数据，详见表5.3。

表5.3　研究所用10个模式的基本信息

模式名称	模式所在中心、国家	格点	分辨率/°	RCP试验
BCC-CSM1.1	BCC/CMA, China	128×64	2.8×2.8	RCP26,RCP45,RCP60,RCP85
CanESM2	CCCMA, Canada	128×64	2.8×2.8	RCP26,RCP45,RCP85
CNRM-CM5	CNRM-CERFACS, France	256×128	2.8×2.8	RCP26,RCP45,RCP85
GISS-E2-H	NASA GISS,USA	144×90	2.8×2.8	RCP26,RCP45,RCP60,RCP85
INM-CM4	INM, Russia	180×120	1.4×1.4	RCP45,RCP85
MIROC5	MIROC, Japan	256×128	2.8×2.8	RCP26,RCP45,RCP60,RCP85
MIROC-ESM		128×64	2.8×2.8	RCP26,RCP45,RCP60,RCP85
MIROC-ESM-CHEM		128×64	2.8×2.8	RCP26,RCP45,RCP60,RCP85
MRI-CGCM3	MRI, Japan	320×160	2.5×2.0	RCP26,RCP45,RCP60,RCP85
NorESM1-M	NCC, Norway	144×96	2.5×1.9	RCP26,RCP45,RCP60,RCP85

表 5.4　试验说明和模拟时间长度(Taglor *et al*.,2012)

试验名称	试验说明	时间长度(年)	主要目的
Historical (1850—at least 2005)	观测的 CO_2 和气溶胶浓度(人为和自然的)、太阳辐射以及土地利用	1850—2005	评估
RCP26	2100 年太阳辐射强迫达到 2.6 W/m^2	2006—2300	预估
RCP45	2100 年太阳辐射强迫达到 4.5 W/m^2	2006—2300	预估
RCP60	2100 年太阳辐射强迫达到 6.0 W/m^2	2006—2100	预估
RCP85	2100 年太阳辐射强迫达到 8.5 W/m^2	2006—2300	预估

图 5.9 是 2000—2100 年在四类 RCPs 下各类温室气体和气溶胶排放特征。虚线表示的是 SRES 情景下的变化趋势。在不同排放情景下,CO_2、CH_4 和 N_2O 基本随着 RCPs 的增大而增大。RCP60 情景较其他三类略有不同,该情景的排放强度变化在 21 世纪上半叶的部分年份低于 RCP45,较明显的是 CO_2 和 CH_4。对于 SO_2 的排放变化,RCP45 和 RCP80 较为接近,而 NO_2 的排放,RCP80 较高,而其他三种情景差别不大。多数排放物在 RCP 试验中的变化曲线与原 SRES 情景差距较大。

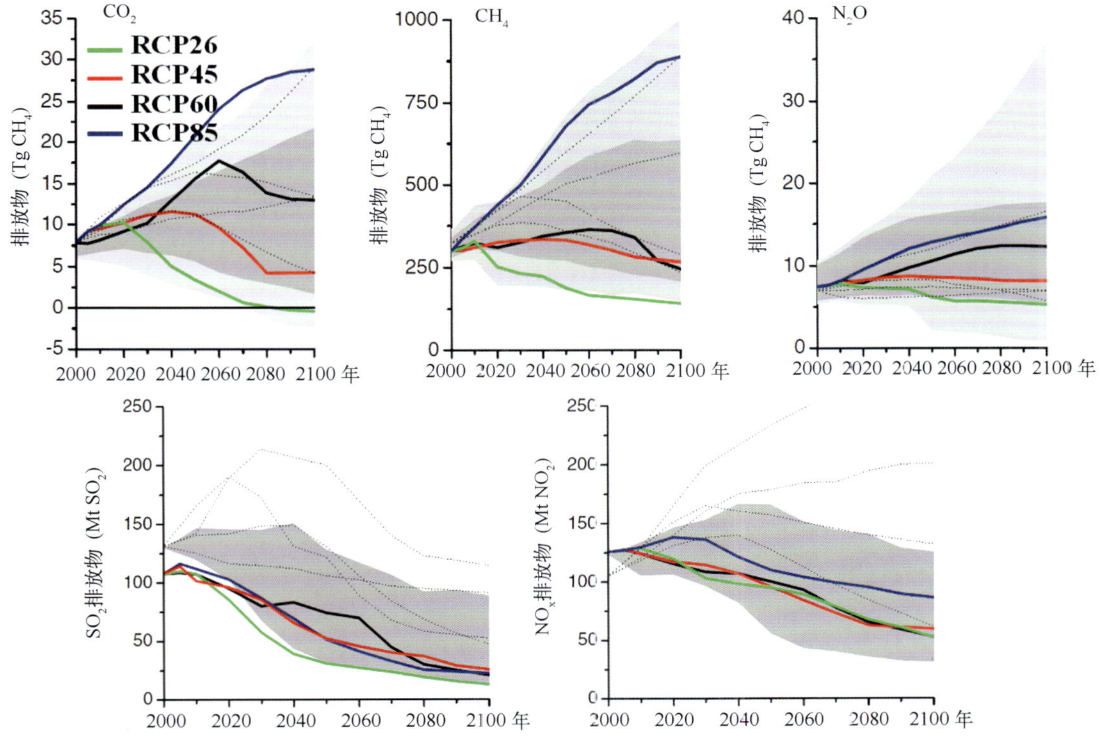

图 5.9　RCPs 试验中温室气体和气溶胶排放演变特征(Detlef *et al*.,2011)

图 5.10 是 RCPs 试验中 21 世纪辐射强迫的演变。RCP26 在 2030 年前后到达最高值,而后缓慢下降;而 RCP45 情景,在 2060 年之后由上升转为缓慢变化,数值维持在 4 W/m^2 左右。RCP60 与 RCP85 两种情景下的辐射强迫表现出一致的升高趋势。不过值得注意的是,

RCP60 情景下的辐射强迫在 2025 年之前，低于 RCP26，而在 2060 年前低于 RCP45。换言之，在 2060 年前 RCP45 情景下的辐射强迫增加趋势比 RCP60 要强。

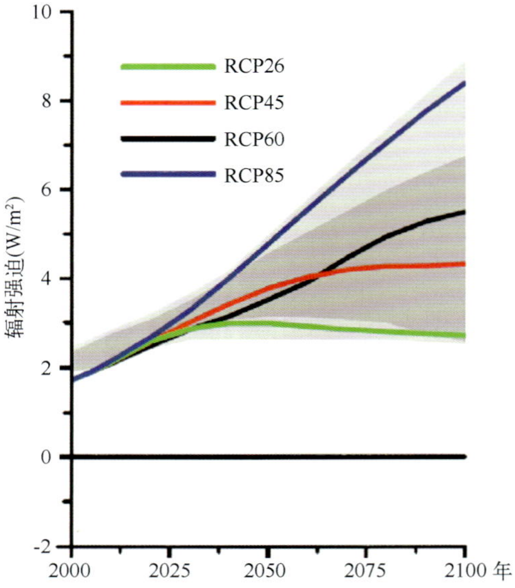

图 5.10　RCPs 试验中辐射强迫演变特征(Detlef *et al.*, 2011)

多模式集合方法 MME(Multi-Model Ensemble)可以在一定程度上抵消各个模式的偏差，和观测结果最相似，更接近于真实的自然状态，因此被广泛用在模式评估和未来气候预估。中亚地区包括乌兹别克斯坦、吉尔吉斯斯坦、土库曼斯坦、塔吉克斯坦、哈萨克斯坦，中国新疆和阿富汗北部等地区，其地形和范围详见图 5.11。中亚地势总体上呈现东南高，西北低的形态，在塔吉克斯坦的帕米尔高原和吉尔吉斯斯坦西部天山地区山势陡峭。

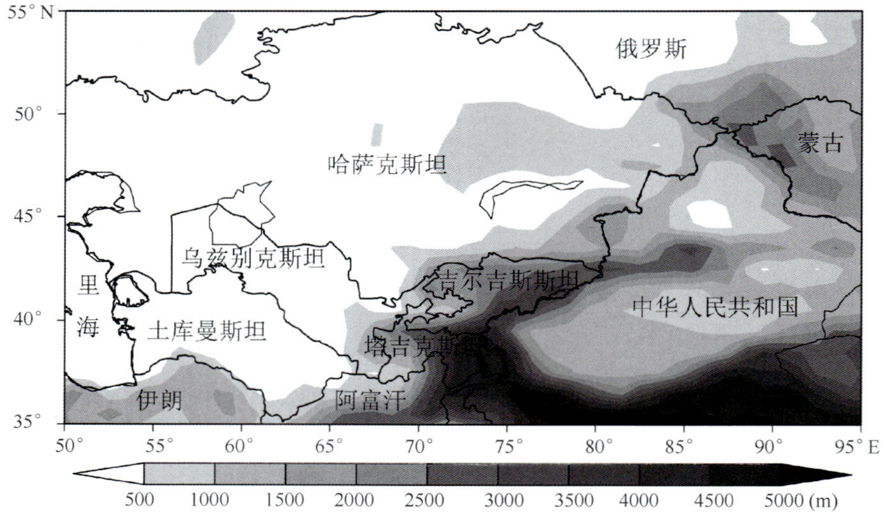

图 5.11　中亚地区地形和行政区划图

5.2.1.2　方法

研究所用到的方法包括标准差、空间相关系数、相对均方根误差以及线性回归方法，下面重点介绍标准差、空间相关系数以及相对均方根误差的计算公式和物理意义。

(1)标准差(Standard Deviation，STD)

标准差的计算公式为：$STD = \sqrt{\frac{1}{N}\sum_{i=1}^{N}(X_i - \bar{X})^2}$

N 为样本数，X_i 为第 i 个样本的值，$\bar{X}$ 是为这 N 个样本的平均值。标准差可以反映数据的离散程度。将这个公式用到时间上可以反映变率，用到空间上可以反映空间分布的均匀程度。为了反映模式模拟结果的空间均匀性与观测之间的差异，我们定义了一个均一化空间标准差：$NSTD = NSTD_M / NSTD_O$，$NSTD_M$($NSTD_O$)为模式模拟(观测)的空间标准差，根据孙颖和丁一汇(2008)建议，$NSTD$ 值介于 0.75—1.25 的模式具有较好的模拟性能。

(2)空间相关系数(Spatial Correlation，SC)

空间相关系数可以定量反映模拟结果与观测场之间空间分布的相似程度，公式如下：

$$SC = \frac{\sum_{I=1}^{N}(R_{FI} - \bar{R}_F)(R_{OI} - \bar{R}_0)}{\sqrt{\sum_{I=1}^{N}(R_{FI} - \bar{R}_F)^2 \sum_{I=1}^{N}(R_{OI} - \bar{R}_0)^2}}$$

N 表示研究区域内网格点数；R_{FI} 和 R_{OI} 分别表示在 I 格点上的模拟值和观测值。$\bar{R}_F$($\bar{R}_O$)为模拟(观测)结果在研究区域的区域平均值。空间相关系数越高，表明模拟结果和观测之间在空间分布形势上的相似性，它只能反映趋势，不能反映模拟结果和观测之间的强度差异。

(3)相对均方根误差(Relative Root Mean Error，RRMSE)

为了反映模式结果和观测之间强度上的差异，我们计算了模式和观测之间的相对均方根误差(RRMSE)，计算公式如下：

$$RRMSE = \left\{\frac{1}{N}\sum_{i=1}^{N}(E_i - \bar{E})^2\right\}^{1/2}$$

E_{fi}(E_{Oi})为研究区域第 i 个格点上的模拟(观测)值，$E_i = (E_{fi} - E_{Oi})/E_{Oi}$ 为模式结果跟观测之间的相对误差，$\bar{E} = \frac{1}{N}\sum_{i=1}^{N}E_i$，$N$ 研究区域总格点数。当 $RRMSE$ 值越小说明模拟结果和观测结果在强度上跟观测越接近，反之，模拟结果跟观测之间的差异愈大。

首先从气候态、年际变率和线性变化趋势入手，利用 1951—2005 年间 CRU 数据和 10 个模式 Historical 试验数据，计算各模式模拟年降水量和年平均地面 2 m 气温的气候平均场、年际变率、线性回归系数等统计量与 CRU 资料相应统计量的均一化空间标准差、空间相关系数和相对均方根误差定量检验各模式模拟性能，同时对各个模式的性能进行评分，然后按照评分成绩选取较好模式进行未来预估，利用多模式集合方法(Multi-model Ensembles，MME)预估未来 50 年(2011—2060 年)中亚地区降水量和年平均地面 2 m 气温的变化特征。

5.3　CMIP5 模式对中亚地区降水和地面 2 m 气温模拟性能评估

5.3.1　年降水量模拟结果评估

为系统地了解各个 CMIP5 模式对中亚年降水量的模拟能力，我们将系统对比分析在过去 55 年（1951—2005）历史模拟试验结果和 CRU 资料间的差异，重点从年降水气候态、年际变率以及长期变化趋势方面进行考察。图 5.12 是 10 个 CMIP5 模式模拟结果和 CRU 资料的气候平均年降水空间分布图。可以看出，CRU 资料的年降水在整个中亚地区主要表现为两个区域较大的低值中心和两个相对较小的高值中心，大体为中间高两边低的分布特征。降水的高值中心出现在吉尔吉斯斯坦、塔吉克斯坦和阿富汗北部等地区，以及北面俄罗斯境内。乌兹别克斯坦西部、哈萨克斯坦南部以及土库曼斯坦北部和中国新疆地区是降水的低值中心，尤其是中国新疆的塔里木盆地和中国内蒙古、青海和新疆三省交界处，气候平均年降水量不足 60 mm。将 10 个模式的模拟结果与 CRU 资料做比较，多数模式能够模拟出中亚地区年降水的空间分布特征，其中，CanESM2、CNRM-CM5 和 MRI-CGCM3 等模式所模拟的低值中心数值和区域范围较为接近，高值区域数值则略为高估。对于乌兹别克斯坦西部低值区的模拟，多数模式模拟效果较好，位置和范围较为一致，只是数值有所差异；而对中国新疆地区低值区的模拟结果差异较大，部分模式（如 BCC-CSM1.1、MIROC-ESM 和 MIROC-ESM-CHEM 等）甚至显示出新疆南部为高值区。

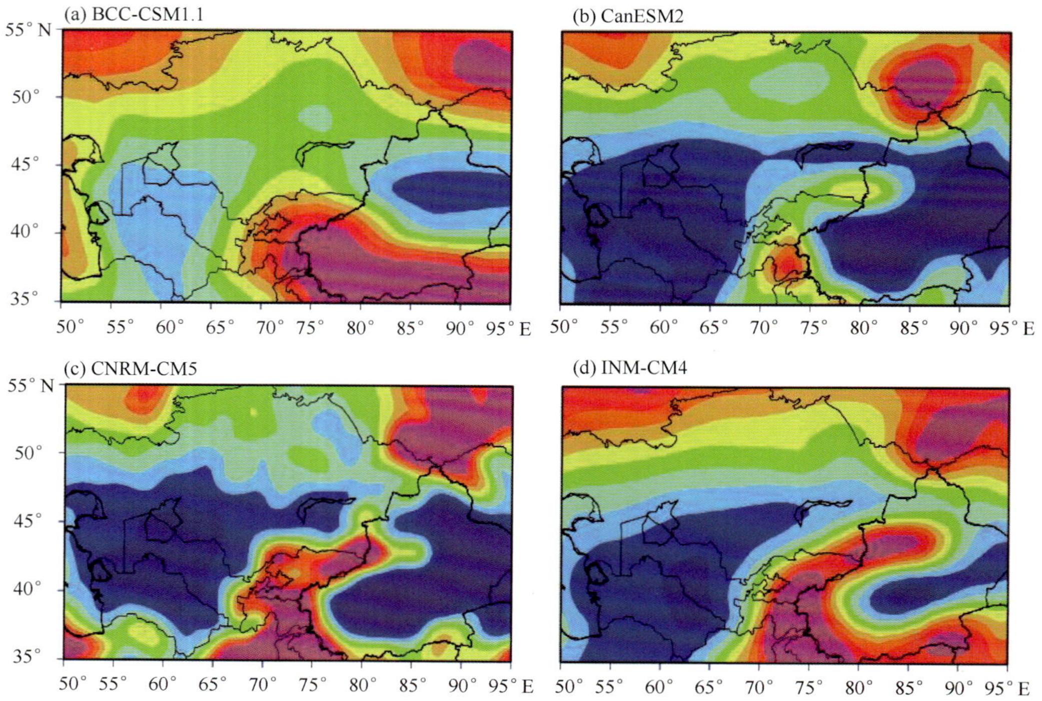

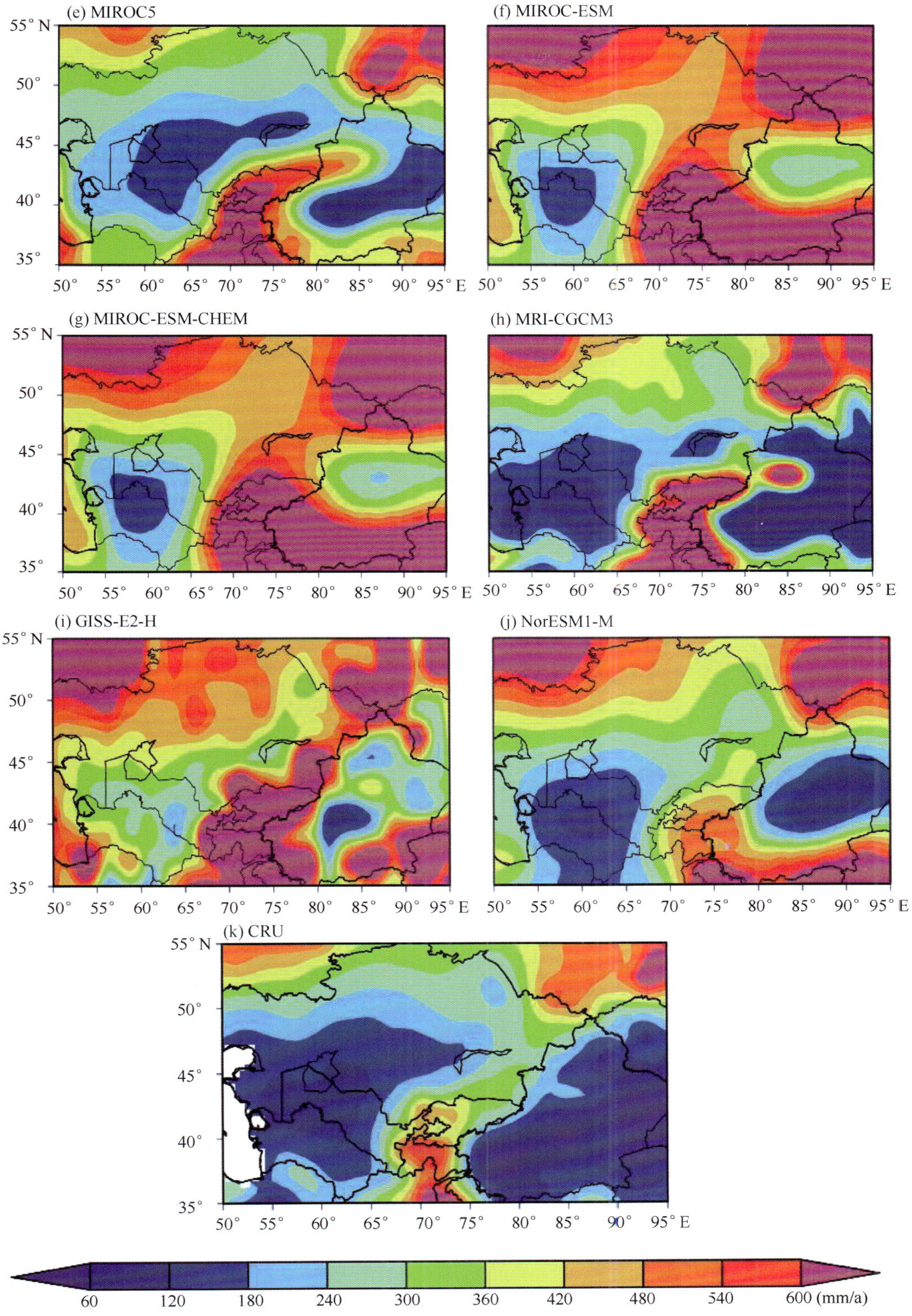

图 5.12　1951—2005 年中亚气候平均年降水量空间分布

降水的年际变率，即降水的年际尺度波动情况，可以用标准差来描述。图 5.13 给出了各模式模拟的和 CRU 资料的中亚地区年降水的年际变率(时间标准差)。CRU 的时间标准差空间分布如图 5.13k 所示，高值中心出现在吉尔吉斯斯坦东部、塔吉克斯坦和乌兹别克斯坦东部地区以及北面的俄罗斯。对比图 5.12，中亚地区降水标准差的高值中心与降水量较大的区域基本重合，年降水量大的区域同时年际变率也大。10 个模式模拟结果中，MRI-CGCM3(图 5.13h)、MIROC5(图 5.13e)、CNRM-CM5(图 5.13c)以及 CanESM2(图 5.13b)的等值线数值和分布与观测结果较为接近。其余模式能够在一定程度模拟出观测结果的分布特征，但差异略大。

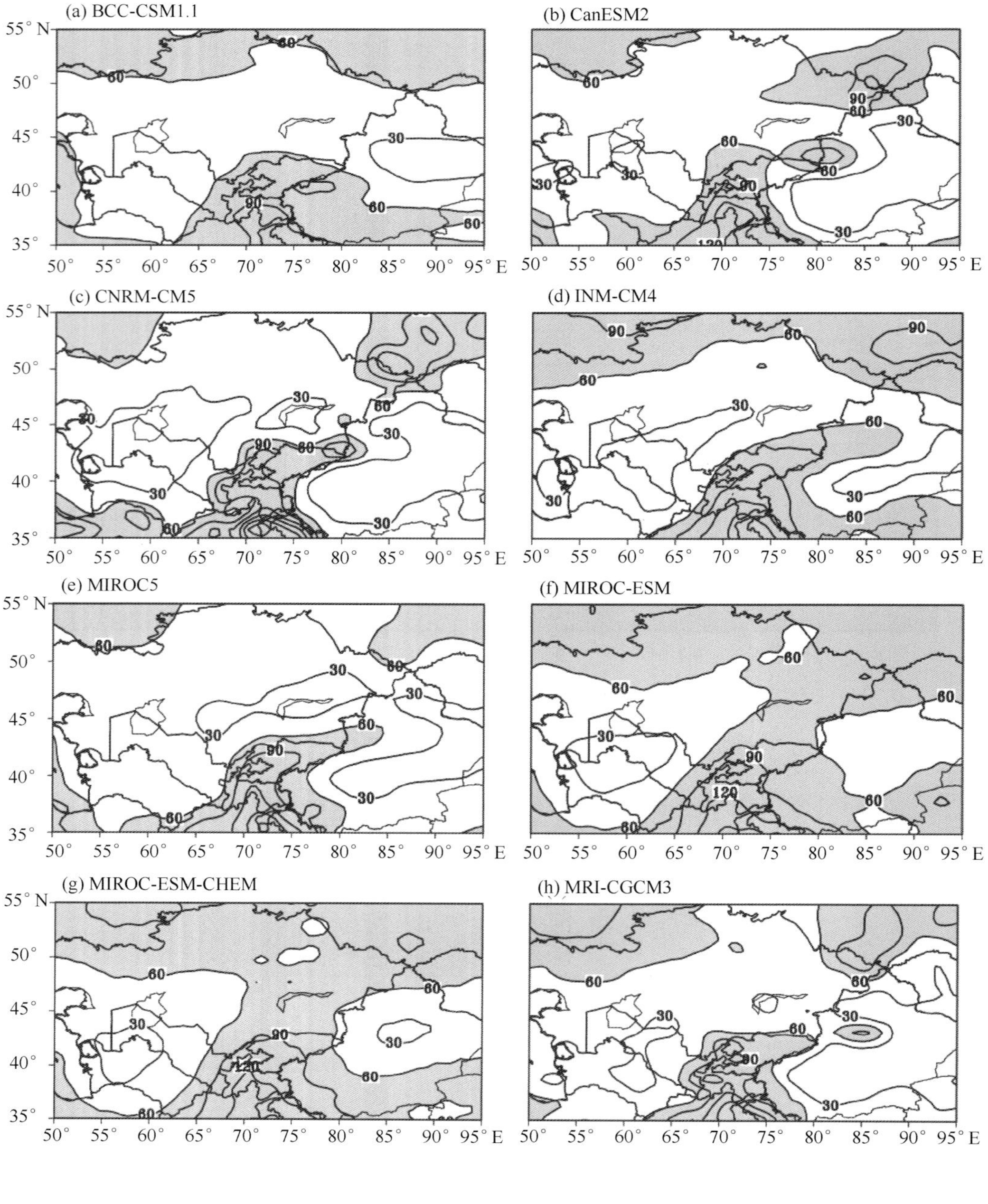

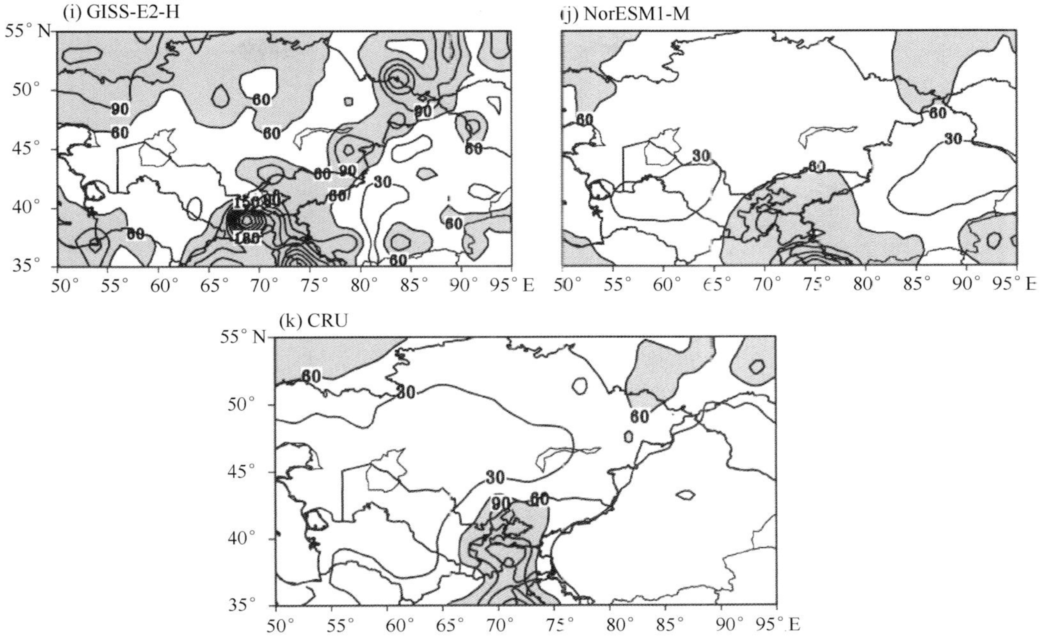

图 5.13　1951—2005 年中亚地区 10 个 CMIP5 模式模拟和 CRU 观测的年降水量年际变率的空间分布(单位:mm/a)

模式模拟结果和 CRU 观测资料的回归系数空间分布如图 5.14 所示。由观测结果(图 5.14k)可知,中亚地区整体的回归系数数值范围在－15～5 mm/(10 a)之间,以正值区域为主(0～5 mm/(10 a))。在吉尔吉斯斯坦、塔吉克斯坦以及哈萨克斯坦、蒙古和俄罗斯三国交界出现负值区域。灰色区域(表示通过显著性检验)较小,仅出现在中国新疆中南部和乌兹别克斯坦西部以及哈萨克斯坦西南部。这些表明中亚地区平均年降水量以轻微增加为主,趋势不显著。模式模拟结果中,对于整体趋势而言,MRI-CGCM3、MIROC5 和 CNRM-CM5 的模拟效果较好,负值中心的位置较接近。对于降水增加显著区域,CNRM-CM5 和 INM-CM4 模式能够大致模拟出来,但区域大小和强度上略有差异。

5.3.2　年平均 2 m 气温模拟结果评估

图 5.15 是 10 个全球海气耦合模式对中亚地区 1951—2005 年间年平均气温的模拟。CRU 的历史资料显示,中亚大多数地区的年平均气温大于零度。12℃以上的高值区域主要分布在中国新疆的塔里木盆地,乌兹别克斯坦东南部、土库曼斯坦及以南地区。其中最高的年均气温主要出现在土库曼斯坦中南部,均大于 15℃。中国新疆地区除了有大于 12℃,还有负值区域。零度数值的等值线沿着塔里木盆地的边缘分布,气温变化梯度较大,由 9℃降低至－3℃。0℃等值线同时也分布在蒙古和俄罗斯的交界处。哈萨克斯坦、乌兹别克斯坦和土库曼斯坦三国境内的年平均气温等值线分布由南向北递减,另外在中国新疆北部存在一个较小的、中心数值为 9℃的小中心。

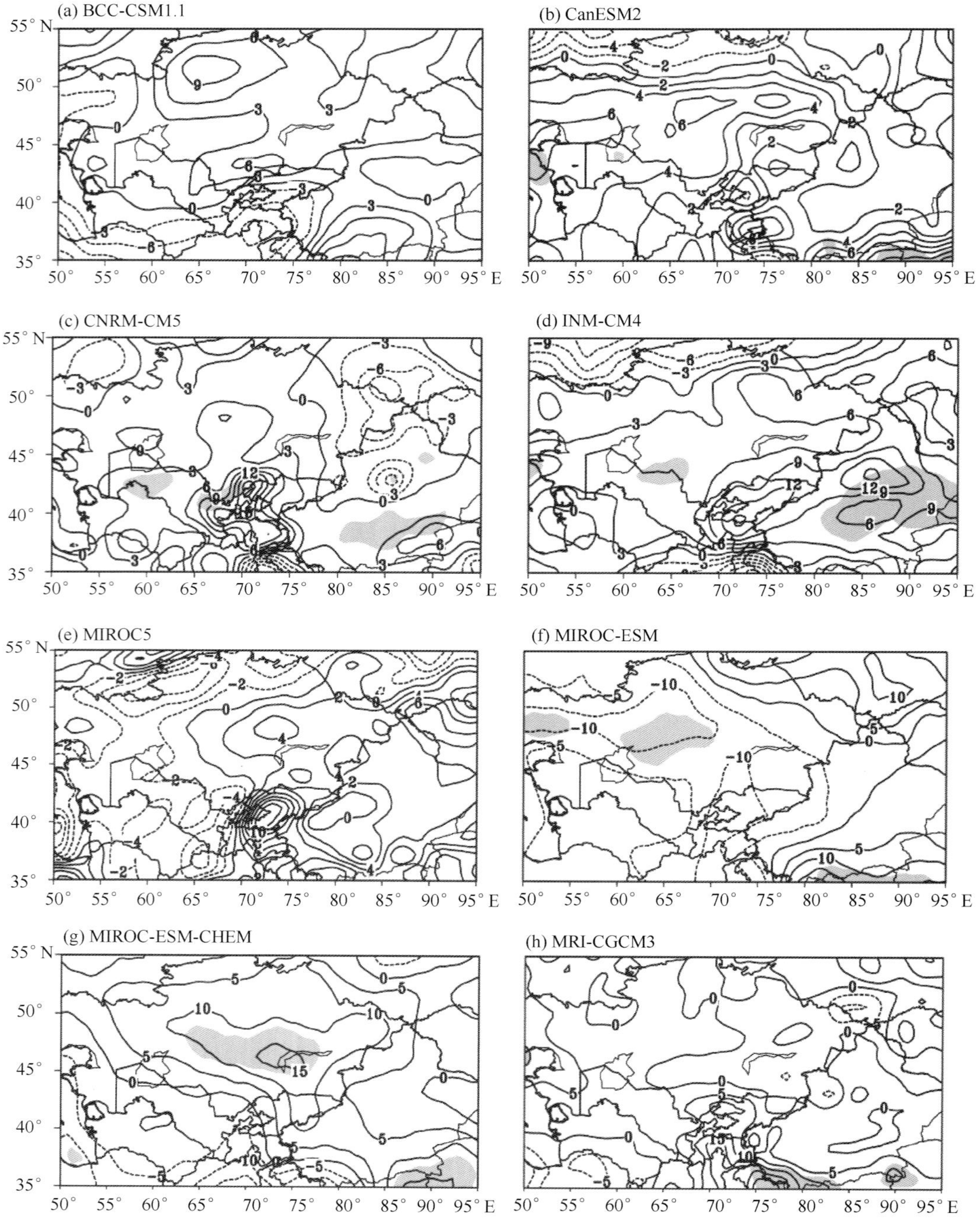
(a) BCC-CSM1.1
(b) CanESM2
(c) CNRM-CM5
(d) INM-CM4
(e) MIROC5
(f) MIROC-ESM
(g) MIROC-ESM-CHEM
(h) MRI-CGCM3
55° N
50°
45°
40°
35°
50° 55° 60° 65° 70° 75° 80° 85° 90° 95° E

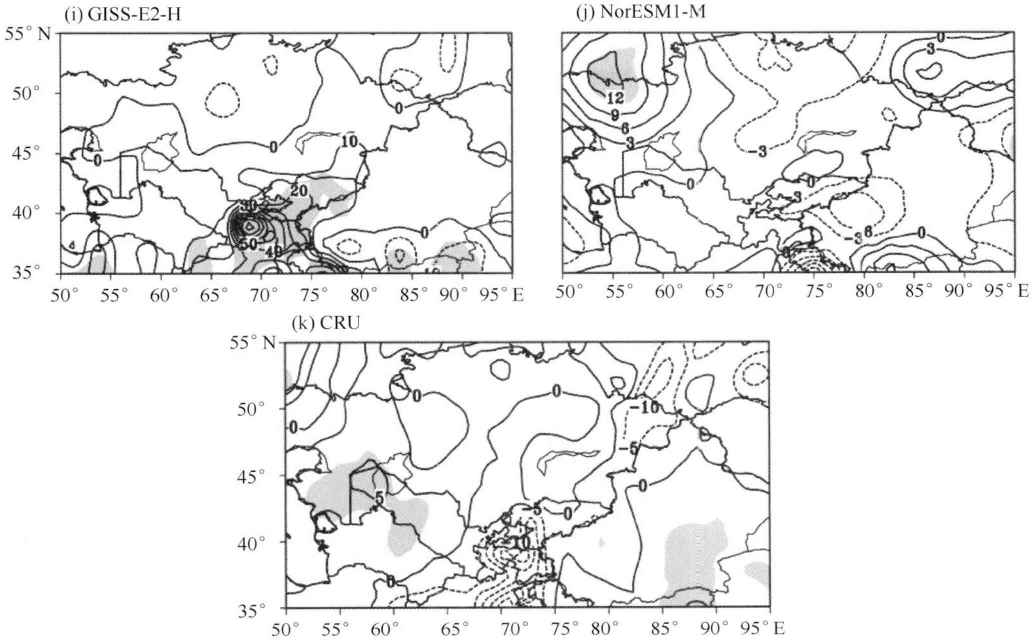

图 5.14　1951—2005 年中亚地区 10 个 CMIP5 模式和 CRU 资料降水线性回归系数的空间分布
（灰色区域为回归系数通过 0.05 显著性水平的区域，单位：mm/(10 a)）

结合 CRU 的年均气温分布图研究 10 个模式对中亚地区气温的模拟能力。所有模式都模拟出中国新疆地区的零度区域，以及哈萨克斯坦、乌兹别克斯坦和土库曼斯坦三国境内的年均气温等值线由南向北递减的分布特征。但对位于塔里木盆地高值中心的模拟，差距比较大：CanESM2、CNRM-CM5、INMCM4、MIROC5、MRI-CGCM3、GISS-E2-H 和 NorESM1-M 模拟出沿着塔里木盆地的高值区域，但区域中心数值和等值线梯度存在差异。只有 MIROC5 和 GISS-E2-H 两种模式均模拟出 12℃ 区域，其余模式只模拟出 9℃ 或 6℃ 的高值中心。对于较小的高低值区域，差距也较大。除 BCC-CSM1.1、MIROC-ESM 和 MIROC-ESM-CHEM 外，其他模式均模拟出蒙古和俄罗斯的交界处的零度区域；新疆北部的小中心，只有 GISS-E2-H 能够模拟出来。

以标准差来检验模式对气温年际变化的模拟性能（图 5.16）。CRU 观测资料（图 5.16k）显示，气温年际变率由南向北呈递增趋势，中亚北部高于南部，高于 1℃ 的区域主要集中在哈萨克斯坦大部、俄罗斯以及中国新疆少部分地区。10 个 CMIP5 模式基本都能够模拟出气温年际变率由南向北的递增趋势，其中 CanESM2、MIROC5 和 NorESM1-M 三个模式的模拟效果较好，趋势和大于 1 的区域分布较为相似，而 INM-CM4 和 MRI-CGCM3 模拟效果不佳，与观测结果差异较大。

图 5.17 显示的是各模式以及 CRU 历史数据每个格点的气候倾向率分布（等值线），并将回归结果与原场做相关分析，将通过显著性检验的区域用灰色标出。CRU 历史数据显示，整个中亚地区年平均气温的气候倾向率均大于零，呈现出增温趋势。气候倾向率介于 0.2～

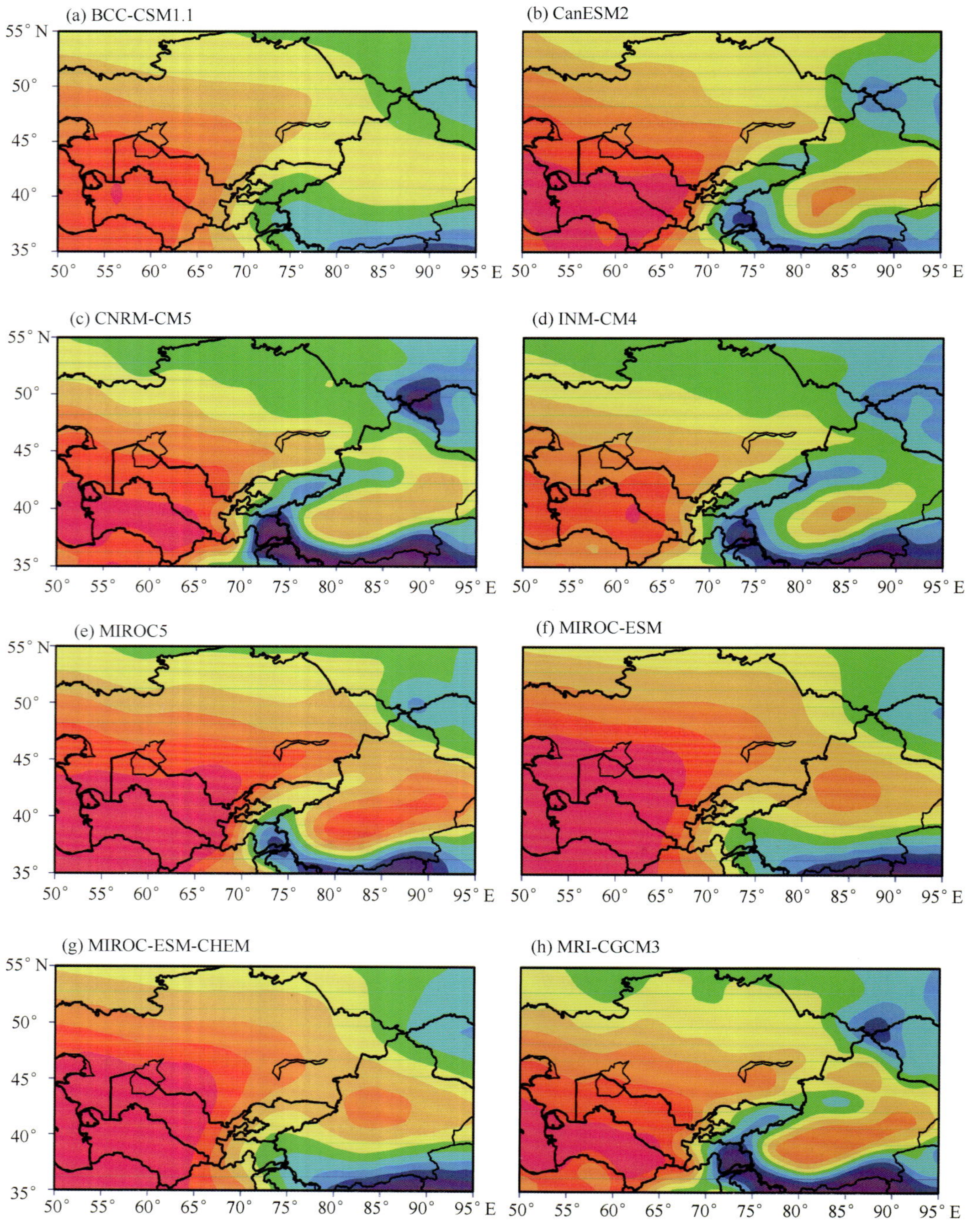
(a) BCC-CSM1.1
(b) CanESM2
(c) CNRM-CM5
(d) INM-CM4
(e) MIROC5
(f) MIROC-ESM
(g) MIROC-ESM-CHEM
(h) MRI-CGCM3
55° N
50°
45°
40°
35°
50°
55°
60°
65°
70°
75°
80°
85°
90°
95° E

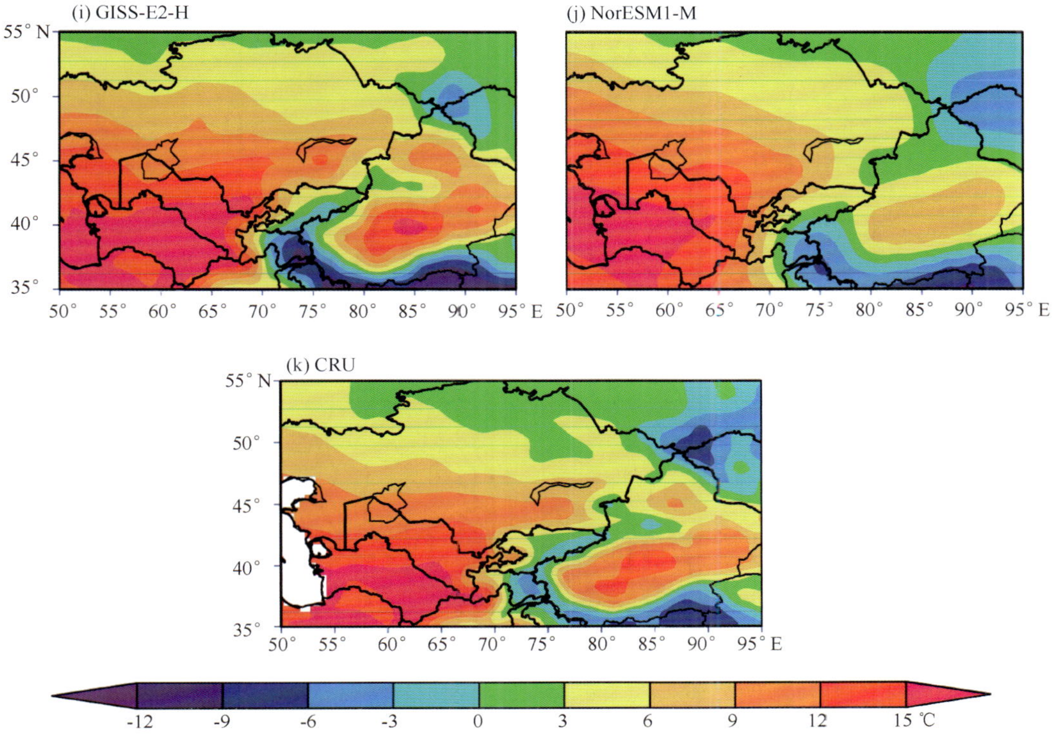

图 5.15　1951—2005 年中亚年平均地面 2 m 气温气候态空间分布

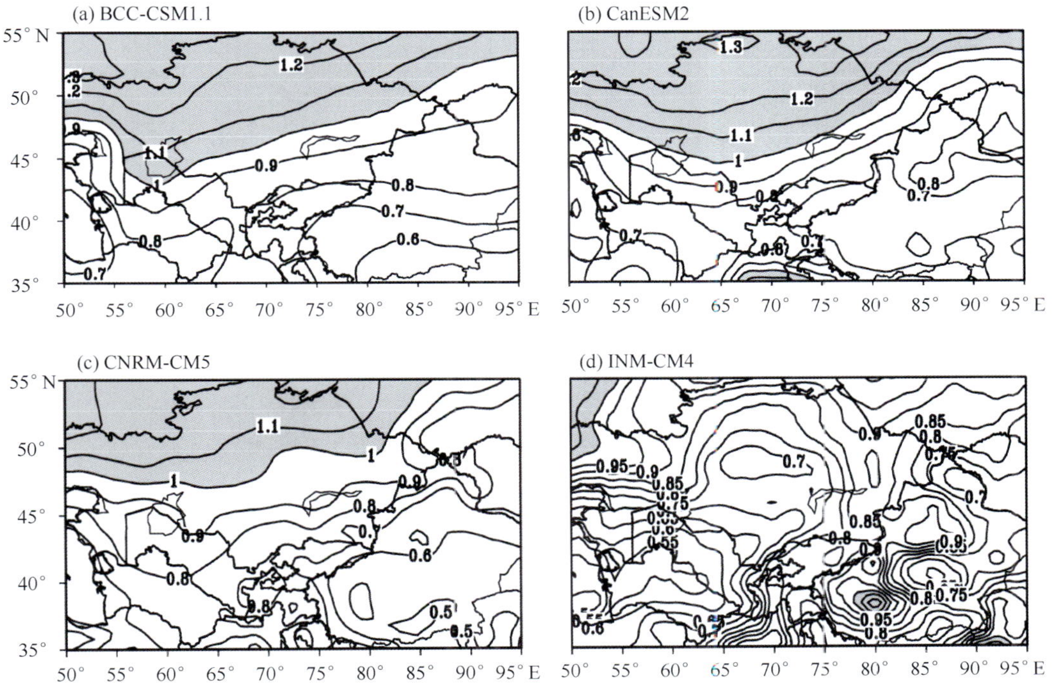

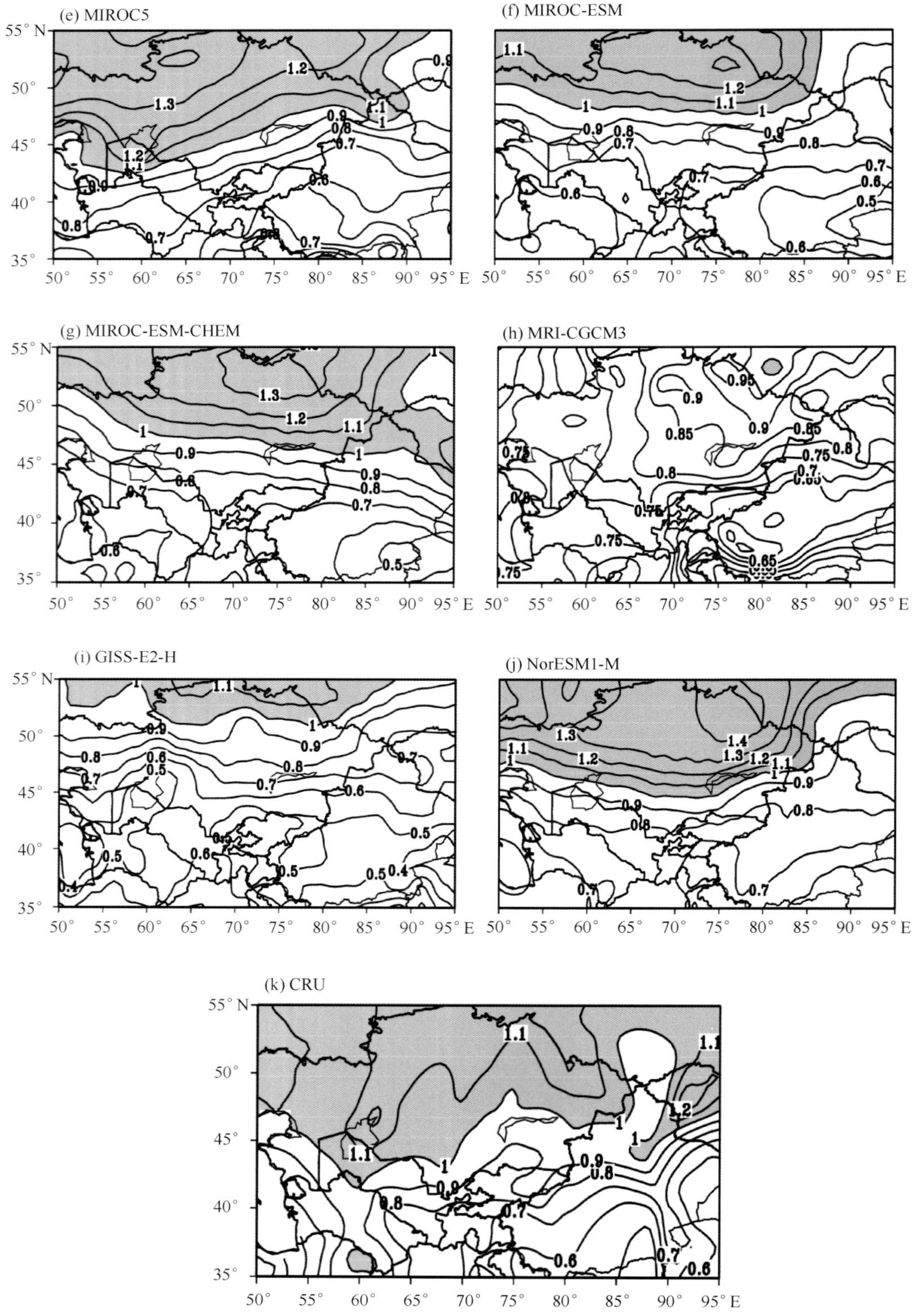

图 5.16　1951—2005 年中亚年平均地面 2 m 气温年际变率空间分布(单位:℃/a)

0.4℃/(10 a)之间，不同区域的增幅有所差异。最显著的区域位于乌兹别克斯坦西北部、以及哈萨克斯坦的东部，中心数值为 0.4℃/(10 a)。增长较小的区域位于中国新疆南部和塔吉克斯坦附近，数值在 0.2℃/(10 a)以下。CRU 数据格点序列的回归结果与原场的相关性较高，基本通过 0.05 的显著性检验。

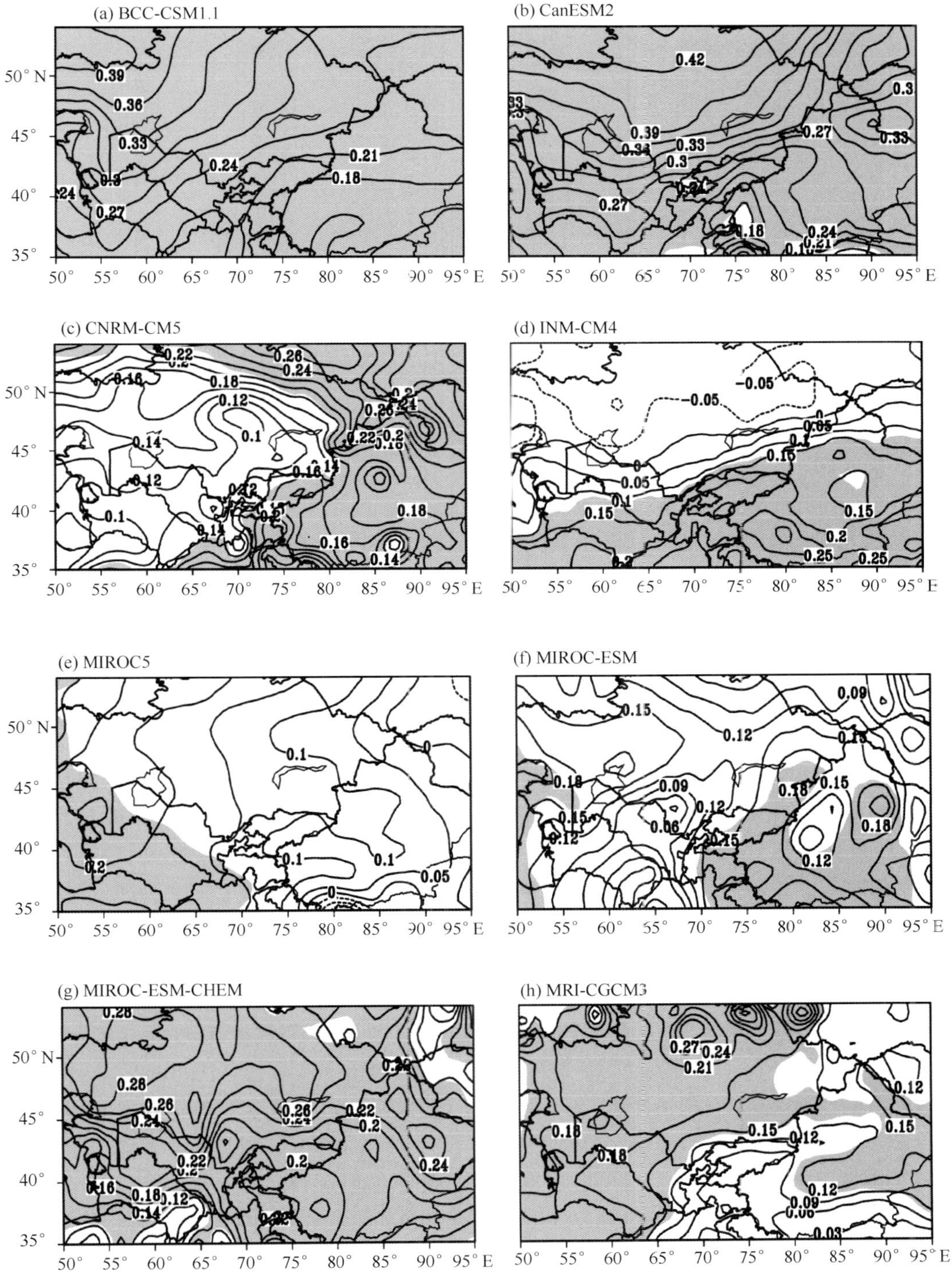

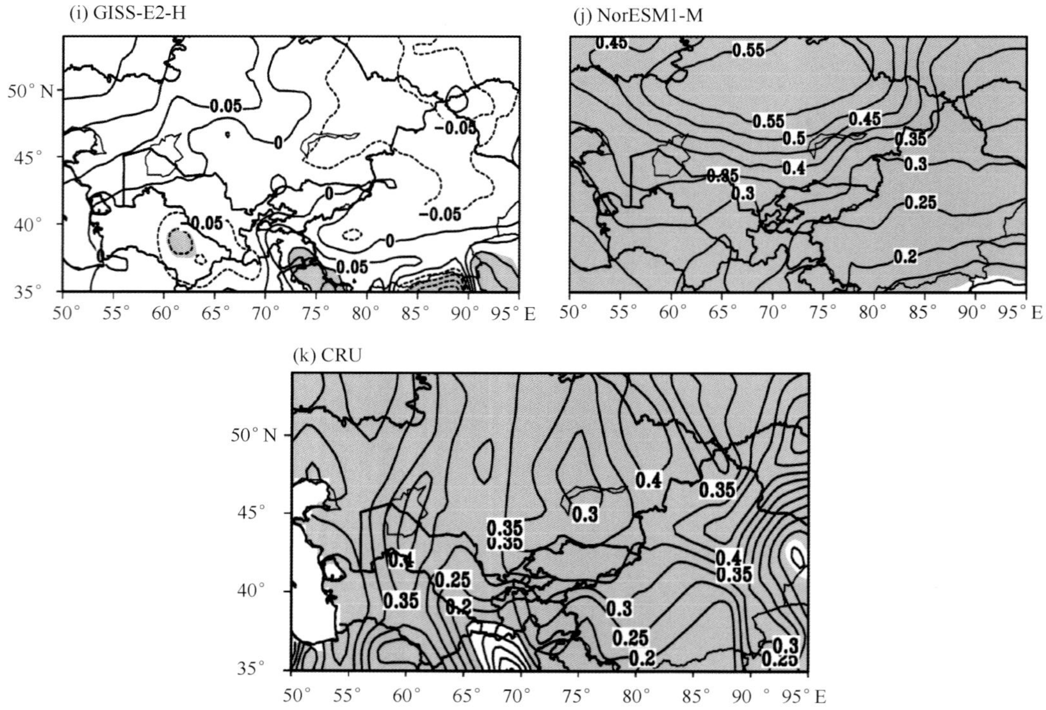

图 5.17　1951—2005 年间中亚年平均地面 2 m 气温回归系数的空间分布

（灰色区域为回归系数通过 0.05 显著性水平的区域，单位：℃ /(10 a)）

在 10 个全球气候模式模拟结果中，就气候倾向率而言，INMCM4、MIROC5 和 GISS-E2-H 出现负值区域。CanESM2 和 NorESM1-M 的数值范围与 CRU 相近，但数值空间分布差别较大。回归结果与原场相关性较好的有 BCC-CSM1.1、CanESM2 和 NorESM1-M。

从上面的分析发现，不同模式在年降水量和年平均 2 m 气温多年平均场、年际变率和线性趋势上的模拟性能会存在较大差异。在上述分析的基础上，计算各模式模拟的年降水量和 2 m 气温多年平均场、年际变率以及线性回归系数与 CRU 资料相应特征量的均一化空间标准差、空间相关系数和相对均方根误差，进而定量评估 10 个 CMIP5 模式的模拟性能。当某个模式 *NSTD* 值介于 0.75～1.25，则对该模式记 1 分，另外，当某个模式结果与观测之间的空间相关系数（相对均方根误差）大（小）于 10 个模式相应统计量的平均值则记 1 分，最后计算每个模式所得的（孙颖和丁一汇，2008）结果如表 5.5 和表 5.6 所示。这样可以选出具有较好模拟性能的模式预估未来气候变化可以减少模式结果的不确定性影响。

利用具有较好模拟性能模式未来预估试验结果来预估中亚地区未来 50 年中亚年降水和 2 m 气温的变化特征。从表 5.6 中选出得分较高的几个模式依次为：CanESM2，MRI-CGCM3，CNRM-CM5（NorESM1-M），BCC-CSM1.1（MIROC5），但是考虑到 CanESM2 和 CNRM-CM5 没有 RCP60 预估结果，为了考虑计算上的一致性，我们选用具有较好模拟能力的四个模式（MRI-CGCM3，NorESM1-M，BCC-CSM1.1，MIROC5）预估试验结果做多模式集合平均以预估未来 50 年（2011—2060）中亚地区年降水的时空变化特征。从表 5.6 中选出得分较高的三个模式 MRI-CGCM3，BCC-CSM1.1，NorESM1-M 预估试验结果做多模式集合平均以预估未来 50 年（2011—2060）中亚地区年平均地面 2 m 气温的时空变化特征。

表 5.5　10 个 CMIP5 模拟中亚年降水量性能评分

模式	平均场			年际变率			线性回归系数			评分
	NSTD	SC	RRMSE	NSTD	SC	RRMSE	NSTD	SC	RRMSE	
BCC-CSM1.1	1						1	1	1	4
CanESM2	1	1	1	1	1	1		1	1	8
CNRM-CM5		1	1		1	1			1	5
GISS-E2-H		1			1					2
INM-CM4			1	1			1			3
MIROC5			1	1	1		1			4
MIROC-ESM				1				1		2
MIROC-ESM-CHEM				1				1	1	3
MRI-CGCM3		1	1	1	1	1	1		1	7
NorESM1-M		1	1	1			1	1		5

表 5.6　10 个 CMIP5 模拟中亚年平均地面 2 m 气温性能评分

模式	平均场			年际变率			线性回归系数			评分
	NSTD	SC	RRMSE	NSTD	SC	RRMSE	NSTD	SC	RRMSE	
BCC-CSM1.1	1			1	1	1	1	1	1	7
CanESM2	1			1		1		1	1	6
CNRM-CM5	1	1		1	1			1	1	6
GISS-E2-H	1	1	1	1			1			5
INM-CM4	1	1	1							3
MIROC5	1	1	1		1					4
MIROC-ESM	1				1	1			1	4
MIROC-ESM-CHEM	1				1			1	1	4
MRI-CGCM3	1	1	1		1	1	1	1	1	8
NorESM1-M	1	1	1		1	1	1	1		7

图 5.18 是选定四个模式的 Historical 试验结果进行集合平均，分别从气候态、年际变率和趋势分布三个方面与 CRU 资料做对比，进而检验该集合平均对中亚地区 1951—2005 年降水量的模拟能力，结果显示：中亚地区降水量的年平均气候态无论在量级上还是空间分布，集合平均的模拟结果与 CRU 资料非常相似，高、低值中心的位置和范围模拟效果较好；年际变率的空间分布显示，四模式集合较好地表现出中国新疆地区数值为 20 的区域，以及塔吉克斯坦、吉尔吉斯斯坦和阿富汗北部一带的高值区。对哈萨克斯坦、乌兹别克斯坦和土库曼斯坦等地区的预估数值偏低；CRU 观测数据的降水变化趋势空间分布表明，中亚地区降水以增加为主，仅在塔吉克斯坦、吉尔吉斯斯坦和阿富汗北部一带、北面的俄罗斯以及俄罗斯与哈萨克斯坦交界处出现负值区域。四模式集合能够模拟出中亚降水以增加为主的总体趋势，但负值区域的数值和出现位置差异较大。图 5.18c 和图 5.18f 用灰色表示趋势变化显著的区域，CRU

观测资料和四模式模拟结果，在中国新疆南部地区同样出现灰色区域，但位置略有差异。四模式集合没能表现出乌兹别克斯坦西部和哈萨克斯坦西南部的显著性区域，较为遗憾。

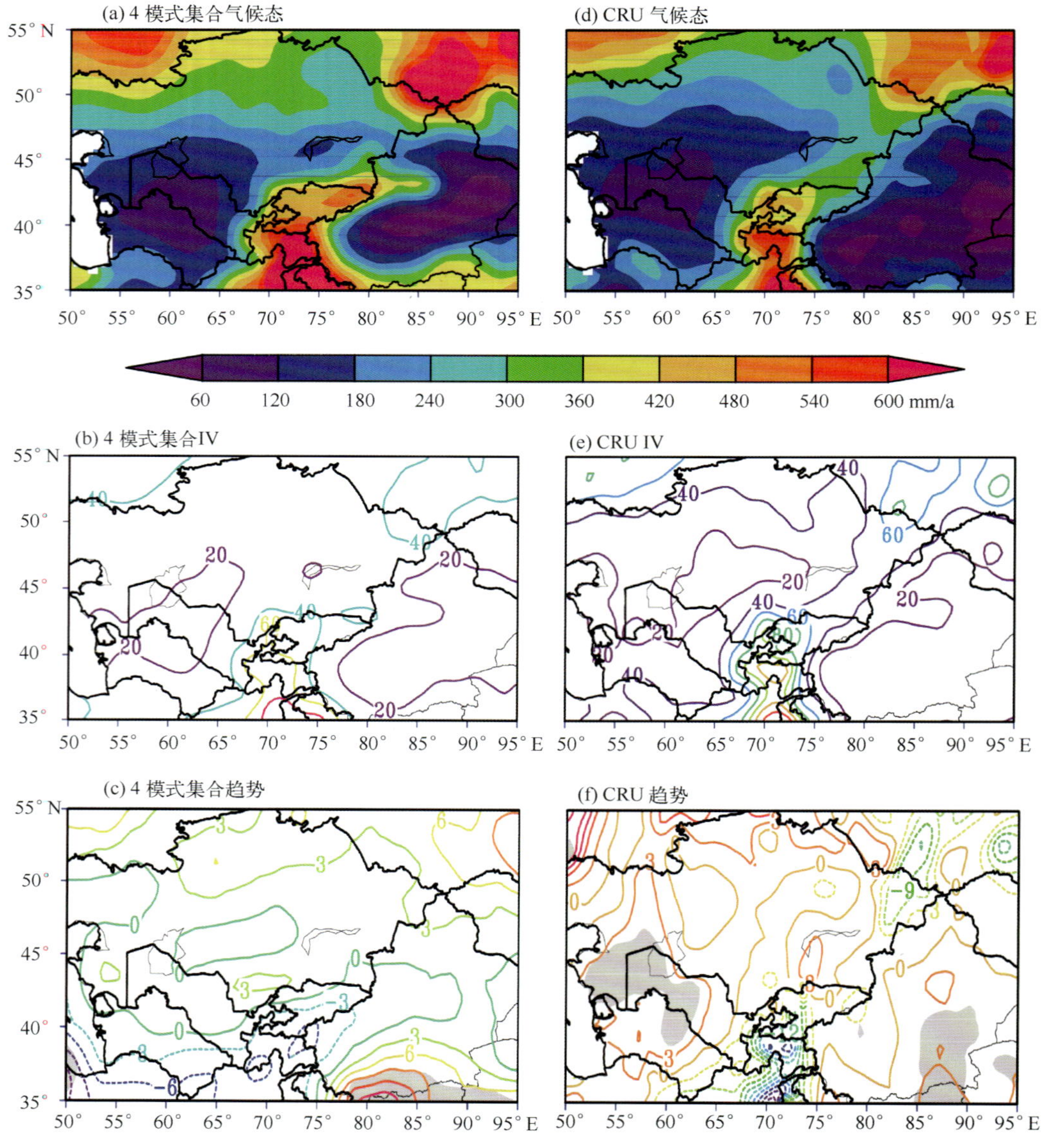

图 5.18　1951—2005 年中亚地区 4 个模式集合平均和 CRU 资料年降水量的气候态、年际变率和趋势的空间分布

图 5.19 利用 CRU 观测数据，通过对比气候态、年际变率和趋势来检验三模式集合对中亚气温的模拟性能。就中亚气温平均态而言，三模式对实况模拟效果较好，等值线的数值和区域分布均非常接近。哈萨克斯坦、乌兹别克斯坦和土库曼斯坦一带，年气温由南向北递减的趋势较为接近，但对土库曼斯坦和伊朗北部高值区域的预估数值偏低。另外一个预估偏低的区域位于中国新疆的塔里木盆地，在观测资料中近中心位置显示一个 12℃的高值区，3 模式预估仅模拟出 9℃的区域。另外，高估的地区出现在哈萨克斯坦的北部，图 10d 中的哈萨克斯坦北

部的绿色区域较图 10a 相应位置的绿色区域多。

中亚地区 1951—2005 年间，北面的年际变率高于南部，大于 1 的区域主要体现在哈萨克斯坦、蒙古、俄罗斯等地，最低值主要集中在中国新疆地区。3 模式集合较好地表现出了年际变率由南向北递增的总趋势，但预估的数值较实况偏低。

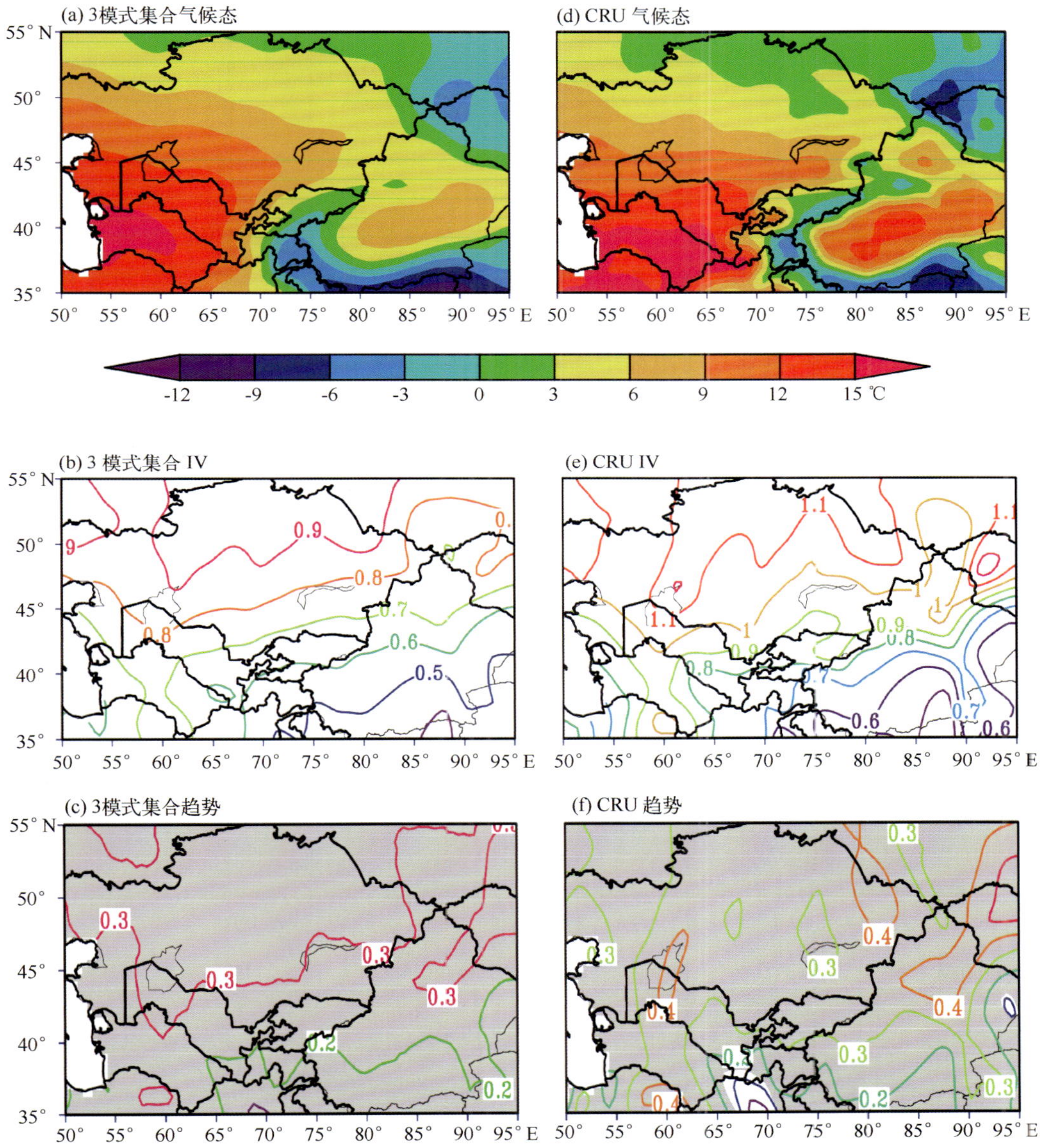

图 5.19　1951—2005 年中亚地区 3 个模式集合平均和 CRU 资料气温的气候态、年际变率和趋势的空间分布

CRU 观测资料的气温趋势场分布如图 5.19f 所示。灰色区域表示该地区气温增温趋势通过 0.05 显著性检验。1951—2005 年，中亚气温总体呈现出一致的显著增温趋势，以 0.3～0.4℃/(10 a)为主，少数区域，如中国新疆南部，增温趋势在 0.2℃/(10 a)以下。在阿富汗北部出现了增温不显著的小区域。3 模式集合的预估结果较好地模拟出了中亚地区一致的增温

趋势，增温趋势在 0.2℃/(10 a)以下的区域出现的位置与观测结果较为相似，其他地区的预估数值偏低 0.1℃/(10 a)左右。

综上所述，利用集合平均的结果对 2011—2060 年中亚地区降水以及气温的气候态和趋势变化作预估是可行的，并且不同的气象要素使用不同的模式做集合，其模拟效果较单一集合模式有一定的提高。

5.4　未来 50 年中亚年降水量和年平均地面 2 m 气温降水预估

5.4.1　年降水预估结果

图 5.20 是四类 RCPs 情景下四个模式集合平均对中亚地区 2011—2060 年降水预估结果的空间分布。从图中可以看出，在 4 种排放情景下预估的中亚地区年降水的空间分布非常相似。低值中心出现在乌兹别克斯坦西部、土库曼斯坦西部以及中国的新疆东部地区。高值中心大致在吉尔吉斯斯坦、塔吉克斯坦和中国新疆南部以及俄罗斯西部。与过去 55 年历史回报试验模拟的降水量空间场(图 5.18)做比较，在未来 50 年，中亚地区的年降水量增加较为明显，大于 360 mm/a 的地区大大增加，尤其是中国新疆南部的塔里木盆地，由低值区转变为高值区。总体上，由于温室气体排放量增加的影响，中亚地区在未来 50 年内的年降水量是增加的。不过很有可能是降水次数减小，降水的强度增加，即极端降水事件的次数将增加。这与陈发虎等(2011)研究过去 80 年温室效应对中亚地区降水影响结果相似。

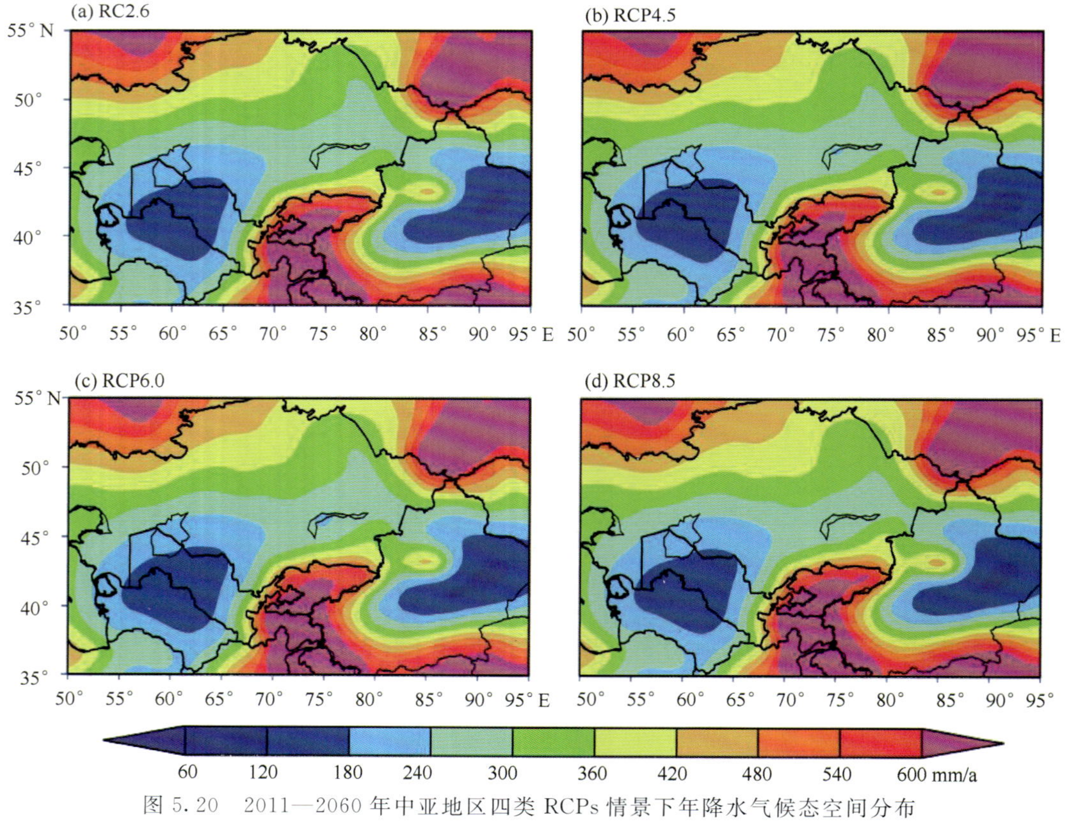

图 5.20　2011—2060 年中亚地区四类 RCPs 情景下年降水气候态空间分布

图 5.21 为不同排放情景间年降水量差异的空间分布，由 RCP45 情景预估结果减去 RCP26 的，RCP60 预估结果减去 RCP45 的，依次类推来得到。从图 5.21a 和图 5.21b 中可以看出，随着温室气体排放的增加，中亚地区年降水量同时出现增大和减少的区域，但改变幅度不大，数值范围在－15 mm～10 mm。图 5.21a 中，正值区域集中在哈萨克斯坦中部以及北部的俄罗斯境内，低值中心主要出现在塔吉克斯坦、吉尔吉斯斯坦和阿富汗北部地区，在中国新疆、乌兹别克斯坦西部、里海沿岸等地也有所体现。图 5.21b 中，正值区域主要分布在塔吉克斯坦、吉尔吉斯斯坦和阿富汗北部地区，与图 5.21a 恰好相反。而负值区域则出现在中国、蒙古、俄罗斯和哈萨克斯坦的交界处，在哈萨克斯坦北部和中国新疆南部也有所体现。

图 5.21c 与前两者均不同，在高排放路径时，几乎没有降水减少的区域(仅哈萨克斯坦西部存在一个小的负值中心)，以增加为主。主要体现在哈萨克斯坦东部、中国和哈萨克斯坦交界处以及俄罗斯和哈萨克斯坦交界处，中国新疆南部也出现小的高值区域。这说明温室气体排放浓度的增大，对中亚地区降水量增加的影响较为显著。总的来看，随着排放的增加，中亚降水有增多的趋势，但并非单纯线性关系。

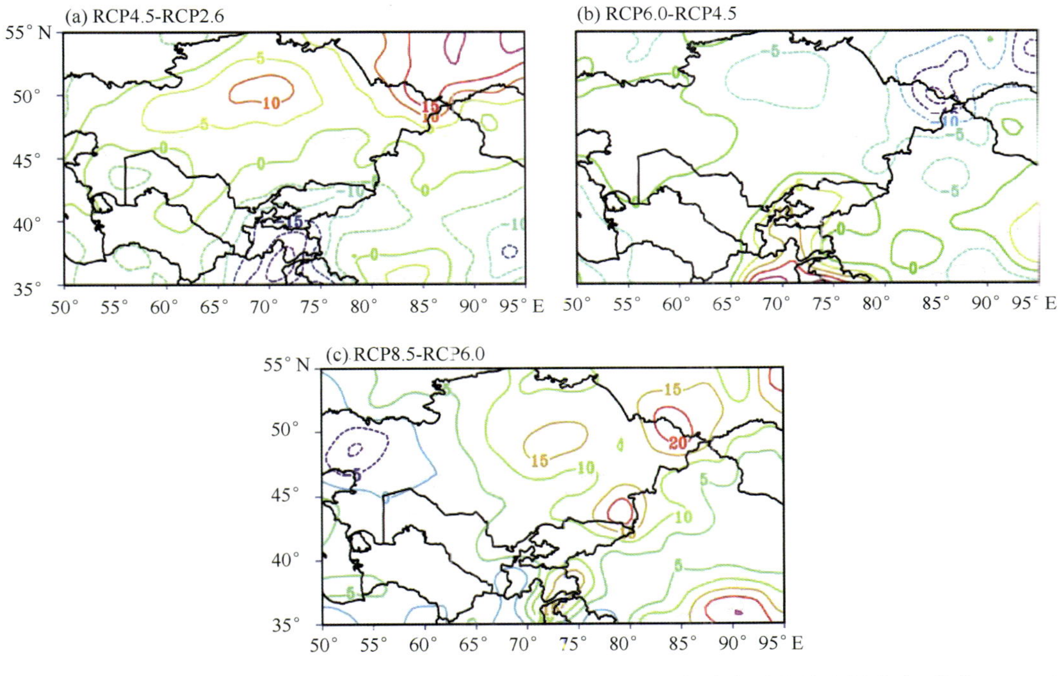

图 5.21　2011—2060 年中亚地区不同 RCPs 下四模式集合平均的年降水量差异空间分布(单位：mm/a)

图 5.22 为四类 RCPs 下，降水量回归系数的空间分布。由图可以看出中亚地区降水趋势以微弱增加的区域为主，同时存在减少区域。在四类 RCPs 下，呈现减少趋势的区域均位于吉尔吉斯斯坦、塔吉克斯坦以及阿富汗北部。

以灰色表示降水增加趋势通过 0.05 显著性检验的区域，可知：随着 RCPs 的增加，显著性区域增大。在 RCP26 情景下，整个中亚地区并没有降水增加显著的区域；在 RCP45(RCP60)情景下，出现了降水增加明显的区域，集中在蒙古和俄罗斯交界一带(俄罗斯)以及中国新疆南部和西藏北部(新疆中部)；RCP85 情景下，降水显著增加区域明显扩大，出现在俄罗斯、哈萨克斯坦、蒙古和中国新疆交界处以及中国新疆、西藏和青海三省交界处，同时等值线的数值和变化梯度变大。

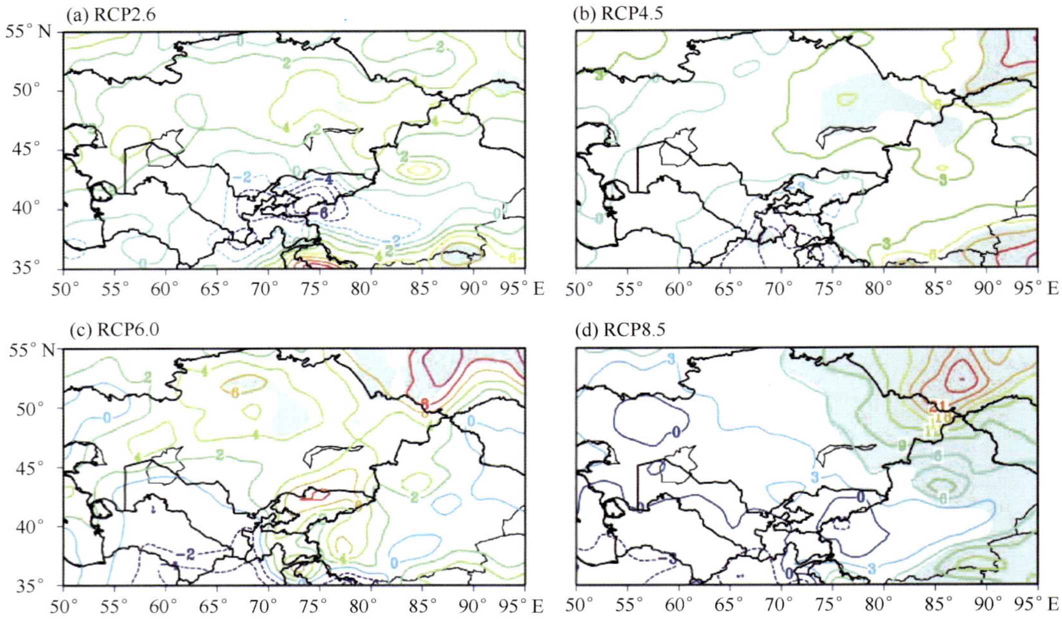

图 5.22　2011—2060 年中亚地区四类 RCPs 下四模式集合平均预估的年降水线性回归系数的空间分布（灰色区域为回归系数通过 0.05 显著性水平的区域；单位：mm/10a）

5.4.2　年平均 2 m 气温预估结果

图 5.23 是四类 RCPs 下三模式集合对中亚未来 2011—2060 年间年平均气温的空间分布。四类排放背景下中亚地区年平均气温的分布差别不大，高值区域主要出现在中国新疆以及乌兹别克斯坦南部、土库曼斯坦和哈萨克斯坦西南部一带。低值区表现在中国新疆南面和西藏的部分地区以及俄罗斯、蒙古和中国的交界处。随着 RCPs 的增大，位于里海沿岸也就是土库曼斯坦西部的高值中心数值增大。RCP85 情景下，高值区域的数值最大，其次是 RCP45，然后是 RCP60。之所以会出现这种情况，与 RCPs 系列试验的设计有关(参见图 5.23)。

图 5.24 是三模式预估的不同排放背景下中亚气温年际变率的空间分布。从等值线的数值分布来看，气温的年际变率主要表现为由南向北递增，纬度越高，年际变率越大。四类 RCPs 下，年际变率最高的区域均出现在哈萨克斯坦的北部以及俄罗斯境内，低值区集中在中国新疆地区。随着排放的增加，高低值中心区域数值同时增大。RCP26 与 RCP60 排放背景下年际变率的高值区域分布较为相似，这与 RCPs 试验的设计有关。

图 5.25 是不同排放情景下中亚年气温变化趋势的空间分布图。灰色代表通过 0.05 显著性检验的区域。从图中能明显看出，在四类排放背景下，中亚地区未来气温将呈现显著的增温趋势，并且增温趋势随着排放的增加而增大，中亚北部地区增温趋势高于南部。RCP26 情景下，线形趋势以 0.15～0.20℃/(10 a)为主，低值区域出现在中国新疆南部；RCP45 情景下，高值区域位于哈萨克斯坦西北部，达到 0.45℃/(10 a)；RCP60 情景，高值区位于俄罗斯境内，而

低值区出现在中国新疆南部和西藏；RCP85 情景，高值区域主要集中在哈萨克斯坦北部以及俄罗斯境内。

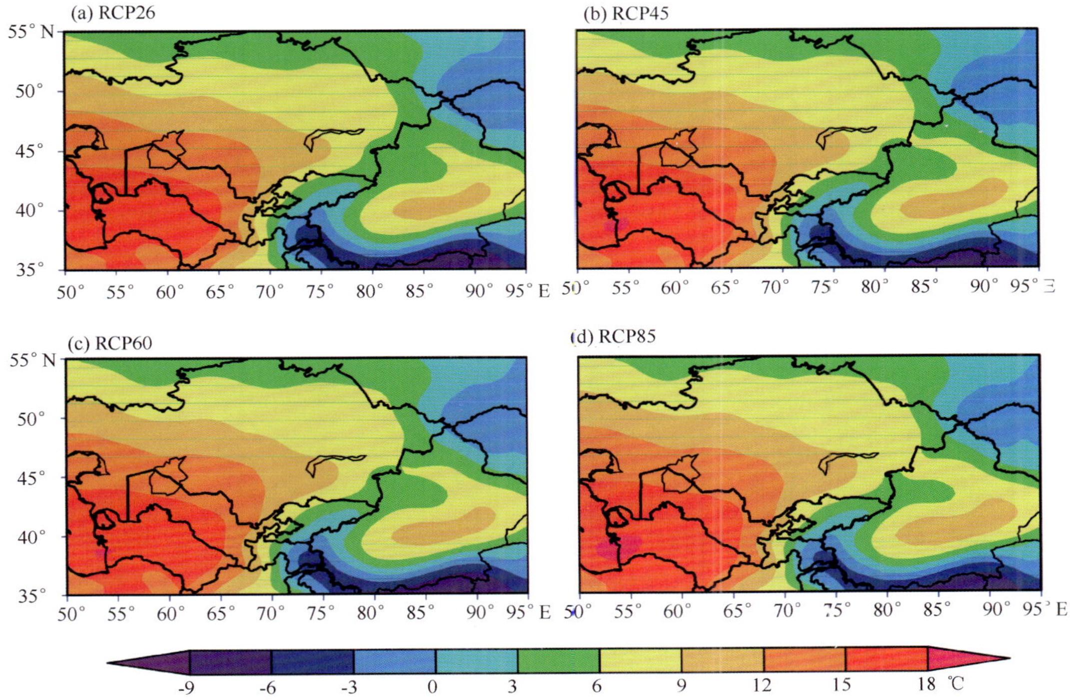

图 5.23　2011—2060 年间三模式集合平均的中亚年平均地面 2 m 气温气候态特征

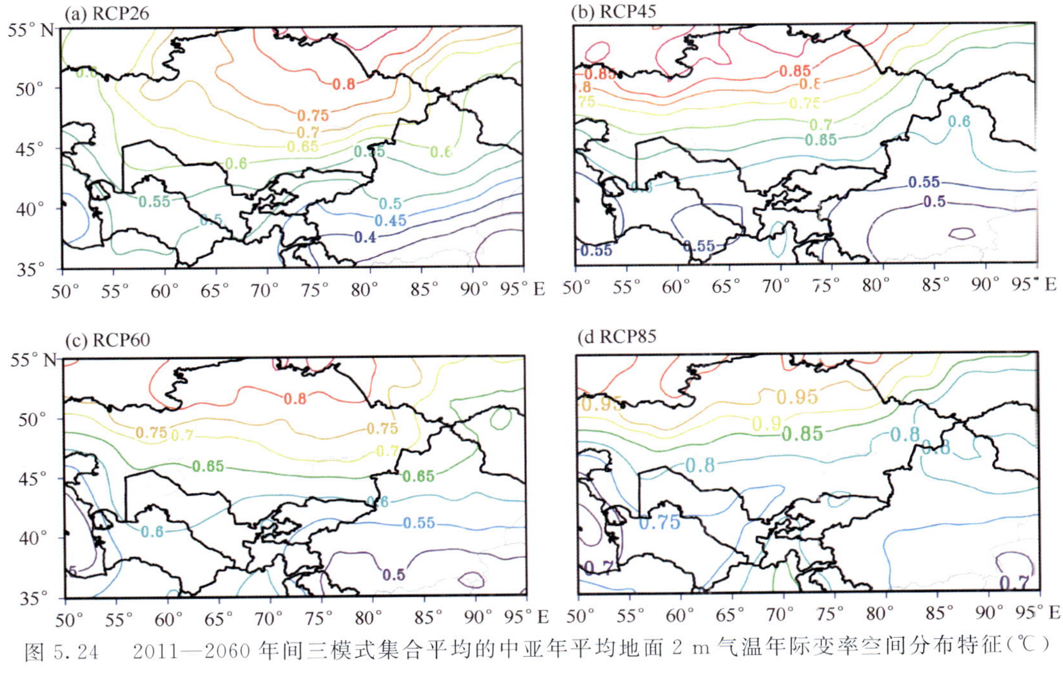

图 5.24　2011—2060 年间三模式集合平均的中亚年平均地面 2 m 气温年际变率空间分布特征(℃)

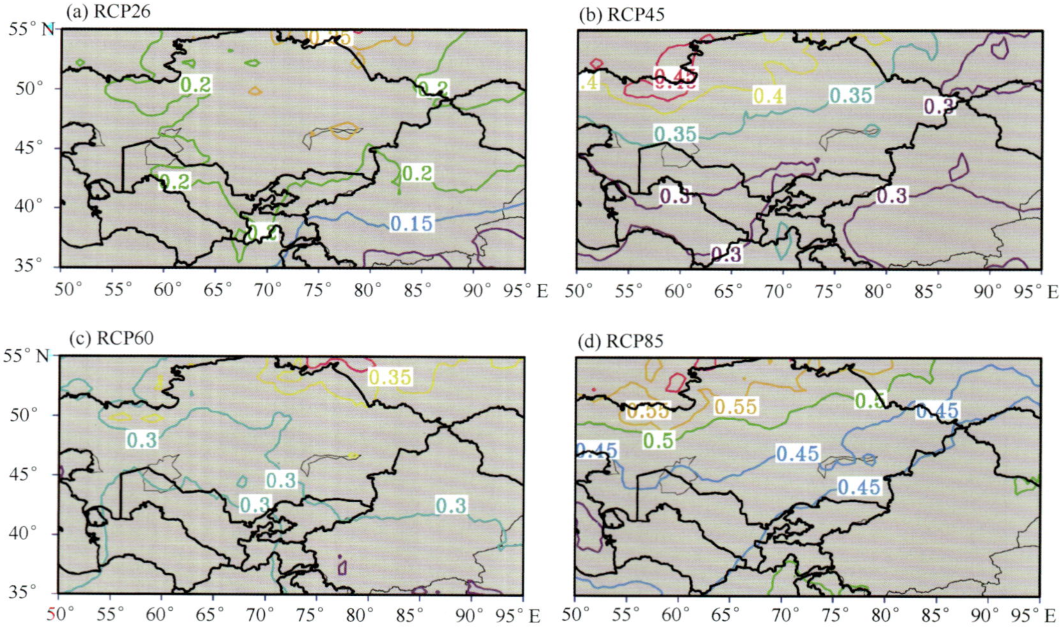

图 5.25　2011—2060 年间三模式集合平均的中亚年平均地面 2 m 气温线性趋势空间分布特征（℃/10 a）

图 5.26 是三模式集合预估 2011—2060 年中亚地面最高气温变化趋势空间分布。在整个中亚地区，除了 RCP26 情景，其他情景下最高气温表现为一致增加趋势，并通过 0.05 的显著性检验，随着排放的增加，最高气温的增加趋势同时变大。在 RCP26 情景下，最高气温增加最明显的地区在哈萨克斯坦中东部，存在一个数值为 0.25 的高值区域。大于 0.2℃/(10 a)的区域呈带状分布，主要出现在土库曼斯坦、乌兹别克斯坦、哈萨克斯坦东南部和中国新疆北部。低值区域出现在中国新疆南部和西藏，数值为 0.1℃/(10 a)。RCP45 情景下，高值区域出现在哈萨克斯坦西北面，中心数值为 0.4℃/(10 a)，低值区集中分布在中国新疆和北部的俄罗斯境内。RCP60 情景的等值线数值较 RCP45 情景的低，该情景下，高值中心位于土库曼斯坦南部和阿富汗北部地区。RCP85 情景，线性趋势进一步加大，在塔吉克斯坦、中国新疆西部和阿富汗北部一带，以及北部哈萨克斯坦和俄罗斯交界处达到了 0.5℃/(10 a)。低值中心则出现在东面哈萨克斯坦和俄罗斯交接处以及里海。

图 5.27 是中亚地区最低气温线性趋势的空间分布图。在不同排放背景下，中亚北部的最低气温升温趋势高于南部。高值中心均出现在哈萨克斯坦以及俄罗斯境内，近中心数值由 0.3℃/(10 a)增加到 0.7℃/(10 a)。RCP26、RCP45 和 RCP60 情景下，低值区域主要集中在中国新疆南部、吉尔吉斯斯坦、塔吉克斯坦和和乌兹别克斯坦一带。RCP85 情景下，低值区域出现在乌兹别克斯坦、土库曼斯坦和阿富汗北部地区以及里海。

图 5.28 为三模式集合模拟中亚最高最低气温年际变率差异的空间分布图。四类排放情景下，年际变率差异存在南北反向的特点。中亚南部的年际变率差异为负值，其负值区域集中在乌兹别克斯坦、土库曼斯坦、塔吉克斯坦、阿富汗北部和中国新疆等地区，其中以土库曼斯坦南部及其以南地区最为明显。在 RCP45 情景下，新疆北部以及中国、蒙古、俄罗斯和哈萨克斯坦交界处出现了负值区域，RCP60 情景下负值区域面积更大，扩展到了中国新疆北部、哈萨克

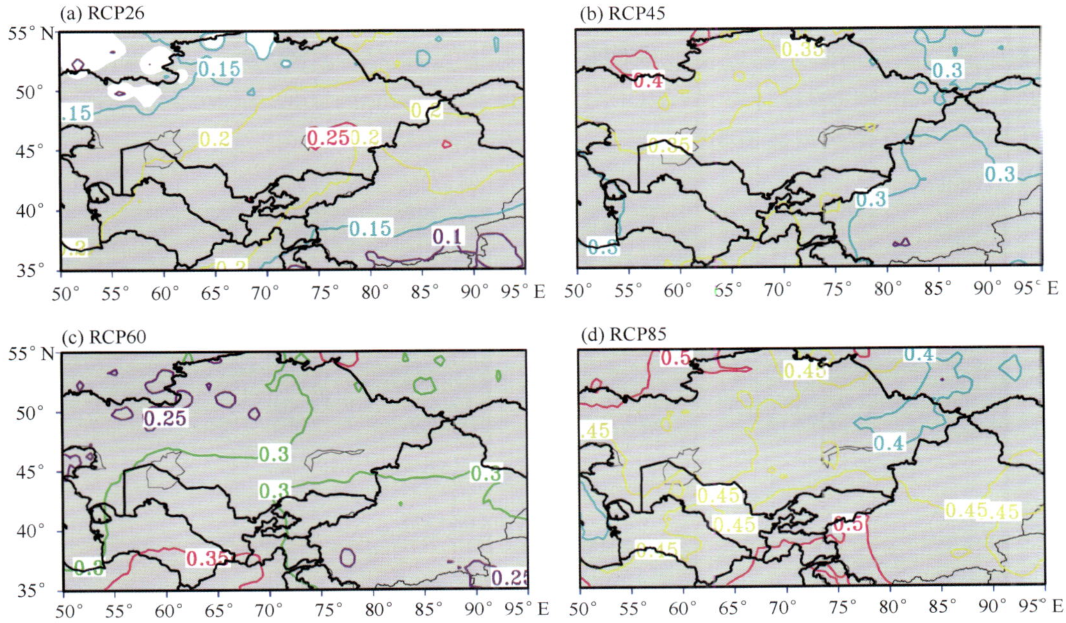

图 5.26　2011—2060 年间不同 RCPs 下三模式集合平均的年平均地面 2 m 日最高气温 T_{2max} 线性趋势空间分布（灰色区域为回归系数通过 0.05 显著性水平的区域；单位：℃/(10 a)）

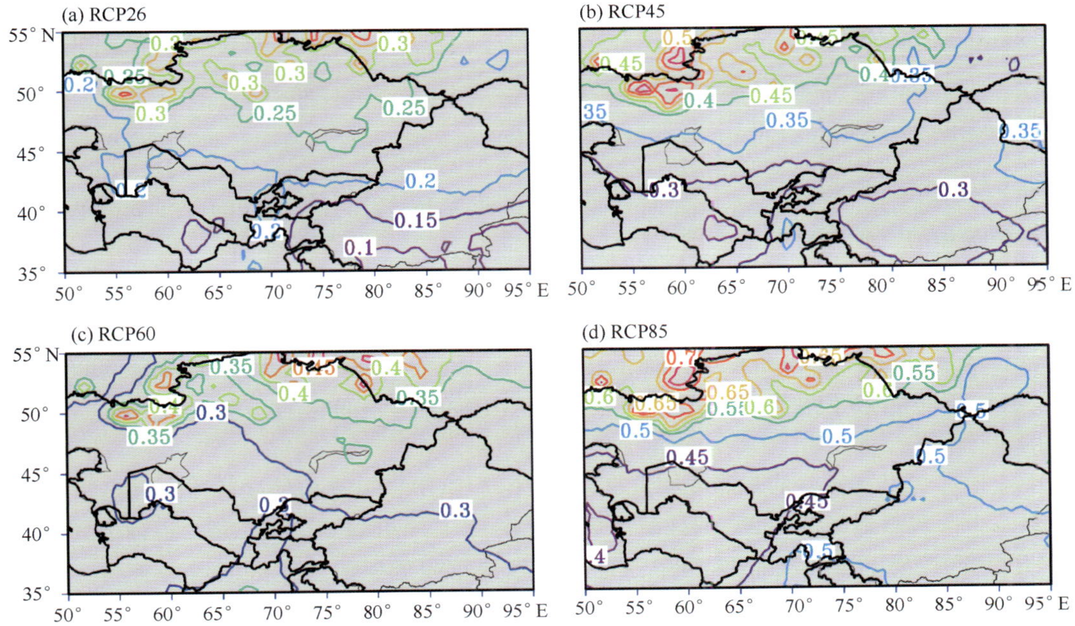

图 5.27　2011—2060 年间不同 RCPs 下三模式集合平均的年平均地面 2 m 日最低气温 T_{2min} 线性趋势空间分布（灰色区域为回归系数通过 0.05 显著性水平的区域；单位：℃/(10 a)）

斯坦东部和蒙古西部，与中亚南部的负值区域连为一体。

最高最低气温的年际变率差异正值区域较负值地区更大，强度更强。大于 0.1℃ 的区域主要集中在哈萨克斯坦北部以及俄罗斯境内。随着排放的增大，正值区域的强度明显增大（RCP60 除外，由于试验设计原因），RCP26 仅出现大于 0.2℃ 的区域，而 RCP45 出现 0.3℃ 区域，RCP85 中的高值区域数值则达到了 0.5℃。

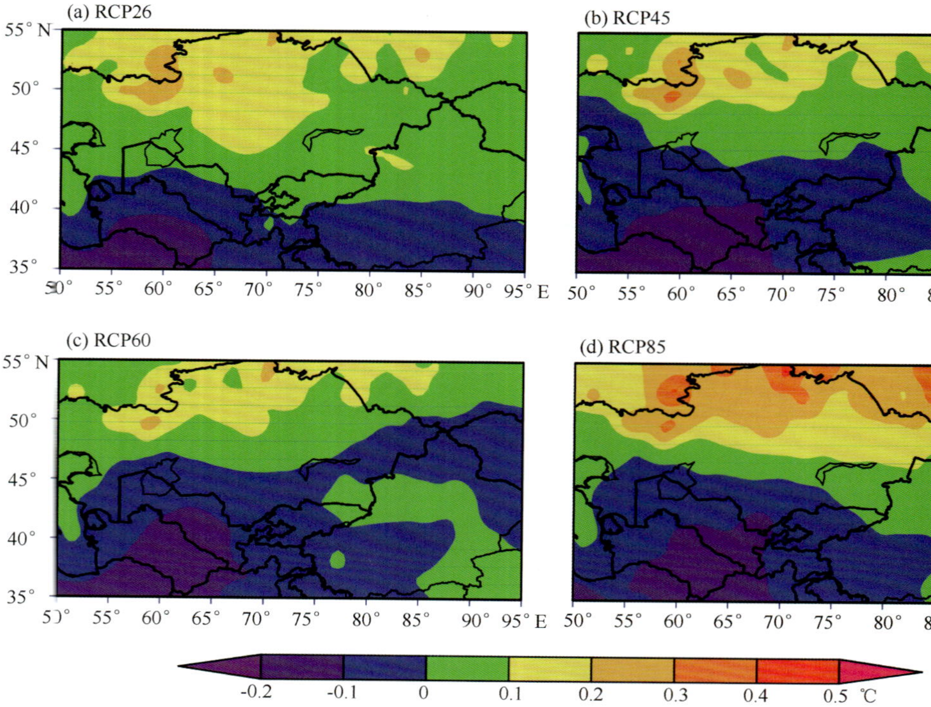

图 5.28　2011—2060 年间不同 RCPs 下三模式集合平均的中亚年平均 T_{2min} 与 T_{2max} 年际变率差异空间分布

图 5.29 是中亚气温日较差的空间分布情况。四类 RCPs 下，等值线的分布和高低值中心的分布较为相似。气温日较差的高值区域集中出现在乌兹别克斯坦东部、土库曼斯坦和阿富汗北部一带以及中国新疆塔里木盆地，中国青海地区也有所体现。而日较差较低的区域主要体现在哈萨克斯坦东北部地区，日较差最小的区域出现在里海及其沿岸地区。值得关注的是不同排放情景下，在土库曼斯坦中东部出现的大于 13℃ 的区域，并且该区域随排放的增大而扩大，在 RCP85 情景下达最大。值得注意的是，RCP60 情景下该区域小于 RCP45，这与 RCPs 试验的设计有关。

中亚地区气温日较差的年际变率可见图 5.30 类 RCPs 下，等值线的数值和高低值中心较为相似。中国新疆地区的 0.2℃ 的区域出现位置在 RCP26、RCP45 和 RCP60 三种情景下基本相同，RCP85 情景下该区域缩小，与中亚地区日较差年际变率的整体数值增大有关。出现在中亚西部，里海沿岸的 0.2℃ 区域在 RCP26、RCP60 和 RCP85 下变化也不大，仅是 RCP45 下，延伸到哈萨克斯坦中部。

高值区域出现在中亚北部，数值基本在 0.3℃ 以上，在 RCP26、RCP45 和 RCP60 下该数值区域较为相似，数值大小和位置变化不大。在 RCP85 情景下，该数值区域向南延伸至哈萨克斯坦中部，并且高值中心数值达到 0.4℃ 以上。

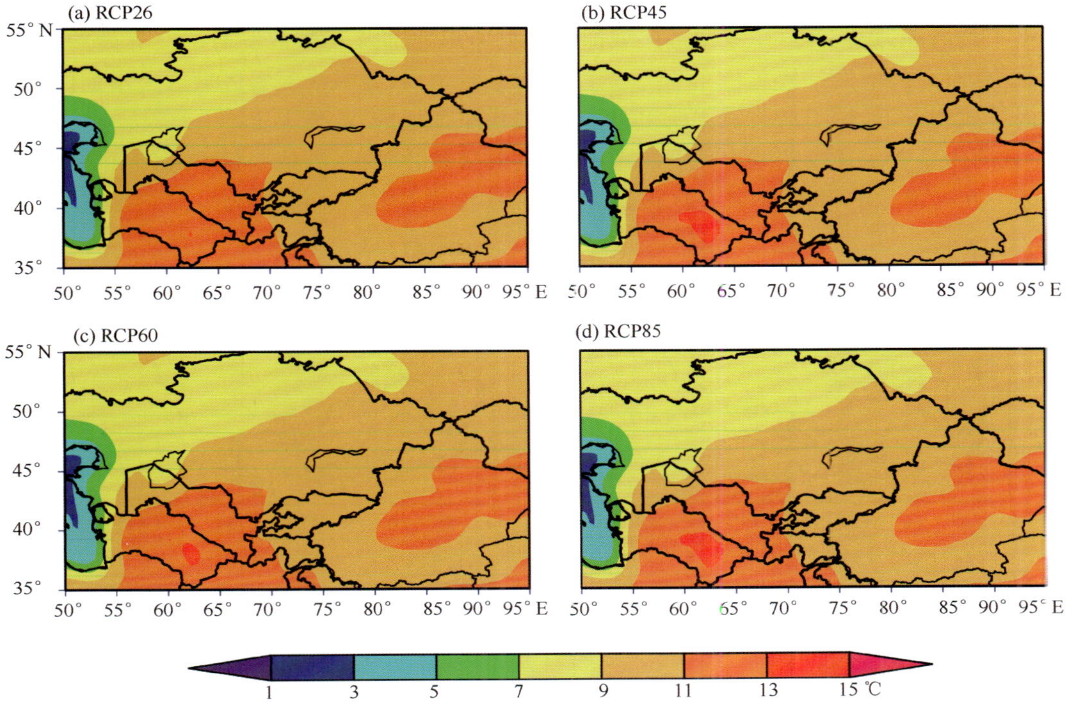

图 5.29　2011—2060 年间三模式集合平均的中亚年平均地面 2 m 气温日较差气候态特征

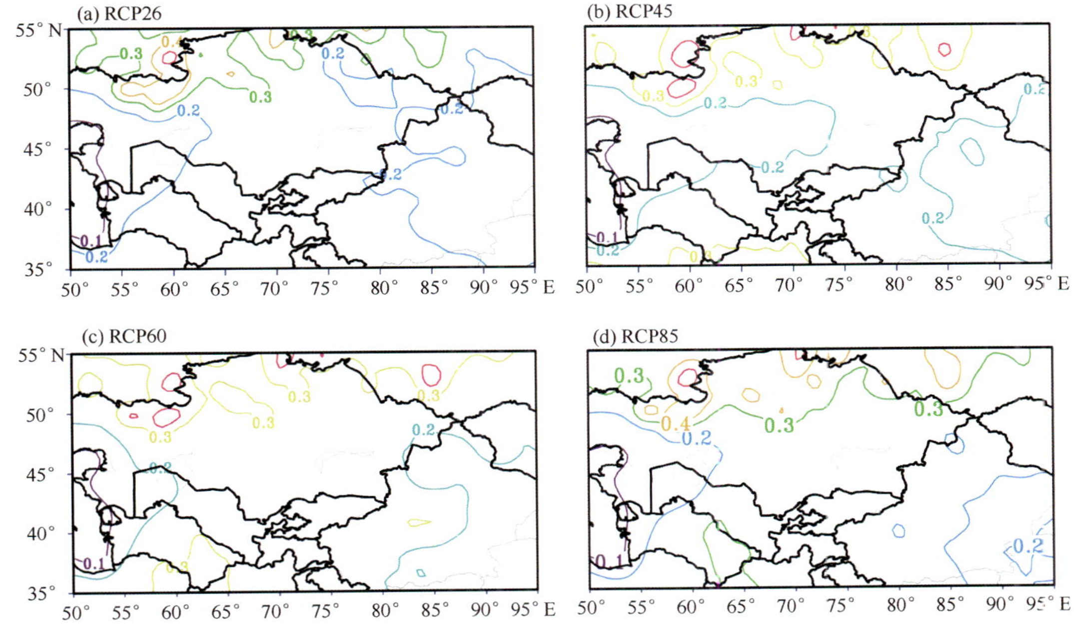

图 5.30　2011—2060 年间三模式集合平均的中亚年平均地面 2 m 气温日较差年际变率空间分布特征(℃)

图 5.31 是中亚地区气温日较差的趋势空间分布。四类 RCPs 下，日较差趋势范围在 −0.15～0.05℃/(10 a)之间。中亚北部的日较差趋势均为负，而南面以正值为主，正值区域面积小于负值区。换言之，中亚北部区域即哈萨克斯坦北部及其与俄罗斯的交界处的气温日较差减小，而南部增大。从灰色 0.05 显著性区域来看，日较差减少显著区域大于增加的区域。在不同排放背景下，位于乌兹别克斯坦、土库曼斯坦东部地区，数值大于 0.05℃/(10 a)始终存在，并且均为显著。日较差减少显著的区域，在不同排放背景下，数值变化不大，而区域面积变化明显。在高排放 RCP85 下灰色区域最大，RCP26 次之，RCP60 为最小。

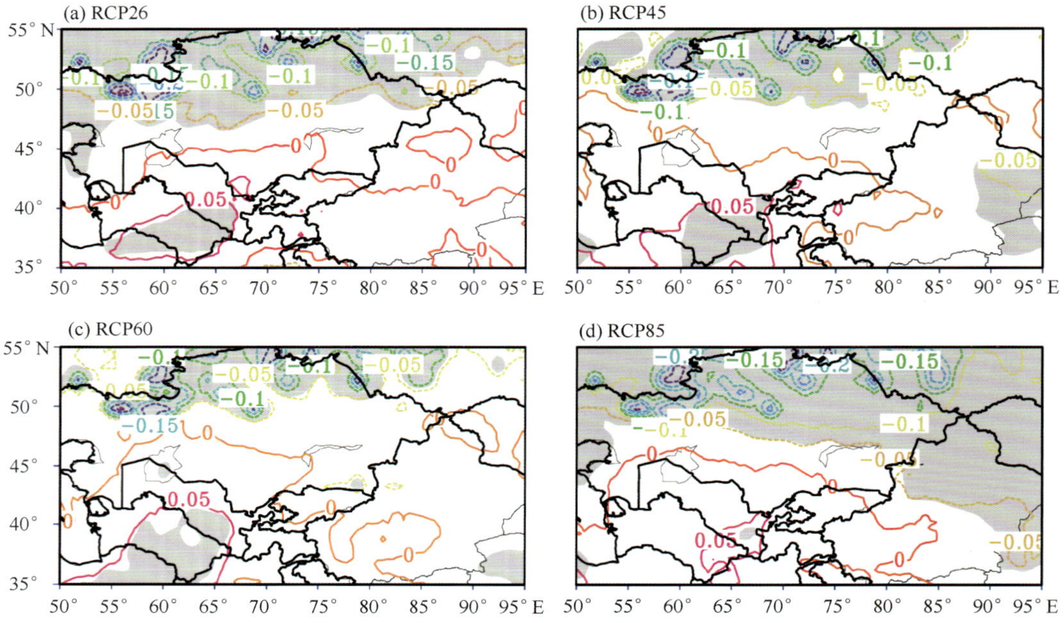

图 5.31　2011—2060 年间不同 RCPs 下三模式集合平均的年平均地面 2 m 气温日较差($T_{2max}-T_{2min}$)线性趋势空间分布(灰色区域为回归系数通过 0.05 显著性水平的区域；单位：℃/(10 a))

将 RCP45 情景下的三模式集合对中亚地区年平均气温的模拟结果减去 RCP26 情景的，将 RCP60 情景下的模拟结果减去 RCP45 的，以此类推得到图 5.32。图 5.32a 中显示，整个中亚地区为一致的正值区域，说明随着排放量的增加，在整个区域气温表现出一致增加区域，不同的区域增温数值有所差异。增温最为明显的区域为哈萨克斯坦与俄罗斯交界处、乌兹别克斯坦与土库曼斯坦交界处西部以及塔吉克斯坦和阿富汗交界处，数值达到 0.36℃。低值区域则集中在中国新疆的塔里木盆地，为 0.24℃。图 5.32b 与图 5.32a 不同，呈现南北反位相的特点，零线出现在哈萨克斯坦的中部，零线以北均为正值，以南均为负值，并且数值绝对值大于北面，这表明：随着排放的增加，并非所有区域均呈现增温趋势。图 5.32c 表现出一致的增温趋势，但与图 5.32a 不同。图 5.32c 中增温趋势最明显的区域集中在中国新疆、西藏和青海等地，数值在 0.51℃以上，而低值区域主要分布在哈萨克斯坦的中北部地区，总体来看，等值线数值沿着东南向西北的方向递减，在中国与哈萨克斯坦交界处和中国与吉尔吉斯斯坦交界处等表现最为明显。未来 2011—2060 年间，随着排放的增加，中亚地区以增温趋势为主，但并非单纯线性关系。

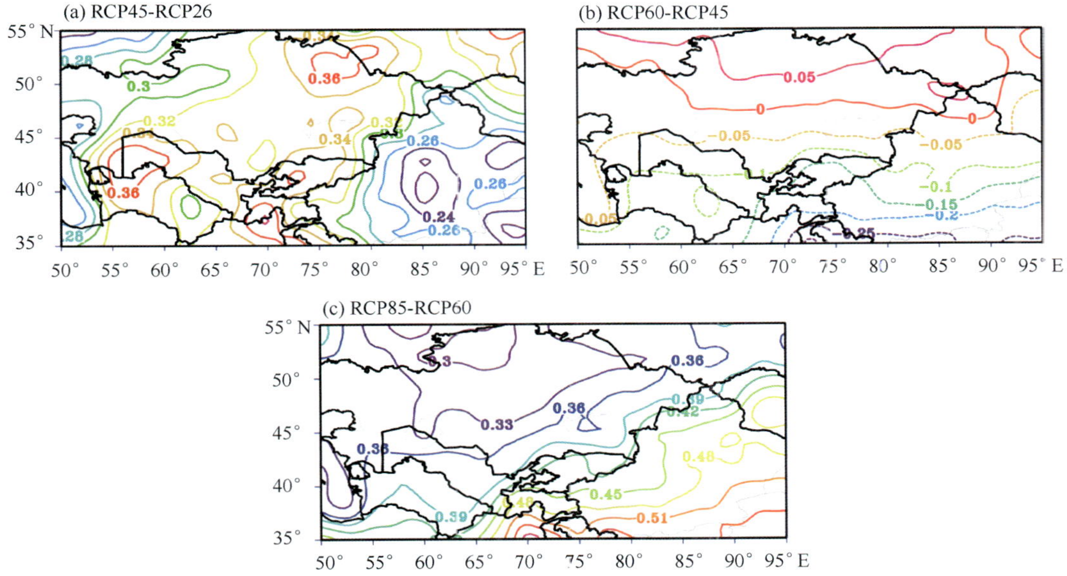

图 5.32 2011—2060 年中亚地区不同 RCPs 下三模式集合平均的年平均地面 2 m 气温差异空间分布(℃)

利用三模式模拟结果，将高排放背景下的最高温度模拟结果减去低排放的，得到图 5.33。对比图 5.32，图 5.34 的结果与之有不少类似之处，主要表现在：图 5.33a 与 5.33c 中，等值线数值为一致的正值，而在图 5.33b 中表现处南北反相位的特点，同时等值线的数值也较为接近。图 5.33 和图 5.32 的主要区别在于高低值区域的分布。图 5.33a 的高值区域主要表现在

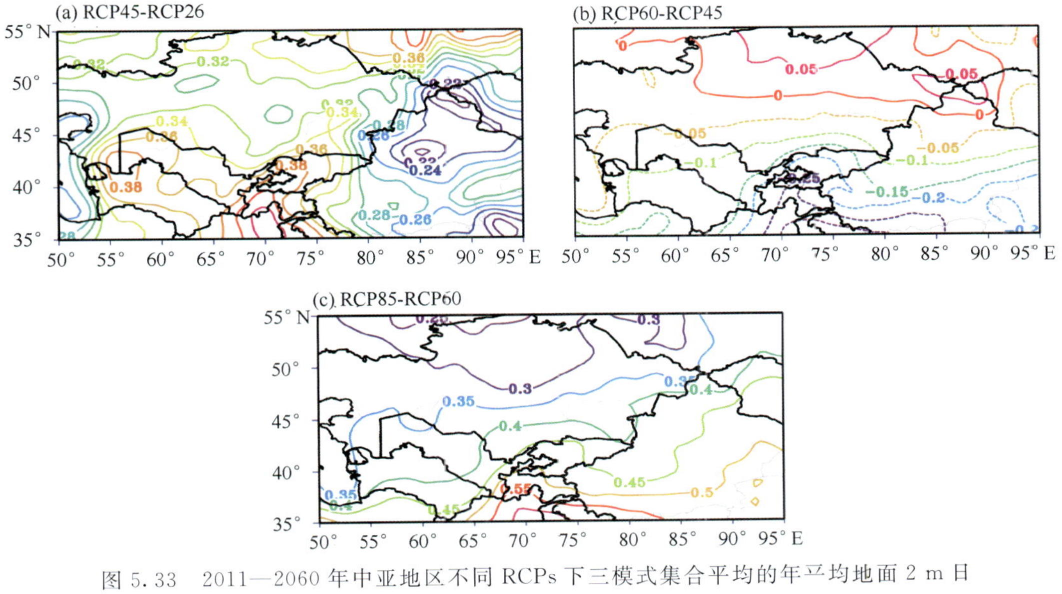

图 5.33 2011—2060 年中亚地区不同 RCPs 下三模式集合平均的年平均地面 2 m 日最高气温差异空间分布(℃)

塔吉克斯坦和阿富汗北部，而低值中心集中在中国新疆塔里木盆地，中、俄、哈、蒙交界处以及中国的西藏北部。图 5.33b 中，高低值区域出现位置相近。图 5.33c 中，高值中心相近，同样在哈萨克斯坦北部和俄罗斯境内，而高值区域出现在阿富汗北部，数值达 0.55℃以上。

图 5.34 是四类 RCPs 下最低气温模拟结果相减所得到的。图 5.34a 显示出随着排放的增加，中亚地区气温表现出一致的增温趋势。高值区域出现在哈萨克斯坦与俄罗斯交界处，以及蒙古和俄罗斯的交界处。最低值出现在中国新疆的塔里木盆地和西北面的俄罗斯境内。在土库曼斯坦东部也有所体现，但强度一般。图 5.34b 表现出了南北反位相的特点，零线主要出现在哈萨克斯坦的中部地区，这与图 5.32、图 5.33 都较为相似。图 5.34c 又表现出与前两者均不同的分布特征，与年平均温度和最高气温的分布型类似，高值中心出现在中国新疆。值得注意的是，在哈萨克斯坦的大部、乌兹别克斯坦东西部以及里海，数值 0.35 的等值线分布较广。

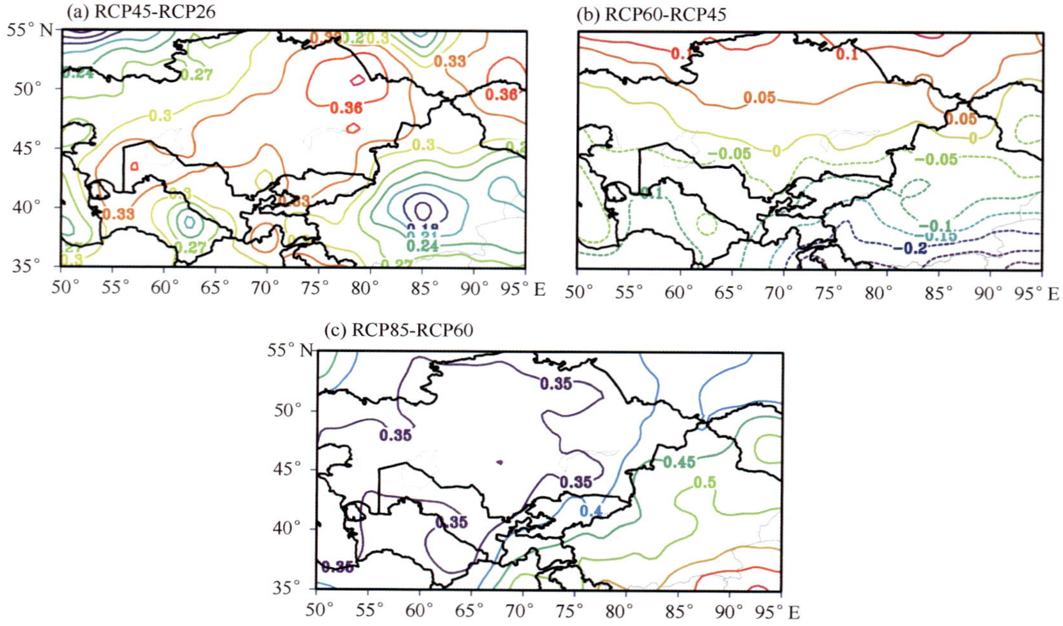

图 5.34　2011—2060 年中亚地区不同 RCPs 下三模式集合平均的年平均地面 2 m 日最低气温差异空间分布(℃)

图 5.35 是各类 RCPs 下，三模式模拟结果的气温日较差的差异空间分布。三个差值结果均有正负存在，数值基本在－0.09～0.09℃。图 5.35a 的高值区域集中体现在土库曼斯坦中东部、俄罗斯境内。低值区域主要出现中、俄、哈、蒙四国交界处。图 5.36b 中，负值区域较图 26a 更多，集中在北部的俄罗斯，塔吉克斯坦和吉尔吉斯斯坦，在中国新疆的塔里木盆地也有体现。高值区主要表现在里海，中国新疆和西藏、以及中、俄、哈、蒙交界处。

图 5.35c 中，负值区域较前两图均不相同，负值区域扩大许多。其中心位于哈萨克斯坦北部以及俄罗斯和中国新疆，数值达－0.09℃。高值中心出现在哈萨克斯坦南部、乌兹别克斯坦东部以及塔吉克斯坦与阿富汗北部，数值高于 0.09℃。

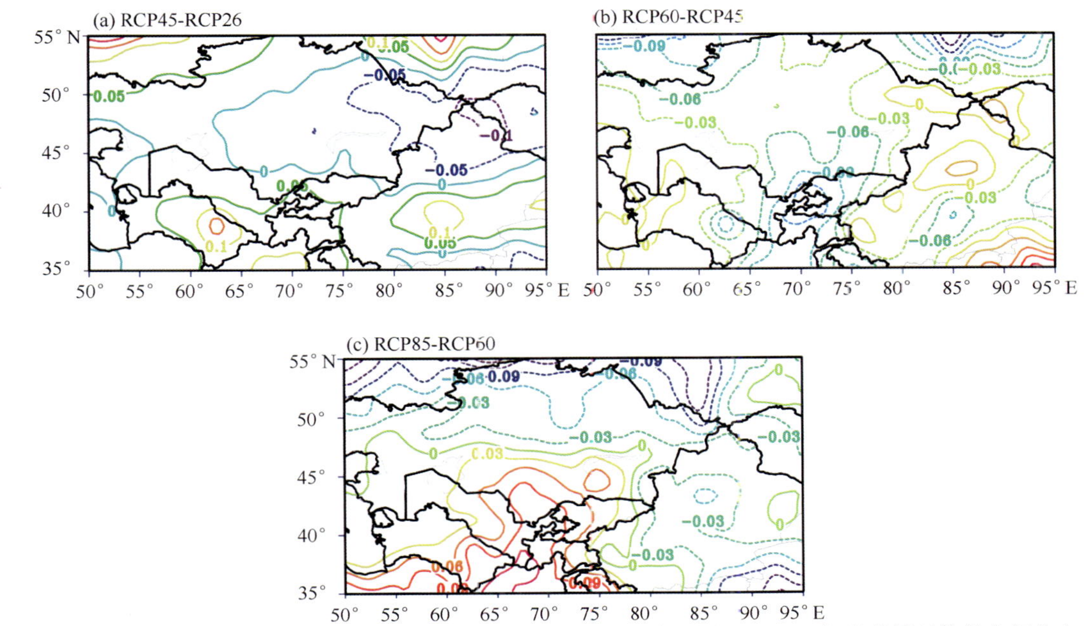

图 5.35　2011—2060 年中亚地区不同 RCPs 下三模式集合平均的年平均地面 2 m 气温差异日较差空间分布(℃)

5.5　结论和讨论

(1)多数模式能够模拟出中亚地区年平均降水的空间分布特征，其中，CanESM2、CNRM-CM5 和 MRI-CGCM3 等模式所模拟的低值中心数值和区域范围较为接近，高值区域数值则略为高估。降水标准差的高值中心与降水量较大的区域基本重合，年平均降水量大的区域同时年际变率也最大，MRI-CGCM3、MIROC5、CNRM-CM5 以及 CanESM2 的模拟结果与观测结果较为接近。中亚地区平均年降水量以轻微增加为主，趋势不显著，对于整体趋势而言，MRI-CGCM3、MIROC5 和 CNRM-CM5 的模拟效果较好，负值中心的位置较接近。具有较好模拟性能的四个气候模式集合平均结果与 CRU 资料非常相似，高、低值中心的位置和范围模拟较好。

(2)4 种排放情景下四模式集合平均预估的中亚地区年降水具有非常相似的降水空间分布特征。在未来 50 年，中亚地区的降水增加较为明显，尤其表现在中国新疆南部塔里木盆地(由低值区转变为高值区)。温室气体排放浓度的增大对中亚地区降水量增加的影响较为显著。总的来看，随着排放浓度的增加，中亚降水有增多的趋势，降水增加显著的区域也明显增大。

(3)大部分 CMIP5 模式能够较好地模拟出中亚地区的平均地面气温的气候态、年际变率以及变化趋势的空间分布等特征。通过计算 10 个 CMIP5 模式的各类统计参数，并进行评分，最终选取出三个模拟性能较好的模式做集合平均，分别是 BCC-CSM1.1，MRI-CGCM3 和 NorESM1-M。利用 CRU 观测数据，运用趋势分布等方法验证三模式集合对中亚气温的模拟性能和可靠性。结果表明三模式集合能较好地模拟出 1951—2005 年间中亚地区气温的显著上升趋势及气候态的空间分布特征。

(4)三模式集合预估结果表明：在未来 50 年中亚地区整体呈增温趋势，在 4 类 RCPs 排放情景下增温趋势均显著，并且伴随着代表性浓度路径 RCPs 的升高，气温的增加愈加明显。气温的年际变率主要表现为由南向北递增，纬度越高，年际变率越大。中亚地区的最高、最低气温均呈增加趋势，并且最低气温的增幅大于最高气温。气温日较差在中亚北部明显减小，而南部则增加，日较差减少显著区域大于增加显著的区域。

这里在分析 10 个 CMIP5 模式模拟结果的基础上，分别针对降水和气温建立集合平均预估中亚地区 2011—2060 年间年降水和气温的时空分布特征和演变规律。中亚气候总体上受西风环流和北大西洋涛动影响较为显著，而西风环流及北大西洋涛动均具有明显的季节性特征。因此为了能够更加全面和细致地揭示中亚地区气候变化规律，需要缩短时间尺度，同时增加相关气候要素，这些将在未来的研究中做深入探讨。

参考文献

陈发虎，黄伟，靳立亚，等. 2011 全球变暖背景下中亚干旱区降水变化特征及其空间差异. 中国科学：地球科学. **41**(11)：1647-1657.

江志红，陈威霖，宋洁，等. 2009. 7 个 IPCC AR4 模式对中国地区极端降水指数模拟能力的评估及其未来情景预估. 大气科学，**33**(1)：109-120.

李崇银，王作台，林士哲等. 2004. 东亚夏季风活动与东亚高空西风急流位置北跳关系的研究. 大气科学，**28**(5)：641-658.

林而达，刘颖杰. 2008. 温室气体排放和气候变化新情景研究的最新进展. 中国农业科学，**41**(6)：1700-1707.

孙颖，丁一汇. 2008. IPCC-AR4 气候模式对东亚夏季风年代际变化的模拟性能评估. 气象学报，**66**(5)：765-780.

王淑瑜，熊喆. 2004. 5 个海气藕合模式模拟东亚区域气候能力的初步分析. 气候与环境研究，**9**(2)：240-250.

闻新宇，王绍武，朱锦红，等. 2006. 英国 CRU 高分辨率格点资料揭示的 20 世纪中国气候变化. 大气科学，**30**(5)：894-904.

许崇海，沈新勇，徐影. 2007. IPCC AR4 模式对东亚地区气候模拟能力的分析. 气候变化研究进展，**3**(5)：287-292.

张耀存，况雪源. 2008. 东亚副热带西风急流位置变化与亚洲夏季风爆发的关系. 暴雨灾害，**27**(2)：97-103.

赵宗慈. 2009. 为 IPCC 第五次评估报告提供的全球气候模式预估 . 气候变化研究进展，**5**(4)：241-243.

Aizen E M, Aizen V B, J M Melack, *et al*. 2001. Precipitation and atmospheric circulation patterns at mid-latitudes of Asia. *International Journal of Climatology*, **21**: 535-556.

Detlef P. van Vuuren, Jae Edmonds, Mikiko Kainuma, Keywan Riahi, Allison Thomson, Kathy Hibbard, George C. Hurtt, Tom Kram, Volker Krey, Jean-Francois Lamarque, Toshihiko Masui, Malte Meinshausen, Nebojsa Nakicenovic, Steven J. Smith, Steven K. Rose. 2011. The representative concentration pathways: an overview. *Climatic Change*, **109**: 5-31, DOI 10. 1007/s10584-011-0148-z.

Grotch S L; MacCracken M C. 1991. The use of general circulation models to predict regional climate change, *Journal of Climate*, **4**: 286-303.

Moss R, Edmonds J, Hibbard K, *et al*. 2009. The next generation of scenarios for climate change research and assessment . *Nature*, **463**: 747-756.

Moss R, M Babiker, S Brinkman, *et al*. 2007. *Towards new scenarios for analysis of emissions, climate change, impacts, and response strategies*. Noordwijkerhout, the Netherlands: IPCC, pp(132).

Rogers J C, Van L H. 1979. The seesaw in winter temperatures between Greenland and northern Europe. Part II: Some oceanic and atmospheric effects in middle and high latitudes. *Monthly Weather Review*, **107**: 509-519.

Seo Kyong-Hwan, Jung Ok. 2013. Assessing Future Changes in the East Asian Summer Monsoon Using CMIP3 Models: Results from the Best Model Ensemble. *Journal of Climate*, **26**: 1807-1817.

Taylor E Karl, Stouffer J Ronald, *et al*. 2012. An overview of CMIP5 and the experiment design. *American Meteorological Society*, **93**: 485-498.

van Vuuren D P, F Johannes, J F Lamarque, *et al*. 2008. *Work plan for data exchange between the integrated assessment and climate modeling community in support of Phase-0 of scenario analysis for climate change assessment (representative community pathways)*. IPCC.

附录:中亚区域树轮宽度标准化年表

采集地点名:马尔卡湖　地区名:东哈萨克斯坦州　国名:哈萨克斯坦　采集人:尚华明　喻树龙　瓦黑提　李新建
采点代号:MEK　树种:西伯利亚落叶松　纬度:48°43′N　经度:86°03′E　海拔高度:1853 m
坡向:N　坡度:32°　年表长度:342　开始年份:1666　终止年份:2007
样本数:44　一阶自相关系数:0.654　标准差:0.247　平均敏感度:0.176
附注:采样点位于哈萨克斯坦东北部的阿尔泰山南坡

	年轮指数										样本数									
	0	1	2	3	4	5	6	7	8	9	0	1	2	3	4	5	6	7	8	9
1666							0.752	1.123	0.910	0.976							2	2	2	2
1670	1.057	0.976	1.158	0.788	0.698	0.829	1.173	1.247	1.235	1.086	2	2	2	3	3	3	4	4	4	4
1680	1.281	1.414	1.475	1.456	1.291	1.052	1.027	1.113	0.891	1.079	4	4	5	5	5	6	7	7	7	8
1690	1.079	0.979	0.872	1.135	1.098	1.077	0.988	1.134	0.638	0.408	8	8	8	8	8	8	8	8	8	8
1700	0.593	0.622	1.080	1.149	1.016	0.786	0.876	1.042	0.954	1.085	9	9	9	9	9	9	9	9	9	9
1710	0.783	0.943	0.927	1.057	1.024	1.104	1.262	0.941	0.816	1.178	9	9	9	9	9	9	9	10	10	11
1720	1.224	0.808	1.372	1.290	1.187	1.252	0.792	0.530	0.790	0.948	11	11	12	13	14	14	14	16	17	19
1730	0.927	1.040	1.258	1.389	1.209	1.055	0.834	0.783	0.947	1.166	19	19	19	22	23	23	23	24	24	25
1740	1.089	1.137	1.195	0.864	0.785	0.360	0.252	0.391	0.610	0.860	25	26	30	30	31	31	32	34	35	35
1750	1.045	1.190	1.166	1.093	1.122	1.165	1.191	1.216	0.928	1.254	35	35	35	35	37	37	38	38	38	39
1760	0.801	0.649	0.970	1.123	0.863	1.044	0.922	1.291	1.032	1.019	40	41	41	41	41	41	41	41	41	41
1770	1.030	0.759	0.958	1.150	1.084	1.125	0.941	1.200	1.014	1.051	41	41	41	41	41	41	41	41	41	41
1780	1.047	0.928	0.975	1.043	1.158	1.430	1.605	1.739	1.379	1.608	41	41	41	42	42	42	42	43	43	43
1790	1.065	0.867	0.757	0.779	0.933	0.799	0.667	0.784	0.663	0.411	43	43	43	43	43	43	43	43	43	43
1800	0.664	0.744	0.945	1.062	1.004	0.899	0.518	0.307	0.443	0.554	44	44	44	44	44	44	44	44	44	44
1810	0.695	0.921	1.025	0.888	0.684	1.03	1.063	1.128	1.108	1.124	44	44	44	44	44	44	44	44	44	44
1820	1.137	1.374	1.318	1.215	1.043	0.912	0.998	1.204	1.463	1.367	44	44	44	44	44	44	44	44	44	44
1830	1.585	1.372	1.195	1.131	0.844	0.593	0.819	0.995	0.995	0.957	44	44	44	44	44	44	44	44	44	44
1840	0.966	1.234	0.934	0.776	0.821	0.981	1.024	0.727	0.868	0.764	44	44	44	44	44	44	44	44	44	44
1850	0.838	1.032	1.070	1.014	0.579	0.526	0.794	0.993	0.908	0.627	44	44	44	44	44	44	44	44	44	44
1860	1.004	1.115	0.813	0.711	0.776	0.930	0.983	1.002	1.197	0.977	44	44	44	44	44	44	44	44	44	44
1870	1.327	1.115	1.024	1.018	1.169	0.379	0.460	0.816	0.811	0.826	44	44	44	44	44	44	44	44	44	44
1880	1.059	1.058	1.303	1.250	1.139	1.235	1.154	1.111	1.220	1.201	44	44	44	44	44	44	44	44	44	44
1890	0.692	0.883	0.913	0.830	0.957	1.109	1.243	1.204	1.087	1.314	44	44	44	44	44	44	44	44	44	44
1900	1.054	0.921	0.890	1.122	1.416	1.373	1.088	1.357	1.575	1.175	44	44	44	44	44	44	44	44	44	44
1910	0.935	0.792	0.784	1.008	1.131	1.089	1.020	0.982	1.203	1.092	44	44	44	44	44	44	44	44	44	44
1920	1.332	1.126	0.748	0.456	0.709	0.649	0.777	0.633	1.031	1.174	44	44	44	44	44	44	44	44	44	44
1930	1.367	1.385	0.831	0.422	0.901	1.042	0.981	1.141	1.088	1.378	44	44	44	44	44	44	44	44	44	44
1940	1.069	1.120	1.288	0.497	0.336	0.663	0.702	0.702	0.933	0.938	44	44	44	44	44	44	44	44	44	44
1950	1.304	1.239	1.153	1.094	1.062	1.245	1.189	1.539	1.156	1.400	44	44	44	44	44	44	44	44	44	44
1960	1.127	0.856	1.010	0.878	0.710	0.790	0.914	0.893	1.077	0.878	44	44	44	44	44	44	44	44	44	44
1970	0.817	0.801	0.880	0.624	0.694	0.606	0.724	0.745	0.672	0.811	44	44	44	44	44	44	44	44	44	44
1980	0.990	0.805	0.601	0.811	0.915	0.814	0.840	0.889	1.200	1.292	44	44	44	44	44	44	44	44	44	44
1990	1.291	1.270	1.132	1.144	1.244	0.995	1.125	1.051	1.181	0.987	44	44	44	44	44	44	44	44	44	44
2000	1.073	1.178	1.189	1.184	1.148	0.967	0.841	0.796			44	44	44	44	44	44	44	44		

采集地点名:卡通卡拉盖　地区名:东哈萨克斯坦州　国名:哈萨克斯坦　采集人:尚华明 喻树龙 瓦黑提 李新建
采点代号:KTK　树种:西伯利亚落叶松　纬度:49°07′N　经度:86°01′E　海拔高度:2103 m
坡向:NW　坡度:20°　年表长度:330　开始年份:1678　终止年份:2007
样本数:44　一阶自相关系数:0.572　标准差:0.256　平均敏感度:0.194
附注:采样点位于哈萨克斯坦东北部的阿尔泰山南坡

	年轮指数										样本数									
	0	1	2	3	4	5	6	7	8	9	0	1	2	3	4	5	6	7	8	9
1678									2.024	1.618									1	1
1680	1.119	0.822	1.042	1.327	1.269	1.064	0.756	1.069	0.730	0.774	1	1	1	1	1	1	1	1	1	1
1690	0.390	1.095	0.609	0.496	0.841	0.840	0.580	0.745	0.631	0.679	1	2	4	4	4	5	5	6	8	8
1700	0.639	0.810	0.777	1.046	1.081	1.033	1.167	1.152	1.487	1.258	8	8	8	8	8	8	8	8	8	11
1710	0.751	0.891	1.094	0.997	1.054	1.460	1.367	0.878	0.824	1.073	11	13	13	13	14	14	15	16	16	16
1720	1.023	0.958	1.055	0.852	0.804	1.064	1.070	1.097	0.915	1.081	16	16	16	16	16	17	17	17	18	18
1730	0.762	1.100	0.978	1.047	1.343	1.095	0.907	1.249	1.016	1.252	18	18	18	19	20	20	20	20	20	21
1740	0.972	0.810	1.129	0.882	0.878	0.797	0.878	0.981	0.904	0.851	21	22	22	23	23	23	23	23	23	23
1750	0.630	0.755	1.078	1.201	0.863	0.917	0.989	1.071	0.955	1.182	23	23	23	24	25	25	25	25	25	25
1760	0.918	1.042	1.165	1.257	1.119	1.155	1.199	1.145	0.828	1.141	25	26	26	26	26	26	26	26	26	28
1770	1.260	1.188	0.986	1.187	0.745	0.695	0.838	1.363	1.277	1.395	28	28	29	29	29	28	28	28	28	28
1780	1.074	1.550	1.087	0.948	0.597	0.663	1.067	1.321	0.386	0.444	28	28	28	28	29	29	30	31	32	34
1790	0.559	0.634	0.740	0.794	0.723	0.722	0.388	0.290	0.582	0.499	34	34	34	34	34	34	34	34	34	34
1800	0.560	0.674	0.832	1.155	1.026	1.006	1.171	1.137	1.118	1.188	34	34	34	34	34	34	34	34	34	34
1810	1.329	1.454	1.243	0.832	0.817	1.400	1.238	1.281	1.170	0.993	34	34	34	34	34	34	34	34	34	35
1820	0.812	1.117	1.219	1.075	1.085	1.088	0.926	0.987	0.982	0.962	35	34	34	35	35	36	36	36	36	36
1830	1.206	1.194	1.392	1.327	1.206	1.053	1.146	1.242	1.242	1.295	36	36	36	39	39	39	39	39	39	39
1840	0.816	0.964	0.787	0.799	1.142	1.035	1.250	0.559	1.017	0.891	39	40	40	40	40	40	40	41	41	41
1850	0.644	0.874	0.667	0.858	0.511	0.556	0.801	1.056	1.028	1.146	41	41	41	41	41	41	41	41	41	41
1860	1.206	0.981	1.037	0.833	1.144	1.071	0.919	0.840	0.854	0.756	42	42	42	42	42	42	42	42	42	42
1870	1.030	0.634	0.878	0.978	1.216	1.272	1.367	1.491	1.230	1.186	42	42	42	42	42	42	43	44	44	44
1880	1.261	1.040	0.664	0.553	0.468	0.805	0.767	0.690	0.962	1.189	44	44	44	44	44	44	44	44	44	44
1890	0.957	0.893	0.984	1.054	1.120	1.110	1.194	1.202	1.156	1.126	44	44	44	44	44	44	44	44	44	44
1900	1.422	1.359	1.302	1.048	1.324	1.324	0.941	0.915	0.982	0.847	44	44	44	44	44	44	44	44	44	44
1910	0.668	0.643	0.699	0.751	0.670	0.880	0.801	0.448	0.801	0.817	44	44	44	44	44	44	44	44	44	44
1920	0.999	0.953	1.172	1.165	1.346	1.223	1.132	0.471	0.786	0.986	44	44	44	44	44	44	44	44	44	44
1930	1.038	1.028	0.819	0.757	1.074	1.112	1.158	0.929	0.677	0.903	44	44	44	44	44	44	44	44	44	44
1940	1.171	1.209	1.209	0.989	1.134	1.309	1.367	0.741	0.979	0.824	44	44	44	44	44	44	44	44	44	44
1950	1.090	1.098	1.212	1.280	1.131	1.306	1.070	1.301	0.676	1.020	44	44	44	44	44	44	44	44	44	44
1960	0.763	0.454	0.414	0.718	0.842	0.864	0.985	0.892	1.172	1.383	44	44	44	44	44	44	44	44	44	44
1970	1.038	1.001	0.981	0.901	1.077	1.174	1.335	1.327	1.394	1.669	44	44	44	44	44	44	44	44	44	44
1980	1.136	1.120	0.928	1.027	0.937	0.200	0.408	0.636	0.637	0.829	44	44	44	44	44	44	44	44	44	44
1990	1.060	1.015	1.000	0.724	0.870	0.573	0.940	0.791	1.063	0.894	44	44	44	44	44	44	44	44	44	44
2000	0.979	1.174	1.251	1.365	1.187	0.894	1.149	1.045			44	44	44	44	44	44	44	44		

采集地点名：克孜尔孙　地区名：伊塞克湖州　国名：吉尔吉斯斯坦　采集人：尚华明、袁玉江、何清、张瑞波、张同文、赵勇
采点代号：KZX　树种：雪岭云杉　纬度：42°15′N　经度：78°08′E　海拔高度：2200 m
坡向：N　坡度：20°　年表长度：131　开始年份：1882　终止年份：2012
样本数：37　一阶自相关系数：0.331　标准差：0.263　平均敏感度：0.263
附注：采样点位于吉尔吉斯东北部的伊塞克湖以南

	年轮指数										样本数									
	0	1	2	3	4	5	6	7	8	9	0	1	2	3	4	5	6	7	8	9
1882			1.398	1.043	0.650	0.861	1.156	1.373	1.294	1.089			1	1	2	2	3	3	3	4
1890	1.268	0.897	1.232	0.990	0.387	0.366	0.977	0.899	0.999	1.003	4	5	5	5	5	5	5	5	6	6
1900	0.645	1.083	1.128	1.252	1.067	0.732	1.099	1.113	1.336	0.993	7	10	10	11	11	11	12	12	12	12
1910	1.514	1.404	1.081	0.863	0.547	0.814	0.879	0.280	0.580	0.759	16	17	17	18	18	19	19	19	20	21
1920	0.959	1.271	1.387	1.339	0.992	0.862	0.745	0.863	1.121	1.235	21	22	22	22	22	23	25	26	28	29
1930	0.635	0.960	0.605	1.272	1.096	1.477	1.281	1.011	1.095	1.014	29	29	30	31	33	33	33	33	33	33
1940	0.999	1.095	0.894	0.707	0.816	0.670	1.020	0.709	0.568	0.970	34	34	35	35	35	36	36	36	36	36
1950	1.138	1.204	1.046	0.842	1.159	1.359	1.337	0.964	1.055	1.023	36	36	36	36	36	36	36	36	36	36
1960	0.957	0.404	1.146	0.927	1.204	1.159	0.921	1.004	0.966	1.194	36	36	36	36	36	36	36	36	36	36
1970	0.989	1.293	0.950	0.705	0.917	0.976	0.894	0.635	0.826	0.653	37	37	37	37	37	37	37	37	37	37
1980	0.491	1.110	1.085	1.673	0.825	0.621	1.289	1.527	0.901	0.905	37	37	37	37	37	37	37	37	37	37
1990	0.889	1.037	1.175	1.213	1.408	0.833	1.015	0.648	0.671	1.020	37	37	37	37	37	37	37	37	37	37
2000	0.972	0.767	1.150	1.273	1.131	1.064	1.017	0.704	0.543	0.783	37	37	37	37	37	37	37	37	36	34
2010	1.465	1.139	1.012								34	34	34							

采集地点名：阿克布拉克　地区名：伊塞克湖州　国名：吉尔吉斯斯坦　采集人：袁玉江、尚华明、张同文、张瑞波、何清、赵勇
采点代号：AKB　树种：雪岭云杉　纬度：42°49′N　经度：78°14′E　海拔高度：2750 m
坡向：E—W 向山脊　坡度：10°　年表长度：130　开始年份：1883　终止年份：2012
样本数：41　一阶自相关系数：0.380　标准差：0.140　平均敏感度：0.140
附注：采样点位于吉尔吉斯斯坦伊塞克湖北部山区

	年轮指数										样本数									
	0	1	2	3	4	5	6	7	8	9	0	1	2	3	4	5	6	7	8	9
1880				1.048	0.994	0.779	1.083	0.953	1.112	1.149				9	10	10	11	12	13	14
1890	1.202	1.174	1.270	1.041	0.696	0.672	0.953	0.997	0.952	0.969	16	16	16	16	16	17	19	19	20	20
1900	0.882	0.898	0.776	0.979	1.023	0.991	0.976	1.008	0.945	0.839	20	21	23	23	23	23	23	24	24	24
1910	0.930	0.749	0.836	0.836	0.821	0.871	0.870	0.691	0.763	0.868	24	24	24	25	26	27	27	27	29	30
1920	0.902	0.918	0.966	1.031	1.226	1.159	0.975	0.803	1.074	1.091	30	31	31	32	33	33	33	33	33	34
1930	1.147	1.148	0.850	1.151	1.044	1.185	0.973	1.187	0.977	1.175	35	36	36	36	37	37	38	38	38	38
1940	0.883	0.935	1.078	0.903	0.788	0.679	1.017	0.998	0.652	0.904	38	38	38	38	38	38	38	38	38	38
1950	1.163	1.002	1.280	1.154	0.900	0.992	1.069	1.031	1.032	1.096	38	38	38	38	38	38	38	38	39	39
1960	0.994	0.833	1.012	0.901	0.995	1.124	1.225	1.185	1.257	1.088	39	40	40	40	41	41	41	41	41	41
1970	1.206	1.171	0.981	1.133	0.749	0.855	0.884	0.823	1.042	0.815	41	41	41	41	41	41	41	41	41	41
1980	1.094	1.026	0.963	1.139	0.913	0.718	0.960	1.138	0.902	0.927	41	41	41	41	41	41	41	41	41	41
1990	1.009	0.993	1.175	1.133	1.208	0.978	1.019	0.986	0.873	1.124	41	41	41	41	41	41	41	41	41	41
2000	1.062	1.094	1.222	1.064	1.125	0.912	1.021	0.987	0.713	0.863	41	41	41	41	41	41	41	40	40	40
2010	0.912	0.751	0.763								40	40	40							

采集地点名：杜尚别西北　地区名：杜尚别　国名：塔吉克斯坦　采集人：陈峰　张瑞波　喻树龙　何清
采点代号：TKU　树种：泽拉夫尚圆柏　纬度：38°48′N　经度：68°36′E　海拔高度：2100 m
坡向：NW　坡度：38°　年表长度：348　开始年份：1666　终止年份：2013
样本数：32　一阶自相关系数：0.841　标准差：0.253　平均敏感度：0.151
附注：采样点位于塔吉克斯坦杜尚别市西北方向山区

	年轮指数										样本数									
	0	1	2	3	4	5	6	7	8	9	0	1	2	3	4	5	6	7	8	9
1716							0.637	0.890	1.183	0.793							4	4	4	4
1720	0.877	1.178	1.075	0.681	0.883	0.411	0.543	0.952	0.942	1.258	4	4	4	4	4	4	4	4	4	4
1730	0.923	0.710	1.209	1.377	1.086	1.118	1.207	1.050	1.200	1.323	4	4	4	4	4	4	4	4	4	4
1740	1.191	1.125	0.952	0.990	1.110	1.190	0.854	1.421	1.118	0.527	4	4	4	4	4	4	4	4	4	4
1750	0.788	0.750	0.936	1.028	0.966	1.447	1.238	0.776	1.307	1.118	4	5	6	6	6	6	6	6	7	7
1760	1.419	0.927	0.906	1.096	0.919	0.880	0.804	0.594	0.653	0.613	7	8	8	8	8	8	8	8	8	8
1770	0.654	0.884	1.203	1.125	1.176	0.628	0.847	0.806	0.766	0.759	8	9	9	9	9	9	9	9	9	9
1780	0.956	1.078	1.434	1.396	0.926	0.946	1.168	0.761	0.931	1.113	9	9	9	10	10	10	10	10	10	10
1790	1.004	1.618	1.54	1.155	1.052	1.163	0.986	1.125	1.267	1.313	10	11	11	11	11	11	11	11	11	11
1800	1.309	0.834	0.826	1.216	1.177	1.008	0.723	0.913	0.980	0.591	11	11	11	11	11	11	11	11	11	11
1810	0.531	0.927	0.798	0.557	0.816	0.845	0.686	0.770	0.356	0.889	11	12	12	12	12	12	12	12	12	12
1820	0.915	0.864	0.953	1.031	0.978	0.963	0.836	1.127	0.867	0.983	12	12	12	12	12	12	12	12	12	12
1830	1.179	1.099	0.973	1.058	0.326	0.498	0.532	1.085	0.748	0.622	13	13	13	13	13	13	13	13	14	14
1840	0.714	0.790	0.832	1.102	0.847	0.898	0.916	1.085	0.950	1.656	14	14	14	14	14	14	14	14	15	15
1850	1.644	0.997	1.033	1.062	1.032	1.261	1.096	0.949	0.467	0.776	15	15	16	16	16	15	15	15	14	14
1860	0.942	0.700	0.676	0.768	0.789	1.028	1.292	1.569	1.091	1.228	14	14	14	14	14	15	16	16	16	16
1870	1.047	0.653	0.688	0.889	0.784	0.946	0.999	1.274	1.268	0.969	16	16	16	17	17	17	19	19	20	22
1880	1.189	1.510	0.675	0.780	1.049	0.990	0.845	0.743	0.999	0.885	23	23	23	23	23	24	24	24	24	24
1890	0.723	1.048	1.138	0.907	0.989	1.213	0.912	1.003	1.932	1.753	24	24	24	25	25	25	25	25	26	26
1900	1.619	1.152	0.844	0.996	0.787	0.732	0.775	1.028	0.843	1.092	26	26	26	26	26	26	27	27	27	27
1910	1.015	0.891	0.944	0.431	0.602	0.691	1.112	0.864	1.053	1.400	27	27	27	27	27	27	27	27	27	28
1920	0.852	0.988	0.963	1.253	1.033	1.211	1.513	0.747	1.048	1.276	28	29	29	30	30	30	30	31	32	32
1930	0.847	1.236	1.301	1.058	0.866	1.280	0.932	0.936	0.585	0.578	32	32	32	32	32	32	32	32	32	32
1940	0.825	0.648	0.880	0.791	0.925	1.124	1.078	1.285	1.032	1.395	32	32	32	32	32	32	32	32	32	32
1950	0.790	1.052	1.297	0.902	0.748	1.083	1.091	0.775	0.975	0.927	31	31	31	31	31	31	31	31	31	31
1960	0.800	0.820	1.003	1.356	0.807	0.766	1.115	0.810	0.756	0.619	31	31	31	31	31	31	31	31	31	31
1970	0.609	0.598	0.734	0.400	0.605	0.759	0.789	1.076	1.072	0.854	31	31	31	31	30	30	30	30	30	29
1980	0.818	0.955	1.013	1.224	1.499	1.166	1.159	1.155	1.144	1.265	29	29	29	27	27	27	27	27	26	25
1990	1.172	1.603	1.111	1.121	0.979	0.752	0.618	0.946	0.916	0.923	25	24	24	24	24	24	24	24	23	23
2000	0.739	0.741	0.972	1.041	1.124	1.146	0.965	1.048	0.866	1.435	23	23	23	23	23	23	23	23	23	20
2010	1.217	1.399	1.210	1.329							20	20	19	19						

采集地点名：大东沟南　地区名：阿勒泰地区　国名：中国　采集人：袁玉江 范子昂 牛军强
采点代号：DDN　树种：西伯利亚落叶松　纬度：47°55′N　经度：88°30′E　海拔高度：2219 m
坡向：SSW　坡度：23°　年表长度：349　开始年份：1666　终止年份：2014
样本数：44　一阶自相关系数：0.387　标准差：0.204　平均敏感度：0.184
附注：采样点位于中国新疆阿尔泰山南坡阿勒泰林场

	年轮指数										样本数									
	0	1	2	3	4	5	6	7	8	9	0	1	2	3	4	5	6	7	8	9
1666							0.752	1.123	0.91	0.976							2	2	2	2
1670	0.693	0.878	1.015	1.050	0.936	0.880	0.880	1.089	0.710	0.966	2	2	2	3	3	3	4	4	4	4
1680	0.869	0.837	0.888	1.193	1.046	1.094	1.058	0.906	0.913	0.559	4	4	5	5	5	6	7	7	7	8
1690	0.640	0.653	0.787	0.827	0.790	0.845	0.855	0.738	0.814	0.831	8	8	8	8	8	8	8	8	8	8
1700	0.769	0.845	0.823	0.876	0.670	1.038	0.804	0.809	0.762	0.783	9	9	9	9	9	9	9	9	9	9
1710	1.000	1.064	1.260	1.169	1.325	1.113	1.195	1.535	1.370	1.164	9	9	9	9	9	9	9	10	10	11
1720	0.821	1.026	1.002	1.084	1.340	1.028	0.936	0.950	0.745	0.808	11	11	12	13	14	14	14	16	17	19
1730	0.908	0.816	1.061	0.916	1.210	0.899	0.962	0.930	0.905	1.289	19	19	19	22	23	23	23	24	24	25
1740	1.214	1.206	1.477	1.170	0.828	1.041	0.996	1.057	0.970	1.280	25	26	30	30	31	31	32	34	35	35
1750	0.731	0.591	0.942	1.217	0.848	1.207	1.093	1.142	0.858	1.051	35	35	35	35	37	37	38	38	38	39
1760	1.254	1.147	1.031	1.158	0.935	0.943	0.960	1.536	1.375	1.276	40	41	41	41	41	41	41	41	41	41
1770	1.149	1.084	0.940	0.500	0.567	0.851	1.021	0.994	0.663	1.281	41	41	41	41	41	41	41	41	41	41
1780	1.296	1.179	1.441	1.236	1.175	1.249	1.002	0.974	1.005	0.810	41	41	41	42	42	42	42	43	43	43
1790	0.910	1.147	1.117	1.430	1.110	0.965	1.074	1.064	1.019	1.074	43	43	43	43	43	43	43	43	43	43
1800	1.115	0.893	0.910	0.864	0.666	1.048	0.935	0.828	0.898	0.833	44	44	44	44	44	44	44	44	44	44
1810	0.782	0.931	0.828	1.011	1.145	0.687	0.695	1.011	1.237	1.224	44	44	44	44	44	44	44	44	44	44
1820	1.504	1.203	1.031	1.002	1.030	0.986	1.053	1.205	1.122	0.866	44	44	44	44	44	44	44	44	44	44
1830	0.650	0.862	0.610	0.953	0.785	0.808	1.186	0.611	0.909	1.193	44	44	44	44	44	44	44	44	44	44
1840	0.829	1.065	0.942	1.264	1.056	0.687	0.584	0.719	1.094	0.871	44	44	44	44	44	44	44	44	44	44
1850	1.206	1.094	1.281	0.835	0.830	0.989	1.063	1.119	1.178	0.875	44	44	44	44	44	44	44	44	44	44
1860	1.102	0.935	1.046	1.103	1.203	0.824	0.879	1.408	1.186	1.065	44	44	44	44	44	44	44	44	44	44
1870	1.064	0.871	1.075	0.915	0.718	0.841	0.870	0.960	0.989	1.069	44	44	44	44	44	44	44	44	44	44
1880	0.674	1.250	1.064	0.851	0.856	0.791	1.003	1.033	0.831	0.773	44	44	44	44	44	44	44	44	44	44
1890	1.028	1.202	1.130	0.777	1.253	1.036	0.960	1.217	1.282	1.173	44	44	44	44	44	44	44	44	44	44
1900	0.580	0.611	0.961	1.066	1.088	1.367	1.231	0.755	0.730	0.680	44	44	44	44	44	44	44	44	44	44
1910	0.855	0.669	0.858	1.013	1.080	0.958	0.985	0.816	1.026	0.904	44	44	44	44	44	44	44	44	44	44
1920	1.243	1.159	0.856	0.508	0.748	0.899	0.994	0.884	0.855	1.100	44	44	44	44	44	44	44	44	44	44
1930	1.069	0.922	0.648	0.363	0.645	0.888	0.745	0.426	0.934	0.762	44	44	44	44	44	44	44	44	44	44
1940	0.974	0.995	0.883	1.054	1.094	1.166	0.921	1.341	0.666	1.297	44	44	44	44	44	44	44	44	44	44
1950	1.119	0.815	1.328	1.039	0.912	1.012	1.126	1.119	1.132	0.920	44	44	44	44	44	44	44	44	44	44
1960	0.845	0.852	1.024	0.884	1.090	1.044	1.059	1.012	0.903	1.236	44	44	44	44	44	44	44	44	44	44
1970	0.952	1.080	0.955	0.766	0.720	0.671	0.762	0.929	0.982	0.980	44	44	44	44	44	44	44	44	44	44
1980	0.762	0.878	0.811	0.742	1.031	0.729	1.327	0.955	1.178	1.095	44	44	44	44	44	44	44	44	44	44
1990	0.809	1.025	1.137	1.293	1.141	1.093	1.154	0.982	1.381	0.840	44	44	44	44	44	44	44	44	44	44
2000	1.073	1.178	1.189	1.184	1.148	0.967	0.841	0.796			44	44	44	44	44	44	44	44		

采集地点名：白杨河下　地区名：新疆昌吉州　国名：中国　采集人：喻树龙　范子昂　陈峰　张瑞波
采点代号：BYX　树种：天山雪岭云杉　纬度：43°37′N　经度：90°28′E　海拔高度：2285 m
坡向：N－NE－NEE　坡度：32°　年表长度：280　开始年份：1728　终止年份：2007
样本数：40　一阶自相关系数：0.630　标准差：0.219　平均敏感度：0.156
附注：采样点位于中国新疆天山东部北坡木垒林场

	年轮指数										样本数									
	0	1	2	3	4	5	6	7	8	9	0	1	2	3	4	5	6	7	8	9
1728									1.416	0.946									1	1
1730	0.697	1.076	1.357	1.033	0.690	0.837	1.025	0.967	1.057	1.124	1	1	1	2	2	2	2	2	2	2
1740	1.228	1.434	0.985	1.146	1.199	1.301	1.111	1.485	1.273	1.220	2	2	2	2	2	3	3	3	4	4
1750	1.056	0.805	0.672	0.732	0.591	0.868	0.980	1.032	1.113	1.101	4	4	4	4	4	4	5	5	6	6
1760	1.066	1.045	0.968	0.742	0.733	0.835	1.100	1.081	0.755	0.688	6	7	7	7	7	7	7	7	7	7
1770	0.728	0.541	0.707	0.735	0.826	0.710	0.918	0.882	0.740	0.752	7	7	7	7	7	7	7	7	7	8
1780	1.056	0.870	0.849	0.963	1.215	1.412	1.159	0.986	1.330	1.226	8	8	8	8	9	10	10	11	11	13
1790	1.056	1.330	1.616	1.479	1.428	1.080	1.224	0.987	1.274	1.132	13	13	13	13	13	13	13	14	14	14
1800	1.051	1.202	1.232	1.163	1.235	0.946	1.059	0.824	0.770	0.901	14	15	15	15	15	15	15	16	16	16
1810	0.587	0.649	0.417	0.360	0.779	0.798	0.727	0.965	0.885	0.744	15	17	17	17	17	17	17	18	18	18
1820	0.919	0.870	0.905	0.585	0.449	0.840	0.941	0.935	1.091	0.967	18	19	19	19	19	19	19	19	19	19
1830	0.901	0.804	0.949	0.889	0.966	0.764	1.124	1.253	1.066	1.013	21	21	22	22	22	22	22	22	23	24
1840	1.196	1.253	0.786	0.670	0.833	0.981	1.243	1.240	1.399	1.488	25	25	25	26	26	27	27	27	28	28
1850	1.218	1.012	1.000	0.993	0.607	0.605	0.909	1.045	1.015	1.092	28	29	29	29	29	29	29	29	29	29
1860	1.256	0.987	1.138	0.938	0.700	0.678	0.705	0.743	0.660	0.848	29	29	29	29	29	30	31	32	32	32
1870	1.130	1.206	1.161	1.056	0.930	1.075	1.166	1.048	0.841	0.868	32	32	32	32	32	32	32	32	33	33
1880	0.818	0.894	0.854	1.062	0.796	0.723	0.948	1.062	1.203	1.151	33	33	33	33	33	35	35	35	35	35
1890	1.362	1.321	1.321	1.075	0.963	0.784	1.019	0.994	1.098	1.091	35	35	35	35	35	35	35	35	35	35
1900	0.100	1.310	1.155	1.217	1.126	1.123	1.032	0.852	0.847	0.844	35	35	35	35	36	36	36	36	36	37
1910	0.622	0.580	0.719	0.950	1.055	1.265	0.950	1.011	0.824	0.822	37	37	37	37	37	37	37	37	37	37
1920	0.975	0.960	1.123	0.892	0.873	0.860	0.760	0.685	0.636	0.856	37	37	37	38	38	38	38	38	38	38
1930	1.020	0.981	0.718	0.617	0.646	0.935	0.893	1.063	1.211	1.338	38	38	38	38	39	39	39	39	39	39
1940	1.305	1.588	1.490	1.231	0.819	0.500	1.132	1.151	1.290	1.097	39	39	39	39	39	39	39	39	39	39
1950	1.258	0.828	1.061	0.885	0.871	0.947	0.986	0.894	0.943	1.201	39	39	39	39	39	39	39	40	41	41
1960	1.347	1.313	1.180	0.785	0.902	0.631	0.990	0.857	0.863	1.060	41	41	41	40	40	40	40	40	40	40
1970	1.198	1.083	0.991	1.163	0.951	0.868	0.769	0.803	0.716	0.889	40	40	40	40	40	40	40	40	40	40
1980	1.035	0.977	0.978	0.982	1.047	1.020	1.033	1.005	1.113	0.937	40	40	40	40	40	40	40	40	40	40
1990	0.962	0.713	0.777	1.033	1.051	1.070	1.215	0.965	1.054	1.244	39	39	39	39	39	39	39	39	39	39
2000	1.114	1.030	1..079	0.697	1.010	0.938	0.955	1.014			39	39	39	39	39	39	39	39		